DIXIA GONGCHENG
SHIGONG JISHU YANJIU

地下工程施工技术研究

杨玉银 著

四川大学出版社

内容提要

本书收录了杨玉银教授级高级工程师在1999年至2019年期间撰写的工程技术论文，共计46篇。重点介绍了杨玉银同志在长期的地下工程、土石方开挖、安全管理等工程实践中形成的创新技术、积累的宝贵施工经验，内容包括：进洞方法、爆破技术、开挖支护、塌方处理、施工技术与管理、土石方开挖、灌注桩断桩处理及沉渣厚度检验、施工安全管理等。

本书每篇文稿均以在工程实践中遇到的工程技术难题为依托，详细叙述了问题出现的背景、处理问题的思路、基本原理、处理效果以及产生的经济效益、社会效益等，思路清晰、系统完整，可供从事水利水电地下工程施工、土石方开挖、安全管理等方面的设计、施工、监理及管理的技术人员借鉴，也可供公路交通、铁道交通、矿山能源等有关地下工程、土石方开挖技术人员及高等院校的相关师生参考。

项目策划：杨丽贤
责任编辑：唐　飞
责任校对：王　锋
封面设计：墨创文化
责任印制：王　炜

图书在版编目（CIP）数据

地下工程施工技术研究 / 杨玉银著. — 成都 : 四川大学出版社，2019.8
ISBN 978-7-5690-3060-0

Ⅰ. ①地… Ⅱ. ①杨… Ⅲ. ①地下工程－工程施工－文集 Ⅳ. ①TU94-53

中国版本图书馆CIP数据核字（2019）第193011号

书名　地下工程施工技术研究

著　　者	杨玉银
出　　版	四川大学出版社
地　　址	成都市一环路南一段24号（610065）
发　　行	四川大学出版社
书　　号	ISBN 978-7-5690-3060-0
印前制作	四川胜翔数码印务设计有限公司
印　　刷	四川五洲彩印有限责任公司
成品尺寸	185mm×260mm
插　　页	8
印　　张	21
字　　数	522千字
版　　次	2019年9月第1版
印　　次	2019年9月第1次印刷
定　　价	110.00元

扫码加入读者圈

◆ 读者邮购本书，请与本社发行科联系。
电话：(028)85408408/(028)85401670/
(028)86408023　邮政编码：610065
◆ 本社图书如有印装质量问题，请寄回出版社调换。
◆ 网址：http://press.scu.edu.cn

四川大学出版社
微信公众号

领导关怀

2018年8月23日，乌干达总统约韦里·穆塞韦尼（左三）在中国驻乌干达大使馆大使郑竹强（左一）、中国电建集团国际工程有限公司副总经理梁军（左四）等的陪同下，视察中国水电五局承建的乌干达卡鲁玛水电站尾水隧洞工程。

2014年5月，中国电建集团总经理孙洪水（中）视察乌干达卡鲁玛水电站尾水隧洞工程。（本书作者：中左）

2015年9月，中国电建集团总工程师宗敦峰（左二）在中国水电五局副总经理贺祝（左三）的陪同下，视察乌干达卡鲁玛水电站尾水隧洞工程。（本书作者：左一）

2015年7月21日，中国水电五局党委书记、董事长贺鹏程（中）视察乌干达卡鲁玛水电站尾水隧洞工程。（本书作者：右三）

2015年9月15日，中国电建集团总工程师宗敦峰（左七）、工程科技部主任吴新琪、安全环保部主任耿金富、中国电建集团国际工程有限公司总工程师刘凤秋、华东建筑设计研究院总工程师吴关叶、中国水电八局总工程师涂怀建、中国水电十二局副总经理杨德臣一行检查指导乌干达卡鲁玛水电站尾水隧洞光面爆破。（本书作者：左二）

2016年2月19日，中国水电五局原副总经理宋维众（中）与成都勘测设计研究院监理大师邓念元（右五）一行检查指导乌干达卡鲁玛水电站尾水隧洞光面爆破。（本书作者：左五）

作者与国外专家探讨爆破技术问题

2015年4月，作者（中左）在摩洛哥拉巴特绕城高速项目与卡代斯爆破公司（CADEX）技术专家Mohamed Aliouali（中右）探讨爆破技术问题。

2015年9月，作者（左）在乌干达卡鲁玛水电站尾水隧洞项目向印度咨询公司总监BK.OJHA（右）介绍尾水隧洞光面爆破技术。

卡鲁玛水电站尾水隧洞支洞洞口形象

卡鲁玛水电站尾水隧洞8#支洞洞口形象

卡鲁玛水电站尾水隧洞9#支洞洞口形象

卡鲁玛水电站尾水隧洞10#支洞洞口形象

卡鲁玛水电站尾水隧洞9#支洞洞口通风布置情况

卡鲁玛水电站尾水隧洞8#支洞Ⅴ类围岩支护成型情况

2014年10月26日，作者（中）在微量装药软岩光面爆破试验成功后和钻爆工人王克渺（左一）、王孝瑞（左二）、陈尔住（右二）、田宗群（右一）合影留念。

光面爆破效果照片

硬质岩石：卡鲁玛水电站尾水隧洞光面爆破效果（1）

硬质岩石：卡鲁玛水电站尾水隧洞光面爆破效果（2）

硬质岩石：卡鲁玛水电站尾水隧洞光面爆破效果（3）

硬质岩石：卡鲁玛水电站尾水隧洞光面爆破效果（4）

硬质岩石：隧洞底板开挖光面爆破效果（1）

硬质岩石：隧洞底板开挖光面爆破效果（2）

软质岩石：微量装药软岩光面爆破效果（1）

软质岩石：微量装药软岩光面爆破效果（2）

专利证书

证书号第2024764号

发明专利证书

发明名称：一种应用于软岩和极软岩的光面爆破方法

发　明　人：杨玉银；陈长贵；王进良；黄浩；刘志辉

专　利　号：ZL 2015 1 0097442.7

专利申请日：2015年03月05日

专利权人：中国水利水电第五工程局有限公司

授权公告日：2016年04月13日

本发明经过本局依照中华人民共和国专利法进行审查，决定授予专利权，颁发本证书并在专利登记簿上予以登记。专利权自授权公告之日起生效。

本专利的专利权期限为二十年，自申请日起算。专利权人应当依照专利法及其实施细则规定缴纳年费。本专利的年费应当在每年03月05日前缴纳。未按照规定缴纳年费的，专利权自应当缴纳年费期满之日起终止。

专利证书记载专利权登记时的法律状况。专利权的转移、质押、无效、终止、恢复和专利权人的姓名或名称、国籍、地址变更等事项记载在专利登记簿上。

局长
申长雨

第1页（共1页）

证书号第2471746号

发明专利证书

发明名称：一种分部楔形掏槽

发　明　人：杨玉银；陈长贵；黄浩；刘志辉；张永强；张健鹏；廖志华

专　利　号：ZL 2015 1 0554219.0

专利申请日：2015年09月02日

专利权人：中国水利水电第五工程局有限公司

授权公告日：2017年05月03日

本发明经过本局依照中华人民共和国专利法进行审查，决定授予专利权，颁发本证书并在专利登记簿上予以登记。专利权自授权公告之日起生效。

本专利的专利权期限为二十年，自申请日起算。专利权人应当依照专利法及其实施细则规定缴纳年费。本专利的年费应当在每年09月02日前缴纳。未按照规定缴纳年费的，专利权自应当缴纳年费期满之日起终止。

专利证书记载专利权登记时的法律状况。专利权的转移、质押、无效、终止、恢复和专利权人的姓名或名称、国籍、地址变更等事项记载在专利登记簿上。

局长
申长雨

2017年05月03日

第1页（共1页）

证书号第2026367号

发明专利证书

发明名称：一种基于φ32mm药卷的光面爆破方法

发　明　人：杨玉银;陈长贵;王进良;黄浩;刘志辉

专　利　号：ZL 2015 1 0097511.4

专利申请日：2015年03月05日

专利权人：中国水利水电第五工程局有限公司

授权公告日：2016年04月13日

本发明经过本局依照中华人民共和国专利法进行审查，决定授予专利权，颁发本证书并在专利登记簿上予以登记。专利权自授权公告之日起生效。

本专利的专利权期限为二十年，自申请日起算。专利权人应当依照专利法及其实施细则规定缴纳年费。本专利的年费应当在每年03月05日前缴纳。未按照规定缴纳年费的，专利权自应当缴纳年费期满之日起终止。

专利证书记载专利权登记时的法律状况。专利权的转移、质押、无效、终止、恢复和专利权人的姓名或名称、国籍、地址变更等事项记载在专利登记簿上。

局长
申长雨

2016年04月13日

第1页（共1页）

证书号第4986750号

实用新型专利证书

实用新型名称：一种应用于隧洞开挖光面爆破的装药结构

发　明　人：杨玉银;陈长贵;黄浩;黄勇;刘志辉;张健鹏;张永强
廖志华

专　利　号：ZL 2015 2 0701963.4

专利申请日：2015年09月11日

专利权人：中国水利水电第五工程局有限公司

授权公告日：2016年02月03日

本实用新型经过本局依照中华人民共和国专利法进行初步审查，决定授予专利权，颁发本证书并在专利登记簿上予以登记。专利权自授权公告之日起生效。

本专利的专利权期限为十年，自申请日起算。专利权人应当依照专利法及其实施细则规定缴纳年费。本专利的年费应当在每年09月11日前缴纳。未按照规定缴纳年费的，专利权自应当缴纳年费期满之日起终止。

专利证书记载专利权登记时的法律状况。专利权的转移、质押、无效、终止、恢复和专利权人的姓名或名称、国籍、地址变更等事项记载在专利登记簿上。

局长
申长雨

2016年02月03日

第1页（共1页）

序　一

地下工程是我国水电、公路、铁路工程的重要组成部分。目前我国的地下工程开挖主要采用钻爆法。钻爆技术水平的高低，直接影响着隧洞的开挖质量，进而影响施工安全、进度和效益。在地下工程开挖中，尤其是隧洞的开挖，为了形成平整规则的开挖轮廓，主要采用光面爆破技术。

光面爆破是新奥法施工的有效保证，它可以将爆破对围岩的振动降到最低限度，有效减轻爆破对围岩的扰动，爆后不产生或很少产生爆震裂隙，原有的节理、裂隙、结构面等不因爆破振动开裂、延伸、掉块，从而保持围岩稳定，有效减少超挖。光面爆破对围岩扰动的控制和良好的开挖轮廓，有效提高了围岩的自稳能力，对洞室的安全稳定起到了非常重要的作用。良好的超挖控制，可以有效减少超挖石方量和超填混凝土量，减少喷混凝土等支护工程量，从而大幅降低施工成本；同时有效减少了围岩支护时间，减少了超挖外运和超填混凝土的浇筑时间，为快速掘进、快速衬砌施工打下了坚实的基础。由此可见光面爆破对地下工程开挖的重要性。

本书作者杨玉银同志在中国水电五局承建的乌干达卡鲁玛水电站尾水隧洞施工中，成功地将光面爆破技术进行了创新与应用，取得了显著的经济效益。该隧洞共两条，总长 17.3km，开挖断面面积 155.7～196.5m^2，属超长、大断面隧洞。在隧洞开挖期间，杨玉银同志主持了该隧洞的开挖技术工作，带领工程技术人员攻克了多项光面爆破技术难题：采用微量装药软岩光面爆破技术，实现了极软岩、软岩条件下的光面爆破，创造了软岩平均超挖 3.75cm 的好成绩；在缺少 ϕ25mm 药卷的情况下，合理调整光面爆破装药结构，成功地采用 ϕ32mm 药卷实现了光面爆破；在乌干达缺少专用光爆炸药和绑扎光爆药串竹片的条件下，成功地用导爆索起爆了光爆孔内处于自由状态的间隔装药。在卡鲁玛水电站尾水隧洞的施工中，在不具备光爆施工条件的情况下，杨玉银同志通过改进、创新光面爆破技术，在尾水隧洞 10 个主要开挖作业面的边顶拱和底板全面实现了光面爆破，半孔率达到 90％以上；边顶拱平均超挖 10cm 左右，底板平均超挖 16cm 左右，成功地减少了超挖超填，降低了开挖成本；创造了支洞开挖单面月进尺 235.2m，提前 80 天进入主洞，主洞上层开挖单面月进尺 257.1m，提前 165 天完成主洞开挖任务的好成绩，在非洲东部创造了“卡鲁玛速度”。

杨玉银同志自1990年参加工作以来，一直从事地下工程方面的工作，积累了丰富的施工经验，取得了丰硕的科研成果。依托参建的地下工程项目，他以解决施工中出现的实际施工问题为目的，深入开展科研工作，深度挖掘开挖技术潜力，在地下工程施工技术，尤其是在爆破技术方面取得了令人瞩目的成绩。

本书以地下工程爆破技术为主线，全面系统地展示了作者在长期地下工程实践中形成的新技术、新工艺、新方法。书中提出的一些见解、方法、参数，均经过实战检验，并得到推广应用，取得了良好的经济效益和社会效益。本书的出版将对地下工程技术的发展产生积极的推动作用。

中国水电五局教授级高工、总经理

2019年3月28日

序 二

我与本书作者杨玉银同志相识于1999年的爆破工程技术人员考核培训班。二十年来，亦师亦友，见证了他在地下工程技术和土石方开挖技术方面的进步和突破，见证了他从一名普通技术人员成长为教授级高工，进而成为中国爆破行业协会专家的全过程。

在我国的地下工程开挖施工中，钻爆法仍占据主导地位，开挖爆破技术水平的高低直接影响着开挖进度和效益。目前，我国地下工程钻爆技术已经达到了比较成熟的水平，但科学发展无止境，技术发展无尽头，随着地下工程开挖实践的发展，在具体爆破施工中仍会遇到一些新问题。在解决这些新问题的同时，作者形成了一些新技术、新方法、新工艺，对现有爆破技术进行了有效的补充和完善。

作者在长期的地下工程开挖实践中，发现现有爆破技术仍存在一些难以克服的难题，比如：在硬岩隧洞开挖中，采用常规爆破技术时，钻孔利用率仅达到80%～90%，掌子面会留有一定深度的残孔，残孔深度会达到30～60cm，甚至更大；在极软岩、软岩隧洞开挖中，采用传统的光面爆破技术很难形成整齐的开挖轮廓，爆破后超挖严重；在传统的光面爆破施工中，专用光爆细药卷难于买到，只能将药卷按照一定间距绑扎到竹片上，制成光爆药串，并存在工艺复杂、成本较高、操作难度大等问题。这些都在一定程度上影响了开挖进度和开挖质量。因此，地下工程技术人员需要在实践中不断进行探索研究，努力进行科研攻关，以改进和提高现有爆破技术。

依托三十年来参建的地下工程项目，作者在该领域创造性地提出了多项新技术、新工艺、新方法：国内首次提出了水平V形掌子面的概念，将钻孔利用率提高到100%成为现实；提出了周边密空孔钻爆法，使中小断面软质围岩隧洞开挖轮廓得到了有效控制；提出了光面爆破孔内间隔装药传爆技术，用一只雷管引爆并传爆了光爆孔内的间隔装药，这是对传统光面爆破装药结构的进一步补充完善；提出了六空孔平行直孔掏槽，使中小断面隧洞掏槽效率达到100%；创造性地提出了微量装药软岩光面爆破技术，使大断面极软岩、软岩隧洞开挖光面爆破技术水平得到了进一步提高；对传统的光面爆破装药结构进行了改进，在不采用竹片绑扎光爆药串的条件下，成功地用导爆索起爆光爆孔内自由放置的间隔装药，这是对光面爆破的又一突出贡献；提出了分部楔形掏槽的概念，将常规集中布置掏槽孔方式改为上部掏槽和下部掏槽两部分，在尽量减少掏槽孔的情况下，有效增大了掏槽范围，扩大了掏槽空腔，保证了掏槽效果。

本书是作者三十年对地下工程施工技术不断研究探索的智慧结晶，是一本具有实战指导作用的图书。本书的出版将对地下工程技术的发展产生重要的指导和促进作用。

中国水利水电科学研究院教授 張永哲

2019 年 3 月 31 日于北京

前言

我于1990年7月毕业于东北水利水电专科学校水利水电工程建筑专业，同月在中国水利水电第五工程局有限公司（以下简称中国水电五局）第二分局地下工程公司参加工作。参加工作以来，我一直从事地下工程、土石方明挖、安全管理工作。在近30年的工程实践中，每个工程项目都会出现一些工程技术及施工管理难题，在项目领导和现场工程技术人员的共同努力下，我们逐一攻克了这些施工技术和管理难题。为了让同行在遇到同类问题时有所借鉴，少走弯路，我和我的同事们在事后对这些难题的处理情况进行了详细的分析、整理，并撰写了相关论文，这些论文均发表在国家级、省部级科技期刊上。在此特别感谢《工程爆破》《爆破》《水利水电技术》《四川水力发电》《山西水利科技》《水利水电施工》等编辑部的主编、编辑、审稿专家等同志为我们论文的发表所做的努力，以及对我本人长期以来的信任和支持。随着这些难题的解决、论文的发表、科技成果的取得，我本人也从技术员一路破格晋升为高级工程师（以下简称高工）、教授级高工。在此感谢培育我的中国水电五局和各级领导们，感谢一直以来关注我、帮助我的师傅们：中国水利水电科学研究院张永哲教授、武汉大学赖世骧教授、中国水电五局杜瑄教授级高工、中国水电五局戴隆源教授级高工。

在汾河水库泄洪隧洞项目工作期间（1990.7—1993.12）：分析整理了F_3断层塌方冒顶的原因、预防、处理方法，形成了《汾河水库泄洪隧洞F_3断层塌方分析及处理》，先后发表于《科技与管理》（内部期刊）、《四川水力发电》。

在三峡对外交通专用公路夜明珠至乐天溪标段工作期间（1993.12—1998.7）：通过解决仙女索道段路基开挖中爆破震动和飞石对上方仙女索道和附近排架柱的影响，形成了《复杂环境下路基开挖深孔控制爆破》；通过解决仙人溪2#隧洞左线采用三臂钻开挖过程中的单循环进尺小、钻孔利用率低的问题，形成了《掏槽面积对隧洞开挖钻孔利用率影响试验研究》。以上论文分别发表于《四川水力发电》《爆破》。

在温州赵山渡引水工程第八标段工作期间（1998.7—2001.7）：通过解决许岙隧洞土质围岩进洞问题，以及上安隧洞和许岙隧洞围岩坚硬、钻孔利用率低、光爆效果差等问题，形成了《土质围岩隧洞口掘进的特殊施工方法》《水平V形掌子面在赵山渡引水工程隧洞开挖中的应用》《光面爆破孔内间隔装药传爆方法的改进与应用》《隧洞开挖光面爆破新技术》《周边密空孔钻爆法在软质围岩隧洞开挖中的应用》《小断面隧洞开挖单循环进尺试验研究》等10篇论文，分别发表于《矿冶》《工程爆破》《爆破》《四川水力发电》。

在山西万家寨引黄北干线工程第二标段施工阶段（2003.12—2007.9）：通过解决纯黄土斜井进洞、开挖，地下水丰富段泥结碎石斜井开挖等问题，形成了《土洞斜井进洞施工技术研究》《富水泥结碎石斜井隧洞施工技术》《分部分块开挖施工工艺在特大涌水土洞斜井开挖中的应用》等5篇论文，分别发表于《四川水力发电》《水利水电技术》《山西水利科技》。

在中国水电五局公司本部工作期间（2008.4—2013.11）：在项目督察检查工作中，发现隧洞开挖超挖量大、钻孔利用率低，为了指导工程施工，撰写了《隧洞开挖爆破超挖控制技术研究》《提高隧洞开挖爆破钻孔利用率方法》等论文；在多次被安排到在建工程项目解决技术难题后，形成了《综合控制爆破技术在坪上集水廊道开挖中的应用》《中长管棚在隧洞特大塌方处理中的应用》《南水北调穿黄河隧洞爆破振动控制技术研究》《某隧洞特大涌渣流砂事故原因分析及经验教训》《复杂环境深孔控制爆破技术》等论文。以上论文分别发表于《工程爆破》《爆破》《四川水力发电》《山西水利科技》。

在乌干达卡鲁玛水电站尾水隧洞工作期间（2013.11—2019.4）：在缺少专用光爆细药卷（ϕ20～22mm）和绑扎光爆药串用的竹片，甚至缺少ϕ25mm药卷的情况下，通过改变传统光面爆破装药结构、装药方法、设计方法，成功地在乌干达卡鲁玛尾水隧洞软岩、硬岩开挖中实现了光面爆破；为了提高硬岩开挖单循环进尺，采用了水平V形掌子面与分部楔形掏槽相结合的方法，最终将大断面隧洞单循环进尺提高到3.75m以上，钻孔利用率提高到98.5%～100%；在乌干达雨水充沛地区土质围岩竖井开挖中，采用沿竖井中心钻设排水导孔至下部联通洞的方法，成功地解决了井内积水这一难题；主持的项目共获得4项国家发明专利、2项国家实用新型专利、3项省部级科技进步奖，形成了7项省部级工法，撰写了《微量装药软岩光面爆破技术》《隧洞开挖光面爆破装药结构的改进与应用》《隧洞底板开挖光面爆破实验》《分部楔形掏槽在硬质岩石隧洞开挖中的应用》等12篇论文，分别发表于《工程爆破》《爆破》《四川水力发电》《山西水利科技》。

最后，感谢中国水电五局有限公司总经理刘光、总工程师吴高见同志在本书的编写过程中给予的指导、帮助。

由于本人工作阅历、学识水平有限，书中难免存在错误和不足之处，希望读者批评指正，不吝赐教。

教授级高工　杨玉银

2019年8月于成都

目　录

第一篇　进洞方法

第二篇　爆破技术

第三篇　开挖支护

第四篇　塌方处理

第五篇　施工技术与管理

第六篇　安全管理

第七篇　其　他

地下工程综述

地下工程是指在地面以下的土体或岩体中修建的建筑物。其主要是在地面以下进行，直接受到工程地质、水文地质和施工条件制约，往往是控制整个枢纽工程施工进度的关键线路，也是项目能否按时履约和盈利的关键。

1 地下工程的特点

一般地下工程具有以下特点：

（1）施工作业空间狭小，循环工序经常穿插进行，相互的施工干扰比较大。

（2）对于长隧洞由于施工进度需要，需设置施工支洞，从而增加工作面。

（3）受招投标单价限制、超挖工程量影响，我国地下工程开挖方式主要以手风钻为主，多臂钻为辅，掘进机以国外引进为主，主要用于特长圆形隧洞。

（4）国内地下工程开挖主要采用钻爆法施工，测量放线、钻孔、装药、爆破、出渣等工序在同一作业面内周期性循环。

（5）地下工程开挖，岩体既是开挖对象又是支护对象，在支护过程中，要充分发挥围岩的自稳能力。

（6）在开挖过程中，需要根据围岩变化情况及时调整爆破设计参数及支护参数。

（7）地下工程施工不受外界气候影响，但安全问题比较突出，经常出现塌方、冒顶、地下水涌出、有害气体等安全问题。

2 地下工程分类

2.1 按工作性质分类

按工作性质可分为过水隧洞和无水隧洞。其中，过水隧洞按水量多少又分为有压隧洞和无压隧洞两类。

2.2 按用途分类

按用途可分为勘探洞（井）、施工支洞、主体洞室。

2.3 按断面大小分类

根据《水工建筑物地下工程开挖施工技术规范》（DL/T 5099—2011）[1]，地下工程规模可按洞室断面面积 A 和跨度 B 的大小划分为以下几类。

（1）特小断面：$A\leqslant 10\mathrm{m}^2$ 或 $B\leqslant 3\mathrm{m}$。

（2）小断面：$10\mathrm{m}^2<A\leqslant 25\mathrm{m}^2$ 或 $3\mathrm{m}<B\leqslant 5\mathrm{m}$。

（3）中断面：$25\mathrm{m}^2<A\leqslant 100\mathrm{m}^2$ 或 $5\mathrm{m}<B\leqslant 10\mathrm{m}$。

（4）大断面：100m² < A ≤ 225m² 或 10m < B ≤ 15m。

（5）特大断面：A > 225m² 或 B > 15m。

2.4 按洞室轴线与水平面的夹角分类

根据《水工建筑物地下工程开挖施工技术规范》（DL/T 5099—2011），地下洞室按照洞轴线与水平面的夹角 α 可划分为平洞、斜井、竖井。其中，平洞又分为隧洞和大型洞室。

（1）$\alpha \leqslant 6°$ 为平洞。

（2）$6° < \alpha < 75°$ 为斜井。其中，对于缓斜井，$6° < \alpha \leqslant 48°$；对于陡斜井，$48° < \alpha < 75°$。

（2）$\alpha \geqslant 75°$ 为竖井。

3 地下工程围岩分类

3.1 围岩的概念

在地下工程开挖施工中，洞室开挖后周围的岩体简称围岩。洞室开挖后，周围岩体均会发生显著应力变化，这一变化对围岩的稳定有很大影响。

3.2 围岩分类

洞室围岩的稳定性是围岩分类的主要依据。围岩分类是针对不同的工程要求，将围岩的工程地质条件归纳为不同类别，以评定洞室围岩的性质，判定围岩稳定性，确定在洞室开挖中的支护形式和施工方法。

根据《水力发电工程地质勘察规范》[2]（GB 50287—2006）和《水工建筑物地下工程开挖施工技术规范》（DL/T 5099—2011），围岩详细分类应以控制围岩稳定的岩石强度、岩体完整程度、结构面状态、地下水和主要结构面产状等五项因素之和的总评分为基本判据，围岩强度应力比为限定判据，并应符合表 1 的规定。围岩工程地质分类中五项因素的评分：按照规范［1］中规范性附录 B.0.3 确定。围岩强度应力比：按照规范［1］中规范性附录 B.0.2 确定。

表 1　围岩工程地质分类表

围岩类别	围岩稳定性	围岩总评分 T	围岩强度应力比 S	支护类型
Ⅰ	稳定。围岩可长期稳定，一般无不稳定块体	$T>85$	>4	不支护
Ⅱ	基本稳定。围岩整体稳定，不会产生塑性变形，局部可能产生掉块	$85 \geqslant T>65$	>4	不支护或局部锚杆或喷薄层混凝土。大跨度时，喷混凝土、系统锚杆加钢筋网
Ⅲ	稳定性差。围岩强度不足，局部会产生塑性变形，不支护可能产生塌方或变形破坏，完整的较软岩可能暂时稳定	$65 \geqslant T>45$	>2	喷混凝土、系统锚杆加钢筋网

续表

围岩类别	围岩稳定性	围岩总评分 T	围岩强度应力比 S	支护类型
Ⅳ	不稳定。围岩自稳时间很短，规模较大的各种变形和破坏都可能发生	$45 \geqslant T > 25$	>2	超前锚杆、系统锚杆、挂网、喷混凝土，必要时加钢构架
Ⅴ	极不稳定。围岩不能自稳，变形破坏严重	$T \leqslant 25$	—	超前小导管、系统锚杆、挂网、喷混凝土加钢构架，必要时进行混凝土衬砌

注：Ⅱ、Ⅲ、Ⅳ类围岩，当其强度应力比小于本表规定时，围岩类别宜相应降低一级。

3.3 围岩地质状况描述

（1）Ⅰ类围岩：岩石新鲜完整；受地质构造影响轻微，节理裂隙不发育或稍发育；结构面无不稳定组合，断层走向与洞轴线正交；洞壁干燥或只有轻微潮湿现象，沿个别节理裂隙有微弱渗水；开挖后成形好。

（2）Ⅱ类围岩：岩石新鲜或微风化；受地质构造影响一般，节理裂隙稍发育或发育；结构面组合基本稳定，仅局部有不稳定组合，断层等软弱结构面走向与洞轴线斜交或正交；洞壁潮湿，沿一些节理裂隙或软弱结构面有渗水或滴水；开挖后局部成形差。

（3）Ⅲ类围岩：岩石微风化或弱风化；受地质构造影响严重，节理裂隙发育，部分张开且充泥，岩体呈碎石状镶嵌结构；结构面组合不利于围岩稳定者较多，断层等软弱结构面走向与洞轴线斜交或近平行；地下水活动显著，洞壁潮湿，沿节理裂隙或断层带有渗水、滴水或呈线状涌水；开挖后成形稍差。

（4）Ⅳ类围岩：岩石弱风化或强风化；受地质构造影响严重，软弱结构面分布较多，节理裂隙局部极发育，部分张开且充泥，岩体呈碎石状镶嵌结构或碎石状压碎结构；结构面组合不利于围岩稳定，断层等软弱结构面走向与洞轴线近平行；地下水活动显著，沿节理裂隙或断层带有渗水、滴水或呈线状涌水；开挖后成形差。

（5）Ⅴ类围岩：岩石强风化或全风化、受地质构造影响严重，节理裂隙极发育，断层带宽度大于2m，岩体呈角砾、泥砂、岩屑状散体结构；结构面呈零乱不稳定组合，断层等软弱结构面走向与洞轴线近平行；地下水活动强烈，有较大涌水量，常引起不断坍塌；开挖后成形很差，围岩极易坍塌或冒顶。

4 围岩岩质类型划分

地下工程施工中，围岩的坚硬程度是爆破设计中确定掏槽孔、崩落孔的孔距、排距、单孔装药量，以及周边孔间距、抵抗线、线装药密度等爆破参数的重要依据。

在《公路隧道设计规范》[3]（JTG D70—2004）和《水利水电工程地质勘察规范》[4]（GB 50487—2008）中均规定：岩石单轴饱和抗压强度大于30MPa为硬质岩，小于等于30MPa为软质岩。同时将硬质岩分为坚硬岩和中硬岩（或称较坚硬岩），软质岩分为极软岩、软岩、较软岩，并在《公路隧道设计规范》（JTG D70—2004）中对岩质类型判断做了定性、定量规定，详见表2。表2中，R_b为岩石单轴饱和抗压强度（MPa），

f 为岩石坚固系数。

表 2　岩质类型定性、定量划分

岩质类型		定性鉴定	代表性岩石	定量指标	
				R_b/MPa	f
硬质岩	坚硬岩	锤击声清脆，有回弹，振手，难击碎；浸水后大多无吸水反应	新鲜～微风化的花岗岩、正长岩、闪长岩、辉绿岩、玄武岩、安山岩、片麻岩、石英片岩、硅质板岩、石英岩、硅质胶结的砾岩、石英砂岩、硅质石灰岩等	$R_b>60$	$f>6.0$
硬质岩	中硬岩	锤击声较清脆，有轻微回弹，稍振手，较难击碎；浸水后有轻微吸水反应	①弱风化的坚硬岩；②新鲜～微风化的熔结凝灰岩、大理岩、板岩、白云岩、石灰岩、钙质胶结的砂页岩等	$60\geqslant R_b>30$	$6.0\geqslant f>3.0$
软质岩	较软岩	锤击声清脆，无回弹，较易击碎；浸水后指甲可刻出印痕	①强风化的坚硬岩；②弱风化的较坚硬岩；③未风化～微风化的凝灰岩、千枚岩、砂质泥岩、泥灰岩、泥质砂岩、粉砂岩、页岩等	$30\geqslant R_b>15$	$3.0\geqslant f>1.5$
软质岩	软岩	锤击声哑，无回弹，有凹痕，易击碎；浸水后手可掰开	①强风化的坚硬岩；②弱风化～强风化的较坚硬岩；③弱风化的较软岩；④未风化的泥岩等	$15\geqslant R_b>5$	$1.5\geqslant f>0.5$
软质岩	极软岩	锤击声哑，无回弹，有较深凹痕，手可捏碎；浸水后可捏成团；揉搓可成流沙状	①全风化的各种岩石；②各种半成岩	$\leqslant 5$	$\leqslant 0.5$

5　隧洞开挖方法

5.1　洞口开挖

（1）洞口明挖。土方开挖采用反铲直接挖装自卸汽车，运往弃渣场。石方开挖一般采用手风钻钻孔、边坡预裂、松动爆破的施工方法。开挖工作自上而下分层进行。明挖量较大时，按照一般明挖方法，自外向内、自上而下、分层分台阶开挖。

（2）洞口削坡。必须自上而下进行，严禁上下垂直作业。同时做好边坡危石撬挖、清理工作，边开挖边进行坡面加固，坡面加固一般采用锚、网、喷支护。

（3）截水沟设置。洞顶及两侧边坡设置截水沟，截水沟以上地表水以自排为主。截水沟一般采用浆砌石砌筑。应尽量减少明挖开口范围，以减少汇水面积。

（4）马道设置。坡面较高时，每隔 6.0～15.0m 设置马道，宽 2.0m 左右，马道内侧设排水沟，排水沟可采用砖砌。

（5）围岩稳定确认。削坡支护完毕，准备进洞前，应对洞脸及两侧边坡岩体稳定情况进行重新确认，待确认坡面岩体稳定或采取加固措施后，方可开挖洞口。

（6）洞口段开挖进洞方法。中小断面洞口段开挖可采用全断面开挖、及时支护的方法；断面较大时，也可采用先导洞后扩挖的施工方法。Ⅰ、Ⅱ、Ⅲ类围岩可采用浅孔小药量、光面爆破；Ⅳ、Ⅴ类围岩在开挖进洞前需采取超前支护、洞口及两侧墙预加固的措施，洞口外一定范围内浇筑明洞；根据具体情况，采用密孔隔孔装药，或周边密空孔钻爆法，或微量装药软岩光面爆破技术。

大断面或特大断面进洞，可采用分部分层开挖、导洞先行进洞的方法，边开挖边进行支护。

5.2 洞身开挖

平洞洞身的开挖方法应在确保施工安全的前提下，根据围岩类别、断面大小、出渣机械设备、工期要求、施工技术水平等因素综合确定。

（1）中小断面开挖。条件允许时优先采用全断面开挖，一般高度在9.0m以内的断面均可采用全断面开挖。

（2）大断面开挖。大断面、特大断面宜采用分部、分层开挖法。先进行上层开挖，待上层开挖完毕再进行下层开挖。上层开挖高度根据挖装设备能力，一般控制在7.0～9.0m。

（3）Ⅳ、Ⅴ类围岩开挖。地下水丰富，围岩稳定性差时，可采用分部开挖法，尽可能采用超前支护、挂网、喷混凝土结合钢支撑或钢格栅。

（4）常用施工方法。主要有全断面开挖法、短台阶开挖法、掌子面核心土支撑法等。全断面开挖法主要用于Ⅰ、Ⅱ、Ⅲ类围岩；短台阶开挖法主要用于Ⅳ、Ⅴ类围岩，台阶长度根据断面大小和挖掘设备能力，宜选取3.0～8.0m；掌子面核心土支撑开挖法主要用于土质围岩。

（5）单循环进尺。根据断面大小、钻孔设备选择。一般在Ⅰ、Ⅱ、Ⅲ类围岩中，采用手风钻钻孔时，钻孔深度取2.0～4.0m；采用多臂钻钻孔时，钻孔深度取4.0～5.0m。在Ⅳ、Ⅴ类围岩中，钻孔多采用手风钻，根据自身钻爆作业能力，钻孔深度取0.5～2.2m。

5.3 超挖控制

根据规范[1]，地下建筑物开挖不宜欠挖，对于Ⅰ、Ⅱ、Ⅲ类围岩，平均径向超挖值：平洞边顶拱应不大于20cm；底板开挖由于钻机操作上比边顶拱更难，因此需再放宽5cm，超挖应不大于25cm；缓斜井、斜井、竖井应不大于25cm。因地质原因产生的超挖需根据实际情况确定。

6 钻孔爆破

6.1 爆破器材

（1）炸药。地下工程施工中，经常伴有较为丰富的地下水，因此，爆破作业中最为常用的炸药是具有防水作用的乳化炸药。常用药卷直径有20mm、25mm、32mm、35mm、38mm五种。其中，25mm、32mm、35mm较为常见。周边孔主要选用

φ20mm、φ25mm 炸药；崩落孔根据孔径情况，主要选用 φ32mm、φ35mm 炸药；掏槽孔根据孔径情况，主要选用 φ32mm、φ35mm、φ38mm 炸药。

（2）雷管。主要用于起爆炸药。常用的有非电毫秒雷管、电雷管。非电毫秒雷管主要用于起爆孔内炸药和孔外联炮。电雷管主要用于起爆整个爆破网路。非电毫秒雷管由雷管和导爆管组成，常用的有 1～15 段。

（3）导爆索[5]。它是一种以太安为芯药的绳索状起爆材料，用以传递爆轰波，起爆药包。外观红色，外径≤6mm，每卷长 50m，爆速不小于 6000m/s，装药量不小于 10.5g/m，用雷管起爆。

（5）导爆管。它是一种以太安或奥克托金为主的混合药粉涂在内壁的中空塑料细管，作用是向雷管传递爆轰波。外径 3mm 左右，爆速 1950m/s，受火焰作用不起爆，但管体不能破损漏气，否则会影响传爆能力。

6.2 钻爆设计

6.2.1 爆破设计前的准备工作

在进行爆破设计前，首先到现场察看围岩情况，包括围岩名称、围岩分类、硬度及节理裂隙发育情况；然后到爆破器材仓库查看现有爆破器材情况，包括各种器材的种类、数量、性能，并收集相关说明书；最后，对现有爆破器材进行相关爆破性能试验。

6.2.2 隧洞开挖爆破设计方法

隧洞开挖爆破设计均采用光面爆破。建议围岩属极软岩、软岩时，采用周边密空孔钻爆法或微量装药软岩光面爆破技术。

6.2.3 炮孔布置

隧洞开挖爆破孔包括掏槽孔、崩落孔、周边孔。炮孔布置时，先定位掏槽孔，一般布置于掌子面的中下部，深度比崩落孔深 30～50cm；然后布置周边孔，周边孔布置根据围岩软硬情况，确定周边孔间距、周边孔抵抗线；最后按照隧洞轮廓形状，由外向内逐层布置崩落孔。掏槽孔一般包括内掏槽、外掏槽、辅助掏槽。

6.2.4 爆破参数确定

（1）钻孔直径。一般手风钻采用 φ38～40mm 钻头钻孔，钻孔直径 40～42mm；多臂钻一般采用 φ48～50mm 钻头钻孔，钻孔直径 50～52mm。

（2）单循环进尺。采用手风钻钻孔时，单循环进尺一般≤4.0m，Ⅲ类以上围岩钻孔深度取 2.0～4.0m，Ⅳ～Ⅴ类围岩钻孔深度取 0.5～2.2m；采用多臂钻钻孔时，孔深一般≤5.0m，Ⅲ类以上围岩钻孔深度取 4.0～5.0m，Ⅳ～Ⅴ类围岩钻孔深度取 1.0～2.5m。

（3）掏槽孔。一般布置于断面的中下部，常用的有楔形掏槽和直孔掏槽两种。楔形掏槽：掏槽孔间距 20～50cm，排距 30～60cm；掏槽孔与工作面交角 55°～75°；每对掏槽孔孔底间距 10～50cm；装 φ32～38mm 炸药，视围岩情况装药量为孔深的 65%～80%。直孔掏槽：在围岩硬度较高或断面较小时，建议采用六空孔平行直孔掏槽，中间一个装药孔，四周等距分布六个非装药孔作为临空面，孔距 12～15cm，六个空孔周围再布置 2～3 圈扩槽孔，扩槽孔可呈正方形布置。

（4）崩落孔。布置于周边孔和掏槽孔之间，孔距 70～160cm，排距 50～90cm，装 φ32～35mm 炸药。视围岩类别和硬度情况，装药量为孔深的 55%～75%。炮孔内装填炸药长度与孔深的比值称为炮孔充填系数，具体参照表 3 选择[6]。

表 3　炮孔充填系数

围岩类别	Ⅳ类围岩	Ⅲ类围岩	Ⅱ类围岩	Ⅰ类围岩
岩体坚固系数 f	4～6	7～9	10～14	15～20
炮孔充填系数	0.55～0.6	0.6～0.65	0.65～0.7	0.7～0.75

（5）周边孔。隧洞开挖光面爆破参数，可根据规范参照表 4 选择[1]，并按爆破试验结果进行修正。

表 4　光面爆破参数

岩石类别	周边孔间距/mm	周边孔抵抗线/mm	线装药密度/(g/m)
硬岩	550～650	600～800	300～350
中硬岩	450～600	600～750	200～300
软岩	350～450	450～550	70～120

注：炮孔直径 40～50mm，药卷直径 20～25mm。

根据多年实践经验，建议极软岩、软岩参照附录 3 中表 3.3，或附录 4 中表 4.1 选择参数；建议硬岩、中硬岩、较软岩按照附录 5 中表 5.1 选择参数。

（6）装药结构。周边孔采用间隔装药，导爆索起爆。崩落孔、掏槽孔均采用连续装药，非电毫秒雷管起爆。

（7）炮孔填塞。填塞长度一般为 60～80cm，填塞材料采用 ϕ32mm 潮湿黄土卷，单卷长度 20cm 左右。

（8）联炮方式。采用分组反向联结，每组 15～20 只导爆管，联炮雷管采用两只 MS1 段非电毫秒雷管，电雷管起爆。

（9）单孔药量。单个炮孔内所装炸药的重量，一般小于 5.0kg。

（10）炸药单耗。开挖爆破每方岩石所消耗炸药重量，跟围岩完整程度和硬度有关，一般为 0.9～2.0kg/m^3。

（11）钻孔利用率。实际开挖单循环进尺与崩落孔、周边孔平均钻孔深度的百分比，一般为 85%～100%。

7　地下工程施工安全

7.1　一般安全要求

（1）入场教育。所有进入爆破作业现场的人员，在上岗前均须进行安全意识教育培训，熟悉工作中可能存在的安全风险，牢固树立安全第一的思想。

（2）劳动保护。对现场施工人员配备各种必需的劳动保护用品，如雨鞋、安全帽、手套、防尘口罩、防噪耳塞等，并定期检查更新。

（3）施工用电及照明。洞内动力及照明线路布置在 2.5m 以上高度。固定线路要使用绝缘线，移动线路使用橡胶电缆。洞内线路安装漏电保护器，并经常对其进行检测。

（4）有害气体和粉尘控制。洞内施工时，应配备足够的通风设施，加强通风，使洞内空气符合空气质量要求。洞内应使用湿式凿岩工具，喷混凝土作业应采用湿喷法。

（5）洞顶危石检查。在整个隧洞开挖、衬砌过程中，必须对洞顶危石进行经常性检查，以防止随时间的推移，局部岩体产生松动，掉块伤人。

（6）安全监测。对不良地质洞段加强围岩观测，设立收敛和变形监测断面，使用收敛仪和多点位移计监控围岩变形，及时进行临时或永久支护。

（7）安全标志设立。在电源处、洞口、车辆运输道路等部位设立明显的安全标志牌，以警示施工人员增强安全意识。

7.2 爆破安全规定[1,7]

（1）持证设计。地下工程爆破设计应由取得相应等级爆破作业人员许可证的爆破工程技术人员进行。

（2）持证作业。所有爆破作业人员应取得公安机关颁发的爆破作业资格证书，严格持证上岗。

（3）贯通爆破。相向开挖的两个工作面相距 30m 时，或小断面洞室为 5 倍洞径距离爆破时，双方人员均应撤离工作面。相距 15m 时，应停止一方工作，单向贯通。

（4）相邻隧洞爆破。相距小于 20m 的两个平行隧洞中的一个工作面需进行爆破时，应通知相邻隧洞工作面的作业人员撤离到安全地点。

（5）人员撤离。洞内爆破前，所有人员应撤离至安全地点，起爆人员应最后撤离起爆点，确认洞内无人方可进行起爆。单向开挖洞室，安全地点至爆破工作面的距离，应不小于 200m。

（6）设备撤离。洞内爆破前，所有机械设备应撤离至距爆破作业面不小于 100m 的安全地点。对难以撤离的施工机械设备，应加以妥善保护。

（7）起爆作业。装炮联线完毕准备起爆时，必须两人在场，以防起爆人员发生意外。

（8）起爆站设置。非长大隧洞爆破时，起爆站应设在洞口侧面 50m 以外；长大隧洞在洞内避车洞中设立起爆站时，起爆站距离起爆点应不小于 300m，并能防飞石、冲击波、噪声等对人员的伤害。

（9）电力起爆。采用电力起爆方法，装药时距工作面 30m 以内应断开电流，可在 30m 以外用投光灯照明。

（10）爆破后通风散烟。地下工程爆破后，必须进行通风散烟，确认空气合格，等待时间超过 15min 后，方允许检查人员进入掌子面。

（11）盲炮处理。通风散烟结束后，先由两名爆破员对炮后掌子面进行检查，看是否存在盲炮，如有盲炮存在，应在爆破工程技术人员指导下，及时进行处理。在处理盲炮时，无关人员不得入内。

（12）爆破器材管理。加强对爆破器材的管理，对爆破器材的使用、运输、储存、加工、领用均应符合《爆破安全规程》（GB 6722—2014）及《民用爆炸物品安全管理条例》规定。每次爆破设专人领用火工材料，剩余材料应退库保管。

参考文献：

[1] 中国水利水电第十四工程局有限公司. DL/T 5099—2011 水工建筑物地下开挖工程施工技术规范［S］. 北京：中国电力出版社，2011.
[2] 中国电力企业联合会. GB 50287—2006 水力发电工程地质勘察规范［S］. 北京：中国计划出版社，2008.
[3] 重庆交通科研设计院. JTG D70—2004 公路隧道设计规范［S］. 北京：人民交通出版社，2004.
[4] 水利部水利水电规划设计总院. GB 50487—2008 水利水电工程地质勘察规范［S］. 北京：中国计划出版社，2009.
[5] 晋东化工厂. GB 9786—1999 普通导爆索［S］. 北京：中国标准出版社，2004.
[6] 马洪琪，周宇，和孙文. 中国水利水电地下工程施工［M］. 北京：中国水利水电出版社，2011.
[7] 中国工程爆破协会. GB 6722—2014 爆破安全规程［S］. 北京：［不详］，2015.

第一篇
进洞方法

土质围岩隧洞口掘进的特殊施工方法

摘　要：以温州赵山渡引水工程许岙隧洞进口开挖为例，阐述了土质围岩中隧洞口开挖采用减震爆破与插筋纵梁相结合的特殊施工方法。该方法是目前国内隧洞掘进中的一项新工艺，为土质围岩中隧洞口的安全掘进提供了有益的经验，对同类工程具有指导意义。

关键词：减震爆破；插筋纵梁；土质围岩；隧洞口开挖

1　许岙隧洞进口的地质条件

赵山渡引水工程是国家重点工程。许岙隧洞进口位于浙江瑞安市篁社镇树口村，隧洞呈城门洞形，高 4.1 m、宽 4.5 m，其进口洞脸及两侧边坡地质条件极差。在整个引水渠系中，像这样地质条件的洞口不只一个，其他一些洞口采用传统方法开挖，发生过坍塌事故，但许岙隧洞进口采用本文介绍的方法开挖却取得了很大成功，其中减震爆破与插筋纵梁相结合，并辅以格栅钢架及临时混凝土衬砌的施工方法是隧洞进口掘进成功的关键。

隧洞进口明挖完成后，出露的洞脸及两侧边坡地质条件极差，洞顶以上覆盖层厚 24.3m，其中地表土层厚 1～3m，为残坡积层，岩性为黄褐色粉质黏土夹碎块石，坡积土以下为灰紫色全风化晶屑玻屑熔结凝灰岩，洞脸纵横节理发育，泥质充填，属土质围岩，极不稳固。整个覆盖层透水性极强，坡脚有地下水渗出。

2　洞口开挖程序

2.1　坡面处理

首先对洞顶覆盖层进行了卸荷处理，以减小山岩压力对成洞的影响。洞脸及两侧边坡按土层 1∶1.25、全风化层 1∶1 的坡比进行了人工削坡，削成的坡面平整、光滑，坡面上喷 3～5cm 厚的混凝土，封闭坡面，以防地表水下渗加速围岩风化。在洞脸上部马道坡脚及岩土交界处，各设一排直径 50mm、孔深 3.5m 的排水孔。

2.2　开洞口前的准备

沿洞脸坡脚处继续向前开挖，开挖宽度在原设计宽度基础上，两侧各加宽 80cm；开挖高度比原设计高出 50cm 即可。在拱顶设计开挖线外 20cm，平行于设计开挖线布设两排水平超前插筋，间距 40～50cm、排距 60～70cm。插筋采用 Φ18 螺纹钢，长 400cm，外露 50cm，孔内 350cm。钢筋直接插入孔内，不需注入砂浆或锚固剂。隧洞两侧在设计开挖线外用C7.5浆砌块石砌成原开挖坡面坡度，要求与岩面顶紧。拱顶设计开挖线外立模浇筑厚50cm、宽100cm混凝土圈，拱圈基座为两侧浆砌石，要求拱圈与洞脸岩面接触良好，并将超前插筋外露端浇入混凝土拱圈中。由于洞口处设计开挖线外围岩仅50cm厚，为防止开挖爆破时冒顶，以拱圈为基础沿洞脸坡面砌筑高120cm、厚100cm的C7.5浆砌块石压顶，并将超前插筋外露端砌入砌石中。

2.3 进洞开挖施工程序

进洞开挖施工程序：①自洞脸或开挖面在设计开挖线外20cm，向前方开挖围岩中钻孔，插入钢筋（Φ18～25）；②进行减震爆破；③人工修整出拱顶安设格栅钢架所必需的空间（设计开挖线外20cm），并将插筋纵梁杆体剥出；④将格栅钢架点焊（或绑扎）于剥出的钢筋上；⑤超前钻孔插入钢筋并将外露端焊于格栅钢架上；⑥沿设计开挖线支立简易拱圈模板，并进行C15混凝土临时衬砌；⑦出渣；⑧钻凿减震爆破孔，待临时衬砌养护12h后爆破，重复以上步骤，直至进入地质条件较好洞段；⑨进入地质条件较好洞段后，在拱圈保护下，交错开挖两侧墙，并临时衬砌边墙。

3 减震爆破的应用

3.1 爆破方法选择

目前，为控制开挖轮廓、减轻爆破对围岩震动的常用方法有预裂爆破和光面爆破两种。这两种方法均须对设计开挖轮廓进行钻孔、装药、爆破。而对于土质围岩（本文是指坚实土和Ⅳ、Ⅴ类强风化至全风化围岩），由于强度极低（$f<2$），以上两种爆破方法对开挖轮廓的影响是不可忽视的，在土质围岩中不可能留下半孔，不能将爆破对围岩的扰动减到最小。如果采用减震爆破，其震动对设计开挖轮廓的影响极小，并能在设计开挖轮廓线上留下70％以上的半孔。基于以上原因，决定对土质围岩洞口的开挖采用减震爆破。

3.2 减震爆破原理

这种爆破方法是在设计开挖线上钻一排孔距为10～20cm的密集减震孔，形成一个由密集空孔组成的帷幕。减震孔与外圈崩落孔之间的岩土称为保护层。保护层厚度视岩土软硬情况而定，一般取25～50cm为宜。

当外圈崩落孔同时起爆后，保护层在爆破产生的压缩应力波和高压气体准静态应力共同作用下，炮孔周围岩石产生径向裂缝，继之，应力波迅速抵达密孔帷幕，形成反射，产生拉力波，土质围岩的抗拉强度极低，减震孔连心线方向所需拉应力最小，所以保护层与设计开挖轮廓线外的围岩必然首先沿这排密孔被拉裂。此裂缝又将后来的冲击压力波反射成拉力波，使裂缝继续扩大，如此重复，最终使保护层与设计开挖线外的围岩相脱离，这排密集孔起到了减震、保护开挖线外围岩的作用。

3.3 减震爆破试验

（1）试验条件。以开挖洞口第一炮作为试验炮，这时拱顶设计开挖线以上覆盖层厚仅50cm，为防冒顶，已用1.2m厚C7.5浆砌石护顶，拱顶设计开挖线外20cm已超前插入钢筋（Φ18）作为纵梁，间距40～50cm，两侧墙设计开挖线外80cm，已采用C7.5

砂浆砌石顶紧开挖掌子面，掌子面拱顶设计开挖线外已用50cm厚混凝土拱圈顶紧岩面，拱圈基座为两侧砂浆砌石，超前插入的钢筋外露端浇入拱圈中，作为插筋纵梁使用。

（2）试验参数的选定。①钻孔深度不宜大于1.0m，初选为80cm，孔径为5cm；②设计轮廓线上减震孔孔距初步拟定4倍于孔径，取20cm；③保护层厚度：由于拱顶覆盖层仅50cm，故最大只能选取50cm，若大于50cm，则有冒顶危险，因此保护层厚度取50cm为宜；④外圈崩落孔按软岩光面爆破布孔、装药，孔距取45cm，单孔药量取150～175g；⑤装药孔的起爆顺序按图1中的段位顺序起爆。

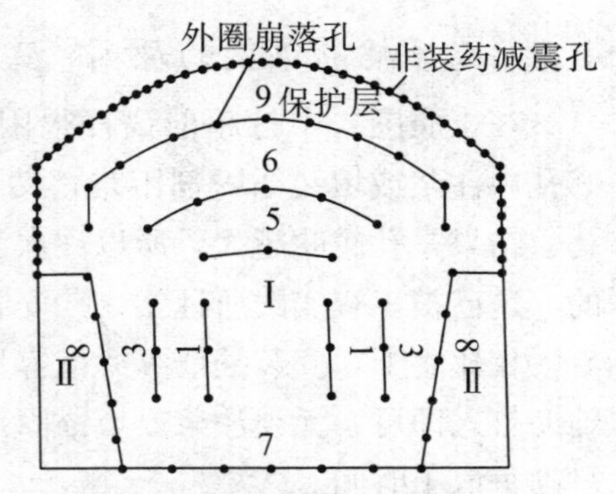

图1　减震爆破施工顺序及炮孔布置

Ⅰ、Ⅱ为开挖顺序；1～9为孔内非电毫秒雷管段位

（3）试验结果。隧洞开挖成型良好，拱部半孔残留率达80%以上，爆破对围岩扰动极小。在土质围岩中，这种爆破效果是预裂爆破和光面爆破所无法达到的。

通过试验，为进洞开挖爆破取得了可靠的技术数据，为许岙隧洞进口开挖支护成功奠定了基础。

3.4　减震爆破设计

减震爆破主要适用于中小型隧洞洞口及洞内坚实土、强风化至全风化的Ⅳ、Ⅴ类围岩的开挖。其设计步骤如下：

（1）现场调查了解施工地点具体情况，包括围岩类别、风化程度、地下水发育程度，以及开挖断面大小等，以便确定是否采用减震爆破及实施爆破前需采取的技术准备。

（2）确定爆破施工顺序：一般应优先采取图1所示的施工顺序，先开挖爆破Ⅰ部，为争取时间暂不出渣，站在渣堆上或在渣堆上搭设简易施工平台，进行格栅钢架架设和临时混凝土衬砌；Ⅱ部的开挖衬砌，待顶拱段全部开挖衬砌完毕后，再行施工。

（3）确定单循环进尺：以不大于1.0m为宜，建议钻孔深度取0.6～0.8m。

（4）确定保护层厚度：应根据围岩的软硬程度选取，一般以25～50cm为宜。过厚，保护层不易剥落；过薄，则起不到对设计开挖轮廓的保护作用。若保护层厚度选用25cm仍不能顺利剥落，则应考虑减震孔个别孔内装少量炸药或不再使用减震爆破。

（5）确定设计开挖轮廓线上减震孔孔距：根据围岩的软硬程度选取，一般为2～5倍于钻孔直径。围岩强度高，取小值，反之取大值。

（6）确定外圈崩落孔爆破参数：孔距及单孔药量按软岩光面爆破设计，孔距取0.35～0.45m，单孔药量取150～175g，堵塞长度取30～40cm，炮孔布置见图1。

（7）确定起爆方法及网路连接形式：要求外圈崩落孔在其他崩落孔起爆后同时起爆，最大同时起爆药量控制在2.5kg以内。外圈崩落孔采用同段非电毫秒雷管连接。

需要说明的是，减震爆破设计与隧洞主爆区的炮孔布置是密切相关的。因此，设计时必须将两者结合起来整体考虑，并在施工中根据情况不断调整爆破参数。

4 插筋纵梁的应用

4.1 选择插筋纵梁的原因

在土质围岩中打超前锚杆很困难，这是由于：①钻孔时钻杆易卡住，很难拔出；②孔内注浆或填装锚固剂困难，钻杆拔出后，孔立刻会被孔内小石等堵住，需反复吹孔，结果是孔越吹越大，所以注水泥沙浆或填锚固剂很难注满，钢筋与上部孔壁是脱开的，这已被工程实践所证实；③安装超前锚杆时间太长。

相比之下，安装插筋纵梁就容易得多了，只需将孔钻好，将钢筋直接插入或用大锤辅助打入即可，无须注浆或填锚固剂，经济方便，更重要的是，为格栅钢架安设和临时衬砌争取了时间。

4.2 插筋纵梁的作用

插筋纵梁的工作原理示意图见图 2，图中标号 1 为格栅钢架支点，2 为未开挖岩土支点，3 为插筋纵梁，4 为格栅钢架，5 为未开挖岩土，6 为格栅钢架后期接长段，7 为经过临时衬砌的插筋纵梁。插筋纵梁的作用如下：

（1）临时支护作用。插筋纵梁是指两端具有支点的沿洞轴线方向插入的近水平钢筋，作为纵向梁使用。以拱圈混凝土或格栅钢架为一个支点，前方未开挖围岩为另一个支点，形成简支梁承受围岩压力，以防止掘进时顶拱围岩失稳塌落，为临时支护、衬砌争取时间。

（2）悬吊作用。爆破后，插筋纵梁杆体大部分出露，格栅钢架安设时，用铁丝绑扎或焊接于出露的插筋纵梁杆体上，起悬吊作用。

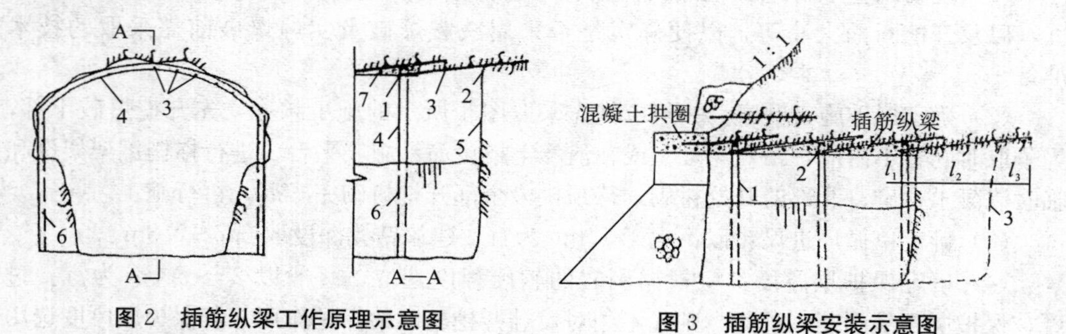

图 2 插筋纵梁工作原理示意图

图 3 插筋纵梁安装示意图

4.3 插筋纵梁设计参数

（1）材质。一般选用 Φ18～25 螺纹钢。

（2）长度：由插筋外露端长度 L_1、设计单循环进尺 L_2、未开挖岩体内插入长度 L_3 三部分组成（见图 3）。插筋外露长度 L_1 由格栅钢架到开挖面的距离确定，一般为 50～70cm；单循环进尺 L_2，一般为 70～100cm；未开挖岩体内插入长度 L_3，一般为 70～80cm。因此，插筋纵梁长度以 190～250cm 为宜。

（3）插入角度。应尽量采用小角度插入，以减少超挖，一般应控制在 5°～10°。

4.4 插筋纵梁的安装

图 3 为插筋纵梁安装示意图，图中标号 1 为格栅钢架，2 为插筋纵梁与格栅钢架焊接点，3 为假定的爆破后开挖面。准备掘进前，先预设插筋作为纵梁，其外露端浇入混凝土拱圈内或砌入浆砌石内，另一端插入土质围岩中。

4.5 插筋纵梁的经济意义

插筋纵梁的施工比打超前锚杆省时、省力、省钱，同时悬吊作用的应用省掉了大量悬吊格栅钢架的径向锚杆，从而节约了大量资金。因此，插筋纵梁的应用具有重要的经济意义。

5 结束语

许夻隧洞进口开挖工程初步实践证明，在土质围岩中，以减震爆破取代光面爆破和预裂爆破，以插筋纵梁取代超前锚杆是完全可行的。减震爆破与插筋纵梁相结合的这种特殊施工方法是在极不稳固土质围岩中，进行隧洞口开挖的一种安全、经济、快捷、可靠的方法。在以后类似地质条件下，应进一步实践，积累经验，不断完善。

参考文献：

[1] 水利电力部水利水电建设总局. 水利水电工程施工组织设计手册（2 施工技术）[M]. 北京：水利电力出版社，1990.

[2] 中国力学学会工程爆破专业委员会. 爆破工程（上）[M]. 北京：冶金工业出版社，1992.

土洞斜井进洞施工技术研究[①]

摘　要：在隧洞洞口开挖进洞施工中，土洞斜井进洞施工是难度较大的，笔者结合山西省万家寨引黄北干线 1# 引水洞支北 03－1 施工支洞开挖进洞的成功实践，探索出一套适合土洞斜井进洞的施工方法。该方法具有经济、实用、安全、可靠等优点，对同类工程施工具有指导意义。

关键词：土洞；斜井；进洞技术；万家寨引黄工程

1　引言

近年来，随着隧洞开挖技术的不断进步及工程设计中的实际需要，纯土质隧洞为越来越多的工程所采用。对于各类岩石洞口进洞，目前已有相当成熟的理论、经验，但对纯土洞洞口进洞方法还在不断探索中。本文结合山西万家寨引黄北干支北 03－1 土洞斜井洞口进洞的成功实践，对土洞斜井洞口开挖支护施工进行了初步研究和探讨。

2　工程概况

支北 03－1 支洞为山西万家寨引黄北干线 1# 引水洞的一条新增斜井施工支洞，位于山西省朔州市平鲁区下水头乡下乃河堡村。该支洞为土洞斜井，开挖断面呈城门洞形（底角呈圆弧状），宽、高均为 5.4m。其中，土洞段为 0＋017.69～0＋242.22，长 224.53m，支洞倾角 18.52°。

地质条件：支洞口位于农用耕地内，隧洞进口系 Q_3^{al+pl} 黄土状亚砂土，土体结构松散，稳定性差，成洞较为困难。

3　进洞施工技术难点

土洞斜井进洞成功的关键在于洞口前 3m 的开挖及一次支护能否成功，如果进洞的前 3m 取得了成功，那么后续的开挖掘进凭目前的隧洞施工支护手段，洞口的稳定是不难保证的。而土洞斜井进洞的主要施工技术难点在于洞口开挖的前期稳定问题，这可以从以下几个方面着手解决：

（1）洞顶及两侧边坡稳定问题。

（2）开挖进洞前的洞脸稳定问题。

（3）开挖中顶拱由于自身稳定性差及上部土压力作用造成的坍塌问题。

---

① 本文其他作者（前三名）：蒋斌、杨宝生、张建良。

（4）边墙在两侧土压力作用下的坍塌问题。

本文将主要从上述几方面着手，对土洞斜井进洞技术进行分析、研究。

4 关键施工技术问题的研究

4.1 洞口及两侧边坡稳定问题

原设计洞脸进洞开挖面为铅直面，洞顶及两侧边坡坡面坡度为 1∶1。由于进洞口土层为风积黄土状亚砂土，土质结构松散，稳定性差，因此洞脸开挖面为铅直面极不稳定，易于产生滑坡，且斜井轴线与洞脸铅直开挖面不直（交角为 71.48°），不利于控制开挖掘进方向及超前小钢管的钻孔方向，因此，建议将洞脸开挖面由铅直面变更为与斜井轴线垂直的开挖面，洞脸坡面坡度为 1∶0.335，并将洞顶及两侧边坡由 1∶1 变更为 1∶1.25。变更前后洞脸坡面如图 1 所示。

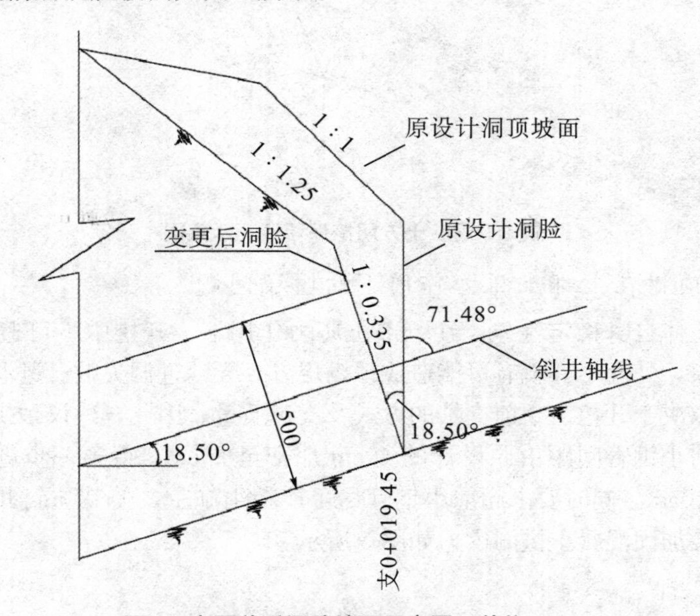

图 1 变更前后洞脸坡面示意图（单位：cm）

4.2 开挖进洞前的洞脸稳定问题

开挖进洞前，为保持洞脸在开挖前的稳定，防止洞脸土体松弛，必须对洞脸进行加固处理。原设计中洞脸加固是在洞脸铅直开挖面上布设 ϕ18mm，$L=2$m 的砂浆锚杆，间排距均为 1.5m，并在铅直面挂网喷 8cm 厚混凝土。笔者认为，这种洞脸加固方法不适于铅直开挖面土洞洞脸加固，其理由是：原设计中锚杆共 33 根，锚孔孔底均在同一铅直平面内，洞脸土体容易沿该铅直面产生剪切破坏；挂网、喷混凝土的作用是通过喷混凝土与开挖岩体的有效结合，将开挖面及时封闭并加固，而土体与喷混凝土是无法有效结合的，起不到加固洞脸的目的。因此，建议将原设计“锚、网、喷”加固方案变更为图 2 所示的加固方案，在设计开挖线外并紧贴开挖线，直墙部分采用浆砌块石加固，顶拱采用混凝土拱圈加固。

由于土洞斜井明挖开挖量一般较少，支北 03－1 施工支洞土方明挖 2200m^3，开挖及坡面处理工作仅6~7小时即可完成，但在所有洞脸加固材料、开挖超前支护材料及施工设备、人员完全准备就绪之前，必须对图2所示的土体进行保留，以避免因洞脸长时间暴露于空气中得不到及时加固处理，造成洞脸土体松弛，导致塌方。待一切准备就绪后，再将土体保留部分细致开挖，开挖完成后，立即开始加固处理。

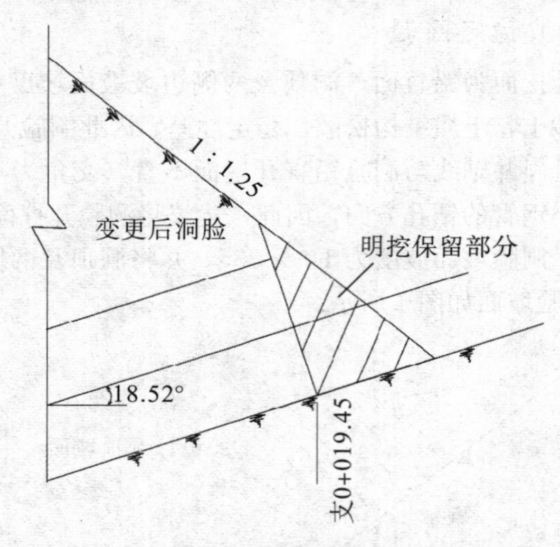

图2　洞脸土方明挖保留情况示意图

4.3　开挖中顶拱在上部土压力作用下的坍塌问题

由于洞脸土体自身稳定性差，在上部土压力作用下，开挖中不可避免地会出现掉块、坍塌等现象，处理不好就有可能造成顶拱塌方，导致进洞失败。进洞开挖第一步能否成功，完全取决于开挖前超前支护的方式及支护质量。因此，建议顶拱采用加密超前小钢管，即超前小钢管间距由原设计的40cm加密至20cm，待第一步进洞成功后，再将间距调整至40cm。同时要求超前小钢管尽可能精细施工，使其与斜井轴线平行，外露端浇筑于洞脸加固混凝土拱圈内，如图3所示。

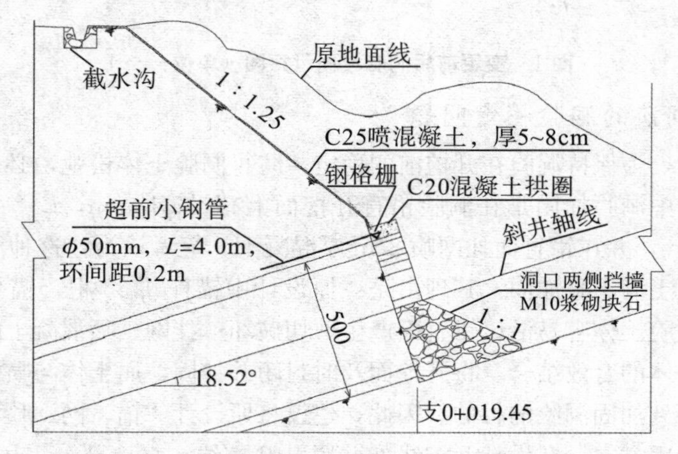

图3　优化后洞口开挖支护示意图（单位：cm）

4.4 开挖中边墙在土体侧压力作用下的坍塌问题

在下部进洞开挖中，土体自身稳定性差，在侧压力作用下，同样存在边墙坍塌问题，原设计中边墙开挖未设超前支护，为确保开挖进洞万无一失，建议增加一排侧墙超前小钢管，间距 30cm，方向与洞轴线平行，外露端砌筑于洞脸侧墙加固浆砌石内。

4.5 超前支护是采用超前小导管还是超前小钢管问题

超前小导管是将管体隔一定间距带有梅花形孔洞的钢管插入围岩钻孔中，并在一定压力下向管中注入水泥浆液，水泥浆液通过管体孔洞进入围岩，并将钢管与围岩钻孔间的空隙填满，其主要作用为超前支护并加固围岩，这在许多工程应用中取得了很大成功。但在土体中采用超前小导管，由于灌浆压力不够，土质相对均匀，无明显裂隙，水泥浆不能进入土体中，也就无法起到加固土体的作用，因此小导管只能起到纵向梁的作用，并且存在施工工艺复杂、成本高、施工时间偏长等缺点，而对于土洞开挖，围岩暴露后要求尽可能地缩短超前支护时间，以便及时封闭成拱，减少边顶拱松弛。

笔者所提及的超前小钢管，主要作用为超前支护，作为纵向梁使用，其是将钢管按设计长度斜茬截断后，不需在管体上钻孔，只需将钢管沿围岩钻孔打入土体中，无须在孔内进行灌浆施工，但要求钻孔直径与钢管直径接近，在支北 03－1 斜井土洞开挖中，钻孔直径为 60mm，钢管直径为 50mm，基本趋于耦合。

由此可见，超前小钢管与超前小导管相比，具有以下优点：①管体制作加工简单；②安装施工方便；③施工成本低；④施工速度快；⑤开挖土体暴露时间短。但要求钢管直径与钻孔直径基本耦合。

通过技术、经济综合分析、比较，我们建议以超前小钢管取代超前小导管。

4.6 断面的及时封闭问题

在软弱围岩中，开挖断面及时封闭是成功的关键，许多工程实践都充分证明了这一点。在任何情况下，使隧洞在最短时间内封闭都是极为重要的，因此，必须尽可能地简化一次支护施工工序，缩短围岩暴露时间，这一点在土洞开挖中尤为重要。将超前小导管变更为超前小钢管，从而简化了小导管注浆施工工序，这符合“及时封闭”的原则。当然在实际施工中，为尽量缩短围岩暴露时间，根据笔者多年的施工经验和地质情况，还简化了一次支护设计中其他一些不必要的支护手段。

4.7 土洞斜井开挖进洞季节问题

土洞斜井开挖进洞宜尽可能地避开雨季，并在气温 5℃以上季节进行，若开挖时已进入降雨季节，则必须在洞顶及两侧边坡上喷 5～8cm 厚混凝土，并且在距洞口明挖边线 1m 范围内挖浆砌石截水沟，以防止地表水沿坡面渗入洞口范围，同时还应对洞口上方加设防雨设施。

支北 03－1 土洞斜井开挖时，将要进入雨季，原设计洞口开挖图中洞顶及两侧边坡未设喷混凝土，因此，建议将洞口顶部坡面及两侧边坡喷 5～8cm 厚 C25 混凝土。

4.8 洞口二次衬砌问题

在开挖进洞一次支护 20m 后，必须停止土洞开挖掘进，及时进行洞口段二次衬砌及明洞段混凝土施工，确保洞口的永久安全稳定。

5 进洞施工方案优化

支北03－1施工支洞洞口位于农田内，洞口在地表耕植土下仅2～4.5m，土质结构疏松，稳定性极差。针对上述地质情况，为确保洞口安全稳定、成功进洞，项目部技术人员在对《支北03－1（南坪东）洞口开挖图》仔细分析、研究后，提出了上述设计修改建议，对进洞施工方案进行了优化。经业主、设计师、监理及相关单位的多位专家对优化后方案与原设计方案进行技术与经济分析、对比后，认为优化后方案切实可行，同意项目部提出的修改优化方案。

6 洞口开挖支护施工的实践

6.1 开挖方案

洞脸及两侧边坡开挖后，立即进行洞口开挖前的超前支护及洞脸部位加固处理。进洞开挖采用分部开挖法，首先对上半圆进行开挖及一次支护，单循环进尺0.8～1.2m，待开挖进洞16m后，再进行下部开挖。上部开挖先挖周边，中间留核心土撑托掌子面；下部开挖时，先挖中部，再挖两侧边墙，边开挖边进行下部一次支护，每0.8～1.2m支护一次。

洞口加固及超前支护情况见图3。

6.2 开挖支护施工

6.2.1 土方明挖

土方明挖采用PC200液压反铲自上而下挖土甩料，ZL40装载机运土出渣，洞顶及两侧坡面由反铲粗扒成型，再由人工采用平板铁锹修整成平整光滑的坡面。开挖中应注意在洞脸加固及超前支护材料、设备、人员等完全准备就绪前，应按图2所示保留洞脸部位土体。

6.2.2 洞脸加固及超前支护

洞脸加固及超前支护材料、设备等准备就绪后，立即挖除图2所示的保留土体，形成洞脸开挖面。洞脸开挖须由人工辅助反铲精细开挖。

（1）洞脸超前支护。超前支护采用超前小钢管，布置于设计开挖线外20cm处，钢管直径50mm，前端为斜茬，$L=4.0$m，顶拱间距20～25cm，两侧墙间距30～35cm，小钢管安装采用YT28手风钻钻孔，孔深3.5m，孔径60mm，手风钻辅助推入，外露50cm。边墙外露端砌入浆砌石中，顶拱外露端浇入混凝土拱圈中。

（2）洞脸加固。如图3所示，洞脸加固均布置于设计开挖线外侧并紧贴开挖线，两侧墙采用M10浆砌块石，顶拱采用C20混凝土拱圈，拱圈内设一榀钢格栅，超前小钢管外露端要求与钢格栅焊接牢固。

6.2.3 进洞开挖支护

（1）土洞斜井洞口开挖采用人工站在脚手架上且在超前小钢管保护下开挖，主要工具为铁锹、扬镐，单循环进尺0.8～1.0m，先挖周边，中间留核心土，以稳定掌子面。

（2）由于洞脸开挖面在开挖前已预设超前小钢管，小钢管在土体内长 3.5m，因此土洞进口前 3.0m 无须施工超前小钢管，只需每循环支立钢格栅一榀，钢格栅横截面呈三角形，由 3 根 Φ25 螺纹钢制成，钢格栅间距 0.6～0.8m。

在开挖进洞 3m 后，开始在上半圆施工超前小钢管，直径 50mm，$L=3.5$m，间距 40cm，每施工一排小钢管开挖掘进 2.0m，钢格栅间距调整至 1.0m。

（3）每个开挖循环均需支立简易木模板进行上半圆 C20 模筑混凝土浇筑，厚 20cm。

（4）待上部开挖 16m 后，开始进行下部开挖，先由中间开槽，后挖边墙，单循环进尺 0.8～1.2m，每个循环均需按设计要求架立下部钢格栅，并支立木模板进行侧墙及底板混凝土模筑。

6.2.4 二次衬砌

在全断面一次支护 20m 后，立即停止开挖，绑扎边顶拱及底板双层钢筋，进行二次衬砌；二次衬砌采用 C25 混凝土，厚 40cm，每仓长 8.0m。

7 实施效果

支北 03－1 施工支洞洞口于 2004 年 3 月 26 日明挖结束，4 月 5 日洞口加固及超前支护结束并开始洞口开挖掘进，至 2004 年 6 月 26 日，洞口二次衬砌及明洞衬砌基本完成，已完成土洞斜井开挖及一次支护 175m，其中二次衬砌 152m。实践证明，为确保洞口安全稳定，将支北 03－1 斜井支洞原设计洞口部位竖直开挖面改为与支洞斜井轴线垂直方向；将洞脸“锚、网、喷”支护改为洞周及两侧预设超前小钢管，洞口两侧砌筑浆砌石挡墙，洞边顶浇筑混凝土拱圈；将超前小导管改为超前小钢管等一系列对原设计方案的优化是非常成功的，也是非常必要的。通过对原设计进洞方案的优化，为土洞斜井进洞的成功提供了坚实的技术保证。

8 结束语

支北 03－1 施工支洞进洞施工时，虽将进入雨季，但通过当地老百姓了解到，每年此时的相同月份降雨量很少，不会影响进洞开挖。因此，简化了洞顶及两侧边坡的喷混凝土支护。雨季过后，洞口明洞顶部已回填完毕，边坡安全稳定。

通过山西万家寨引黄北干支北 03－1 土洞斜井开挖进洞的成功实践，探索出了一套适合于土洞斜井进洞的施工方法，该施工方法具有操作简便、经济实用、安全可靠的优点，对同类工程施工具有指导意义。

参考文献：

［1］杨玉银．土质围岩隧洞口掘进的特殊施工方法［J］．矿冶，2000（4）：10.

［2］关宝树．隧道工程施工要点集［M］．北京：人民交通出版社，2003.

［3］熊启钧．隧洞［M］．北京：中国水利水电出版社，2002.

微量装药软岩光面爆破技术在隧洞洞口开挖中的应用[①]

摘　要：乌干达卡鲁玛水电站尾水隧洞 8# 施工支洞洞口围岩极为软弱、覆盖层极薄，为了避免洞口塌方冒顶造成进洞失败，同时沿设计开挖线形成较好的开挖轮廓，提出了“微量装药软岩光面爆破技术”概念，将导爆索作为炸药单独使用，并得到实际应用。洞口段进行了 16 茬炮的爆破试验，进尺 35.2m，总平均超挖 3.75cm。爆破结果表明，微量装药光面爆破技术对软岩的扰动可以控制到最小，并能形成平整、规则的开挖轮廓面，同时可有效减少超挖、降低成本。

关键词：微量装药；导爆索；双层光面爆破；软岩隧洞

1　引言

极软岩、软岩隧洞开挖长期以来一直是爆破工作的难点，即便按照规范要求，单孔线装药密度控制在 70～120g/m[1]，仍然未必能取得较好的光面爆破效果。鉴于此，1999 年在温州赵山渡引水工程许岙隧洞进洞口软岩开挖中，笔者提出并采用了周边密空孔钻爆法[2]，取得了较好的爆破效果。但到目前为止，极软岩、软岩光面爆破装药量控制问题仍未得到有效解决，因此极软岩、软岩光面爆破技术仍需要进一步探索、研究。在乌干达卡鲁玛水电站尾水隧洞 8# 施工支洞洞口段极软岩开挖爆破施工中，笔者对尽可能减少周边光爆孔内装药量进行了探索、研究，将导爆索作为炸药单独使用，仅孔底装入少量炸药，取得了较好的光爆效果。

2　工程概况

2.1　概述

卡鲁玛水电站尾水隧洞工程位于乌干达境内的卡尔扬东哥地区卡鲁玛村，距离乌干达首都坎帕拉 270km。尾水隧洞共两条：1# 长 8705.505m，2# 长 8609.625m，开挖断面呈平底马蹄形，开挖洞径宽 13.7～14.8m，高 13.45～14.8m，隧洞总开挖方量 295.8 万立方米、土石方明挖 147.9 万立方米、混凝土衬砌 38.3 万立方米，总投资 5.9 亿美元，是目前世界上规模最大的尾水隧洞工程。

8# 施工支洞与 1#、2# 尾水洞分别相交于 TRT（1）2＋759.662、TRT（2）2＋

---

① 本文其他作者（前三名）：陈长贵、黄浩、李新伟。

735.764，全长1167.52m。8#施工支洞与1#、2#尾水洞的相对位置示意图如图1所示。根据设计，进口0－020～0＋020段40m，开挖断面呈马蹄形，宽10.64m、高9.40m，底坡9.5%，其余洞段呈城门洞形。进口段围岩为全风化～强风化状花岗片麻岩，以全风化为主，少量强风化，属Ⅴ类围岩，坚固系数$f=0.3\sim2$。由于地表为平地，洞底坡较缓，覆盖层较薄，洞口覆盖层最厚部位10.28m，从目前开挖围岩出露情况看，预计Ⅴ类围岩将达到60～80m。其中本文的研究对象：洞脸洞口部位围岩呈全风化状，手可掰断，揉搓可呈粉状流砂，浸水可捏成团，属极软岩[3-5]，马道以下洞口6.8m范围内洞顶覆盖层厚度为0.16～2.7m，洞口最前沿覆盖层厚度仅16cm。

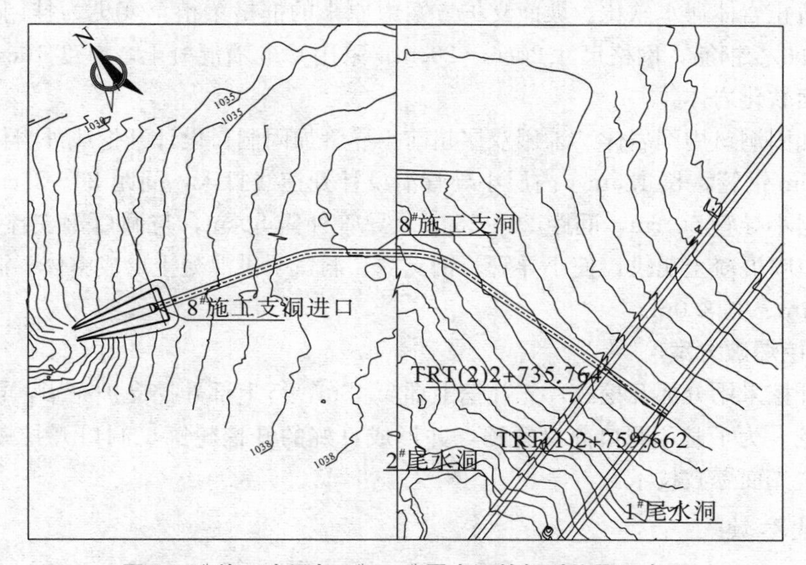

图1　8#施工支洞与1#、2#尾水洞的相对位置示意图

2.2　工程特点及爆破难点

8#施工支洞进洞口围岩强度极低，属极软岩，遇水泥化，稳定性极差，存在洞口开挖轮廓难于控制、成型差、超挖量大、边墙失稳等问题。洞口最前沿顶部覆盖层厚度仅16cm，控制不好开洞口的第一炮，则可能塌方冒顶，造成进洞失败。

3　微量装药软岩光面爆破技术的提出

鉴于洞口开挖岩体极软，手可掰断、揉碎成砂，且洞口最前沿覆盖层厚度仅16cm，最初准备采用周边密空孔钻爆法[2]，即沿设计开挖线钻一排间距20～25cm的密孔，孔内不装药，外圈崩落孔按软岩光面爆破设计。但发现周边孔钻孔工作量大，担心所有周边孔孔内完全不装药，完全依靠外圈崩落孔的爆破振动作用，周边孔与外圈崩落孔间的岩体可能难于脱落。但孔内装药可能造成洞口最前沿覆盖层冒顶塌落，进洞失败。经过周密考虑，周边光爆孔孔距、最小抵抗线按照按软岩光面爆破设计，孔内装药以导爆索为主，将导爆索作为炸药使用；为了克服孔底夹制作用，使光爆层岩体顺利脱落，隔孔孔底装入少量加强装药；为了给周边光爆孔爆破形成良好、均匀的临空面，也便于光爆层脱落，与其相邻的外圈崩落孔按软岩光面爆破设计，与周边光爆孔一起形成双层光面爆破；为了减少孔内爆炸冲击压力对孔壁的破坏，造成洞口外沿最薄部位冒顶，周边光爆孔及外圈崩落孔均不堵孔。由于该种光面爆破方法线装药密度小于常规软岩光面爆破线装药密度[1]，因此称这种软岩光面爆破方法为“微量装药软岩光面爆破技术”。

4　爆破设计

4.1　爆破方案

4.1.1　洞口围岩加固

（1）防止岩体遇水软化。坡面支护方案由原来的框格梁植草变更为挂网喷混凝土，挂网采用Φ6.5钢筋，网格尺寸20cm×20cm；采用C25喷混凝土，厚度10cm，防止雨水渗入坡面软化岩体。

（2）加固洞口周围岩体。采用双层超前小导管加固洞口设计开挖线外岩体，小导管采用Φ42mm钢管，长4.5m。内层小导管沿设计开挖线打入，间距20～25cm；外层小导管距内层小导管50 cm，间距20～25cm。导管外露50cm，与洞口钢支撑焊接牢固，并浇入洞口喷混凝土明拱，使小导管、钢支撑、洞口明拱混凝土形成整体。洞口明拱混凝土厚0.4m、宽3.0m。

4.1.2　开挖爆破方案

洞口开挖采用分部开挖法，先开挖上部5.48m，待上部开挖支护完毕，再进行下部3.96m开挖。为了避免洞口前沿冒顶，并形成良好的开挖轮廓，洞口开挖爆破采用微量装药软岩光面爆破技术。

4.2　爆破参数

4.2.1　爆破器材

（1）炸药：光爆孔、外圈崩落孔均选用ϕ25mm、长26cm、重150g的乳化炸药；掏槽孔、其余崩落孔均选用ϕ32mm、长20cm、重200g的乳化炸药。

（2）导爆索：选用塑料导爆索，炸药以太安为药芯，外观红色，直径≤5.4mm，计算中可取5.4mm；导爆索装药量10g/m；爆速不小于6×10^3m/s。

（3）雷管：孔内及连炮雷管选用MS1～MS10非电毫秒雷管；起爆雷管选用8#普通工业电雷管。

4.2.2　周边光爆孔爆破参数设计

采用YT28手风钻钻孔，ϕ40mm钻头，钻孔直径$d_{孔}=42$mm；光爆孔孔距E按照软岩光面爆破设计，取$E=9.5d_{孔}=399$mm，施工中取$E=400$mm$=40$cm；考虑到围岩较软，钻孔深度L不宜过大，同时考虑到洞顶上部有双层超前小导管保护，取1.5m；孔底装药最小抵抗线$W_{底}$在洞口顶部覆盖层最薄部位，如图2所示，孔底间隔装入半支ϕ25mm乳化炸药作为加强装药，长$l=13$cm，则

$$W_{底}=(L-l/2)\sin\alpha=99.85\text{cm}$$

式中，α为洞口顶部边坡与周边光爆孔间夹角，洞口第一排光爆孔与洞轴线平行，不考虑钻孔外偏角。

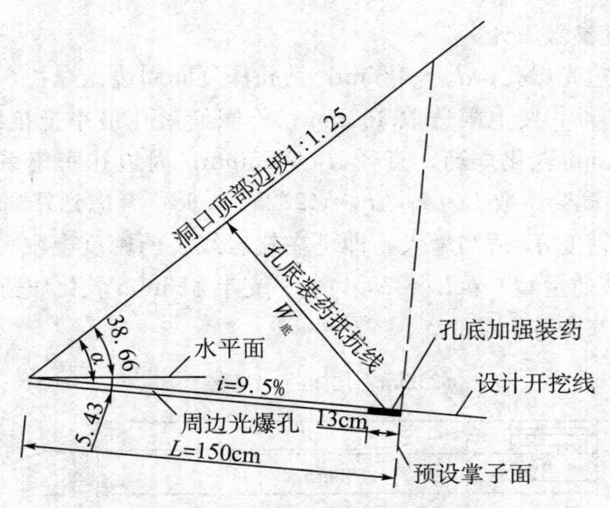

图 2　孔底装药最小抵抗线计算简图

光爆层厚度（最小抵抗线）W 除了满足软岩光面爆破要求外，同时必须小于孔底装药最小抵抗线

$W_{底}$，可取 $W \leqslant W_{底}/2$，取 $W=45$cm；可取装药直径 $d_{药}=d_{导}=5.4$mm；周边孔密集系数 $m=E/W=0.89$；不耦合系数 D 可取 1.6～2.5[1]、1.5～2.5[5]、1.25～2.0[7]，本次爆破孔内装药以导爆索为主，因此 $D=d_{孔}/d_{药}=42/5.4=7.78$。

周边光爆孔采用孔底隔孔加强装药的方式，两种装药方式线装药密度如下：①孔底加强装药的导爆索装药孔。为了使光爆层顺利脱落，孔内除了导爆索以外，孔底装入半支 ϕ25mm 乳化炸药，重 75g，因此该孔线装药密度为 $q_{装}=75/1.5+10=60$g/m。②纯导爆索装药孔。孔内仅有导爆索，因此线装药密度为 $q_{导}=10$g/m。③平均单孔线装药密度为：乳化炸药 25g/m 和导爆索 10 g/m。填塞长度，考虑到洞口覆盖层前沿最薄部位仅 16cm，孔口填塞可能使爆破能量集中于洞口覆盖层，周边光爆孔不进行填塞。周边孔装药结构图如图 3 所示。

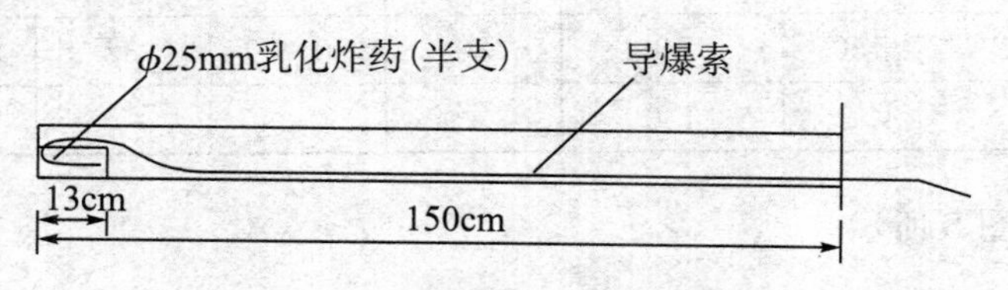

(a) 周边孔带孔底加强装药的导爆索装药

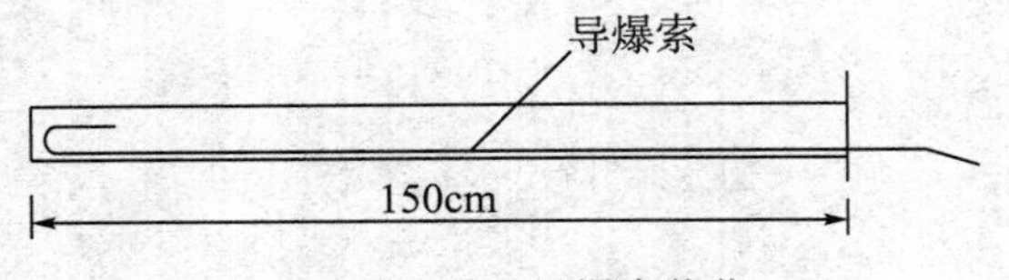

(b) 周边孔纯导爆索装药

图 3　周边孔装药结构图

4.2.3 外圈崩落孔参数设计

钻孔直径同周边光爆孔，$d_{外}=42\text{mm}$；钻孔深度同周边光爆孔，取 $L_{外}=1.5\text{m}$；孔间距 $E_{外}$ 根据规范［1］按上限选取 450mm；外圈崩落孔最小抵抗线 $W_{外}$ 按上限选取 550mm；选用 ϕ25mm 乳化炸药，直径 $d_{药}=25\text{mm}$；周边孔密集系数 $m=E_{外}/W_{外}=450/550=0.82$；不耦合系数 $D=d_{孔}/d_{药}=42/25=1.68$；考虑到外圈崩落孔兼具粉碎岩石的功能，线装药密度 $q_{外}$ 适当增大，即可在软岩线装药密度上限[1]基础上适当增大，取 150g/m；单孔装药量 $Q=q_{外}L=225\text{g}$，装一支半 ϕ25mm 乳化炸药；孔口不填塞。外圈崩落孔装药结构如图 4 所示。

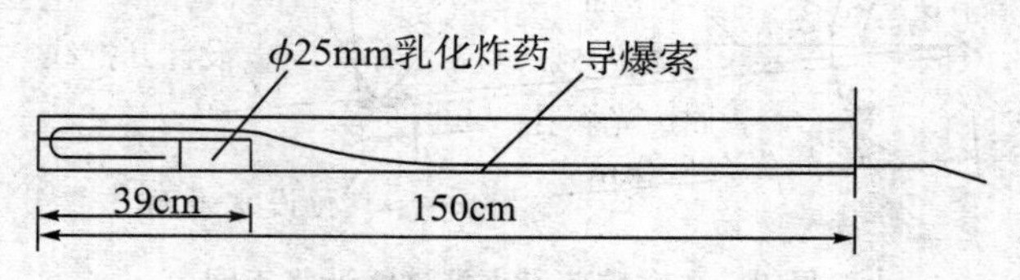

图 4　外圈崩落孔装药结构图

4.3 炮孔布置

洞口上部开挖爆破设计参数，见表 1。

表 1　上部开挖爆破设计参数表

炮孔名称	孔径/mm	孔深/mm	孔数/个	孔距/cm	排距或抵抗线/cm	药径/mm	单孔药量/kg	总药量/kg
掏槽孔	42	200	6	50		32	0.600	3.60
辅助掏槽	42	150	4	50		32	0.400	1.60
内圈崩落孔	42	150	30	100	100	32	0.400	12.00
外圈崩落孔	42	150	34	45	55	25	0.225	7.65
周边光爆孔	42	150	22 装药孔	40	45	25	0.075	1.65
			21 不装药孔	40	45		0	0
底 孔	42	150	13	80	60~80	32	0.600	7.80
合　计			130					34.30

炮孔布置如图 5 所示。

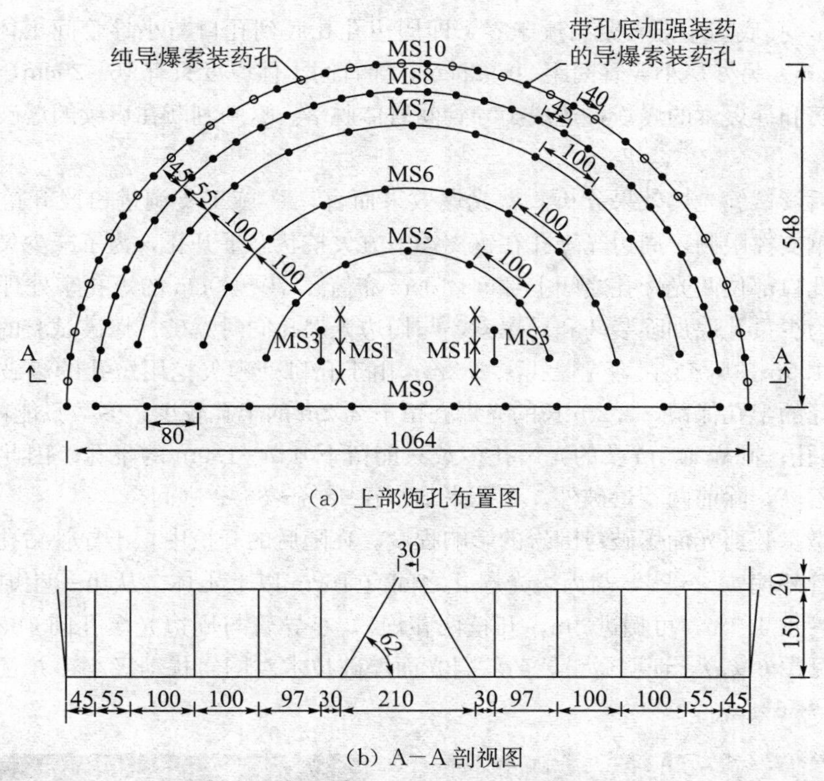

(a) 上部炮孔布置图

(b) A—A 剖视图

图 5　洞口上部开挖炮孔布置图（单位：cm）

5　爆破效果及应用情况

5.1　爆破效果

2014 年 9 月 27 日下午 5：00，8# 施工支洞洞口的第一次爆破准时起爆，同类爆破试验共进行了 16 次，均取得了较为满意的爆破效果，开挖面平整、光滑，周围岩体未发现明显爆破裂隙，对围岩扰动极小，平均超挖仅 3.95cm，但前两次爆破由于周边光爆孔与小导管间岩体过薄，半孔率较低。第 1 次爆破周边光爆孔共计 43 个，只有右侧边顶拱依稀可见 10 个半孔，半孔率仅 20.9%；第 2 次爆破仅保留 8 个半孔，半孔率为 11.6%。

5.2　爆破效果分析

对于极软岩、软岩而言，由于岩石过软，手可掰断、捏碎、揉搓成砂，光面爆破很难留下半孔。光爆效果的好坏，不能单纯地以爆破后是否留下半孔或半孔率多少来判断，更重要的是通过采用光面爆破技术，最大限度地减轻爆破对围岩的扰动、破坏，从而达到保持围岩稳定、减少超挖的目的。因此对于极软岩、软岩的光面爆破效果，我们更应该关注爆破对围岩的扰动程度及爆破后围岩的稳定情况，而不是半孔率的多少。

（1）前两茬炮半孔率低的原因。由于洞口第一排小导管是沿设计开挖线打入，钻机在洞外空间没有洞壁开孔限制，小导管钻孔方向与洞周设计开挖线方向平行，外偏角近于 0°。洞口导管下设由 I16 工字钢制作的钢支撑，周边光爆孔在导管下方 16cm 开孔，孔深 1.5m，孔底与小导管距离近于零，即周边孔孔底到孔口与小导管间土体厚度由 0 渐变至 16cm。另外，小导管间距 20～25cm，导管间土体厚度只有 16～20cm，于是，孔底微量装药和导爆索的爆炸，造成了导管间岩体脱落。这一判断在后续的爆破中得到了证实。

（2）后续试验光爆效果分析。就光爆效果而言，8# 施工支洞进口段开挖具有其特殊性：受钢支撑限制，周边光爆孔在钢支撑下方欠挖状态下开孔，为了减少欠挖处理工作量，在孔口部位两光爆孔之间上部 5～10cm 布置了 70～80cm 的短孔来处理欠挖，短孔内装药为少量孔底加强装药和导爆索，与周边光爆孔同时爆破。爆破试验的前 5 茬炮光爆孔深 1.5m，后 11 茬炮光爆孔深 2.2m，由于孔口处理欠挖用短孔的爆破影响到了正常光爆孔的半孔保留，2.2m 长的光爆孔留下 2.2m 的半孔较少，多数只能留下 1.4～1.7m 的半孔；同样 1.5m 长的光爆孔多数只能留下 0.7～1.0m 的半孔。因此，爆破试验半孔率不高，除前两茬爆破外，半孔率基本在 48%～66% 之间。

（3）微量装药光面爆破对围岩的影响程度。在随后的开挖中，小导管钻孔受洞壁限制，小导管外偏 4°～6°[8]，与周边光爆孔之间有 16cm 以上土体。从第三茬炮开始（第一排小导管长 4.5m，可掘进 3m，开挖两茬炮），小导管与周边光爆孔间 16cm 土体得以保留，见图 6（a），证明微量装药软岩光面爆破技术对围岩扰动极小，并且半孔率提高到 48%～66%。

（a）爆破对光爆孔与小导管间岩体扰动情况

（b）后续光爆效果

图 6　微量装药软岩光面爆破效果

（4）外圈崩落孔重要性。外圈崩落孔按软岩光面爆破设计，与周边光爆孔形成双层光面爆破，是微量装药光面爆破技术成功实施的关键。将外圈崩落孔的药量减下来，按照软岩光面爆破设计，有利于形成厚度均匀、完整的光爆层，既避免了因孔数少、药量过大，对周边光爆孔及设计开挖线以外岩体的振动、挤压破坏，又避免了炮孔过稀造成炮孔之间的岩体未能正常崩落，给光爆层顺利脱落造成困难。

5.3　应用情况

开洞口第一炮完成后，为了进一步确认微量装药光面爆破技术的可行性，对 8# 施工支洞洞口段接下来的 15 茬炮继续进行了跟踪试验，均取得了较好的爆破效果。在完成的 16 茬炮中，前 2 茬炮分两个台阶开挖，后 14 茬炮分三个台阶开挖，爆破试验均在上部进行。超挖情况统计见表 2。周边光爆孔线装药量及半孔率统计情况见表 3。在 8# 施工支洞进口段开挖中，采用该技术共掘进 80.6m，爆破效果均良好。

表 2　爆破试验段实测超挖情况统计表

试验次数	循环进尺/m	测点数/个	测点超挖值合计/cm	平均超挖值/cm
1	1.5	22	87	3.95
2	1.5	19	199	10.5
3	1.5	24	156	6.50
4	1.5	20	64	3.20
5	1.5	25	35	1.40
6	2.2	26	54	2.08
7	2.2	23	98	4.26
8	2.2	30	80	2.67
9	2.2	26	135	5.19
10	2.2	25	87	3.48
11	2.2	25	96	3.84
12	2.2	28	84	3.00
13	2.2	25	58	2.32
14	2.2	29	82	2.83
15	2.2	30	98	3.27
16	2.2	27	102	3.77
合计	31.7	404	1515	3.75

表 3　爆破试验段装药量及半孔率情况统计表

试验次数	钻孔深度/m	乳化炸药平均单孔线装药量/(g·m⁻¹)	导爆索线装药量/(g·m⁻¹)	周边光爆孔数/个	光爆孔总长/m	保留半孔数量/个	保留半孔总长/m	半孔率/%	备注
1	1.5	25.0	10	43	64.5	10	13.5	20.9	第一排小导管外偏角为 0°，小导管与光爆层间岩体过薄，0～16cm
2	1.5	25.0	10	43	64.5	8	7.5	11.6	

续表

试验次数	钻孔深度/m	乳化炸药平均单孔线装药量/(g·m^{-1})	导爆索线装药量/(g·m^{-1})	周边光爆孔数/个	光爆孔总长/m	保留半孔数量/个	保留半孔总长/m	半孔率/%	备注
3	1.5	25.0	10	27	40.5	18	19.8	48.9	岩体呈薄层状结构，强度很低，岩层面与洞周相切部位很难留下半孔，但超挖很少
4	1.5	25.0	10	27	40.5	19	20.9	51.6	
5	1.5	25.0	10	27	40.5	20	22.0	54.3	
6	2.2	51.1	10	27	59.4	22	37.4	63.0	
7	2.2	51.1	10	27	59.4	21	35.7	60.1	
8	2.2	51.1	10	27	59.4	18	30.6	51.5	
9	2.2	51.1	10	27	59.4	19	32.3	54.4	
10	2.2	51.1	10	27	59.4	18	30.6	51.5	
11	2.2	51.1	10	27	59.4	17	28.9	48.7	掏槽未掏出，周边光爆孔经过二次爆破
12	2.2	40.9	10	27	59.4	22	37.4	63.0	
13	2.2	40.9	10	27	59.4	23	39.1	65.8	
14	2.2	40.9	10	27	59.4	21	35.7	60.1	
15	2.2	40.9	10	27	59.4	19	32.3	54.4	
16	2.2	40.9	10	27	59.4	18	30.6	51.5	

注：孔底加强装药为 ϕ25mm 乳化炸药。

6 结语

通过 8# 施工支洞洞口段围岩极软、洞口覆盖层极薄条件下的洞口开挖及后续爆破试验，找出了控制软岩开挖轮廓、减少爆破振动、减少超挖、降低开挖成本的新方法，提出了“微量装药软岩光面爆破技术”，并将这一技术应用到了洞口段软岩开挖的工程实践中，取得了较好的爆破效果，同时，为 9#、10# 施工支洞洞口软岩开挖找到了较为合理的爆破方法和参数，并在 9#、10# 施工支洞洞口段软岩开挖爆破施工中得到了推广应用，均取得了较好的爆破效果。

参考文献：

[1] 中国水利水电第十四工程局有限公司. DL/T 5099—2011 水工建筑物地下开挖工程施工技术规范 [S]. 北京：中国电力出版社，2011.

[2] 杨玉银，段建军. 周边密空孔钻爆法在软质围岩隧洞开挖中的应用 [J]. 爆破，2000，17（2）：60—62.

[3] 中国电力企业联合会. GB 50287—2006 水力发电工程地质勘察规范 [S]. 北京：中国计划出版社，2008.

[4] 重庆交通科研设计院. JTG D70—2004 公路隧道设计规范 [S]. 北京：人民交通出版社，2004.

[5] 马洪琪，周宇，和孙文. 中国水利水电地下工程施工（上册）[M]. 北京：中国水利水电出版社，2011.
[6] 晋东化工厂. GB 9786—1999 普通导爆索 [S]. 北京：中国标准出版社，2004.
[7] 汪旭光. 爆破设计与施工 [M]. 北京：冶金工业出版社，2011.
[8] 杨玉银，蒋斌，刘春，等. 隧洞开挖爆破超挖控制技术研究 [J]. 工程爆破，2013，19（4）：4，21－24.

第二篇
爆破技术

水平V形掌子面在赵山渡引水工程隧洞开挖中的应用

摘　要：长期以来，隧洞开挖一直采用平齐的掌子面，而在赵山渡引水工程上安隧洞和许岙隧洞进口的掘进中，提出了水平V形掌子面的概念，并得到实际应用。与平齐掌子面掘进施工相比，采用V形掌子面，大大提高了炮孔利用率，增加了单循环进尺，降低了开挖成本。本文简述了V形掌子面的概念、作用机理、基本要素及其应用情况与效果。

关键词：隧洞开挖；水平V形掌子面；爆破

1　工程概况

赵山渡引水工程位子浙江省瑞安市境内，其中第Ⅷ标段的上安出口和许岙进口两隧洞位于篁社镇村口村。两隧洞均为明流无压隧洞，设计流量 9.9m³/s，加大流量 10.72m³/s，设计水深 1.69m，加大水深 1.80m。

上安隧洞全长 2965m，有两个弯道，转弯半径 50m，断面呈城门洞形，分A、B型两种开挖断面，分别为 4.4m×3.946m 和 3.8m×3.587m（宽×高），设计底坡 $i=1/3500$。许岙隧洞全长 2069m（第Ⅷ标段），平面布置及断面形状同上安隧洞，断面形式分A型、B型，大小分别为 4.1m×3.883m 和 3.5m×3.525m（宽×高）。

上安隧洞岩性主要为晶屑玻屑熔结凝灰岩，围岩呈弱～微风化，节理发育，硬度 $f=6\sim8$，地下水丰富；许岙隧洞进口岩性为晶屑玻屑熔结凝灰岩，除洞口段 50m 外，其余洞段岩体新鲜，完整性极好，节理不发育，各向均质性好，硬度 $f=10\sim12$，地下水不发育。

2　水平V形掌子面的提出

1998年8月下旬，上安隧洞出口段洞身开挖开工，考虑到洞口的安全，30m长的洞口段采用 1.2～1.5m 的浅孔掘进，炸药单耗 1.05～1.10kg/m³，钻孔利用率达 98%～100%，掌子面几乎无残孔。当时观察了几茬炮的掌子面，在水平剖面上皆呈V形。通过总结经验认为，该种掌子面是提高炮孔利用率的有效手段。

1998年9月11日洞口段开挖完毕后，开始将钻孔深度加大至 2.3m（设计洞径 4.4m），并且有意将掌子面造成水平V形，但由于药量没有随钻孔的加深而适当增大，第一炮只放出 0.5m，残孔达 1.7～1.8m。经过分析认为，爆破效果不好的主要原因是掏槽孔药量不够，故决定加大药量，先补放掏槽孔，然后再补放其他炮孔，结果炮孔全都放光，不再有残孔。以后又连续试验了 20 茬炮，几乎每茬炮进尺均在 2.2m 以上

（孔深2.3m），20茬炮总进尺达48.2m，其中有16炮周边孔往前撕裂5～15cm，即超过钻孔深度5～15cm，炮孔利用率达104.8%，平均炸药单耗1.62kg/m^3，低于中标炸药单耗1.8kg/m^3。在上安隧洞进口段岩石条件、钻孔深度、布孔方式相同的条件下，采用平齐掌子面进行试验，炸药单耗达2.0～2.2kg/m^3，而每炮进尺平均只有1.68m，钻孔利用率仅73%。1998年10月初，许岙隧洞进口强行进洞段开挖支护完毕，为了进一步验证水平V形掌子面对于提高钻孔利用率的有效性，开始在150m内采用平齐掌子面掘进，但无论怎样调整爆破参数，炸药单耗增大到2.5～2.8kg/m^3，钻孔利用率只能达到70%～85%。统计表明，在2.3m孔深条件下，只有10%左右的循环进尺达到2.0m，约65.2%的进尺只达到1.6～1.8m。尽管许岙隧洞进口采用平齐掌子面爆破钻孔利用率一直较低，但由于施工队自身组织和认识上的原因，水平V形掌子面一直未被采用。直至1999年5月，由于工期紧，才开始使用此法，结果使单循环进尺由原来的1.6～2.0m增加至2.68m。到1999年7月，月平均单循环进尺已增加到2.71m，周单循环进尺达到2.86m（钻孔深2.80m），月平均钻孔利用率提高到96.8%，最大周平均为102.1%。1999年10月中旬，在许岙隧洞提高单循环进尺的爆破试验中，将六空孔平行直孔掏槽与水平V形掌子面相结合，使单循环进尺提高到3.32m（洞径3.5m，平均孔深3.25m），钻孔利用率达102.2%。

实践证明，采用水平V形掌子面对提高钻孔利用率、提高单循环进尺、加快工程进度是行之有效的好办法。

3 水平V形掌子面作用机理

自由面的大小和数量对爆破效果有着明显的影响，自由面面积小、个数少，爆破对岩石的夹制作用大，爆破困难，单位炸药消耗量增高。

掌子面（自由面）的位置对爆破也有影响。炮孔中的装药在掌子面上的投影越大，越有利于爆炸应力波的反射，对破碎岩石越有利。采用平齐掌子面时炮孔中的装药与掌子面是垂直的，在掌子面上的投影极小，所以爆破破碎范围也很小；当炮孔与掌子面成斜交布置时，装药在掌子面上的投影面积比较大，爆破破碎范围也比较大。

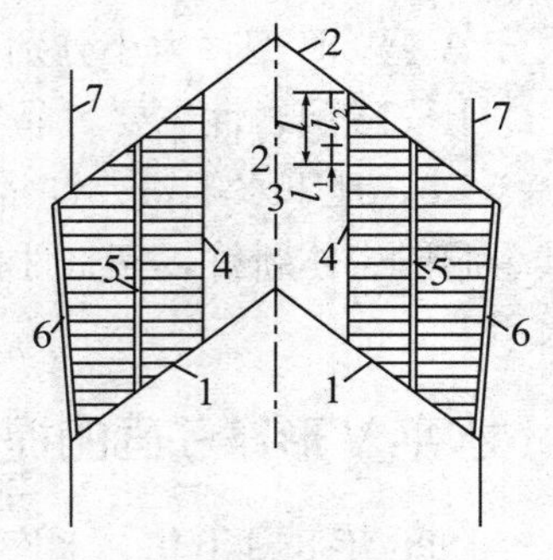

图1　掌子面水平剖面图

1—水平V形掌子面；2—炮后预形成掌子面；3—掏槽爆破后形成的空间；4—临空面；5—崩落孔（主爆孔）；6—周边孔；7—设计开挖线

图1为通过掏槽中心的掌子面水平剖面图。从图中不难看出，掌子面由原来的一个平齐自由面变成两个相对倾斜的自由面，自由面的面积也随之增大。另外，前排炮孔爆破后为后排炮孔创造的临空面面积也比平齐掌子面时增大很多，更重要的是，前排炮孔创造的临空面深度都大大超过后排钻孔孔底，从而使爆破夹制作用减至最小。图1中，l_1为平齐掌子面时前排炮孔所留残孔；l_2为V形掌子面时后排崩落孔增大的临空面；l为V形掌子面比平齐掌子面时增大的临空面。

由此可见，采用水平V形掌子面，无论是自由面数量还是自由面面积均比采用平齐掌子面时有很大提高，因此爆破时的夹制作用也大大减小，提高了爆破效果，降低了单位炸药消耗量。此外，水平V形掌子面与主爆炮孔成斜交，增加了炮孔在掌子面上的投影面积，从而增大了炮孔爆破破碎范围，有利于爆破效果的改善。

4　水平V形掌子面的应用

4.1　掌子面的要素及其确定方法

图2为V形掌子面要素。图中，α为掌子面内斜角；L为设计钻孔深度；L_1为掌子面内斜深度；B为隧洞开挖直径。为了取得良好的爆破效果，必须正确确定上述掌子面要素，其确定方法简述如下：

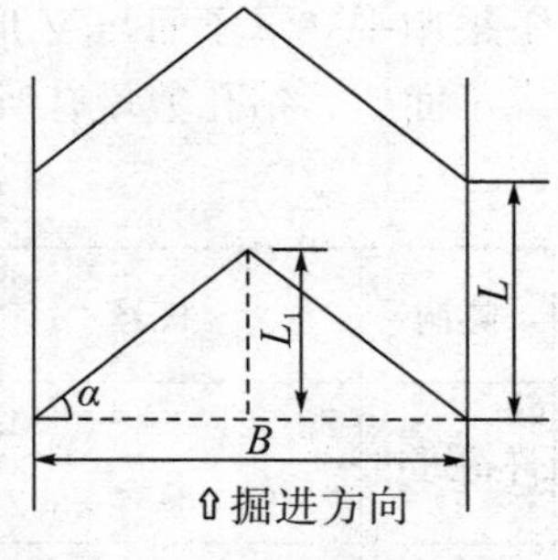

图2　V形掌子面要素

多次施工实践表明，α值的选取与掏槽方式、岩石硬度、节理发育情况及钻孔深度有关。当采用楔型掏槽时，α取25°～40°；当采用直孔掏槽时，α取30°～50°；且当围岩硬度高、节理不发育、钻孔较深时，取大值，反之取小值，其取值大小应在施工中不断调整，以适应不断变化的围岩。L值可取为：$L=0.5\sim0.95B$，其具体取值与出渣设备及施工进度安排等有关。掌子面内斜深度$L_1=(B/2)\tan\alpha$。

4.2　掏槽孔的布置

当岩石硬度$f\leqslant8$，且孔深不受隧洞断面限制时，可采用楔型掏槽，如图3（a）所示；当岩石致密坚硬，$f>8$，且节理不发育或钻孔深度受隧洞断面限制时，或采用楔形掏槽而效果较差时，均可改用直孔掏槽，其布置情况见图3（b）。

4.3　钻孔利用率超过100%

采用水平V形掌子面时，周边孔能够全部放到孔底，并且超爆（ΔL）5～15cm（见图3），即单循环进尺为$L+\Delta L$，显然大于钻孔深度，因此钻孔利用率一般都能超过100%。

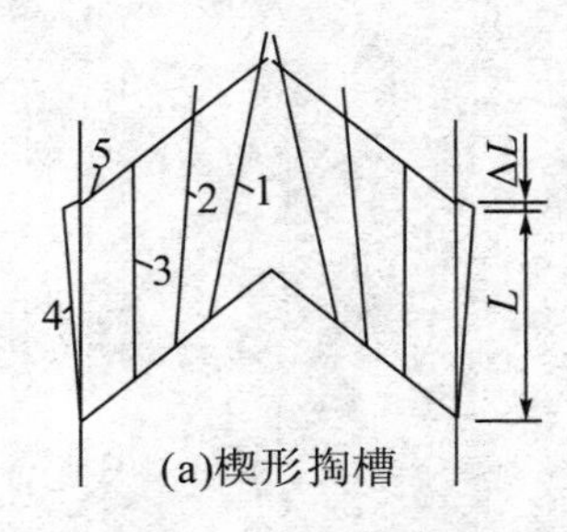

(a)楔形掏槽

1—楔形内掏槽孔；2—楔形外掏槽孔；3—崩落孔；4—周边孔；5—预期周边孔超爆线

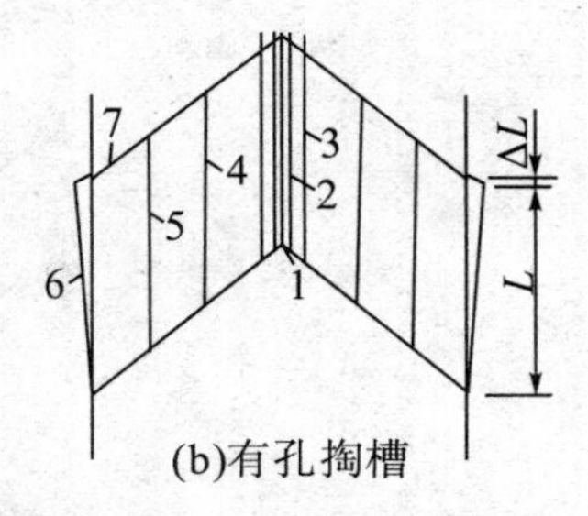

(b)有孔掏槽

1—掏槽中心装药孔；2—中心孔周边空孔；3—扩槽孔；4，5—崩落孔；6—周边孔；7—预期周边孔超爆线

图3　掌子面掏槽孔布置

5 实施效果

实践证明，赵山渡引水工程上安隧洞进口和许岙隧洞进口采用水平 V 形掌子面的掘进是非常成功的，效果很明显，尤其是许岙隧洞进口，在同样条件下使用平齐掌子面时月进尺不足 100m，使用 V 形掌子面后月进尺迅速提高列 131m（1999 年 6 月）和 142m（1999 年 7 月和 8 月）。表 1 列出了上安隧洞进口和许岙隧洞进口在同等地质条件下采用平齐掌子面与 V 形掌子面的掘进效果对比。从表 1 中不难看出，采用水平 V 形掌子面后，钻孔数量有所减少，炸药单耗明显下降，钻孔利用率大大提高。

表 1　采用不同掌子面时掘进效果对比

隧洞	桩号	地质条件 f	掌子面	孔深/m	循环数/个	进尺/m	孔数/个	炸药单耗/(kg·m^{-3})	钻孔利用率/%
许岙进口	7+351.0～7+384.6	10～12	平齐型	2.3	20	33.6	52±1	2.8	73.0
	7+805.1～7+862.3	10～12	V 字型	2.8	20	57.2	47±1	1.95	102.1
上安进口	3+823.4～3+857.4	6～8	平齐型	2.3	20	34.0	50±1	2.1	73.9
上安进口	6+280.2～6+234.1	6～8	V 字型	2.3	20	45.6	48±1	1.69	99.1

6 结语

采用水平 V 形掌子面进行隧洞开挖能大大提高爆破钻孔利用率、降低炸药单耗、减少钻孔数量，并使单循环进尺超过钻孔深度成为可能。当然，采用这种形式的掌子面，钻孔工作有一定的困难，因此有待于在以后的实践中对此项技术加以完善、提高。

参考文献：

[1] 中国力学学会工程爆破专业委员会．爆破工程（上）[M]．北京：冶金工业出版社，1992.

小断面隧洞开挖单循环进尺试验研究①

摘　要：通过温州赵山渡引水工程许岙隧洞进口开挖的工程试验，论述了六空孔平行直孔掏槽与水平V形掌子面的联合应用对提高小断面隧洞开挖单循环进尺的重要作用。试验结果表明，这种联合应用可使小隧洞单循环进尺提高到隧洞宽度的94.3%，隧洞高度的122.2%。这一数据大大超过了国内现有文献资料开挖单循环进尺与洞径的比值；同时，这一联合应用为小断面隧洞开挖提供了一种新方法，使隧洞开挖单循环进尺不再受洞径减小的影响，对指导同类工程施工有重要意义。

关键词：隧洞；单循环进尺；直孔掏槽；水平V形掌子面

1　问题的提出

在巷道掘进、小隧洞开挖施工中，为了加快工程进度，常在出渣设备和循环工序衔接上下很大功夫，但效果仍不理想。在保证出渣设备和充分挖掘工序衔接潜力的前提下，只有尽可能地增大单循环进尺，才能更有效地提高巷道、隧洞的掘进速度。

从目前国内常见的权威性文献资料来看，对于小隧洞，钻孔深度一般为隧洞宽度或高度的50%～85%，钻孔利用率按90%计算，单循环进尺也只有洞宽或洞高的45%～76.5%。为了提高单循环进尺，首先要增加钻孔深度。随着钻孔深度的增加，爆破受到的夹制作用就会更大。要提高单循环进尺，就必须先解决夹制作用问题，而水平V形掌子面[1]的出现，可以完全有效地解决这一技术难题，从而使单循环进尺接近或超过隧洞断面宽度或高度成为可能。笔者通过许岙隧洞进口开挖的工程试验研究，得出了一种提高小断面隧洞开挖单循环进尺的有效方法。下面将详细介绍工程试验及其成果的分析、研究与应用情况。

2　试验目的

（1）研究水平V形掌子面对提高单循环开挖进尺的作用。

（2）挖掘六空孔平行直孔掏槽对提高掏槽孔钻孔利用率的潜力。

（3）探讨提高小断面隧洞单循环开挖进尺的新方法。

---

① 本文其他作者：段建军、赖世骧。

3 工程试验研究

3.1 试验隧洞及其概况

试验工作在温州赵山渡引水工程许岙隧洞进口段，桩号（南干）8+326.1～8+352.52和8+529.3～8+569.12两洞段进行，隧洞呈城门洞形，断面尺寸3.5m×3.525m（宽×高），断面面积11.55m²。岩性均为晶屑玻屑熔结凝灰岩，围岩呈弱～微风化，节理不发育，完整性好，硬度 f=8～12。

3.2 爆破器材

试验洞段地下水不发育，掏槽及崩落孔炸药为ϕ32mm、长20cm、重150g的4号岩石粉状铵梯油炸药；雷管为1～10段非电毫秒塑料导爆管雷管。

3.3 试验洞段开挖面积

（南干）8+326.10～352.52洞段采用全断面开挖，并挖断面面积为11.55m²；（南干）8+529.30～569.12洞段采用顶拱预留光爆层法。拱部预留80cm厚光爆层，下部主爆区先行于拱部光爆层15～20m，光爆层紧随其后，并且始终保持这一距离。这样该洞段实际开挖高度只有2.725m，实际试验开挖面积仅为8.85m²。

3.4 炮孔布置

钻孔采用YT28型气腿式手风钻，钻孔直径43mm，孔深3.2～3.3m，平均孔深3.25m。炮孔布置见图1。

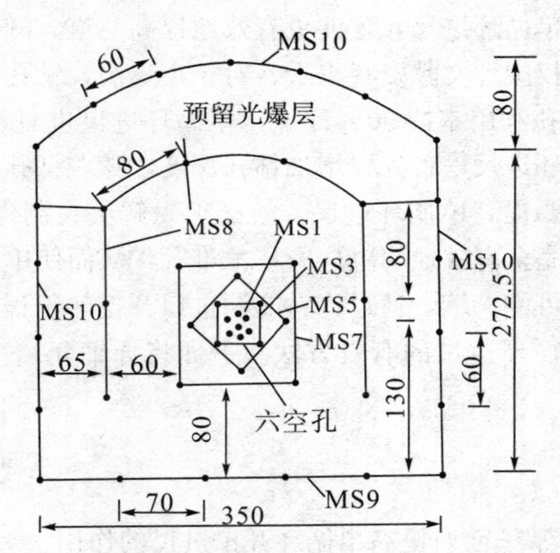

图1 隧洞开挖炮孔布置图（单位：cm）

3.5 掌子面形式

采用目前最为先进的水平V形掌子面。图2为通过掏槽中心的掌子面水平剖面图。掌子面要素[1]确定如下：

（1）设计开挖洞径：B=3.5m。

（2）设计钻孔深度：L=3.25m。

（3）掌子面内斜角：由于围岩硬度较高、节理不发育，钻孔相对洞径较深，取

$\alpha=45°$。

(4) 掌子面内斜深度：$L_1=(B/2)\tan\alpha=1.75\text{m}$。

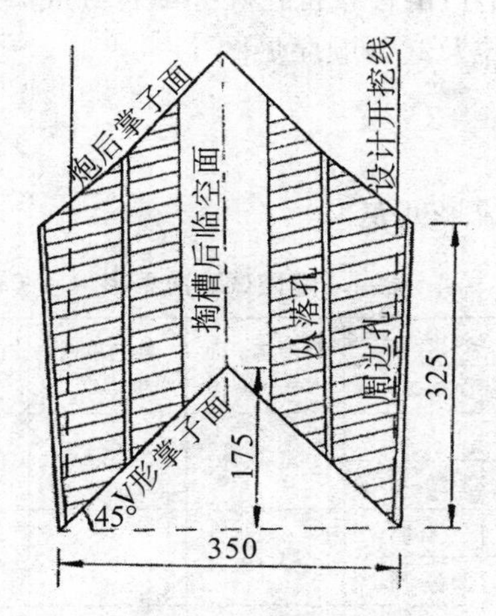

图2　掌子面水平剖面图（单位：cm）

3.6　掏槽方式

由于设计钻孔深度较深，达洞宽的92.9%，而对洞径只有3.5m的隧洞，采用楔形掏槽，受工作面限制最大钻孔深度也只有2.3m。因此，只能选用直孔掏槽。试验中选择了图3所示的六空孔平行直孔掏槽，中心掏槽孔和六空孔钻孔深度取$l=3.40\text{m}$，非电毫秒雷管引爆。

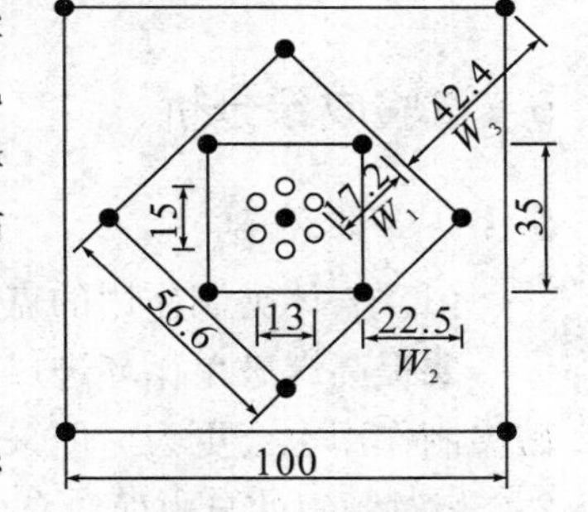

图3　六空孔平行直孔掏槽布孔图（单位：cm）

W_1—内圈扩槽炮孔抵抗线；
W_2—中圈扩槽炮孔抵抗线；
W_3—外圈扩槽炮孔抵抗线

3.7　装药量计算

根据文献［2］依围岩硬度f值的大小，按炮孔装药系数计算，试验段岩石$f=8\sim12$。

(1) 掏槽孔单孔药量：中心装药孔按炮孔装药系数$\eta=0.9$计算；内、中、外圈扩槽孔按炮孔装药系数$\eta=0.8$计算。

(2) 崩落孔药量：按炮孔装药系数$\eta=0.7\sim0.75$计算。

(3) 单孔药量计算：

$$Q=\eta\times l\times r$$

式中：Q为单孔药量（kg）；l为孔深（m）；η为炮孔装药系数；r为每米炸药量（kg/m）。

3.8　装药、封孔

在钻孔工序完毕后，须先对各炮孔吹风，将孔内水、石渣吹干净，再按设计要求装药。掏槽孔和崩落孔封堵前，应将孔内炸药用炮棍轻捣，使炸药尽量与炮孔耦合，以增加爆炸威力，提高掏槽孔和崩落孔的钻孔利用率。

炮孔封堵采用土卷封堵50～60cm，封堵应尽量用炮棍捣实。

3.9 起爆方法和顺序

孔内采用1～10段非电毫秒雷管，将孔外导爆管分成2组，用1段非电毫秒雷管联炮，火雷管引爆。各炮孔段位及起爆顺序见图1。

4 试验成果

经过多次试验，其试验成果见表1。

表1 爆破试验成果表

<table>
<tr><th rowspan="2">桩号
/m</th><th colspan="2">断面尺寸/m</th><th colspan="2">钻孔深度/m</th><th rowspan="2">V形掌子面
内斜深度/m</th><th rowspan="2">炸药单耗
/(kg·m^{-3})</th><th rowspan="2">钻孔利用率
/%</th><th colspan="2">进尺/m</th><th rowspan="2">平均单循环
进尺/m</th></tr>
<tr><th>洞宽</th><th>洞高</th><th>掏槽孔</th><th>崩落孔</th><th>循环数</th><th>进尺</th></tr>
<tr><td rowspan="2">7+926.10
～7+952.52</td><td>3.5</td><td>3.53</td><td>3.4</td><td>3.25</td><td rowspan="2">1.75</td><td rowspan="2">1.88</td><td rowspan="2">101.5</td><td rowspan="2">8</td><td rowspan="2">26.42</td><td rowspan="2">3.30</td></tr>
<tr><td colspan="3">S=11.55m^2</td><td>3.20～3.30</td></tr>
<tr><td rowspan="2">8+029.30
～8+069.12</td><td>3.5</td><td>2.73</td><td>3.4</td><td>3.25</td><td rowspan="2">1.75</td><td rowspan="2">1.90</td><td rowspan="2">102.2</td><td rowspan="2">12</td><td rowspan="2">39.82</td><td rowspan="2">3.32</td></tr>
<tr><td colspan="2">S=8.85m^2</td><td></td><td>3.20～3.30</td></tr>
<tr><td rowspan="2">7+805.10
～7+862.30</td><td>3.5</td><td>2.73</td><td>2.9</td><td>2.80</td><td rowspan="2">1.50</td><td rowspan="2">1.95</td><td rowspan="2">102.1</td><td rowspan="2">20</td><td rowspan="2">57.20</td><td rowspan="2">2.86</td></tr>
<tr><td colspan="2">S=8.85m^2</td><td></td><td>2.70～2.80</td></tr>
</table>

注：7+805.1～7+862.3洞段资料是试验V形掌子面时的数据。

5 试验成果分析

5.1 理论基础

（1）岩体夹制作用的克服。

要提高爆破单循环进尺，首先要提高钻孔深度，而随着钻孔深度的增加，岩体的爆破夹制作用也会更大。但采用水平V形掌子面，使掌子面由原来1个平齐自由面变成2个相对倾斜的自由面，自由面的面积随之增大；前排炮孔为后排炮孔创造的临空面也比平齐掌子面增大很多，并且前排炮孔创造的临空面深度都大大超过了后排钻孔孔底，从而使爆破夹制作用减少到最小[1]。

（2）掏槽爆破效果的保证。

掏槽爆破效果的好坏，直接影响着单循环进尺。因此，选择最优的掏槽方式是试验成功的关键。试验中所采用的六空孔平行直孔掏槽，由图3可以看出，其中心装药孔与周围六个空孔的中心距离只有7.0cm左右，中心孔与空孔间的岩石只有2.0～4.0cm厚，而各空孔之间也只有2.0～4.0cm，以中心孔0.9的装药系数，有绝对的把握将其与空孔间岩石100%地粉碎，且空孔利用率达100%；内圈扩槽孔抵抗线只有15～18cm，以0.8的装药系数，绝对能将其100%粉碎，钻孔利用率100%；中、外圈扩槽孔抵抗线也分别只有20～23cm和40～43cm，以0.8的装药系数，同样能将其抵抗岩石绝对粉碎，钻孔利用率不低于100%。因此，首先保证了掏槽钻孔利用率不低于100%，这就为试验成功奠定了基础。于是，随后就出现了图2所示的掏槽后产生的临空面。

5.2 试验数据分析

由表1可以得出：

（1）在钻孔深度等其他条件相同时，随着开挖断面面积的减少，单循环进尺并没有减少，钻孔利用率也并未降低。因此，用六空孔平行直孔掏槽和水平Ⅴ形掌子面进行隧洞开挖，其单循环进尺并不受断面大小影响。事实上，影响单循环进尺的主要因素应为水平Ⅴ形掌子面的内斜角大小和掏槽的爆破效果。

（2）在开挖面积相同，其他条件不变的情况下，随着钻孔深度的增加，须适当增大水平Ⅴ形掌子面的内斜角度，以减小岩体本身对爆破的夹制作用。

（3）在开挖面积等条件相同的情况下，增大钻孔深度的同时，适当增大水平Ⅴ形掌子面的内斜深度，岩石炸药单耗不会有所增加，钻孔利用率也不会有所降低。

6　试验成果应用情况

尽管这一试验是很成功的，但由于许岙隧洞进口现有出渣、装渣设备较差，且数量少，不能满足将大量石渣迅速运出洞外的要求，加之现场施工队伍自身人员组织的问题，未能将这一技术成果全部实施。我们根据现有设备及人员组织情况，经过认真分析后，认为钻孔深度2.7～2.8m是比较合理的。钻孔深3.2～3.3m，渣量大，出渣时间太长，出渣人员难以承受，循环时间也相对较长，不利于提高施工速度。表2对上述2种钻孔探度开挖单循环作业时间进行了对比。从表中不难计算出：孔深2.7～2.8m时，平均每米进尺需循环时间283min；孔深3.2～3.3m时，每米进尺需循环时间304min左右。显然，选用孔深3.2～3.3m对加快施工进度是不利的。

表2　不同孔深开挖循环作业时间表

序号	循环工序	时间/min	
		孔深2.7～2.8m	孔深3.2～3.3m
1	测量放线	30	30
2	钻孔	240	300
3	装药、起爆	30	40
4	通风	60	80
5	撬挖、出渣	420	540
6	合计	780	990

注：表中数据为正常施工时的平均时间。

通过以上对比，在施工中我们选择了钻孔深度2.7～2.8m。在1999年7、8两月共105个循环，总进尺285m，其间停电累计39h，机械设备故障等造成停工36h。正常施工期间，平均日进尺5m以上，从1999年6月至2000年3月，总平均单循环进尺2.7m以上，钻孔利用率在99%以上。

许岙隧洞单循环2.7m这一进尺，在赵山渡引水工程整个渠系十几条隧洞中，一直是领先的，其他隧洞单循环进尺多为1.8～2.2m，钻孔利用率也只有90%左右。就相近断面尺寸而言，单循环进尺2.7m，在现有文献资料中也是不多见的。可见，六空孔平行直孔掏槽与水平Ⅴ形掌子面的联合应用，对提高小断面隧洞单循环进尺是行之有效的。

7 讨论

本次试验取得了良好的爆破效果，这是与六空孔平行直孔掏槽的作用密切相关的。该掏槽方式与其他方式相比，对提高掏槽孔钻孔利用率具有明显的优越性。实践证明，它能将掏槽孔的钻孔利用率提高到100%，为提高隧洞开挖钻孔利用率及单循环进尺奠定了坚实的基础。但由于该种掏槽要求钻孔精度相当高，六空孔及其与中心装药孔之间仅隔有2.0～4.0cm薄岩体，并且要求各孔之间保持相当的平行，不得打穿且不得外插。因此，掏槽孔的钻孔须由有相当经验、水平的钻工进行。在以后的工程实践中，还应对该种掏槽在扩大钻孔孔径、加大掏槽孔深、提高钻孔精度，并使之机械化方面作进一步探索，以利于进一步提高隧洞开挖单循环进尺。

8 结论

根据爆破试验及其成果的分析研究和实际应用情况，可以得出以下结论：

（1）水平V形掌子面的采用是提高小断面隧洞开挖钻孔利用率和单循环进尺的重要因素之一。

（2）六空孔平行直孔掏槽的应用成功是提高小断面隧洞开挖单循环进尺的先决条件。

（3）六空孔平行直孔掏槽和水平V形掌子面的联合应用是提高小断面隧洞开挖单循环进尺的行之有效的方法。

（4）单循环进尺的深度应根据各施工队伍自身机械设备及人员情况，并结合经济效益分析后最终确定。

参考文献：

[1] 杨玉银．水平V形掌子面在赵山渡引水工程隧洞开挖中的应用［J］．工程爆破，2000（1）：66—69.

[2] 孙学忠．爆破工程［M］．北京：冶金工业出版社，1992.

[3] 水利电力部水利水电建设总局．水利水电工程施工组织设计手册（2施工技术）［M］．北京：水利电力出版社，1990.

掏槽面积对隧洞开挖钻孔利用率影响试验研究

摘　要：为了有效解决三峡对外交通专用公路仙人溪2#左线隧洞硬岩开挖施工中爆破钻孔利用率偏低问题，组织进行了扩大掏槽面积、增加掏槽孔数量的爆破试验，通过试验研究解决了硬岩隧洞开挖中钻孔利用率偏低的问题，使硬岩开挖的钻孔利用率提高到90.5%。试验表明，在硬岩开挖中，适当扩大掏槽面积，增加掏槽孔数量，不仅可有效提高钻孔利用率，增大循环进尺，提高隧洞开挖进度，而且可降低隧洞开挖的炸药平均单耗，降低开挖成本。

关键词：硬岩隧洞；掏槽面积；钻孔利用率

0　前言

在硬岩隧洞开挖爆破施工中，采用楔形掏槽钻孔利用率偏低是经常遇到的问题。在平齐掌子面的条件下，采用楔形掏槽[1]如何提高硬岩开挖爆破钻孔利用率，是爆破工程技术人员最为关心的问题，对于该方面的工程实践研究文献，目前还较少。笔者依托三峡对外交通专用公路仙人溪2#左线隧洞硬岩[2]开挖爆破的工程实践，就掏槽面积对硬岩开挖钻孔利用率的影响进行了试验研究。取得的试验成果有益于提高硬岩开挖钻孔利用率、加快工程施工进度。

1　爆破试验的提出

仙人溪2#左线隧洞位于湖北省宜昌市碑垭村境内。该洞全长1389.3m，施工桩号ZK11+279.7～ZK12+669.0，开挖断面呈马蹄形，宽11.98～12.52m，高8.28～9.24m。隧洞围岩属寒武系上统黑石沟组灰质白云岩，整个洞线以Ⅳ、Ⅴ类围岩为主，岩性坚硬、完整，呈中厚层致密块状，坚固系数f=8～12；局部洞段属Ⅱ～Ⅲ类围岩，施工中需要进行必要的支护处理。开挖施工采用日本古河JTH3RS－150型三臂液压凿岩台车，受台车开挖高度限制，采用分部开挖法施工。先用凿岩台车开挖上部7.5m，下部扩挖滞后前部掌子面150m左右。

三臂凿岩台车自进口向出口方向开挖，崩落孔、周边孔平均钻孔深度4.0m。从开挖至桩号ZK11+386.8开始，连续6茬炮，平均单循环进尺只有2.8m左右。经初步分析，认为炮孔较深，掌子面岩石坚硬、致密，炮孔填塞质量不好。在随后的施工中，将炮孔填塞长度[3]增加到80cm，并认真捣实，炸药单耗逐渐增加到2.5kg/m³，但爆破效果仍不理想，单循环进尺只有3.0m左右，这严重影响了开挖施工进度。为了提高钻孔利用率，增大单循环进尺，中国水电五局三峡工程项目部召集爆破工程技术人员对目前隧洞开挖爆破效果进行了专项研究。通过对爆破后掌子面的连续观察发现：①掌子面掏槽中间部位较深，残孔较少，为 90～100cm，两侧掌子面比掏槽部位高出 20～30cm；②掏槽部位表面一定深度内的岩石出现裂隙和松动，如果周边的炮孔能量足够的话，掏槽深度或许能够进一步加深；③爆破后底部掏槽面积较小，不利于周围岩体克服孔底和环向的夹制作用。

根据上述分析情况，为了取得较为满意的掏槽效果，决定进行扩大掏槽面积的爆破试验：两侧增加掏槽孔排数，上下增加掏槽孔对数[3]。

2 试验目的

（1）设法提高硬岩开挖钻孔利用率，增大单循环进尺，降低开挖成本，加快工程进度。

（2）研究在三臂凿岩台车钻孔条件下，合理的硬岩隧洞钻孔爆破参数。

（3）研究掏槽面积大小对硬岩隧洞开挖爆破钻孔利用率的影响[4]。

3 爆破试验研究

3.1 试验洞段基本情况

爆破试验选取在 ZK11+430.2～ZK11+484.5 洞段，该洞段开挖断面呈马蹄形，断面尺寸 11.98m×8.28m（宽×高），采用三臂凿岩台车开挖上部 7.5m。围岩为灰质白云岩，呈弱～微风化状，节理裂隙不发育，完整性好，坚固系数[2] f=8～12。

3.2 爆破器材选取

根据火工材料供应商所能提供的炸药、雷管情况，炸药选用 HW－1 型乳化炸药：掏槽孔选用 ϕ38mm、L=200mm、重 250g 的药卷；崩落孔选用 ϕ35mm、L=200mm、重 200g 的药卷；周边孔选用 ϕ25mm、L=200mm、重 100g 的药卷。雷管：孔内选用 1～12段非电毫秒雷管，联炮选用 1 段非电毫秒雷管，火雷管起爆。

3.3 掏槽设计调整

3.3.1 原掏槽设计存在问题

原爆破设计掏槽方式为二级楔形掏槽[1,5]，如图 1 所示。先由内掏槽 1 掏至设计开挖深度 2/3 位置，再由外掏槽 2 将掏槽深度加深至设计开挖深度。掌子面掏槽面积 7.4m^2（宽 3.7m、高 2.0m）、孔底掏槽面积 1.2m^2（宽 0.6m、高 2.0m）。该掏槽方式主要存在以下问题：①掏槽邻近的崩落孔抵抗线偏大，容易造成孔底残留；②掏槽底部空腔面积过小，补偿空间不足，不利于周围崩落孔爆破时克服孔底夹制作用；③掏槽空腔偏小，平均断面面积（7.4+1.2）/2=4.3m^2，不利于周围岩体克服环向夹制作用。经分析，认为以上原因造成了掏槽开挖爆破效果不好，钻孔利用率只有 70%～75%，因此要提高钻孔利用率，在后边的掏槽设计中，必须解决上述三个问题。

3.3.2 试验掏槽设计

为了有效解决原掏槽存在的问题，在随后进行的爆破试验采用了图 2 所示的多级掏槽[3,6]，在原设计二级掏槽基础上，两侧各增加两排掏槽（掏槽 3、掏槽 4），并且每排比原设计增加一个掏槽孔，这样，掌子面掏槽宽度增加到 4.9m，高度增加到 2.5m，面积增加到 12.25m²；孔底部位掏槽宽度增加到 3.7m，高度增加到 2.5m，面积增加到 9.25m²。掏槽空腔的平均断面面积达到（12.25＋9.25）/2＝10.75m²。两侧新增加的两排掏槽孔有效解决了相邻崩落孔底部抵抗线偏大问题。试验掏槽具体设计参数见表 1。

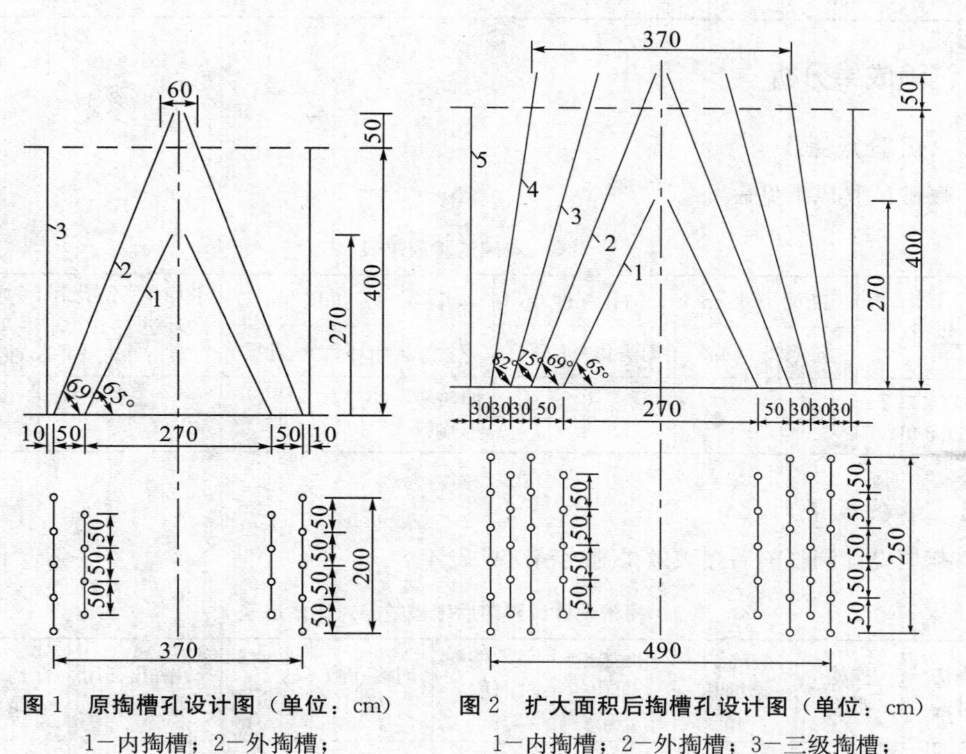

图 1　原掏槽孔设计图（单位：cm）
1—内掏槽；2—外掏槽；
3—临近崩落孔

图 2　扩大面积后掏槽孔设计图（单位：cm）
1—内掏槽；2—外掏槽；3—三级掏槽；
4—四级掏槽；5—临近崩落孔

表 1　试验掏槽设计参数表

孔号	掏槽孔名称	孔径/mm	孔深/m	孔数/个	孔距/cm	排距/cm	药径/mm	单孔药量/kg	总药量/kg
掏槽 1	内掏槽	50	3.0	10	50	—	38	3.00	30.0
掏槽 2	外掏槽	50	4.8	12	50	50	38	5.00	60.0
掏槽 3	三级掏槽	50	4.6	10	50	30	38	4.25	42.5
掏槽 4	四级掏槽	50	4.5	12	50	30	38	4.00	48.0

3.3.3　起爆顺序和方法

各级掏槽孔由内到外，孔内分别选用 1、3、5、7 段非电毫秒雷管，孔外采用 1 段非电毫秒雷管联炮，火雷管起爆。

3.4　其他炮孔参数

崩落孔、周边孔、底孔的爆破设计参数见表 2。

表 2　崩落孔、周边孔、底孔爆破设计参数表

孔型	孔径/mm	孔深/m	孔距/cm	排距（或抵抗线）/cm	药径/mm	单孔药量/kg
崩落孔	50	4.0	90	90～100	35	3.0
周边孔	50	4.0	60	70	25	1.4
底　孔	50	4.0	80	80	32	2.4

4　试验成果分析

4.1　试验成果

爆破试验成果见表 3。

表 3　爆破试验成果表

桩号	断面尺寸/m		钻孔深度/m		掏槽形式	进尺/m		平均单循环进尺/m	钻孔利用率/%	炸药单耗/(kg/m³)
	洞宽	洞高	掏槽孔	崩落孔		循环数	进尺			
ZK11+430.2～ZK11+484.5	11.98	7.5	4.5～4.8	4.0	四级楔形掏槽	15	54.3	3.62	90.5	1.48

4.2　爆破效果对比

掏槽设计调整前后爆破效果对比情况见表 4。

表 4　掏槽设计调整前后爆破效果对比情况表

掏槽时段	掏槽类型	掌子面掏槽面积/m²	孔底掏槽面积/m²	平均掏槽面积/m²	掏槽孔数/个	平均单循环进尺/m	钻孔利用率/%	炸药单耗/(kg/m³)
原设计掏槽	二级楔形掏槽	7.40	1.20	4.30	18	2.80～3.00	70.0～75.0	2.00～2.50
调整后掏槽	四级楔形掏槽	12.25	9.25	10.75	44	3.62	90.5	1.48

4.3　成果分析

从表 4 中不难看出，通过在原掏槽设计基础上扩大掏槽面积、增加掏槽孔数，有效地提高了单循环进尺，使钻孔利用率由 70%提高到 90.5%，有效降低了炸药单耗。

5　结论

（1）通过增大掏槽面积，增加掏槽孔数量，可以有效提高硬岩开挖钻孔利用率，增大单循环进尺，降低开挖成本，加快工程进度。

（2）爆破试验为本工程使用三臂凿岩台车开挖坚硬岩石洞段提供了较为合理的钻孔爆破参数，如表 1、表 2 所示。

（3）掏槽面积的大小对硬岩隧洞爆破钻孔利用率有着重要影响，掏槽面积过小，爆

破后形成的掏槽空腔（临空面）面积较小，不利于周围崩落孔爆破时克服孔底和环向的夹制作用，爆破困难，单位炸药消耗量增高。适当增大掏槽面积，不仅可以有效减小周围崩落孔的抵抗线，形成较深、环向面积较大的掏槽空腔，而且可以有效减小周围崩落孔爆破时孔底和环向夹制作用，降低炸药单耗。

6 试验成果应用情况

爆破试验为仙人溪 2# 左线隧洞硬岩采用三臂凿岩台车施工提供了较为合理的掏槽设计参数，顺利完成了后续的 1189m 隧洞开挖任务，其间局部洞段根据围岩变化情况，及时调整了单循环进尺和爆破参数。

7 结束语

在平齐掌子面条件下，使用三臂凿岩台车开挖坚硬岩石隧洞，在爆破效果不好，钻孔利用率不高时，一定要认真查找原因，注意炮孔的填塞质量，采用合理的掏槽布置方式，适当扩大掏槽面积，一定能有效提高钻孔利用率，降低炸药单耗，加快工程进度。

参考文献：

[1] 水利电力部水利水电建设总局．水利水电施工组织设计手册（2 施工技术）[M]．北京：水利电力出版社，1990.

[2] 中国水利水电第十四工程局有限公司．DL/T 5099—2011 水工建筑物地下开挖工程施工技术规范 [S]．北京：中国电力出版社，2001.

[3] 汪旭光．爆破设计与施工 [M]．北京：冶金工业出版社，2011.

[4] 龙维祺．爆破工程 [M]．北京：冶金工业出版社，1992.

[5] 张播琦．新建南昆铁路（铁十八局管区）施工管理与技术 [M]．北京：中国铁道出版社，2001.

[6] 全国水利水电施工技术信息网．水利水电工程施工手册（第 2 卷）土石方工程 [M]．北京：中国电力出版社，2002.

提高隧洞开挖爆破钻孔利用率方法

摘　要：为了提高隧洞开挖爆破钻孔利用率，降低开挖成本，通过分析影响隧洞开挖钻孔利用率的因素，根据多年施工实践经验，总结归纳出了提高隧洞开挖钻孔利用率的各种方法，包括增大掏槽面积、改变掏槽方式、运用V形掌子面、选用与岩石波阻抗相匹配的炸药、选用适当的药卷直径、调整爆破参数和保证堵塞质量等，这些方法均经过多项工程实践检验，可以有效解决钻孔利用率偏低问题，适用于各类围岩隧洞开挖，可供隧洞施工技术人员参考借鉴。

关键词：隧洞；硬岩；钻孔利用率；方法

0　前言

在硬质岩石隧洞开挖中，由于岩石坚硬且具有一定的韧性，往往爆破钻孔利用率非常低。比如，平均钻孔深度2.5m，单循环爆破进尺只有1.7m左右，钻孔利用率多在65%～75%，在硬岩开挖中这种现象经常会出现。这不仅大大提高了爆破成本，而且影响了开挖施工进度，延长了工期。因此，对硬质岩石隧洞开挖钻孔利用率进行分析、研究是很必要的。

本文中所提及的硬质岩石是隧洞开挖爆破施工中难于爆破、坚固系数 $f>6$ 的坚硬岩石[1]。该类岩石具有坚硬、致密、完整且抗拉强度较高，可爆性差的特点，一般钻孔利用率较低。

1　提高钻孔利用率的方法

岩石性质是影响爆破钻孔利用率的最主要的因素。对于施工中要开挖爆破的岩石性质，我们一般是无法改变的，只有从改变爆破条件、爆破工艺，选择炸药性能等方面来进行研究。

根据笔者多年的隧洞施工经验与理论分析，提高隧洞开挖钻孔利用率的主要方法有以下几种。

1.1　增大掌子面掏槽面积

隧洞开挖爆破设计中，掌子面掏槽面积的大小对钻孔利用率提高是有重要影响的：掌子面掏槽面积的增大，掏槽孔排数、掏槽孔数量自然增多，可以创造较大的掏槽空腔临空面。无论是掏槽环向面积还是掏槽深度都会进一步扩大，这有利于周围崩落孔随后起爆时克服孔底和环向的夹制作用[2]。以楔形掏槽为例，如图1(a)所示，掏槽1、掏槽2为原设计掏槽孔，掏槽3为新增掏槽孔。在原设计掏槽1、掏槽2两排掏槽孔起爆后，一定深度内的残留岩体，在爆轰压力和高压气体共同作用下，已经出现了裂隙和松动，如图 1(b) 所示。新增的掏槽孔孔距、排距比常规崩落孔小很多，单孔药量也大于常规崩落孔，其粉碎能力也就远高于常规崩落孔，于是，在新增掏槽孔的起爆冲击压力及高速岩块撞击作用下，原设计掏槽孔爆破后一定深度内残留的岩体脱落，从而减少了掏槽孔底残留，增大了掏槽空腔深度，如图 1 (c) 所示。掏槽空腔深度增大，为周围的崩落孔创造了更深的临空面，这可以有效减少周围崩落孔的残孔；掏槽环向空腔面积的增大，减小了周围崩落孔爆破时孔底和环向的夹制作用，同样有益于减少孔底残留。可见，增大掏槽面积有利于提高钻孔利用率。

该方法在三峡对外交通专用公路仙人溪 2# 左线隧洞开挖施工中得到了具体应用，取得了较为理想的效果。

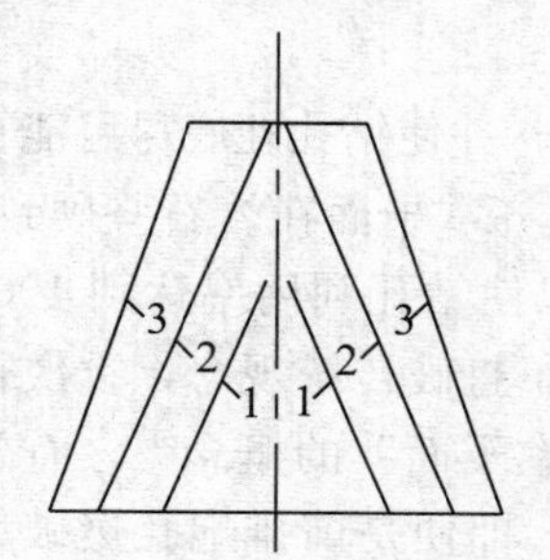

(a) 掏槽孔布置情况

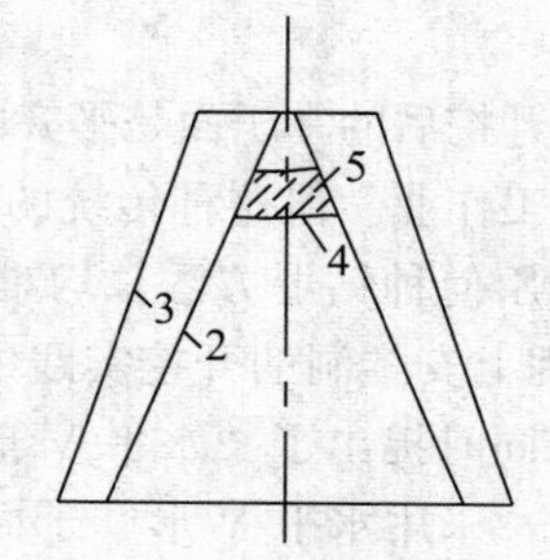

(b) 前排掏槽孔爆破后情况

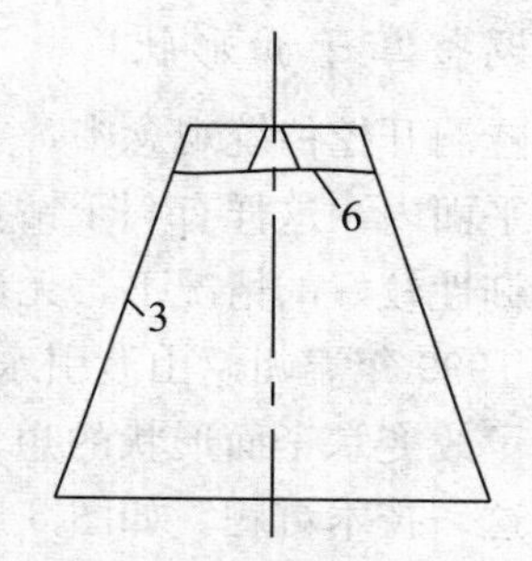

(c) 后排掏槽孔爆破后情况

图 1　新增掏槽孔扩大掏槽空腔深度示意图

1—原设计内掏槽；2—原设计外掏槽；3—新增掏槽；4—原设计掏槽爆破后底面；5—出现裂隙和松动的岩体；6—新增掏槽爆破后底面

1.2　改变掏槽方式

隧洞开挖施工中，最常用的掏槽方式有楔形掏槽和直孔掏槽两种。从笔者长期的实践经验来看，对于坚硬致密、完整、韧性较好的岩石，即便掏槽孔的孔距、排距达到 40～50cm，掏槽孔除了必要的填塞长度外，全部装满炸药，仍然难以取得较好的掏槽效果，残孔仍然较大。这种情况下可以考虑改变掏槽方式，采用直孔掏槽。建议选用六空孔平行直孔掏槽[3]，如图 2 所示。中心装药孔与周围空孔间的岩石厚度只有 2～4cm，各空孔间岩石厚度同样只有 2～4cm，中心装药孔以 0.9 的装药系数能绝对保证掏槽空腔的实现；内圈扩槽孔抵抗线只有 15～18cm，以 0.8 的装药系数能绝对保证内圈扩槽的实现；中、外圈扩槽孔的抵抗线也分别只有 20～23cm 和 40～43cm，以 0.8 的装药系数同样能将抵抗岩石绝对粉碎。这就有效保证了坚硬岩石掏槽的钻孔利用率达到 100%。

该方法在温州赵山渡引水工程许岙隧洞开挖中得到了具体应用，取得了非常满意的效果[3-4]。

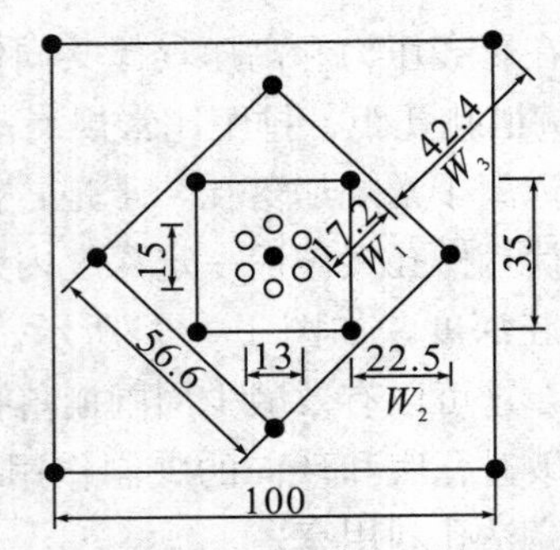

图 2　六空孔平行直孔掏槽布孔图（单位：cm）

W_1－内圈扩槽炮孔抵抗线；W_2－中圈扩槽炮孔抵抗线；W_3－外圈扩槽炮孔抵抗线

1.3　调整掌子面形状

在隧洞开挖传统观念中，要求开挖后的掌子面是平齐的，并使钻孔孔底尽可能在同一垂直平面内，这样有利于钻孔施工作业。但这种传统的平齐掌子面在岩石坚硬致密、完整、韧性较好的情况下，无论采用何种钻爆方法，均难以使钻孔利用率达到 100%。笔者在 1999 年温州赵山渡引水工程上安隧洞的开挖实践中，打破传统观念，首次在国内提出了改变掌子面形状的想法，同时提出了“水平 V 形掌子面”的概念[4]，有效地解决了这一技术难题。如图 3 所示，采用水平 V 形掌子面，即便是前排炮孔爆破后有些残孔，仍然不会影响后排孔的爆破效果。其基本原理是：前排炮孔爆破后创造的临空面深度均大大超过了后排炮孔孔底，使后排孔孔底爆破夹制作用减少到最小，从而使后排孔的钻孔利用率达到 100%，也就使坚硬岩石开挖爆破钻孔利用率达到 100%成为现实。

该方法在温州赵山渡引水工程上安、许岙隧洞开挖中得到了具体应用，取得了满意的效果[4]。自 1999 年至今，该方法得到了一批隧洞开挖工程的应用，均取得了较好的爆破效果。

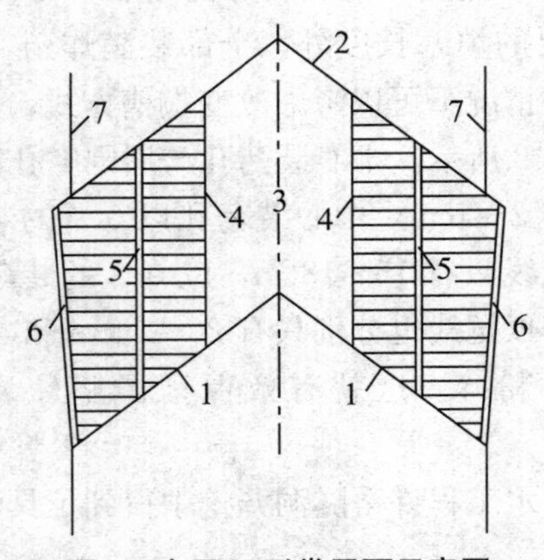

图 3　水平 V 形掌子面示意图

1－水平 V 形掌子面；2－炮后预形成掌子面；3－掏槽爆破后形成的空腔；

4－临空面；5－崩落孔（主爆孔）；6－周边孔；7－设计开挖线

1.4 选择与岩石波阻抗相匹配的炸药

爆破坚硬岩石，应选用密度大、爆速高的炸药品种。炸药波阻抗是炸药密度 ρ 与爆轰波速度 D 的乘积。在条件允许的情况下，应尽量选用与岩石波阻抗相匹配的炸药品种。当炸药的波阻抗与岩石的波阻抗相匹配时，同等条件下炸药传递给岩石的能量最多，引起的岩石应变最大，对岩石的粉碎破坏最彻底[2]。事实上，坚硬岩石波阻抗可达到（10～25）$\times 10^6$kg/（m^2·s），很难找到与坚硬岩石波阻抗完全匹配的炸药。因此，工程实践中使用的炸药波阻抗常小于坚硬岩石的波阻抗，只能尽量选用与岩石波阻抗接近的炸药品种[5]。坚硬岩石应选用的炸药性能参见表1。

表1 坚硬岩石应选用的炸药性能[2]

岩石性质		炸药性能		
波阻抗 /[10^6kg/(m^2·s)]	坚固系数 f	爆轰压 /MPa	爆速 /(m/s)	密度 /(g/cm^3)
16～20	14～20	20000	6300	1.2～1.4
14～16	9～14	16500	5600	1.2～1.4
10～14	6～9	12500	4800	1.0～1.2

铁路系统在建设西安－安康线上的秦岭隧道时，遇到深埋地下强度超过250MPa的特硬岩，波阻抗达 15×10^6kg/（m^2·s），为此专门委托山西兴安化工厂研制爆速4500m/s以上，密度1.26g/cm^3的专用水胶炸药，才获得良好的爆破掘进效果。

1.5 适当增大药卷直径

在进行坚硬岩石爆破时，适当增大掏槽孔的药卷直径，尽量采用耦合装药，减小药卷与孔壁间的间隙，有利于爆炸冲击荷载直接作用于炮孔孔壁，增大爆炸冲击波作用在孔壁上的峰值压力，提高对掏槽孔孔壁岩石的粉碎能力，从而保证掏槽效果[2,6]。对于常用的YT28手风钻钻孔直径42mm，掏槽孔宜选用 ϕ35～38mm药卷；三臂凿岩台车常用钻孔直径50mm，掏槽孔宜选用 ϕ38～44mm药卷。

1.6 调整爆破参数

采用楔形掏槽时，根据爆破效果情况，及时调整减小掏槽孔的孔距、排距，适当增加单孔药量，也能改变掏槽效果，提高掏槽钻孔利用率。

1.7 保证孔口填塞质量

保证孔口填塞质量是以上所有提高钻孔利用率方法的前提，也是最基本的方法，但却常被忽视。工地上常采用纸壳炸药箱用水浸泡后简单填塞或包装炸药的塑料袋简单填塞的方法。这些方法都是错误的，对软岩爆破效果影响不大，若遇到坚硬岩石，将会造成大量较深残孔，钻孔利用率会极低。

正确的填塞方法：①填塞材料。以采用最优含水率的砂壤土为宜，制成 ϕ32mm×200mm的土卷。②填塞长度。由于掏槽爆破时只有掌子面一个临空面，而崩落孔爆破时除了掌子面外，还增加了一个掏槽爆破后的空腔临空面，因此，掏槽爆破的难度要远远大于周围崩落孔。这就要求掏槽的填塞质量要比崩落孔更高。根据施工经验，一般掏槽孔可选用 ϕ60～80cm，崩落孔填塞可选用 ϕ60cm，光爆孔填塞可选用 ϕ40～50cm。③填塞质量。每个炮孔内填塞的土卷，必须用炮棍逐个捣实。

2 方法选用

当钻孔利用率偏低时，首先要认真分析原因，确定合适的解决方法。对于以上方法，首先要保证钻孔精度、填塞质量，然后调整爆破参数、选用直径较大的药卷；仍然不能取得较好的爆破效果时，可以考虑增大掏槽面，选用高密度、高爆速、与岩石波阻抗接近的炸药品种；采用上述方法后，爆破效果仍然不佳时，可以考虑改变掏槽方式、调整掌子面形状。

3 结束语

笔者多年来的隧洞开挖爆破实践证明：对于坚硬岩石，只要方法得当，采用合理的爆破设计，精细钻孔，细致装药，认真填塞，及时调整爆破参数，必要时调整掏槽方式、改变掌子面形状，就一定能取得理想的爆破效果。

参考文献：

[1] 中国水利水电第十四工程局有限公司. DL/T 5099—2011 水工建筑物地下开挖工程施工技术规范 [S]. 北京：中国电力出版社，2001.
[2] 汪旭光. 爆破设计与施工 [M]. 北京：冶金工业出版社，2011.
[3] 杨玉银，段建军，赖世骧. 小断面隧洞开挖单循环进尺试验研究 [J]. 四川水力发电，2001，20 (S1)：57－62.
[4] 杨玉银. V形掌子面在隧洞开挖中的应用 [J]. 爆破，1999，16 (4)：75－77，82.
[5] 李夕兵，古德生，赖海军，等. 炸药与岩石波阻抗匹配的能量研究 [J]. 中南矿冶学院学报，1992，23 (1)：18－23.
[6] 龙维祺. 爆破工程 [M]. 北京：冶金工业出版社，1992.

分部楔形掏槽在硬质岩石隧洞开挖中的应用[①]

摘　要：为了解决乌干达卡鲁玛水电站尾水隧洞10#施工支洞钻孔利用率低、进度滞后、光爆效果差等问题，组织爆破工程技术人员深入施工现场，通过查找现有爆破方案存在的问题，对现有爆破方案进行了优化，提出了"分部楔形掏槽"的概念，并与水平V形掌子面相结合，成功地将硬岩开挖爆破钻孔利用率从79.4%提高到98.5%以上，将平均单循环进尺从2.62m提高到3.25m，有效地加快了开挖进度，降低了炸药、雷管单耗；通过调整光爆参数、装药结构，将光面爆破半孔率提高到90%以上。

关键词：硬质岩石；隧洞爆破；分部楔形掏槽；钻孔利用率；单循环进尺；炸药单耗；光面爆破

1　前言

对于硬质岩石隧洞开挖，采用楔形掏槽，受开挖断面及岩石硬度限制，很难提高单循环进尺[1]。但楔形掏槽具有掏槽孔数少、掏槽体积大、炸药单耗低等优点，因此仍然在很多大中型断面隧洞钻爆法开挖中最为常用。如何在硬质岩石隧洞开挖中，采用楔形掏槽的前提下，进一步提高硬质岩石开挖单循环进尺、降低开挖成本、加快工程进度，就成为隧洞开挖爆破工程技术人员的主要课题。在乌干达卡鲁玛水电站尾水隧洞10#施工支洞开挖中，通过采用分部楔形掏槽与水平V形掌子面相结合的爆破方法，成功地解决了这一爆破技术难题，为同类隧洞爆破作业提供了有益的经验。

2　爆破施工中存在的问题及改进思路

2.1　工程概况

卡鲁玛水电站尾水隧洞工程位于乌干达境内的卡尔扬东哥地区卡鲁玛村，距离乌干达首都坎帕拉270km。尾水隧洞共两条：1#尾水隧洞长8705.505m，2#尾水隧洞长8609.625m，开挖断面呈平底马蹄形，开挖洞径宽13.60～15.30m，高13.45～15.15m。

10#施工支洞与1#、2#尾水洞分别相交于TRT（1）8+530.313、TRT（2）8+434.940，全长415.32m，底坡11.58%。根据围岩出露情况及设计地质工程师现场勘察，施工支洞0+080.0～0+232.8洞段按照Ⅲ类围岩开挖，围岩以弱风化花岗片麻岩

---

① 本文其他作者：陈长贵、黄浩、刘志辉。

为主，坚固系数 $f=6\sim8$，开挖断面呈城门洞形，宽 8.24m、高 7.38m；0+232.8～0+416.32洞段按照Ⅱ类围岩开挖，围岩以弱～微风化花岗片麻岩为主，坚固系数 $f=9\sim10$，属坚硬岩石，开挖断面呈城门洞形，宽 8.16m、高 7.38m。

2.2 爆破施工中存在的问题

（1）钻孔利用率低，工期滞后。10#施工支洞变为Ⅲ类围岩后，随着围岩坚硬程度的提高，自支洞桩号 0+120 开始，周边孔、崩落孔等主爆孔平均钻孔深度 3.3m，而单循环进尺仅有 2.55～2.70m，自 2015 年 3 月 26 日至 4 月 16 日 0+120～0+232.8 洞段开挖进尺 112.8m，共计打了 43 个循环，平均单循环进尺 2.62m，平均钻孔利用率仅 79.4%，平均日进尺仅 5.37m。以这个进度，按照工期安排 2015 年 5 月 15 日打到 0+416.32，进入尾水洞 1#主洞，至少需要 35 天。而剩余工期仅有 29 天，如果仍按照计划工期完成，每天日进尺必须达到 6.3m 以上。因此，提高钻孔利用率，从而提高单循环进尺就成为当务之急。

（2）光面爆破半孔率偏低，平整度不好。从已开挖的Ⅲ类围岩洞段看，光面爆破半孔率仅 60%左右，并且两半孔之间平整度不好，凹进、突出比较明显。

2.3 原因分析

2.3.1 钻孔利用率低原因分析

2015 年 4 月 18 日上午，项目部组织爆破工程技术人员深入 10#施工支洞开挖掌子面，与爆破工、钻工一起对目前正在实际应用的爆破设计进行了分析，发现正在应用的爆破设计存在以下问题：①掌子面形状中间向外突出，两侧凹进，不利于提高钻孔利用率；②掏槽效果不好，实际掏槽深度不到位，造成掌子面中间向外突出，两侧崩落孔产生大量残孔；③掏槽范围偏小，掏槽空腔小，不利于提高钻孔利用率[2-3]；④围岩比较坚硬，主掏槽孔的孔间距在 35～40cm，偏大，两孔间的炸药爆炸力不足以彻底剪断、抛出两孔间岩体；⑤相邻两排掏槽孔的钻孔倾角控制不好，造成两排掏槽孔孔底间距偏大，从孔底残孔情况看，掏槽孔的孔底间距有的达到 1.1～1.3m。以上几方面原因，综合起来造成了 10#施工支洞钻孔利用率偏低。

2.3.2 光爆效果差原因分析

经现场察看，10#施工支洞光爆效果差，主要存在以下问题：①周边光爆孔间距偏大，多在 65～70cm，造成两孔间欠挖、超挖现象，平整度不好；②线装药密度偏大，孔内装药量达到 350～400g/m，造成半孔率偏低；③工地无法买到竹片等制作光爆药串用材料，装药结构不合理，局部药量过大，造成光爆保留半孔存在较大裂隙。

2.4 优化改进思路

2.4.1 钻孔利用率低优化改进思路

（1）调整掌子面形状。主体思路是采用水平 V 形掌子面[4]，尽可能地使掌子面中部向内凹进，两侧向外突出，使掌子面在水平剖面上呈 V 字形；鉴于岩石完整性较好、硬度较高，掌子面上部可呈倒坡状。在岩石坚硬、较完整的条件下，使掌子面水平剖面上呈 V 字形，顶部呈倒坡状，可以有效提高隧洞开挖钻孔利用率。

（2）改变掏槽布置方式。将常规的集中布置掏槽孔方式改变为分部掏槽方式，分为上部掏槽、下部掏槽两部分，在尽量减少掏槽孔的情况下，有效增大掏槽范围，扩大掏槽空腔，从而减少由于爆破空腔过小产生的夹制作用。

（3）调整主掏槽孔的孔间距离。鉴于岩石较硬、完整性较好，且存在一定柔性，主掏槽孔的孔间距不宜过大，初步可将主掏槽孔间距调整为25cm左右，确保两孔间炸药爆炸能够彻底剪断两孔间岩体，必要时主掏槽孔间距可选用20cm。

（4）控制相邻两排掏槽孔间的孔底间距。在采用多排楔形掏槽的情况下，应确保相邻两排掏槽孔的孔底抵抗线不大于85cm，以70～85cm为宜。

（5）加强掏槽孔的填塞。充分认识掏槽孔的孔口填塞的重要性，确保掏槽孔的孔口填塞长度和密实性。

2.4.2 光面爆破优化改进思路

（1）调整周边光爆孔的孔距。根据围岩坚硬程度、完整性，以及8#、9#施工支洞光爆效果情况调整周边光爆孔的孔距。

（2）调整光爆孔内线装药密度。根据8#、9#施工支洞同类围岩光爆效果及线装药密度情况，适当降低线装药密度。

（3）调整光爆孔内装药结构。由于没有绑扎光爆药串用的竹片，药卷与导爆索处于脱离状态，全部采用ϕ25mm药卷间隔装药，脱开的最大距离可能达到12mm，不利于ϕ25mm药卷的稳定爆轰。为了提高光爆孔内炸药爆轰的稳定性，可以采用ϕ32mm药卷、ϕ25mm药卷间隔使用，以增加光爆孔内间隔药卷爆轰的稳定性。

3 爆破设计方案优化

通过对10#施工支洞正在使用的爆破设计及爆破掌子面进行分析，最终确定了优化后的爆破设计方案：鉴于围岩坚硬、完整性较好，采用YT28手风钻全断面开挖，掌子面形状采用水平V形掌子面[4]，掏槽方式采用分部楔形掏槽，周边开挖轮廓控制采用光面爆破，钻孔直径42mm，设计周边孔、崩落孔的平均钻孔深度取$L=3.3$m。

3.1 爆破器材

（1）炸药：崩落孔、掏槽孔均选用ϕ32mm乳化炸药，重300g，长30cm；周边光爆孔选用ϕ32mm、ϕ25mm乳化炸药间隔装药，其中ϕ25mm乳化炸药重150g，长26cm。

（2）导爆索：选用塑料导爆索，炸药以太安为药芯，外观红色，导爆索直径5.4mm，导爆索装药量10g/m，爆速不小于6×10^3m/s。

（3）雷管：孔内及联炮雷管选用1～11段非电毫秒雷管，起爆雷管选用8#普通工业电雷管。

3.2 掌子面设计

对于提高硬质岩石钻孔利用率，在一定程度上讲，掌子面的形状是个关键，常规的平齐掌子面，或中部向外突出的掌子面，都不利于提高钻孔利用率，而中部适当凹进的掌子面在一定程度上可以有效提高钻孔利用率，根据以往成功经验，掌子面可采用水平V形掌子面，如图1所示。其基本作用原理是：在周边孔、崩落孔等钻孔深度相同的条件下，前排孔爆破为后排孔创造的临空面深度大大超过了后排孔的孔底，为后排孔爆破创造了较好的临空面[4]。根据文献［4］，水平V形掌子面要素确定如下：

（1）隧洞开挖跨度B：$B=8.16\text{m}$。

（2）掌子面内斜角$\alpha_{斜}$：$\alpha_{斜}$值的选取与掏槽方式、岩石硬度、钻孔深度有关，当采用楔形掏槽时，$\alpha_{斜}$可取25°～45°[4]，10#施工支洞初次可选取$\alpha_{斜}=25°$，再根据爆破效果进行调整。

（3）掌子面内斜深度L_1[4]：$L_1=(B/2)\tan\alpha_{斜}=(8.16/2)\tan25°=1.90\text{m}$。

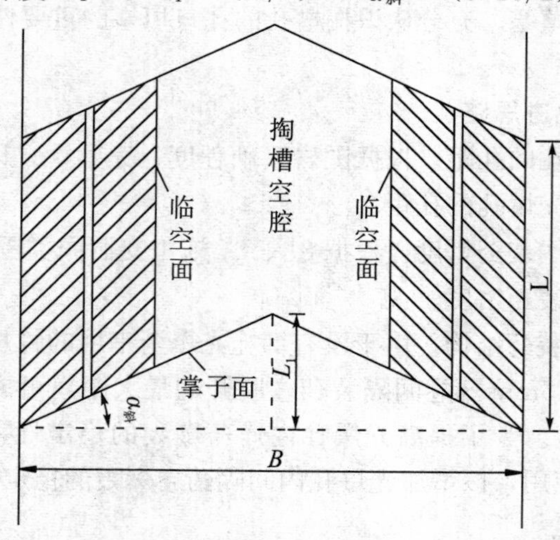

图1　水平V形掌子面要素及作用原理示意图

3.3　掏槽设计

在隧洞开挖爆破中，掏槽方式是决定单循环进尺及钻孔利用率的最主要因素之一，掏槽效果好了，钻孔利用率高了，单循环进尺自然会提高。因此，选定掏槽方式至关重要。实践表明，对于大中型断面，楔形掏槽比直孔掏槽炸药单耗率低，开挖成本也相对较低，但对于硬质岩石，楔形掏槽的掏槽效果不如直孔掏槽。项目部基于开挖成本考虑，决定仍然继续采用楔形掏槽方式。因此，如何提高楔形掏槽的钻孔利用率、改善掏槽爆破效果，就成为必须解决的关键技术问题。通过对楔形掏槽的基本作用原理进行分析，并结合文献［3-4］，10#施工支洞在接下来的开挖中，主要采取了以下措施，并且取得了令人满意的掏槽效果。

3.3.1　采用分部楔形掏槽

对于传统常规的楔形掏槽，均采用集中布置形式，掏槽面积相对较小，掏槽空腔（临空面）也较小，不利于崩落孔爆破时克服孔底及环向夹制作用，爆破困难，单位炸药消耗量偏高；适当增大掏槽面积，形成较深且环向面积较大的掏槽空腔，可以有效减小周围崩落孔爆破时孔底和环向的夹制作用。但在增大掏槽面积的同时，应尽量减少掏槽孔钻孔数量，因此，10#施工支洞在接下来的开挖中采用了图2（a）所示的分部楔形掏槽，改变了传统楔形掏槽的集中布置方式，将掏槽分为上部楔形掏槽和下部楔形掏槽两部分，中间间隔80cm，这样既扩大了掏槽面积，又尽可能地减少了掏槽孔钻孔数量。

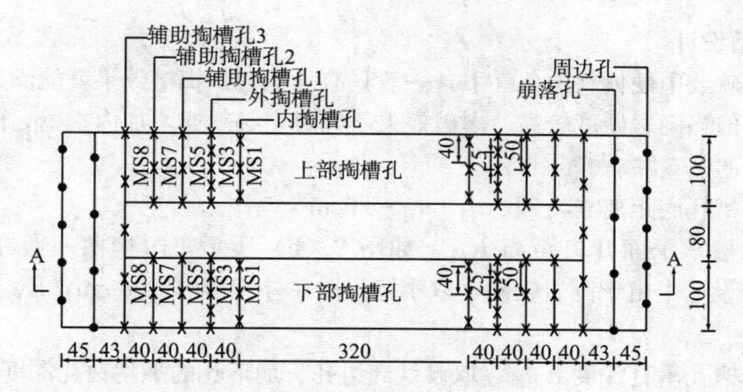

(a) 分部掏槽孔布置图

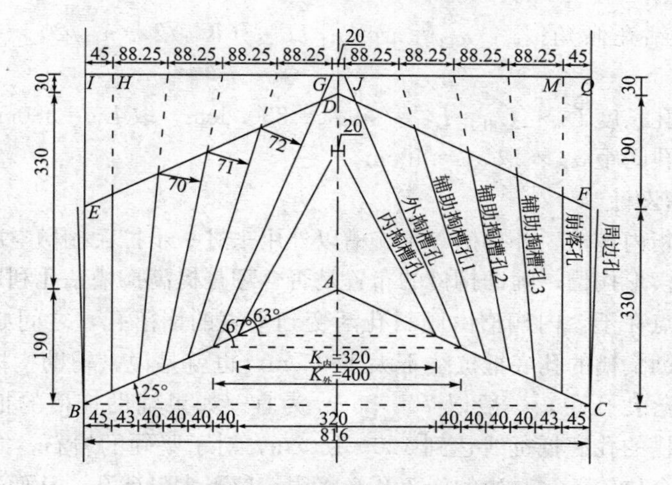

(b) 掏槽孔布置剖视图（A—A 剖视图）

图 2　分部掏槽布置及结构设计图（单位：cm）

3.3.2　外掏槽设计

外掏槽是整个楔形掏槽设计的核心部分，必须确保外掏槽起爆后能够将内掏槽爆破后的楔形体剩余部分，沿外掏槽孔连线彻底剪断、抛出，因此外掏槽孔间距、钻孔倾角均不宜过大。具体参数确定如图 2 所示。

（1）掏槽孔钻孔超深 ΔL：根据经验取 $\Delta L=30$cm。

（2）外掏槽孔底距离 $n_{外}$：对于硬岩，一般取两排外掏槽的设计孔底距离 $n_{外}=20$cm。

（3）外掏槽掌子面开口距离 $K_{外}$：为了便于钻孔，施工中一般取钻爆台车主框架的宽度，10# 施工支洞钻爆台车内侧的设计宽度为 4.0 m，因此取 $K_{外}=400$cm。

（4）外掏槽钻孔倾角 $\alpha_{外}$：如图 2（b）所示，$\alpha_{外}=\arctan\{[L+\Delta L+(K_{外}/2)\tan\alpha_{斜}]/(K_{外}/2-n_{外}/2)\}=67.25°$。

（5）掏槽孔间距 $a_{外}$：对于硬岩，可根据掏槽实际爆破效果情况，取 $a_{外}=20\sim30$cm。根据 8# 施工支洞同类围岩及掏槽爆破效果情况，在 10# 施工支洞取 $a_{外}=25$cm。

（6）外掏槽孔长度 $L_{外}$：如图 2（b）所示，$L_{外}=\{(K_{外}/2-n_{外}/2)^2+[L+\Delta L+(K_{外}/2)\tan\alpha_{斜}]^2\}^{1/2}=491.5$cm，取 $L_{外}=490$m。

3.3.3 内掏槽设计

在围岩较软或中硬偏软的条件下，一般只有外掏槽，掏槽效果就能满足要求，不会设置内掏槽，但当围岩硬度较高、爆破效果不好时，必须要增加内掏槽，内掏槽深度应在外掏槽孔深的2/3左右。

（1）内掏槽孔底距离 $n_{内}$：取 $n_{内}=n_{外}=20$cm。

（2）内掏槽掌子面开口距离 $K_{内}$：如图2（b）所示，内掏槽一般在外掏槽内侧40～50cm，本设计中由于围岩较硬，取小值，取在外掏槽内侧40cm，$K_{内}=K_{外}-40\times2=320$cm。

（3）内掏槽孔垂直深度 $L_{内深}$：取设计周边孔、崩落孔的平均钻孔深度的2/3，$L_{内深}=2L/3+(K_{内}/2)\tan\alpha_{斜}=294.6$cm。

（4）内掏槽钻孔倾角 $\alpha_{内}$：$\alpha_{内}=\arctan[L_{内深}/(K_{内}/2-n_{内}/2)]=63.01°$，取 $\alpha_{内}=63°$。

（5）内掏槽孔长度 $L_{内}$：$L_{内}=L_{内深}/\sin\alpha_{内}=330.6$cm，取 $L_{内}=330$cm。

（6）内掏槽孔间距 $a_{内}$：取 $a_{内}=40$cm。

3.3.4 辅助掏槽设计

辅助掏槽是指内掏槽、外掏槽等主掏槽以外用来进一步扩大掏槽空腔的掏槽孔，如图2所示。对于楔形掏槽，辅助掏槽的布置是否合理是提高掏槽钻孔利用率的又一项关键技术。其关键点在于：内掏槽由倾斜孔渐变到垂直的崩落孔，之间必须有充分的过渡，必须确保辅助掏槽的孔底抵抗线不大于85cm。也就是说，辅助掏槽的孔底抵抗线不宜大于常规崩落孔孔距，一般以70～85cm为宜。如果辅助掏槽的抵抗线偏大或过大，比如辅助掏槽的孔底抵抗线达到120～150cm，对于坚硬的岩石，必将留下大量残孔，掏槽效果就会比较差，后边的崩落孔必将跟着留下大量残孔，从而造成整个掌子面的钻孔利用率偏低。

（1）布置排数：根据10#施工支洞Ⅱ类围岩开挖断面情况及8#施工支洞已有的成功经验，辅助掏槽每侧布置3排，两侧共6排。

（2）排距：从外掏槽向两侧，每隔40cm，布置一排辅助掏槽孔，共3排。

（3）设计孔底抵抗线：如图2（b）所示，*DE*、*DF* 分别为预设下茬炮掌子面，分别将外掏槽孔孔底 *G*、*J* 与紧邻辅助掏槽3的崩落孔间的距离 *GH*、*JM* 等分成4份，各等分点与掌子面对应的辅助掏槽孔位进行连线，与预设下茬炮掌子面 *DE*、*DF* 分别形成多个交点，这些交点与掌子面对应孔位的连线就是各辅助掏槽孔的钻孔方向，连线长度就是钻孔长度。经计算，辅助掏槽孔1、辅助掏槽孔2、辅助掏槽孔3的设计抵抗线 $W_{辅}$ 均在70cm左右，取 $W_{辅}=70$cm。

（4）钻孔长度 $L_{辅}$：经计算，辅助掏槽1的钻孔长度 $L_{辅1}=400$cm，辅助掏槽2的钻孔长度 $L_{辅2}=370$cm，辅助掏槽3的钻孔长度 $L_{辅3}=340$cm。

（5）辅助掏槽孔间距 $a_{辅}$：根据经验，取辅助掏槽1、辅助掏槽2的孔间距 $a_{辅1}=a_{辅2}=50$cm，辅助掏槽3的孔间距 $a_{辅3}=70$cm。

3.4 周边光爆孔参数

（1）孔径 *D*：采用YT28手风钻钻孔，$D=42$mm。

（2）孔深 L：周边光爆孔孔深同崩落孔孔深，$L=330$cm。

（3）孔距 E：根据围岩坚硬程度、完整性，以及 8#、9# 施工支洞同类围岩光爆效果情况，将原周边光爆孔孔距 $E=65\sim70$cm 调整为 $E=55$cm。

（4）抵抗线 W：取 $W=45$cm。

（5）线装药密度 q：原周边光爆孔内装药量达到 350～400g/m，根据 8#、9# 施工支洞同类围岩光爆效果情况，调整为 $q=200$g/m。

（6）装药结构：周边光爆孔内采用 ϕ32mm 药卷、ϕ25mm 药卷间隔装药。将 $L=300$cm、ϕ32mm 药卷切割成 $L=150$cm、$L=100$cm 两种，其中 $L=150$cm、ϕ32mm 药卷用于孔底加强装药，$L=100$cm、ϕ32mm 药卷用于间隔装药。具体装药结构如图 3 所示。

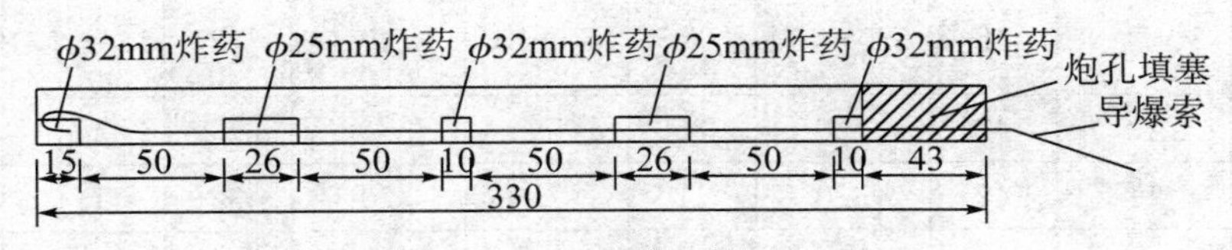

图 3　调整后的光爆孔装药结构（单位：cm）

3.5　炮孔布置

优化后的爆破设计炮孔布置，如图 4 所示。爆破网路按照图中非电毫秒雷管段位由内向外逐层起爆，起爆先后顺序依次为内掏槽、外掏槽、辅助掏槽、崩落孔、周边光爆孔，上部掏槽和下部掏槽的同一类型掏槽孔采用同一段位非电毫秒雷管同步起爆。

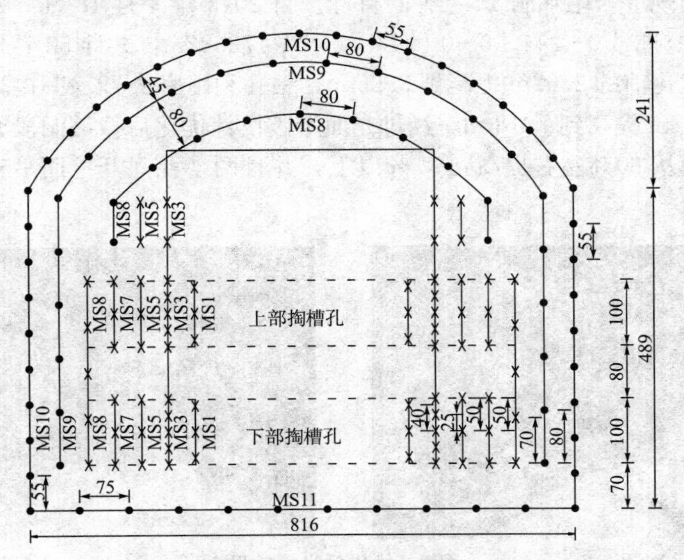

图 4　优化后爆破设计炮孔布置图（单位：cm）

3.6　主要爆破参数

优化后的爆破设计参数见表 1。

表1　优化后的爆破设计参数表

炮孔名称	雷管段位	孔径/mm	孔长度/m	孔数/个	孔距/cm	排距或抵抗线/cm	药径/mm	单孔药量/kg	总药量/kg
内掏槽孔	1	42	330	12	40		32	1.6	19.2
外掏槽孔	3	42	490	20	25	40	32	1.8	36.0
辅助掏槽1	5	42	400	12	50	70	32	1.4	16.8
辅助掏槽2	7	42	370	12	50	70	32	1.4	16.8
辅助掏槽3	8	42	340	10	50	70	32	1.4	14.0
崩落孔（垂直孔）	8、9	42	330	33	80	80	32	1.4	46.2
崩落孔（倾斜孔）	3、5、8	42	330～450	8	60～75	40	32	1.4～1.8	12.8
周边光爆孔	10	42	330	35	55		32/25	0.65	22.75
底孔	11	42	330	12	75	70	32	1.4	16.8
合计				160					201.35

4　爆破效果

通过以上爆破设计方案优化，2015年5月12日下午17：00，随着10#施工支洞掌子面的一声炮响，支洞开挖桩号到0+416.32，宣布10#施工支洞顺利进入尾水洞1#主洞，提前3天实现进入尾水洞1#主洞的目标。自2015年4月18日开始至5月12日，历经24天，开挖桩号0+244.00～0+416.32，共172.32m，共计53茬炮，平均每茬炮单循环进尺从优化前的2.62m提高到3.25 m，钻孔利用率从79.4%提高到98.5%，平均日进尺从5.37m提高到7.18 m。经过光面爆破设计优化后，该洞段光面爆破效果良好，光爆半孔率从60%左右提高到90%以上，并且两半孔间开挖面平整度良好，光爆效果如图5所示。

图5　优化后光爆效果

5　结论

5.1　经济效益对比分析

爆破设计优化前后，经济效益情况分析对比见表2。由表2不难看出，通过爆破设计方案优化，并加强施工组织管理，平均单循环进尺提高 0.63m，提高 24.0%；平均单循环时间缩短 0.6h；平均日进尺提高 1.81m，提高 33.7%；炸药单耗降低 0.145kg/m³，降低 11.9%；雷管单耗降低 0.295 发/m³，降低 28.2%。

表 2 优化前后经济效益情况分析对比

序号	项目	单位	优化前	优化后	对比情况
1	围岩类别	类	Ⅲ	Ⅱ	
2	开挖桩号	m	0+120.0～0+232.8	0+244.0～0+416.3	
3	长度	m	112.8	172.3	
4	开挖断面	m²	55.31	54.34	
5	开挖方量	m³	6238.97	9362.78	
6	炸药用量	kg	7592.8	10041.5	
7	雷管用量	发	6527	7028	
8	开挖循环数	个	43	53	
9	单循环进尺	m	2.62	3.25	提高 0.63 m
10	循环时间	h	11.73	11.13	缩短 0.6h
11	日进尺	m	5.37	7.18	提高 1.81m
12	炸药单耗	kg/m³	1.217	1.072	降低 0.145kg/m³
13	雷管单耗	发/m³	1.046	0.751	降低 0.295 发/m³

5.2 结论

针对卡鲁玛水电站尾水隧洞 10# 施工支洞岩体坚硬、爆破钻孔利用率低、开挖进度滞后、光爆效果差等问题，通过实地分析研究围岩状况，查找爆破设计存在的问题，成功地将分部楔形掏槽、水平 V 形掌子面应用于 10# 施工支洞的开挖爆破中，爆破单循环进尺、钻孔利用率均有了大幅度提高；炸药单耗、雷管单耗均有了显著降低。通过现场分析光爆效果差的原因，调整了光面爆破孔距、抵抗线、装药结构，降低了线装药密度，最终取得了较好的光面爆破效果。

参考文献：

[1] 马洪琪，周宇，和孙文．中国水利水电地下工程施工（上册）［M］．北京：中国水利水电出版社，2011.
[2] 杨玉银．掏槽面积对隧洞开挖钻孔利用率影响试验研究［J］．爆破，2013，30（2）：100－103.
[3] 杨玉银．提高隧洞开挖爆破钻孔利用率方法［J］．爆破，2014，31（2）：72－74，164.
[4] 杨玉银．水平 V 形掌子面在赵山渡引水工程隧洞开挖中的应用［J］．工程爆破，2000，6（1）：60－63.

周边密空孔钻爆法在软质围岩隧洞开挖中的应用[①]

摘　要： 本文结合温州赵山渡引水工程许岙隧洞进口软质围岩隧洞开挖爆破的成功经验，详细介绍了周边密空孔爆破法在软质围岩隧洞开挖中的应用，为软质围岩隧洞开挖爆破提供了有益的经验。

关键词： 隧洞；软质围岩；周边密空孔钻爆法

1　引言

隧洞开挖中的轮廓控制爆破，目前常用光面爆破和预裂爆破两种，但对于坚固系数 $f=1\sim2$ 的全～强风化软质围岩，采用这两种方法，其爆破效果却很难满足工程施工要求。在 $f=1\sim2$ 的软质围岩中，控制轮廓的爆破技术还有待于进一步探索和发展。笔者结合工程实践，对周边密空孔钻爆法用于软质围岩隧洞开挖轮廓控制进行了研究和探讨。

2　工程概况

许岙隧洞位于浙江省瑞安市境内，其进口位于篁社镇村口村。该洞全长 4125m，其中中水五局施工的Ⅷ标段，开挖桩号由 6＋950～9＋013.5，共长 2063.5m。除洞口段 200m 围岩较差外（$f<6$），其余洞段围岩很好。

许岙隧洞进口部位 6＋950～6＋981 洞段长 31m，围岩坚固系数 $f=1\sim2$，为全～强风化岩，地下水不发育，属Ⅴ类围岩。洞口处 6＋950 部位，经削坡后，洞顶上覆围岩仅 50cm 厚。

隧洞开挖断面呈城门洞形，宽 4.1m，高 3.883m。

3　爆破方案设计

鉴于围岩强度极低，且洞口处上覆围岩厚度仅 50cm，尽管光面爆破和预裂爆破采用不耦合装药，但毕竟设计开挖轮廓线上的周边孔要进行装药爆破，无论孔内装药量控制多好，其对开挖轮廓的影响都是不可忽视的，不仅在软质围岩中难以留下半孔，甚至还会出现塌方。周边密空孔钻爆法是在设计的轮廓线钻孔内不装药，并在相应的超前支护措施配合下，能很好地满足轮廓规整，保证围岩稳定这一隧洞轮廓控制爆破的基本要求，故决定选用此法钻爆施工。

---

① 本文其他作者：段建军。

如图1所示，在进洞开挖爆破前，应先对洞口进行加固处理：

(1) 在设计开挖线外20cm，沿洞周插入一排长3.7 m的Φ18螺纹钢筋，外露30～40cm。

(2) 在6+949～6+950段设计开挖线外两直墙处砌筑C7.5 100cm厚浆砌石，再以浆砌石为基础，沿顶拱设计开挖线浇筑50cm厚C20混凝土拱圈，插筋外露端浇入混凝土拱圈内，并使砌石和拱圈混凝土顶紧岩面。

(3) 由于洞口处设计开挖线外顶部覆盖仅50cm厚，为防止开挖爆破时冒顶，以混凝土拱圈为基础，沿洞脸坡面砌筑高120cm、厚100cm的C7.5浆砌石压顶。

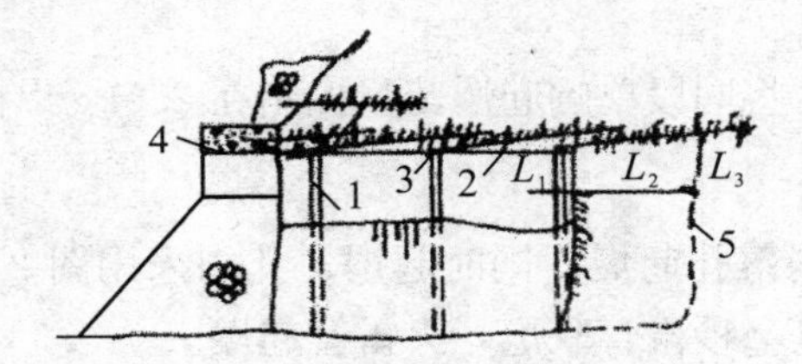

图1 洞口加固及开挖支护示意图

1—格栅钢架；2—插筋纵梁；3—插筋纵梁与格栅钢架焊接点；4—混凝土拱圈；5—假定爆破后开挖面；L_1—格栅钢架到开挖面的距离；L_2—设计单循环进尺；L_3—前方未开挖岩体内插入长度

4 爆破设计

4.1 周边密空孔设计

如图2所示，沿设计开挖线钻一排密集的钻孔，形成一条密孔幕，孔内不装药，这种密孔幕主要起减震作用，孔距取孔径的2～5倍，即$E=(2\sim5)d$，其中d为钻孔直径。岩石软，E取大值。许岙隧洞开挖采用的是YT28气腿式手风钻，钻孔直径$d=43$mm，施工中取孔距$E=150$mm。

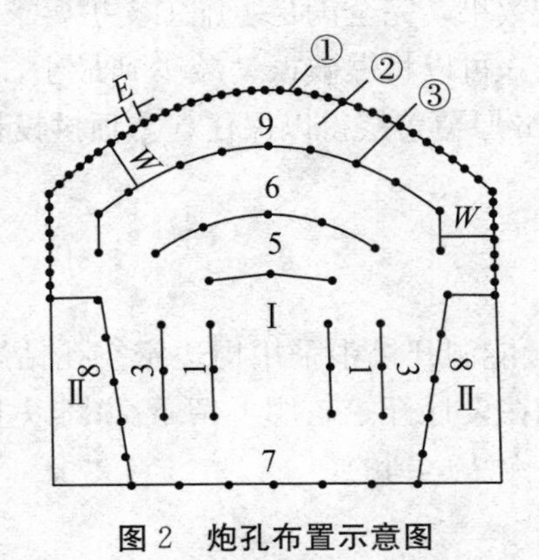

图2 炮孔布置示意图

①—周边密空孔；②—保护层；③—外圈崩落孔；Ⅰ，Ⅱ—开挖顺序；1～9—孔内非电毫秒雷管段位；W—保护层厚度；E—减震孔间距

4.2 保护层厚度W值的选取

根据围岩软硬变化，取$W=25\sim50$cm为宜。W过大，保护层不易剥落；过小，则

起不到对设计开挖轮廓的保护作用。岩石越软，W 取值越大。

4.3 钻孔深度 L 值的确定

由于围岩强度极低，为了便于炮后支护处理，以单循环进尺不大于 1.0m 为宜，钻孔深度选 L=0.5～0.8m。

4.4 外圈崩落孔爆破参数确定

孔距及单孔药量按软岩光面爆破设计，孔距取 0.35～0.45m，孔内线装药密度取 100～200g/m。

4.5 最大单响药量

为了减小爆破振动，将同段单响起爆药量控制在 2.5kg 以内。

4.6 起爆顺序及网路

外圈崩落孔在其他崩落孔起爆后同时起爆；孔内采用图 2 所示的 1～9 段非电毫秒雷管，孔外采用 1 段非电毫秒雷管联炮，火雷管起爆。

5 技术要求

（1）要求周边密空孔整齐地排列在设计开挖轮廓面上，以便获得较为理想的爆破效果。

（2）在每茬炮后均须沿洞周设置图 1 所示的超前插筋纵梁，插筋纵梁外露端牢固地焊在格栅钢架上，并与钒架一起浇入临时衬砌混凝土内。

（3）炮后应及时进行格栅钢架架设及临时衬砌等支护措施，待临时衬砌达 24h 左右，再进行下茬炮爆破。

6 爆破效果

在许呑隧洞进口 6+950～6+981 段的 31m 长软质围岩开挖爆破中，采用周边密空孔钻爆法取得了良好的爆破效果，完全满足了施工支护要求。实践证明：软质围岩隧洞开挖采用周边密空孔钻爆法，可以将爆破振动减少到最小，这一点在两方面得到证实：①洞口处设计开挖线外 50cm 厚覆盖层得以保住；②顶拱设计开挖轮廓线上的半孔保存率达 70%以上。

7 结论

在软质围岩（f=1～2）隧洞开挖中采用周边密空孔钻爆法，是减轻爆破对围岩扰动的极为有效的方法，它能在设计开挖轮廓上留下 70%以上的半孔。这一爆破效果是采用光面爆破和预裂爆破所无法达到的。

参考文献：

[1] 中国力学学会工程爆破专业委员会. 爆破工程（下）[M]. 北京：冶金工业出版社，1992.

光面爆破孔内间隔装药传爆方法的改进与应用

摘　要：在赵山渡引水工程许岙隧洞的开挖中，由于现场难以得到光爆专用炸药，只能利用直径25mm的乳化炸药卷，或者将直径32mm的药卷劈成条进行连续装药。在这种条件下，存在着线装药密度大、临界直径和管道效应等问题，不能取得良好的光爆效果。采用间隔装药并依靠导爆索传爆，又有成本高的问题。为此，进行了只用一发雷管起爆并使孔内间隔装药全部传爆的试验，现场试验已经取得成功。这一技术已在隧洞开挖中得到应用。本文概述了这项技术的试验和应用情况。

关键词：隧洞开挖；光面爆破；装药结构；传爆方式

1　概述

赵山渡引水工程许岙隧洞位于浙江省瑞安市境内。该洞呈城门洞形，开挖断面分A型、B型两种，尺寸大小分别为4.1m×3.883m和3.5m×3.525m（宽×高）。在该洞进口合同段施工中，我们进行了改进光面爆破装药结构及传爆方式的试验研究，并取得成功。实践证明，使用ϕ25mm乳化炸药卷时，改进后的装药结构及传爆方式比传统的方式产生的光爆效果要好得多，其光爆半孔残留率在85%以上。该洞的光爆效果得到了工程指挥部和浙江水专监理公司的肯定。

试验选在桩号7+250～7+780的洞段，该洞段岩性以紫红色流纹斑岩为主，属巨厚层均质岩，坚硬、完整性好，岩石坚固系数f=10～12，弹性模量$E=15\times10^3$MPa，泊松比μ=0.17～0.23，重度γ=27.10kN/m^3，黏聚力C=2.5～3.5MPa，该洞段属Ⅰ～Ⅱ类稳定围岩。

试验采用预留光爆层的施工方法，隧洞的中间部分（主爆区）超前开挖15～20m，预留光爆层与超前主爆孔同时钻孔，但光爆层最先起爆，然后起爆主爆孔。主要光爆参数为：炮孔直径42～45mm，孔深2.3～3.85m，孔间距60～70cm，光爆层厚度60～80cm，光爆孔密集系数k=0.75～0.85，线装药密度300～340g/m。采用乳化炸药卷空气间隔装药，起爆药包置于孔底，1发非电毫秒雷管反向起爆。由于条件限制，现场无法购到专用光爆炸药，故只有选用工地上最常见，也最易于买到的ϕ25mm乳化炸药卷。

2　光面爆破在施工中存在的问题

（1）光爆炸药问题。目前，专用光爆炸药生产厂家少、规格品种不全、价格高，并且在大多数现场无法买到，迫不得已只有选用ϕ25mm乳化炸药卷，或将ϕ32mm乳化炸药卷切成条使用，但光爆效果难以保证。

（2）成本问题。在没有专用光爆炸药的情况下，为了保证 ϕ25mm 乳化炸药卷间隔装药和切成条的 ϕ32 乳化炸药能够稳定爆轰，多采用导爆索将炸药绑扎成炸药串的方法，但导爆索价格昂贵，因而光爆成本高，不易于被施工单位接受。

（3）传爆中断及残药问题。ϕ25mm 乳化炸药卷或 ϕ32mm 乳化炸药卷切成条连续装药，是易于被施工单位接受的装药方式。但是，由于是不耦合装药，易产生管道效应，有可能使炮孔中的装药爆轰中断而留下残药。

使用 ϕ32mm 乳化炸药卷切成条的连续装药方式时，炮孔内留有残药的现象尤为明显，经常出现雷管炸了而炮孔内的炸药未被完全引爆的现象，即通常所说的“半爆”。

（4）爆破效果问题。在施工中，凡未采用专用光爆炸药或导爆索药串的开挖隧洞，均存在着光爆半孔残留率低或超欠挖较严重等问题。

下面着重讨论上述问题中的后两个，分析其产生的原因并设法改进。

3 原因分析及改进思路

3.1 原因分析

（1）临界直径问题。每种炸药都有其临界直径，当药径小于其临界直径时，炸药便发生不稳定爆轰，甚至拒爆。将 ϕ32mm 乳化炸药卷劈成条，由于工地现场加工工艺的限制，每条的直径可能已小于保证稳定爆轰的临界直径，故导致半爆或残爆。

（2）管道效应问题。采用 ϕ25mm 乳化炸药连续装药，不仅是线装药密度大的问题，更重要的是炮孔直径（42～45mm）与药径（ϕ25mm）之差正好在容易产生管道效应的间隙范围内。

（3）线装药密度问题。对于硬岩，水电施工技术规范[1]中规定，光爆线装药密度的上限为 350g/m，而用 ϕ25mm 乳化炸药卷连续装药，线装药密度可达 420～500g/m，大大超过了技术规范要求的上限，这也是难以取得令人满意的光爆效果的原因之一。

（4）堵塞问题。对于传统的密实堵塞，操作过程中往往容易将连续装药向孔底推移，造成线装药密度增大，影响光爆效果。另外，在实践中发现，密实堵塞易影响传爆，而用柔性材料轻堵塞则传爆有所改善。密实堵塞影响传爆的机理尚不清楚，但可以这样来推断：光爆孔底部炸药起爆后，爆炸冲击波瞬间抵达堵塞段，由于孔口封堵很密实，冲击波小部分损失掉，大部分被反射，向孔底方向仍以很高的强度、极快的速度返回，在返回过程中与正在传爆中的爆轰波相遇，削弱了爆轰波的强度，从而有可能造成炮孔中装药传爆的中止。当用柔性材料轻轻堵塞时，先起爆炸药产生的冲击波因柔性材料的吸收和缓冲作用而很少被反射，因而对传播中的爆轰波的强度影响不大。

3.2 改进思路

（1）采用 ϕ25mm 乳化炸药卷空气间隔装药，主要原因有：①施工现场最易得到；②具有防水性能；③没有临界直径问题；④能使线装药密度符合光爆技术要求。

（2）利用殉爆距离解决传爆问题。文献［2］第二章第六节“影响殉爆距离的因素”中说：“如果主发药包有外壳，甚至将两个药包用管子连接起来，由于爆炸产物流的侧向飞散受到约束，自然会增大被发药包方向的引爆能力，显著增大殉爆距离，并随着外壳、管子材质强度的增加而进一步加大。”对于现场使用的ML－Ⅰ型和HLC型两种乳化炸药，在完整性好、硬度高的紫红色流纹斑岩中的试验表明，其在孔内的殉爆距离均≥14cm，远大于产品说明书中标示的殉爆距离≥3cm。理论和实践都说明，有约束时（如炮孔），炸药的殉爆距离大于无约束时（性能测定时）的殉爆距离。这一原理有利于解决空气间隔装药条件下的传爆问题。

(3) 孔底加强装药增大起爆能量。文献［2］中还提到“增加主发药包的药量，可使主发药包的冲击波强度增大”。因此，孔底加强装药，除了克服孔底抵抗线和夹制作用外，还能增强起爆，有利于起爆、传爆。

(4) 密实堵塞改为柔性轻堵，可以改善光爆效果，有利于炸药传爆，这一点是从实践中得到的启发。

4　空气间隔装药传爆试验

试验目的是印证改进思路，在试验中检查、发现原思路中存在的问题，并改进、完善，以便将有效的技术措施用于实际的光爆施工。

4.1　试验方案

按空气间隔装药结构（见图1）进行现场试验。共设计了四个方案，各方案的装药参数列于表1。图表中，A 为孔深；B 为间隔装药长度；C 为孔底连续装药（起爆药）长度；D 为单段装药的长度；E 为单个药卷的长度；F 为单个空气间隙长度；G 为不装药段长度；H 为堵塞长度。

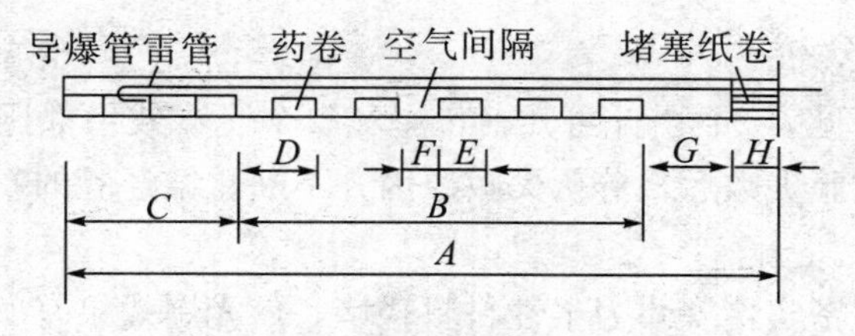

图1　装药结构示意图

表1　试验方案的装药参数

单位：cm

方案	A	B	C	D	E	F	G	H
1	230	27×5	19×2	27	19	8	37	20
2	280	30×5	19×4	30	19	11	34	20
3	330	33×5	19×5	33	19	14	50	20
4	385	30×8	19×5	30	19	11	30	20

4.2　试验用起爆器材

(1) 炸药：根据业主指定炸药供应商的供货情况，当时只能选用浙江利民化工厂生产的ML－Ⅰ型乳化炸药卷，该种药卷的直径为25mm，长为19mm，每卷重100g，其性能指标为：密度 1.05～1.30g/cm^3，爆速≥3200m/s，猛度≥12mm，做功能力≥

260mL，殉爆距离≥3cm。

（2）雷管：孔内选用1～14段非电毫秒导爆管雷管中的任意一个段位，孔外选用8号纸壳火雷管起爆。

4.3 试验条件

（1）用YT28气腿式凿岩机钻孔，孔径42～45mm，孔深2.30～3.85m。

（2）孔底装2～5卷炸药作为起爆药，具体药量根据围岩硬度及孔底抵抗线大小选用。

（3）孔口处用炸药的纸壳及内包装纸、塑料等轻轻堵塞，封堵长度15～20cm。

（4）装药间隔8～14cm，根据围岩硬度及完整性计算线装药密度，然后确定具体的装药间隔。装药间隔的控制方法是：先用炮棍将起爆药轻推至孔底，此时用拇指卡住炮棍上代表孔口位置的A点［见图2（a）］，然后拉出炮棍，量取长度$AB=L=l_1+l_2$（其中l_1为空气间隔长度，l_2为药卷长度），并将拇指移至位置B点，再用炮棍将一个药卷推入孔内，炮棍上拇指所卡住的B点到达孔口处，这时药卷就处在设计位置上［见图2（b）］。重复上述步骤，即可完成整个炮孔的装药过程。

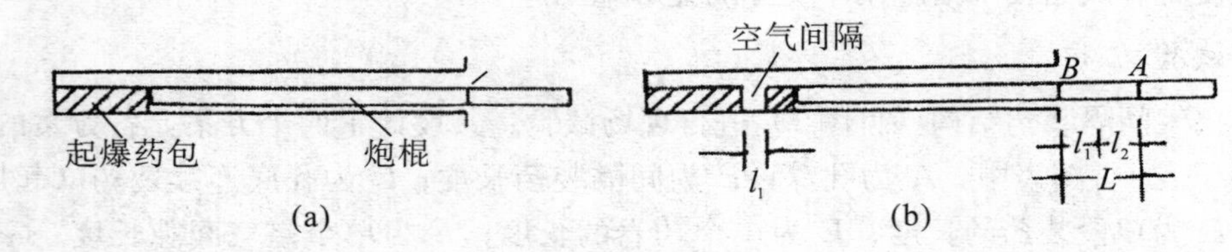

图2 装药示意图

4.4 试验结果及分析

各方案试验结果见表2。由此可知，传爆和整个光爆效果都比较好。以上成果是在数百个光爆孔传爆试验失败后，分析失败原因并不断总结经验的基础上取得的，是理论与实践相结合的结果。

（1）试验表明，密实堵塞改为柔性材料轻堵，使光爆效果有所改善，其主要原因是减少了爆炸冲击波的反射，从而减轻了反射波对传爆中的爆轰波强度的影响。

（2）孔底连续装填几卷炸药不只是为了克服光爆孔底部围岩的夹制作用，更重要的是增加了起爆能，改善了间隔装药的传爆效果。

表2 传爆试验结果

孔深/cm	起爆药量/g	装药间距/cm	单孔药量/g	线装药密度/（g·m^{-1}）	孔距/cm	光爆层厚度/cm	试验孔数/个	传爆率/%	半孔率/%	围岩情况
230	200	8	700	304.3	60～70	70～80	105	100	96.2	f≥8，完整性好
280	400	11	900	321.4	60～70	70～80	112	100	92.9	f≥8，完整性好
330	500	14	1000	303.0	60～70	60～75	112	100	94.6	f≥6，完整性好
385	500	11	1300	337.7	60～70	60～75	119	100	91.6	f≥6，完整性好

(3) 殉爆距离是炸药的重要性能指标之一，其数值越大，炸药越易于被传爆。因此，使用殉爆距离大的炸药，可增大装药的间距，提高间隔装药的可靠性。试验中使用ML－Ⅰ型乳化炸药，该型炸药的孔外殉爆距离只有3cm，这在一定程度上影响了光爆孔内间隔装药的传爆。

(4) 实践证明，两个药卷之间存在岩粉、碎石，会影响传爆。因此，装药前必须用高压风将炮孔吹干净。

(5) 爆后检查发现，孔底连续装药段尽管有些能留下半孔，但其孔壁破坏程度远大于空气间隔装药段，这是因为间隔装药有效地降低了线装药密度的缘故。

5 工程应用情况

光爆孔内只用一发雷管起爆并传爆空气间隔装药的试验取得初步成功后，首先在温州赵山渡引水工程许岙隧洞进口段试用。至2000年5月30日开挖结束，共完成开挖进尺1603.5m，传爆效果良好，未发现拒爆现象，取得了令人满意的光爆效果，受到了业主和监理部的好评。图3为传爆试验时取得的光爆效果。

图3　光面爆破的效果

在整个合同段2069m隧洞的开挖中，包括进洞口31m的Ⅴ类围岩的开挖，没有为施工安全而安设一根锚杆，这主要应归功于良好的光面爆破效果。通过工程实际应用，并经过改进、调整，得到了适合许岙隧洞围岩和施工条件的光爆装药结构设计参数，如表3所示，可供同类工程施工时参考。

表3　光面爆破装药结构设计参数

围岩条件	孔径/mm	孔深/cm	孔底起爆药		空气间隔装药段			堵塞长度/cm
			药径/mm	药量/g	药径/mm	药量/g	空气间隔/cm	
完整性好，$f \geqslant 8$	42	330	25	500	25	500	14	15
	42	420	25	600	25	800	14	15
完整性稍差，节理稍发育，$f \geqslant 6$	42	330	32	600	25	800	8	15
	42	420	32	750	25	1250	8	15

6 经济效益分析

在2.3～3.85m深的光爆孔内只用一发雷管来引爆间隔装药，不但简化了光爆药串加工工序，而且节省了光爆施工时间、药串绑扎工人的工资，以及加工药串的胶布、竹片、导爆索。

现以一个3.85m深的光爆孔为例，将改进的传爆方法与传统的方法进行经济比较，见表4。从表中不难看出，起爆和传爆方法改变后，每孔可节约7.52元，成本降低38.4%。据初步估算，在1603.5m许岙隧洞的开挖中，采用改进的传爆方法，至少节约人民币5万元，即平均每延米隧洞降低施工成本30元以上。可见，光面爆破间隔装药传爆方式的改进，不但加快了隧洞掘进的施工速度，改善了隧洞成型质量，而且取得了良好的经济效益。

表4　不同传爆方法的经济效益比较

材料	单雷管传爆法			导爆索传爆法			每段装药单独起爆法		
	数量	单价/元	合价/元	数量	单价/元	合价/元	数量	单价/元	合价/元
炸药/kg	1.3	6.60	8.58	1.3	6.60	8.58	1.3	6.60	8.58
导爆管雷管/发	1	3.50	3.50				9	3.50	31.50
导爆索/m				4.1	2.20	9.02			
竹片/根				1	0.80	0.80			
胶布/条				1	0.20	0.20			
人工费/元						1.00			
合计/元			12.08			19.60			40.08

注：表中各种材料的单价均为业主供应商的供货价格。

7 结语

7.1 已取得的成果

（1）将炸药在有约束状态下殉爆距离增大的原理成功地应用于光面爆破，保证了各间隔装药段之间的可靠传爆。

（2）只用一发雷管就成功地使3.85m深的光爆孔内的所有装药全部传爆，摆脱了对导爆索传爆的依赖。

（3）孔口由密实封堵改为柔性材料轻堵，改善了炸药的传爆性能和光爆效果。

（4）用非光爆专用炸药——ϕ25mm乳化炸药卷，解决了完整性较好的坚硬岩石中的光爆问题。

（5）光面爆破的施工成本降低了28%～38%，取得了较好的经济效益。

7.2 存在的问题和使用条件

（1）使用这一技术时，为了控制空气间隔，装药作业需要两个工人相互配合才能进行，工序较为烦琐。

（2）上述光爆技术及其参数仅适用于许岙隧洞的条件：坚固性系数 $f\geqslant6$、完整性较好的Ⅲ类以上围岩；直径小于 45mm、深 2.3～14.2m 的水平光爆孔。对于其他的围岩和工程条件，其适用的光爆参数尚需通过试验和摸索来确定，本试验只供类似工程作参考。

参考文献：

[1] 水利部建设开发司．水利水电施工技术规范汇编［M］．北京：国防工业出版社，1989.

[2] 汪旭光，钱瑞伍．爆破工程（上、下）［M］．北京：冶金工业出版社．1992.

[3] 水利电力部水利水电建设总局．水利水电工程施工组织设计手册（2 施工技术）［M］．北京：水利电力出版社，1990.

隧洞开挖光面爆破新技术

摘　要：对于隧洞开挖光面爆破，如果采用孔内间隔装药，按传统方法须采用导爆索引爆，用雷管引爆、传爆是件较困难的事情。本文结合赵山渡引水工程许岙隧洞开挖的成功实践，简要介绍了一种用雷管引爆光爆孔内间隔装药的新方法。

关键词：雷管；间隔装药；传爆；光面爆破

1　问题的提出

目前，隧洞开挖光面爆破装药结构无论是从现有文献资料来看，还是在具体工程施工中，均存在专用光爆药难于购买、施工工艺复杂或施工成本较高等问题。因此，光面爆破装药结构及起爆、传爆方式还有待于进一步探索、研究。笔者通过对炸药爆炸性能及其起爆、传爆原理的认真分析、研究，经过两年多时间在具体施工中的反复试验，终于找出了一种用雷管引爆光爆孔内间隔装药的新方法。

2　光面爆破装药结构的改进思路及理论依据

2.1　改进思路

光面爆破装药结构改进的基本构想是在不采用专用光爆炸药和导爆索的前提下进行的。利用工地上最常见、最易于买到的 ϕ25mm 乳化炸药，采用孔内间隔装药的方式，将非电毫秒雷管装在靠近孔底的炸药内作为起爆药包，孔底药包起爆后，相邻两孔间由孔内向外通过殉爆现象依次传爆。

2.2　理论依据

空气间隔装药传爆的理论依据，主要是利用不同药卷间的殉爆现象。其传爆过程可根据文献［1］中非均相炸药爆炸冲击能起爆理论，即灼热核理论来解释。

3　基本装药结构及施工设计方法

3.1　基本装药结构

基本装药结构如图 1 所示。

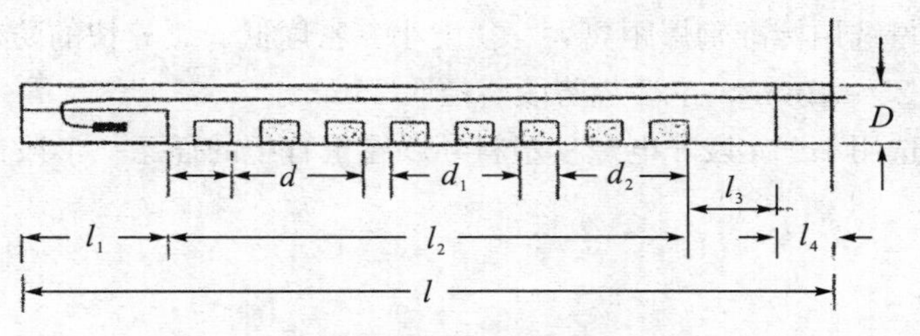

图 1　基本装药结构图

3.2　主要设计参数

图 1 中，l 为钻孔深度；l_1为孔底连续起爆装药段长度；l_2为正常装药段长度；l_3为不装药段长度；l_4为孔口堵塞段长度；d_1为空气间隔长度；d_2为间隔装药药卷长度；d 为控制装药间隔所用的标尺长度，$d=d_1+d_2$；D 为钻孔直径。为达到良好的光爆效果，必须正确确定上述各参数，并根据围岩变化情况及时调整。

3.3　装药结构设计方法

（1）孔径：钻孔直径 D＝40～43mm。

（2）孔深：l＝2.0～4.2m。

（3）装药量控制。

①孔底起爆药量：对于均质岩体，可采用 ϕ25mm 药卷连续装填，装药长度 l_1＝0.8～1.2m，重 400～600g；对于非均质岩体，可采用 ϕ32mm 药卷装填，装药长度 l_1＝0.60～0.85m，重 600～800g。增大孔底起爆药量，不只是为了克服孔底岩石的夹制作用，更重要的是为了增大起爆能量，从而加强孔内间隔装药的稳定传爆能力。

②正常装药段能量：采用 ϕ25mm 药卷间隔装填，装药长度 $l_2=l-l_1-l_3-l_4$，装药量 $Q_{正}=q\times l_2/(d_1+d_2)$，其中 q 为每只 ϕ25mm 炸药的质量。

实际操作中，药卷在孔内定位是由炮棍和标尺长度 d 来控制的，无须将药卷绑扎于竹片上。

（4）装药空气间隔：对于均质性较好、强度较高或 f 值较大的岩体，可取 d_1＝10～14cm，根据炸药本身性能及传爆效果与光爆效果好坏，可以适当增大，以期在满足光爆要求的前提下减少药量，降低成本；对非均质岩体，可取 d_1＝6～10cm，有条件时，尽量选用标准殉爆距离（即炸药产品说明书中的殉爆距离）较大的炸药，以期适当加大 d_1值，来满足光爆线装药密度的要求。

以上数据是在大量试验的基础上取得的，试验炸药为浙江利民化工厂生产的 ML－Ⅰ型乳化炸药和浙江永新化工厂生产的 HLC 型乳化炸药，两种炸药标准殉爆距离均为≥3cm，猛度≥12cm，爆速分别为≥3200m/s 和 3000m/s。

（5）孔口非装药段长度：建议取 l_3＝30～60cm，当孔口部位光爆层较薄，岩体完整性较差时，取小值；反之，取大值。

（6）孔口封堵段长度：建议取封堵段长度 d_4＝10～15cm，堵塞材料可选用炸药纸壳箱或炸药内包装纸、塑料等。

（7）火工材料选用。

①炸药：尽量选用标准殉爆距离大、猛度小、密度低、爆速快的防水炸药，孔底连续装药段药径取25～32mm，正常装药段药径取25mm。

②雷管：可选用1～14段非电毫秒塑料导爆管雷管中的任意一个段位。试验中所用雷管均为14段。

4　装药方法

炮孔内两个药卷之间是由空气间隔开的，中间没有隔离物。其装药间隔是用炮棍来控制的。装药方法如图2所示。先将孔底连续装填的起爆药如图2（a）所示轻推至孔底，然后用拇指卡住孔口处炮棍位置 A；拉出炮棍，大拇指向前移动至位置 B，如图2（b）所示，移动距离为空气间隔长度 l_1 与单只药卷长度 l_2 之和；这时，如图2（c）所示，装入一只 ϕ25mm药卷；再如图2（d）所示，将炮棍位置 B 轻推至孔口处，药卷就进入了设计位置。

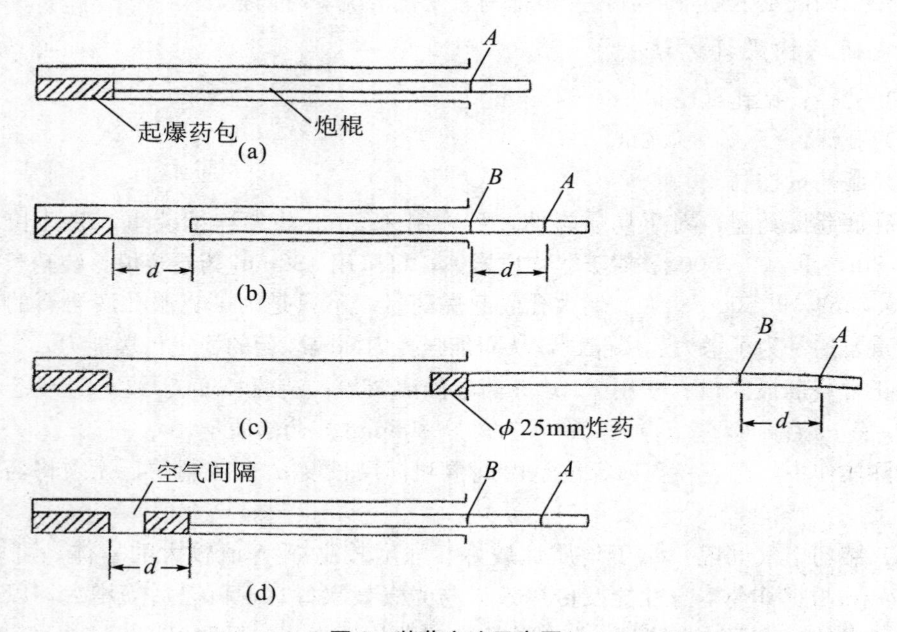

图2　装药方法示意图

5　影响光爆孔内间隔装药传爆的因素分析及处理方法

大量试验证明，对于图1所示的装药结构，下述因素对光爆孔内间隔装药传爆有很大影响。

5.1　岩体性质

自然界的岩体大多为非均质体，岩体的均质与非均质对光面爆破孔内间隔装药传爆的影响有很大区别。均质岩体主要以岩石本身的物理力学性质去影响孔内间隔装药传爆，而非均质岩体则以岩石的弱性部位（裂隙、节理等）来影响孔内间隔装药的传爆。为研究方便，笔者将受结构作用和风化作用影响不大的火成岩和厚层完整的沉积岩、变质岩视为均质岩体。

（1）均质岩体的影响。

主要以岩体的完整性、强度或 f 值影响光爆孔内间隔装药传爆。完整性越好，强度越高或 f 越大，就越利于间隔装药传爆，装药间隔可以适当增大。

（2）非均质岩体的影响。

主要以节理、层理影响为主，对于节理面、层理面，裂隙多张开且层间夹有薄层泥质物，其对光爆孔内间隔装药传爆影响尤为明显。因为当冲击波传到这种张开夹泥的节理、层理面时，往往被截断或减弱，影响殉爆下一节间隔装药的传爆能力；或者由于前面炸药爆炸后首先从张开的节理、层理处开裂，导致爆轰能量泄出，而影响冲击波引爆下一节间隔装药，造成间隔装药传爆中断。而闭合的节理、层理面，对传爆的影响就小一些。

（3）处理方法。

对于节理、层理发育的非均质岩体，为了减少其对传爆的影响，可以适当减小装药空气间隔，增大孔底起爆药量或者选择殉爆距离较大的炸药品种。

5.2 炸药性能

光爆孔内间隔装药主要是利用炸药在孔内的殉爆距离。炸药本身殉爆距离的大小，在一定程度上反映了炸药对爆炸冲击波的敏感度。标准殉爆距离越大的炸药，越利于光爆孔内的间隔装药传爆，其在孔内的殉爆距离也越大。因此，在条件允许的情况下，应尽量选择殉爆距离大一点的炸药。

5.3 装药空气间隔

常见的细药卷，其孔外标准殉爆距离一般为 3～5cm，而在孔内则可达到 8cm 以上，且随着岩体均质性和强度的提高而提高，最大可达到 14cm 以上。因此，装药空气间隔的大小，除满足光爆线装药密度的要求外，还应视炸药本身性能和岩体性质进行适当调整。间隔过小，难以取得较好光爆效果；间隔过大，可能影响间隔装药传爆。当采用较小空气间隔时，才能保证稳定传爆。但光爆效果不佳时，应考虑选取标准殉爆距离较大的炸药，以适当增大装药空气间隔，减小线装药密度。

5.4 孔底起爆药量、药径

实践证明，随着孔底起爆药量和药径的加大，孔内主发药包的冲击波强度大大提高，这对克服非均质岩体中较为发育的节理、层理对孔内间隔装药传爆的影响是非常有效的，这一点已被大量工程试验所证实。

5.5 吹孔

在隧洞爆破中，装药前和钻完孔后均要吹孔。因为如果不吹孔，每节炸药在由孔口向孔内推进过程中，其朝向孔底的一端必然积有石渣（岩粉、碎石），这些石渣使沿孔内传来的冲击波减弱，造成传爆中断。

因此，无论岩石均质性好与否，都应坚持对钻孔吹孔。未吹孔对爆破冲击波的影响如图 3 所示。

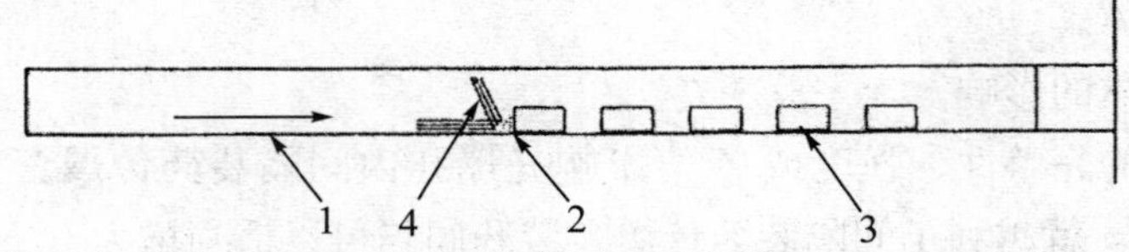

图 3　岩渣对爆炸冲击波的反射、散射作用

1—爆炸冲击波的传播方向；2—炸药前端堆积的岩渣；
3—炸药卷；4—反射、散射作用示意

5.6　孔口封堵

对光爆孔内间隔装药，孔口封堵段不宜太长、太密实，因为若封堵太长、太密实，孔底起爆药包起爆后，冲击波迅速抵达堵塞段，必然发生反射，并且堵塞越长、越密实，反射波越强。反射波迅速返回，与正在传播中的爆炸冲击波相遇，从而减弱了爆炸冲击波的冲击能量，造成传爆中断，产生拒爆。光面爆破装药结构设计参数见表 1。

表 1　光面爆破装药结构设计参数

地质条件	孔径/mm	孔深/cm	孔底起爆药		正常装药段			非装药段长度	孔口堵塞长度	半孔残留率/%
			药径/mm	药量/g	药径/mm	药量/g	空气间隔/cm	/cm	/cm	
完整性好，$f \geqslant 8$	42	330	ML—Ⅰ型 25	500	ML—Ⅰ型 25	500	14	55	15	>90
	42	420	ML—Ⅰ型 25	600	ML—Ⅰ型 25	800	14	27	15	>90
完整性较差，节理较发育，$f \geqslant 6$	42	330	ML—Ⅰ型 32	600	ML—Ⅰ型 25	800	8	30	15	>80
	42	420	HLC 型 32	750	HLC 型 25	1250	8	42	15	>80

6　经济效益分析

采用改进后的光面爆破装药技术，简化了光爆药串加工工序，省掉了药包加工费用及材料费如胶布、竹片、导爆索等。表 2 中将改进后的装药方式与传统的竹片、导爆索法进行了经济效益对比（以孔深 4.2m 的非均质岩体为例）。从表中不难看出，改进法与传统法相比，每个光爆孔可节约人民币 6.4 元，降低成本 28.6%。可见，这一光爆技术的改进具有重要的经济价值。

表 2　经济效益比较

材料	改进法			传统法		
	数量	单价/元	合价/元	数量	单价/元	合价/元
炸药	2.0kg	6.60	13.20	1.8	6.60	11.88
非电雷管	1只	2.78	2.78			
导爆管				5m	1.80	9.00
竹片				1根	1.00	1.00
胶布				1条	0.50	0.50
合计			15.98			22.38

注：表中单价均为预算单价，不是业主供应价格。

7 存在问题及适用范围

7.1 存在问题

目前，这一技术才刚刚开始试用，在应用方面还存在很大的局限性。

(1) 在装药工序方面较为烦琐，需要两个人共同配合进行。

(2) 这一技术还只限于小孔径水平钻孔光面爆破，在其他方面还有待于继续探索。

7.2 适用范围

根据目前所取得的试验成果来看，使用这一技术，须同时具备下列两个条件：

(1) 围岩坚固系数 $f \geqslant 6$ 且岩体完整性较好的Ⅲ类以上围岩。

(2) 钻孔直径≤45mm、孔深 2.3～4.2 的水平光爆孔。

参考文献：

[1] 龙维祺. 爆破工程 [M]. 北京：冶金工业出版社，1992.

[2] 赖世骧. 水利水电工程施工技术 [M]. 北京：中国水利水电出版社，1996.

[3] 刘殿中. 工程爆破实用手册 [M]. 北京：冶金工业出版社，1999.

[4] 水利电力部水利水电建设总局. 水利水电施工组织设计手册（2 施工技术）[M]. 北京：水利电力出版社，1990.

隧洞开挖爆破超挖控制技术研究①

摘　要：针对隧洞开挖超挖严重、开挖断面成型差的情况，探讨了超挖造成的影响和危害，论证了钻孔外偏角、单循环进尺与超挖量的关系，并提出了隧洞开挖控制超挖的有效方法，从而减少了不必要的石方超挖、混凝土超填工程量，提高了经济效益，可供隧洞施工管理人员和工程技术人员参考。

关键词：隧洞开挖；超挖；控制

1　引言

根据多年的施工经验，研究发现隧洞开挖大多存在开挖断面成型差、超挖严重等问题。例如设计40～60cm的衬砌厚度，有的洞段大面积超挖都在40cm以上，有的甚至达到1.0m以上。然而大部分超挖是可以控制或减少的。除了地质因素，施工管理、施工技术、爆破技术等方面的管理失误，也是造成超挖的主要原因。

2　超挖原因

2.1　地质因素

隧洞围岩的性质是影响爆破效果的最主要因素[1]，也是影响超欠挖的主要因素之一。围岩体构造、裂隙发育部位，易导致开挖破裂线沿软弱结构面（断层、节理面等）开裂，造成超挖，如图1（a）所示；围岩体均质性差、存在软硬交界部位，可能造成围岩较软部位超挖，如图1（b）所示；围岩体风化严重、整体硬度低等，爆破后周边开挖轮廓难以沿设计开挖线开裂，造成超挖，如图1（c）所示。因此，在一定程度上，由于地质原因造成的超挖是最难控制的。

2.2　施工因素

在围岩岩性一定的情况下，施工不规范也是造成超挖的主要因素之一。

（1）测量放线不规范。有些工程项目的管理较为松散，周边孔开挖轮廓线不是每茬炮都放线或者放线时超放了5～10cm。

（2）钻孔作业不规范。钻孔操作人员未严格按照布放的周边孔孔位钻孔，包括开孔孔位偏差大、钻孔外偏角过大、孔与孔间不平行、孔底未落到同一开挖面上等。

（3）欠挖处理造成的超挖。对于欠挖，只要一处理，就会因处理过度造成超挖。

---

① 本文其他作者：蒋斌、刘春、李佳。

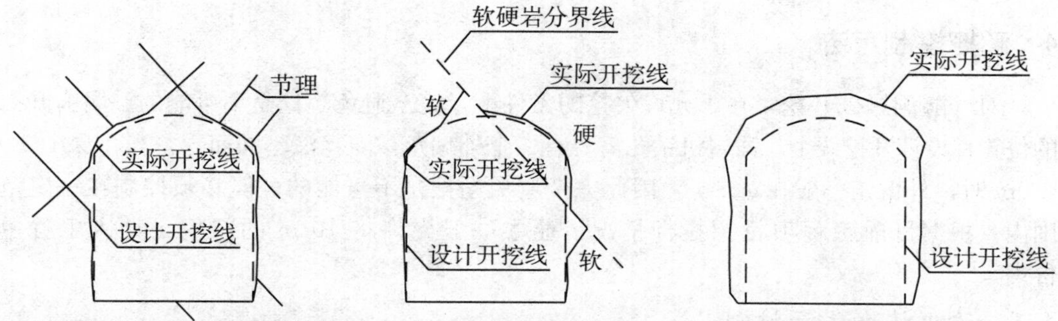

(a)围岩构造、裂隙发育超挖情况 (b)围岩均质性差超挖情况 (c)围岩风化、整体硬度低超挖情况

图1 地质因素对超挖的影响

2.3 爆破参数选取不合理

（1）单循环进尺偏大。在周边孔外偏角一定的情况下，单循环进尺越大，钻孔孔底离设计开挖轮廓越远，超挖越大。

（2）孔距偏大。周边孔孔距偏大，未能根据岩性选择合理的孔距，造成周边轮廓未能沿孔间连线方向开裂，或开裂较好，但孔周围岩体损伤较大。

（3）最小抵抗线选择不合理。最小抵抗线偏大，造成周边轮廓难于沿孔间连线开裂，孔内炸药能量过多地作用于保留围岩，造成超挖；最小抵抗线小于孔距，造成孔内炸药能量未主要用于孔间连线方向开裂，而是作用于最小抵抗线方向，造成孔间欠挖。

（4）线装药量选择偏大。未根据岩性选择合理的线装药量、未通过光面爆破试验确定合理的线装药量、未根据爆破效果情况及时调整，造成超挖。

（5）药径选择偏大。在孔径一定且连续装药的情况下，药径选择偏大，不耦合系数偏小，不能有效减小周边孔炸药能量作用在孔壁上的峰值压力[1]，孔壁破坏严重，造成超挖。

（6）未采用间隔装药。在孔径一定，药径偏大时，如果未采用间隔装药，未能有效减小周边孔炸药能量作用在孔壁上的峰值压力，致使炮孔周围岩石过度粉碎，造成超挖。

3 超挖对工程施工的影响

隧洞超挖给工程施工带来的影响是多方面的，具体如下：①改变拱圈围岩的受力状态，使山岩压力在围岩局部产生应力集中，降低围岩承载能力，导致局部失稳[2]；②使围岩暴露在空气中的面积增大，增加了喷混凝土、挂钢筋网的工程量；③超挖导致局部围岩不稳定，需进行锚固处理，增加了锚杆支护工程量；④对于超挖部分，除合同规定的允许超挖部分外，其余超挖量是不计入结算工程量的，从而增加了运输工程量；⑤对于超出合同规定的允许超挖部分，同样要用同强度等级的衬砌混凝土回填，从而增加了混凝土衬砌工程量；⑥欠挖的处理，同时增加了对围岩的二次爆破扰动，人为地造成围岩的松弛和应力重新分布，带来不安全因素。

4 超挖控制方法

对于隧洞爆破开挖，在不允许欠挖的条件下，完全避免超挖是不可能的。因为开孔的位置在设计开挖线上，凿岩机钻孔需要有一个外偏角，随孔深不同而异，当孔深1.5～4.0m时，外偏角一般在2°～6°，因此完全避免超挖是不可能的，但必须控制在一定范围内。根据目前工程项目招投标情况，业主一般允许将10cm的超挖量计入工程单价内。

4.1 施工技术方面控制

（1）精细测量放线。隧洞开挖工程中，必须坚持每茬炮均测量放线，除布放本茬炮的中心点、设计周边线外，还必须按照爆破设计布放掏槽孔、崩落孔、周边孔孔位，周边孔孔位精度控制在±2cm内；每茬炮放线时均应测量上茬炮的超欠挖情况，并将测量的超欠挖结果及时反馈给项目部和负责该部位钻孔的钻工。

（2）配置适宜的钻孔台车、钻孔机具。应用适宜的钻孔台车、钻孔机具能使钻工在确保自身安全的前提下，按设计孔位、孔深、孔向钻孔。

（3）正确进行周边孔钻孔。周边孔钻孔的精度和准确性是保证光面爆破效果、减少超挖的重要手段。周边孔外偏角示意图如图2所示。

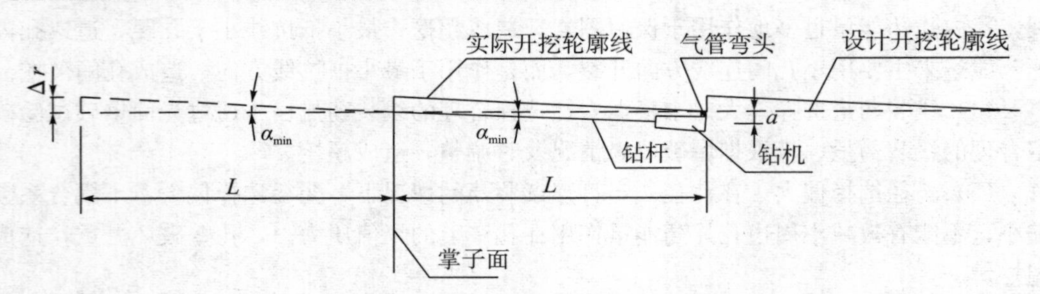

图2 周边孔钻孔外偏角示意图

图2为YT28气腿式凿岩机气管弯头侧紧贴岩面时的钻孔情况。图中α_{min}为周边孔最小钻孔外偏角度，°；L为单循环进尺，cm；Δr为孔底径向超挖值，cm；a为钻机贴紧岩面时，手柄与钻杆中心延长线相交点距围岩面的垂直距离，cm。钻周边孔除保证在设计的孔位开孔外，还必须保证最小的钻孔外偏角，这就要求钻机开孔钻进3～5cm后，立即调整钻孔外斜角度，并要求钻机手持部位靠岩面一侧的机体紧贴岩面向前钻进。实践证明，这是保证最小外偏角的最直接有效的手段。最小钻孔外偏角可按下式计算：

$$\alpha_{min} = \arctan(a/L) \tag{1}$$

以YT28气腿式凿岩机为例，钻机最左侧为调压阀、最右侧为气管弯头。调压阀侧贴紧岩面时，手柄与钻杆中心延长线相交点距围岩面的垂直距离为10cm左右，取a=10cm；气管弯头侧贴紧岩面时，手柄与钻杆中心延长线相交点距围岩面的垂直距离为15cm左右，取a=15cm。根据式（1）可计算出各单循环进尺时周边孔最小钻孔外偏角，见表1。

表1　周边孔最小钻孔外偏角

单循环进尺/m	1.0	1.5	2.0	2.5	3.0	3.5	4.0
调压阀侧钻孔外偏角/°	5.7	3.8	2.9	2.3	1.9	1.6	1.4
气管弯头侧钻孔外偏角/°	8.5	5.7	4.3	3.4	2.9	2.5	2.1

注：超过4m的钻孔建议不采用手风钻。

(4) 循环进尺较小时采用长钻杆钻孔。根据图2和表1中的数据可知，当钻机开孔位置在设计开挖线上，钻机贴紧岩面时，钻杆越长，钻孔外偏角越小，因此开挖单循环进尺较小时采用长钻杆钻孔有利于减小钻孔外偏角，同样可以减少超挖。例如在单循环进尺1.0m时，采用1.5～2.0m的钻杆钻孔；单循环进尺1.5m时，采用2.0～2.5m的钻杆钻孔；单循环进尺2.0m时，采用3.0～3.5m的钻杆钻孔等。

(5) 在设计开挖轮廓线内钻孔。在一些没有超欠挖要求的隧洞开挖或围岩较软、欠挖处理较容易的隧洞开挖时，可以根据围岩情况和实际超挖情况，将周边孔孔位内移10～20cm，可有效减少超挖。

4.2　爆破技术方面控制

对隧洞开挖周边轮廓超挖控制的主要方法有：①控制单循环进尺；②当岩石坚固系数 $f\geqslant4$ 时，可采用光面爆破法；③当 $f=1\sim3$ 时，可采用周边密空孔钻爆法；④当 $f\leqslant1$ 时，不采用爆破法开挖，只能采用人工开挖。

4.2.1　控制单循环进尺

钻孔外偏角的大小与钻孔设备及钻孔操作工人技术水平和责任心有直接关系。在钻孔外偏角一定的情况下，超挖量随单循环进尺的增加而增大，如图3所示。

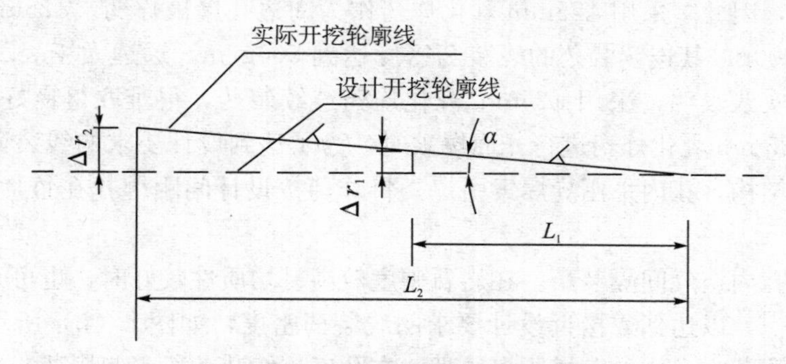

图3　单循环进尺与超挖关系示意图

图3中，L_1、L_2为单循环进尺，Δr_1、Δr_2分别为与单循环进尺相对应的超挖值，对应的超挖面积设为S_1、S_2，则$S_1=L_1\Delta r_1/2$，$S_2=L_2\Delta r_2/2$，有：

$$S_1/S_2=L_1\Delta r_1/(L_2\Delta r_2) \tag{2}$$

当$L_2=2L_1$时，$\Delta r_2=2\Delta r_1$，代入式(2)，得$S_2=4S_1$。结果表明，当钻孔外偏角一定的条件下，单循环进尺减半时，超挖量可以减少到原来的1/4，因此减小单循环进尺可以有效控制超挖。假定钻孔外偏角度一定，单循环进尺1m时的超挖量为1单位体积V，根据式(2)可得表2。从表2中不难看出，单循环进尺与超挖量是平方关系，而不是大家习惯性认为的正比关系，因此，控制单循环进尺可以有效减少超挖。(计算超挖体积时，平均超挖半径变化相对较小，此处忽略不计）。

表 2　单循环进尺与超挖量的关系表

单循环进尺/m	1	2	3	4
超挖量（单位体积 V）	V	$4V$	$9V$	$16V$

4.2.2　采用光面爆破施工

采用光面爆破初次爆破时，可根据表 3 选取爆破参数[3]，但必须根据爆破效果及时调整参数，以取得良好的光爆效果。而在工程施工中，线装药密度的控制最为重要，目前主要有以下几种方法：

表 3　光面爆破参数表

岩石类别	周边孔间距 E /cm	周边孔抵抗线 W /cm	线装药密度 q /（$g\cdot m^{-1}$）
硬岩	55～65	60～80	300～350
中硬岩	45～60	60～75	200～300
软岩	35～45	45～55	70～120

注：钻孔直径选 40～50mm；药卷直径选 20～25mm。

（1）采用专用光爆炸药（密度为 $0.8\sim0.85g/cm^3$，药径为 $\phi20\sim22mm$，长 50cm，重 150～165g）连续装药。专用光爆炸药具有低密度、低爆速、低猛度、小临界直径等特点，爆破效果较好，但很难买到。

（2）采用竹片、导爆索绑扎 $\phi25mm$ 炸药间隔装药。目前专用光爆炸药生产厂家极少，很难买到，因此多采用 $\phi25mm$ 乳化炸药作为周边孔爆破炸药。$\phi25mm$ 乳化炸药，长 20cm、重 100g，其连续装药的线装药密度达到 500g/m，远远大于表 2 中硬岩线装药密度上限。实践表明，采用 $\phi25mm$ 乳化炸药连续装药，很难取得良好的光爆效果。因此，采用 $\phi25mm$ 乳化炸药进行光面爆破时，为了达到设计要求的线装药密度，必须采用间隔装药结构，孔内采用导爆索引爆。将炸药按设计间距绑扎在竹片、导爆索上，如图 4（a）所示。

（3）采用孔内空气间隔装药。在岩石硬度较高、均质性较好时，也可采用孔内空气间隔装药结构[4]，以达到或接近设计要求的线装药密度，如图 4（b）所示。该装药结构主要利用了炸药在孔内的殉爆距离原理，在孔底连续装药段（起爆药）装入一只非电毫秒雷管，反向起爆，在正常装药段按设计间距采用间隔装药，通过底部起爆药引爆并逐个传爆孔内的间隔炸药。

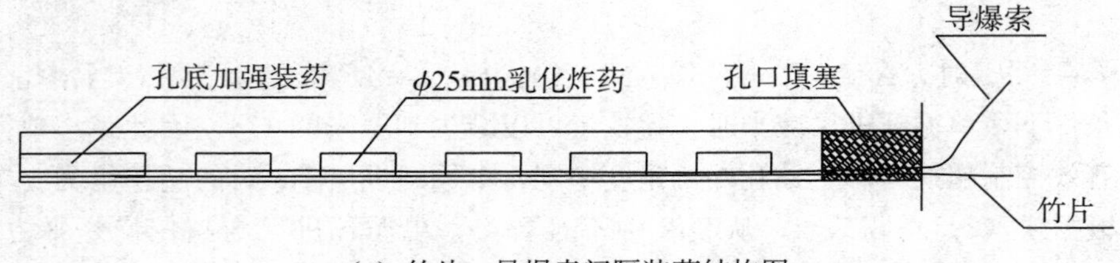

（a）竹片、导爆索间隔装药结构图

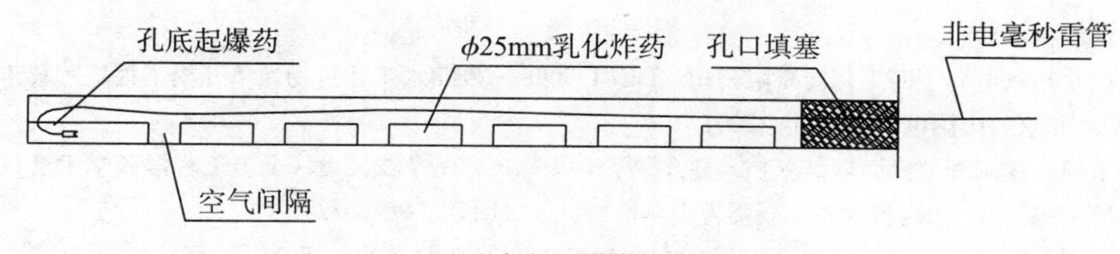

（b）空气间隔装药结构图

图 4　光面爆破装药结构示意图

4.2.3　采用周边密空孔钻爆法

对于坚固系数 $f=1\sim3$ 的强风化软质岩石，由于强度极低，即使采用不耦合装药，且无论孔内药量控制得多好，都会影响开挖的轮廓。对于这类岩石，可以采用周边密空孔钻爆法[5]，即沿设计周边开挖线钻一排密集的钻孔，形成一条密孔幕，孔内不装药，这种密集孔幕主要起减震作用，孔距取孔径的 2～5 倍，即 $E=(2\sim5)d$（钻孔直径）。岩石越软，E 取值越大。与周边孔相邻的外圈崩落孔按软岩光面爆破设计，周边孔与外圈崩落孔之间的岩体称为保护层，其厚度可取 $W=25\sim50$cm。岩石越软，W 取值越大（W 值过大，保护层不易剥落；W 值过小，则起不到对设计开挖轮廓的保护作用）。

4.2.4　人工开挖

当岩石的坚固系数 $f\leqslant1$ 时，岩体应为土类，不能采用爆破方法开挖，只能借助超前支护，采用人工开挖，边挖边临时衬砌，且永久衬砌及时跟进，因此超挖比较易于控制。

4.3　施工管理上控制

施工管理上主要注意以下几方面：①对钻工进行职业道德、爱岗敬业精神教育；②对钻工进行岗前培训，考核通过后持证上岗；③根据爆破设计，对钻工讲解炮孔在掌子面的布置情况，要求严格按爆破设计布设炮孔；④将掌子面炮孔分区定位，并由专人定位钻孔；⑤将每茬炮超挖情况在项目部进行公示；⑥采取奖罚措施，每月的奖金发放情况除考虑开挖进尺以外，还要考虑超欠挖、炮孔残留率等情况。

5　小结

本文针对隧洞开挖超挖严重、开挖断面成型差的情况，总结了造成隧洞超挖的原因，探讨了超挖给隧洞工程施工带来的影响和危害，提出了控制超挖的有效方法，论证了钻孔外偏角、单循环进尺与超挖量的关系。实践证明，通过采取控制超挖的有效措施可以有效减少不必要的石方超挖、混凝土超填工程量，从而降低开挖成本、提高经济效益。隧洞超挖控制需要项目部领导高度重视，钻工严格按设计要求钻孔，爆破人员严格按设计要求装药，并根据爆破效果及时调整爆破参数，只有这样才能取得良好的超挖控制效果。

参考文献：

[1] 汪旭光．爆破设计与施工［M］．北京：冶金工业出版社，2011．
[2] 水利电力部水利水电建设总局．水利水电施工组织设计手册（2 施工技术）［M］．北京：水利电

力出版社，1990.
[3] 中国水利水电第十四工程局有限公司. DL/T 5099—2011 水工建筑物地下开挖工程施工技术规范 [S]. 北京：中国电力出版社，2001.
[4] 杨玉银. 隧洞开挖光面爆破新技术 [A] //汪旭光. 工程爆破文集（全国工程爆破学术会议论文集第七辑）[C]. 乌鲁木齐：新疆青少年出版社，2001：302－307.
[5] 杨玉银，段建军. 周边密空孔钻爆法在软质围岩隧洞开挖中的应用 [J]. 爆破，2000，17（2）：60－62.

微量装药软岩光面爆破技术①

摘　要：在乌干达卡鲁玛水电站尾水隧洞 8# 施工支洞进口段软质岩隧洞开挖中，为了使软质岩隧洞形成平整、规则的开挖轮廓，提出并采用了微量装药软岩光面爆破技术，将导爆索作为炸药单独使用，孔底装入少量加强装药，同时将外圈崩落孔按软岩光面爆破设计，形成双层光面爆破。试验结果及实际应用表明，在软质岩隧洞开挖中采用这种光爆技术能取得较为满意的光爆效果，有效减少超挖，降低成本。本文简要介绍了该技术的试验情况、装药结构、设计方法，并根据爆破试验情况提出了微量装药软岩光面爆破参数。

关键词：软质岩隧洞；微量装药；导爆索；双层光面爆破；装药结构；设计方法

1　问题的提出

目前，隧洞开挖控制周边开挖轮廓，无论软岩、硬岩，主要采用光面爆破。但对于极软岩、软岩[1-2]隧洞开挖，如果采用常规软岩光面爆破[3]技术，尽管相邻崩落孔为其创造了临空面，但是仍然可能发生光爆层厚度不均匀，影响光爆效果，或者岩石过软，孔内药量偏大，造成光爆效果差等问题。因此，软质岩[1,4]光面爆破的光爆层厚度控制及孔内药量控制等问题，仍需要进一步研究探索。

对于软质岩隧洞开挖轮廓控制，1999 年在温州赵山渡引水工程许岙隧洞进口软质围岩开挖时，成功采用了周边密空孔钻爆法[5]，即沿设计开挖轮廓线钻一排密空孔，间距 20cm 左右，孔内不装药，相邻崩落孔按照软岩光面爆破设计。这一爆破方法可以很好地控制开挖轮廓，在多年的工程实践中均取得了较好的爆破效果，但对于较大断面而言，由于设计开挖轮廓线较长，需增加较大钻孔工作量。

在乌干达卡鲁玛水电站尾水隧洞 8# 施工支洞进口软质岩隧洞开挖中，初步准备采用周边密空孔钻爆法，但在征求钻爆人员意见时，其提出了周边孔钻孔工作量大，担心周边密空孔与外圈崩落孔间岩体难于脱落等问题。因此，控制软质岩开挖轮廓的方法仍需进一步探索、研究。

2　改进思路

在乌干达卡鲁玛水电站尾水隧洞 8# 施工支洞进口软质岩隧洞开挖中，为了有效解决上述问题，将周边密空孔钻爆法与常规光面爆破有效结合，在不增加钻孔工作量的情

① 本文其他作者：陈长贵、黄浩、刘志辉。

况下，尽量降低周边孔内装药量，并控制好光爆层厚度，使其相对均匀。总体改进思路如下：

（1）控制软质岩隧洞开挖轮廓，总体上仍采用软岩光面爆破技术。

（2）周边孔参数按照软岩光面爆破设计，孔内装药以导爆索为主，将导爆索作为炸药单独使用。

（3）为了使光爆层顺利脱落，在隔孔孔底装入少量加强装药或每孔均装入少量加强装药，具体药量根据爆破效果进行调整。

（4）厚度均匀的光爆层有利于提高光爆效果，并使光爆层易于脱落。因此，可以适当增加钻孔数量，同时减少单孔药量，与周边光爆孔相邻的外圈崩落孔按照软岩光面爆破设计，实际上形成了双层光面爆破。

3　微量装药软岩光面爆破技术的定义

公路隧道设计规范[1]、水利水电工程地质勘察规范[4]中均规定：岩石单轴饱和抗压强度大于 30MPa 为硬质岩，小于等于 30MPa 为软质岩，即坚固系数 $f\leqslant3$ 的岩石为软质岩；同时公路隧道设计规范[1]中将软质岩分为三类：极软岩、软岩、较软岩，并对软质岩石判断、分类做了具体定性、定量规定，详见表 1。表 1 中，R_b 为岩石单轴饱和抗压强度（MPa），f 为岩石坚固系数。本文研究对象主要为极软岩、软岩。

表 1　软质岩石定性、定量划分情况表

名称	定性鉴定	代表性岩石	定量指标	
			R_b/MPa	f
极软岩	锤击声哑，无回弹，有较深凹痕，手可捏碎；浸水后可捏成团；揉搓可成流沙状	①全风化的各种岩石； ②各种半成岩	$\leqslant5$	$\leqslant0.5$
软岩	锤击声哑，无回弹，有凹痕，易击碎；浸水后手可掰开	①强风化的坚硬岩； ②弱风化～强风化的较坚硬岩； ③弱风化的较软岩； ④未风化的泥岩等	$15\geqslant R_b>5$	$1.5\geqslant f>0.5$
较软岩	锤击声清脆，无回弹，较易击碎；浸水后指甲可刻出印痕	①强风化的坚硬岩； ②弱风化的较坚硬岩； ③未风化～微风化的凝灰岩、千枚岩、砂质泥岩、泥灰岩、泥质砂岩、粉砂岩、页岩等	$30\geqslant R_b>15$	$3.0\geqslant f>1.5$

在乌干达卡鲁玛水电站尾水隧洞 8# 施工支洞进口段极软岩、软岩开挖光面爆破施工中，16 茬炮的光面爆破试验均取得了较好的光爆效果，形成了平整的开挖轮廓，总平均超挖仅 3.75cm；周边光爆孔内装药以导爆索为主，将导爆索作为炸药单独使用；孔底装入少量加强装药，以便使光爆层顺利脱落，加强装药平均单孔线装药密度低于 60g/m（不含导爆索装药量），低于规范[3]规定 70～120g/m；与其相邻的外圈崩落孔按

照软岩光面爆破设计。因此，将这种爆破方法称为微量装药软岩光面爆破技术。

4 爆破试验情况

4.1 概述

卡鲁玛水电站尾水隧洞工程位于乌干达境内的卡尔扬东哥地区卡鲁玛村。尾水隧洞共两条：1# 尾水洞长 8705.505m，2# 尾水洞长 8609.625m，开挖断面呈平底马蹄形，开挖洞径宽 13.7～14.8m，高 13.45～14.8m，总投资 5.9 亿美元，是目前世界上规模最大的尾水隧洞工程。

8# 施工支洞与 1#、2# 尾水洞分别相交于 TRT（1）2+759.662、TRT（2）2+735.764，全长 1167.52m。本文研究对象为进口段Ⅴ类围岩。从实际开挖出露情况看，进口 0－020～0+045 段 65m，围岩为全～强风化状花岗片麻岩，以全风化为主，少量强风化，属Ⅴ类围岩，坚固系数 f=0.3～2，手可掰断，揉搓可呈粉状流沙，浸水可捏成团，属极软岩、软岩。Ⅴ类围岩洞段开挖断面呈马蹄形，宽 10.64m、高 9.40m，底坡 9.5%。Ⅴ类围岩衬砌采用临时支护与永久衬砌相结合的方法：临时支护采用超前小导管结合钢支撑、挂网、喷混凝土、系统锚杆联合加强支护，厚度 25cm；永久衬砌采用 C25 混凝土，厚 40cm，衬砌厚度总计 65cm。爆破出渣完毕，先初喷 5cm 厚 C25 混凝土；然后是 I16 工字钢制作的钢支撑、挂网、喷 C25 混凝土，厚 20cm；最后进行永久衬砌。开挖断面及支护衬砌结构见图 1。

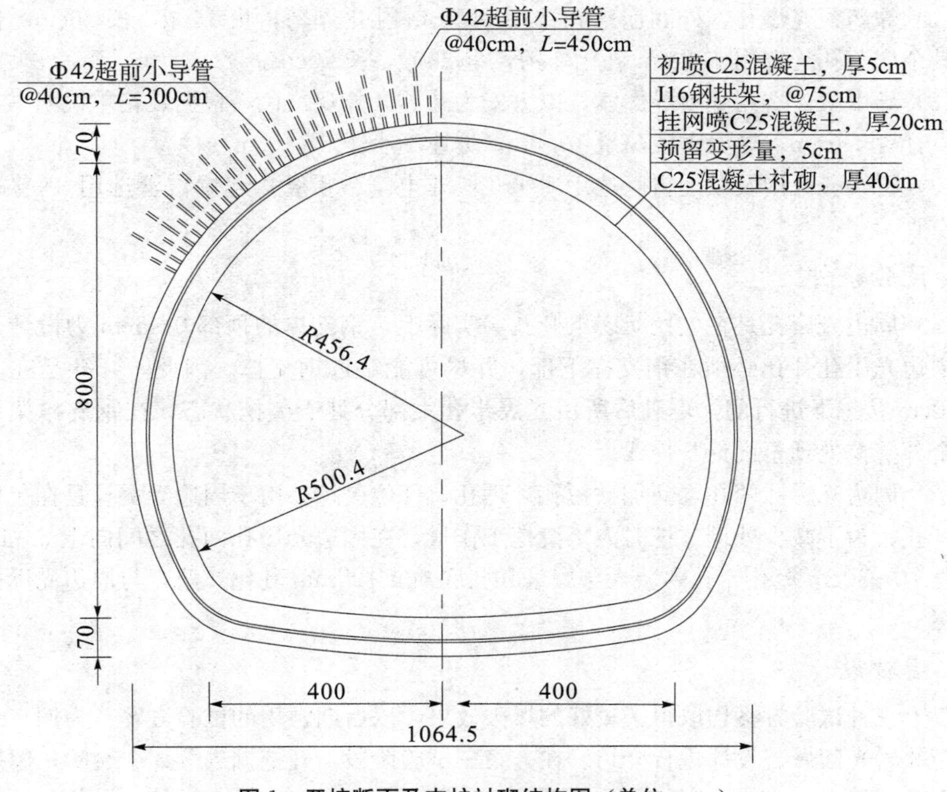

图 1 开挖断面及支护衬砌结构图（单位：cm）

4.2 试验方案

进口段开挖采用新奥法施工方法，爆破作业在加强超前支护保护下进行，采用短台阶分部开挖，前两茬炮分两个台阶开挖，从第三茬炮开始，分三个台阶开挖，爆破试验均在上部进行。试验采用微量装药双层光面爆破技术，即除了周边光爆孔外，外圈崩落孔同样按照软岩光面爆破设计[3]。微量装药光面爆破试验方案见表2。

表2 微量装药光面爆破试验方案

方案类型	装药类型	装药结构	钻孔深度/m	孔底加强装药量/g	导爆索线装药量/(g/m)	试验桩号	适用情况
方案一	隔孔孔底加强装药	纯导爆索	1.5～2.2	0	10	0－20～0－12.5	$f \leqslant 0.5$
		孔底加强装药＋导爆索	1.5～2.2	75	10		
方案二	隔孔孔底不同加强装药	孔底加强装药＋导爆索	2.2	150	10	0－12.5～0＋0.7	$1.5 \geqslant f > 0.5$
			2.2	75	10		
方案三	相同孔底加强装药	孔底加强装药＋导爆索	2.2	90	10	＋0.7～0＋11.7	

4.3 爆破器材

8#施工支洞洞口段使用火工材料均为北京奥信化学科技有限公司生产。

(1) 炸药：光爆孔、外圈崩落孔选用 ϕ25mm 乳化炸药，重 150g，长 26cm；掏槽孔、其余崩落孔均选用 ϕ32mm 乳化炸药，重 200g，长 20cm。

(2) 导爆索：选用塑料导爆索，以太安为药芯，外观红色，根据装箱单说明书，导爆索直径≤5.4mm，导爆索装药量 10g/m，爆速不小于 6×10^3m/s。

(3) 雷管：孔内及联炮雷管选用 1～10 段非电毫秒雷管；起爆雷管选用 8#普通工业电雷管。

4.4 试验条件

(1) 周边光爆孔是在欠挖状态下开孔。实际上，钢支撑的顶部 0～5cm 为设计开挖线，周边光爆孔开孔必须在钢支撑下部，并尽可能贴近钢支撑。因此，开孔是在欠挖 16～20cm 状态下进行的，爆破后所留光爆半孔大部分处于欠挖状态，在钢支撑架设前必须全部撬挖处理至设计开挖线。

(2) 周边光爆孔两孔之间加钻短孔处理孔口部位欠挖。由于周边光爆孔是在欠挖状态下开孔，为了减少处理欠挖时人工撬挖工作量，在周边光爆孔两孔之间向上 5～10cm 布设长 70～80cm 短孔，孔内装入导爆索和孔底 60g ϕ25mm 乳化炸药，与周边光爆孔同时起爆。

4.5 爆破设计

以上三种试验方案均取得了较好的爆破效果，以后期常用的试验方案三为例，对微量装药软岩光面爆破设计进行介绍。在方案三试验阶段，开挖掘进分 3 个台阶，爆破试验在上部进行。

（1）炮孔布置，如图 2 所示。

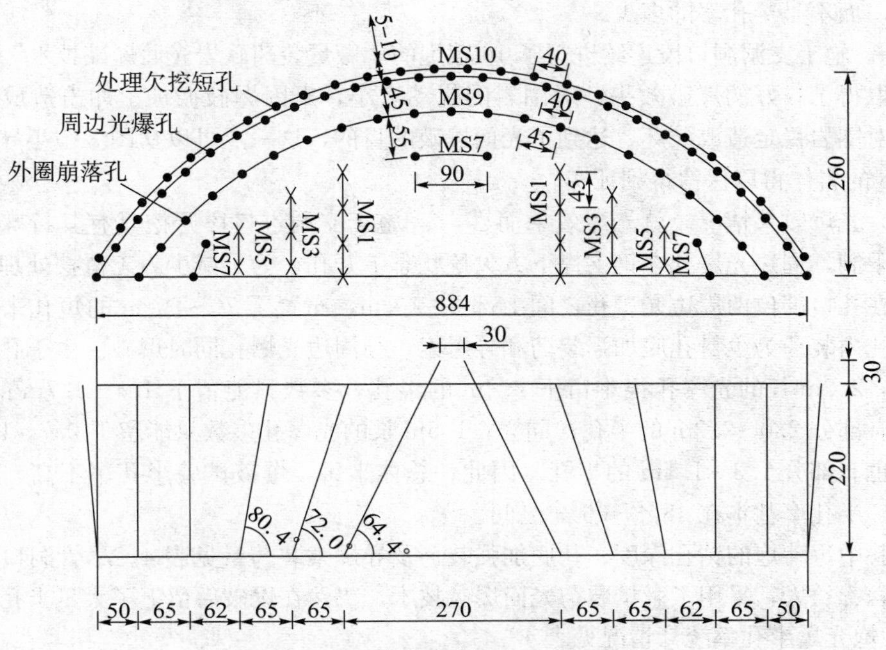

图 2　上部开挖炮孔布置图（单位：cm）

（2）爆破设计参数，见表 3。

表 3　上部开挖爆破设计参数表

炮孔名称	孔径/mm	孔深/m	孔数/个	孔距/cm	排距（抵抗线）/cm	药径/mm	单孔药量/kg	总药量/kg
掏槽孔	42	2.7	8	45		32	1.2	9.60
辅助掏槽	42	2.2～2.4	10	45	65	32	1.0	10.00
内圈崩落孔	42	2.2	6	45、90		32	0.8	4.80
外圈崩落孔	42	2.2	21	45	55	25	0.3	6.30
周边光爆孔	42	2.2	27	40	45	25	0.09	2.43
处理欠挖短孔	42	0.75	26	40		25	0.06	1.56
合 计			98					34.69

注：周边光爆孔、外圈崩落孔、处理欠挖短孔，孔内装药均采用导爆索引爆。

4.6　实验结果及分析

光面爆破的主要目的：减少爆破对围岩的扰动，保持围岩的稳定，充分发挥围岩的自承作用，确保施工安全，降低成本。对于极软岩、软岩而言，由于岩石过软，手可掰断、捏碎、揉搓成砂，光面爆破很难留下半孔。光爆效果的好坏，不能单纯地以爆破后是否留下半孔或半孔率多少来判断，更重要的是通过采用光面爆破技术，最大限度地减轻爆破对围岩的扰动、破坏，从而达到保持围岩稳定、减少超挖的目的。因此，对于极软岩、软岩的光面爆破效果，我们更应该关注爆破对围岩的扰动程度及爆破后围岩的稳定情况，而不是半孔率的多少。

在8#施工支洞洞口段连续进行了16茬炮的“微量装药软岩光面爆破技术”爆破试验，均取得了较好的爆破效果：对围岩的扰动极小，未因爆破振动、冲击造成大量超挖；未对围岩稳定造成破坏，达到了光面爆破的目的，这一点可以从图2中小导管下方仅16cm的岩体得以保留得到证实。

（1）光爆效果情况。就光爆效果而言，8#施工支洞进口段开挖具有其特殊性：受钢支撑限制，周边光爆孔在钢支撑下方欠挖状态下开孔，为了减少人工撬挖处理欠挖工作量，在孔口部位两周边光爆孔之间上部5～10cm，布置了70～80cm的短孔来处理欠挖，短孔内装药为少量孔底加强装药和导爆索，与周边光爆孔同时爆破。由于孔口短孔的爆破，2.2m长的光爆孔很难留下2.2m的半孔，多数只能留下1.4～1.7m的半孔，当然也有部分2.0～2.2m的半孔；同样，1.5m长的光爆孔多数只能留下0.7～1.0m的半孔，也有部分1.3～1.5m的半孔。因此，总体来讲，爆破试验半孔率不高，除前两茬炮外，半孔率基本在48%～66%之间。

试验中每茬炮的钻孔深度、孔底加强装药及导爆索装药量见表4。尽管洞口段围岩为极软岩、软岩，采用了微量装药光面爆破技术，仍然在爆破后留下了大量半孔，见图3，每茬炮光爆半孔率统计情况见表4 。

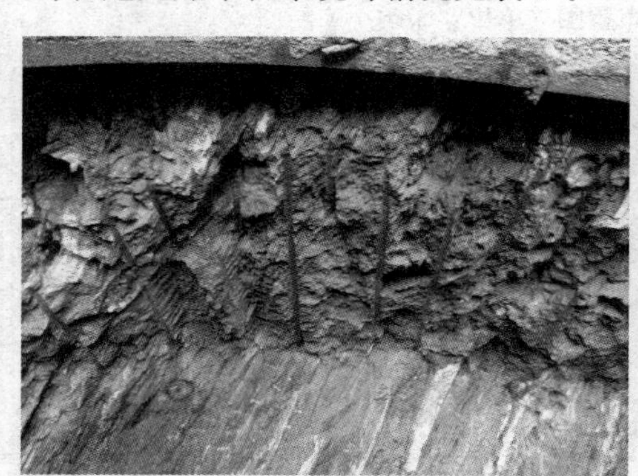

图3　微量装药软岩光面爆破效果图

（2）超挖控制情况。16茬炮爆破试验总平均超挖3.75cm，实测超挖统计情况见表5。表5中超挖值的计算方法：每个断面的平均超挖量是断面测点超挖值总和除以断面的测点数；试验段总平均超挖值是用16个断面所有测点超挖值的总和除以16个断面的总测点数。超挖量控制得好，原因如下：①采用微量装药光面爆破技术，最大限度地减轻了爆破对围岩的扰动，未因爆破振动、冲击造成围岩大量超挖；②受钢支撑限制，周边光爆孔开孔是在欠挖状态下进行，欠挖主要通过孔口短孔爆破和人工撬挖处理。

4.7　应用情况

目前该技术已经在8#施工支洞后续开挖中成功投入应用，采用该技术已经成功开挖掘进63.7m，爆破效果良好。

表4　爆破试验段装药及半孔率统计表

试验茬次	钻孔深度/m	乳化炸药平均单孔线装药量/(g/m)	导爆索线装药量/(g/m)	周边光爆孔数/个	光爆孔总长/m	保留半孔数量/个	保留半孔总长/m	半孔率/%	备注
1	1.5	25.0	10	43	64.5	10	13.5	20.9	第一排小导管外偏角为0°，小导管与光爆层间岩体过薄，0～16cm
2	1.5	25.0	10	43	64.5	8	7.5	11.6	
3	1.5	25.0	10	27	40.5	18	19.8	48.9	岩体呈薄层状结构，强度很低，岩层面与洞周相切部位很难留下半孔，但超挖很少
4	1.5	25.0	10	27	40.5	19	20.9	51.6	
5	1.5	25.0	10	27	40.5	20	22.0	54.3	
6	2.2	51.1	10	27	59.4	22	37.4	63.0	
7	2.2	51.1	10	27	59.4	21	35.7	60.1	
8	2.2	51.1	10	27	59.4	18	30.6	51.5	
9	2.2	51.1	10	27	59.4	19	32.3	54.4	
10	2.2	51.1	10	27	59.4	18	30.6	51.5	
11	2.2	51.1	10	27	59.4	17	28.9	48.7	掏槽未掏出，周边光爆孔经过二次爆破
12	2.2	40.9	10	27	59.4	22	37.4	63.0	
13	2.2	40.9	10	27	59.4	23	39.1	65.8	
14	2.2	40.9	10	27	59.4	21	35.7	60.1	逐渐远离地表喷混凝土区域，洞顶岩层潮湿，有粉化现象
15	2.2	40.9	10	27	59.4	19	32.3	54.4	
16	2.2	40.9	10	27	59.4	18	30.6	51.5	

注：孔底加强装药为 ϕ25mm 乳化炸药。

表5　爆破试验段实测超挖情况统计表

试验茬次	循环进尺/m	测点数/个	测点超挖值合计/cm	平均超挖值/cm
1	1.5	22	87	3.95
2	1.5	19	199	10.5
3	1.5	24	156	6.50
4	1.5	20	64	3.20
5	1.5	25	35	1.40
6	2.2	26	54	2.08
7	2.2	23	98	4.26
8	2.2	30	80	2.67
9	2.2	26	135	5.19
10	2.2	25	87	3.48
11	2.2	25	96	3.84

续表

试验茬次	循环进尺/m	测点数/个	测点超挖值合计/cm	平均超挖值/cm
12	2.2	28	84	3.00
13	2.2	25	58	2.32
14	2.2	29	82	2.83
15	2.2	30	98	3.27
16	2.2	27	102	3.77
合计	31.7	404	1515	3.75

5 装药结构及参数设计方法

5.1 微量装药结构

微量装药结构如图4所示。图中，L 为钻孔深度，cm；l_1为周边孔孔底加强装药长度，cm；l_2为外圈崩落孔装药长度，cm。

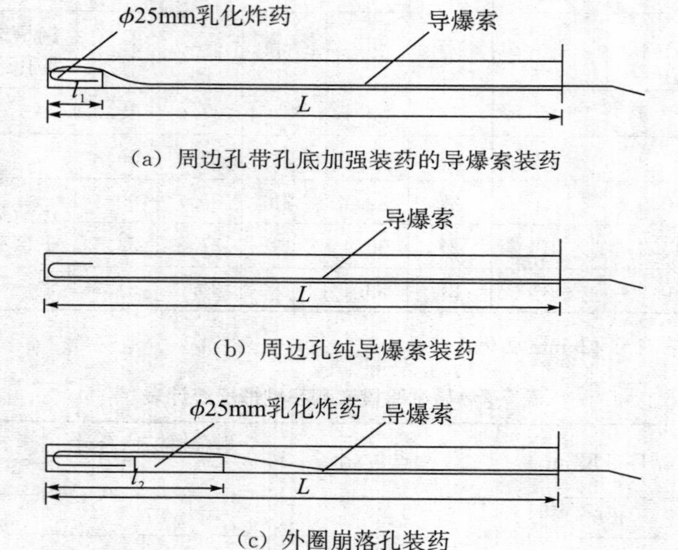

图4 微量装药结构

5.2 主要参数设计

5.2.1 周边光爆孔参数设计

(1) 钻孔直径 d：一般取 d=38～42mm。

(2) 钻孔深度 L：考虑到围岩较软，钻孔深度不宜过大，同时考虑到该技术对围岩爆破扰动极小，且洞顶上部一般有超前小导管或超前锚杆保护，可取 L=1.5～2.2m。

(3) 光爆孔间距 E：按照软岩光面爆破设计，取 E=(8～10)d，单位为 mm。

(4) 光爆层厚度（最小抵抗线）W：根据试验情况，可取 W=（1.0～1.15）E，单位为 mm。

（5）装药直径 $d_{药}$：光爆孔内以导爆索为主，将导爆索作为炸药使用，可取 $d_{药}=d_{导}=5.4\sim6.0$mm。

（6）周边孔密集系数 m：可取 $m=0.85\sim1.0$。

（7）装药量控制。

对于极软岩，可采用孔底隔孔装药的方式，采用图 4（a）（b）所示的装药结构：①纯导爆索装药孔。孔内仅有导爆索，因此线装药密度为导爆索每米装药量[6]，可根据导爆索装箱单说明书取 $q_{纯}=q_{导}=10\sim11$g/m。②孔底加强装药的导爆索装药。为了使光爆层顺利脱落，孔内除了导爆索以外，孔底可装入半支 ϕ25mm 乳化炸药作为加强装药，重 50～75g，装药长度取 10～15cm。

对于软岩，采用图 4（a）所示的装药结构，孔内以导爆索为主，为了使光爆层顺利脱落，孔底装入少量 ϕ25mm 乳化炸药作为加强装药，重 90～150g，装药长度取 16～26cm。

（8）填塞长度：根据爆破试验情况，周边光爆孔不进行填塞。

5.2.2 外圈崩落孔参数设计

外圈崩落孔是指与周边光爆孔相邻的最外圈崩落孔，同样按照软岩光面爆破设计，与周边光爆孔形成双层光面爆破，为周边光爆孔形成厚度均匀、规则的光爆层。它是微量装药软岩光面爆破技术的重要组成部分，在一定程度上能决定光爆效果的好坏。事实上，外圈崩落孔如果不按光面爆破设计，炮孔过稀，为了破碎岩石就得多装药，不光是不能形成良好的光爆层，甚至是药量过大，造成的破坏范围超出周边孔，直接破坏、扰动预保留岩体，造成大量超挖。

外圈崩落孔采用图 4（c）所示的装药结构，光爆参数按照软岩光面爆破设计，可按表 6 选取。

表 6　外圈崩落孔光面爆破参数

钻孔直径 $d_{外}$/mm	钻孔深度 $L_{外}$/m	孔间距 $E_{外}$/cm	最小抵抗线 $W_{外}$/cm	装药直径 $d_{药}$/mm	线装药密度 $q_{外}$/(g/m)	填塞长度
38～42	1.5～2.0	45	55	25	120～150	不填塞

5.3 推荐微量装药光面爆破参数

根据 8# 施工支洞爆破试验及应用情况，极软岩、软岩周边光爆孔微量装药光面爆破参数初次选取可按表 7 选取，并根据爆破试验结果进行修正。

表 7　微量装药推荐光面爆破参数

软岩类别	f 值	周边孔间距 E/mm	周边孔抵抗线 W/mm	孔底加强装药平均单孔线装药量 $q_{药}$/(g/m)	导爆索线装药量 $q_{导}$/(g/m)
极软岩	≤0.5	380～430	420～480	20～35	10～11
软　岩	$1.5\geq f>0.5$	330～400	380～450	35～55	10～11

注：钻孔直径 38～42mm，药卷直径 25mm。

6　爆破试验中的现象分析

在 8# 施工支洞微量装药软岩光面爆破实践中，出现了以下现象。

6.1　爆破试验前两茬炮半孔率低

开洞口第一茬炮半孔率 23.3%，第二茬炮半孔率 18.6%。由于洞口第一排小导管是沿设计开挖线打入，外偏角近于 0°。洞口导管下设由 I16 工字钢制作的钢支撑，周边光爆孔在导管下方 16cm 开孔，孔深 1.5m，孔底与小导管间距离近于零，即周边孔孔底到孔口与小导管间土体厚度由 0 渐变至 16cm。另外，小导管间距 20～25cm，导管间土体厚度只有 16～20cm，于是，孔底微量装药和导爆索的爆炸造成了导管间岩体脱落。

6.2　小导管下方岩体得以保留

从第三茬炮开始，超前小导管下方 16cm 土体得以保留。土体很软、很薄，能保留下来说明采用微量装药软岩光面爆破技术时，爆破振动对围岩的扰动极小、影响范围极浅。

6.3　个别孔底炸药未引爆但半孔保留完好

在爆破试验现场观察光爆效果时，经常发现光爆半孔保留很好，但一些孔底的半只炸药却未爆炸，经分析发现个别炸药已经变质、变硬失效，但同时说明将导爆索作为炸药，用于极软岩、软岩光面爆破是成功的。

6.4　个别半孔孔底裂隙较大

观察光爆效果时，发现虽然半孔保留较好，但孔底段爆破裂隙较明显，宽 3～5mm，最长的达到 85cm，说明孔底药量偏大，应适当减少周边孔孔底药量。

6.5　掏槽或内圈崩落孔未崩落但周边两孔间已经明显裂通

由于炸药失效等原因，试验中出现两次掏槽、内圈崩落孔爆破效果不好，大部分未崩落，虽然光爆层未能正常脱落，但能明显看出周边孔两孔间已经裂通，这说明对于极软岩、软岩，该种爆破方法的孔内装药量是够的，装药结构是合理的。

6.6　周边孔孔底残留段裂通但未脱落

在爆破试验第 6 茬炮，右边顶拱有连续并列 3 个孔出现 40～50cm 的残孔。经观察发现，两孔之间已经裂通但未能脱落，这说明孔底药量偏少，应适当增多。

6.7　周边光爆孔、外圈崩落孔不填塞

对于极软岩、软岩光面爆破，周边光爆孔不填塞，允许部分爆炸能量释放出来，有利于保护周边开挖轮廓，减轻炸药爆炸对孔壁的破坏；外圈崩落孔不填塞同样有利于为周边光爆孔创造均匀、平整的开挖光爆层。

7　经济效益分析

7.1　减少了药串加工工序、节省了材料

采用微量装药软岩光面爆破技术，与常规软岩光面爆破相比，减少了光爆药串加工

工序，节省了光爆药串加工费及炸药、竹片、胶布等材料费。

7.2　有效减少了超挖

根据规范[3]要求，平洞平均径向超挖值应不大于 20cm，因地质原因产生的超挖根据实际情况定。洞口段 16 茬炮的爆破试验，经统计平均超挖 3.75cm。目前该技术已经正常投入使用，顺利完成了 8# 施工支洞进口段 63.7m 的Ⅴ类围岩开挖，爆破效果均良好，平均径向超挖不大于 5cm。可见，在极软岩、软岩开挖中采用该技术可以有效控制超挖，从而节省因超挖造成的大量混凝土回填，有效降低施工成本。

8　适用条件及注意事项

8.1　适用条件

通过 8# 施工支洞爆破试验及实际应用证明，这一光面爆破技术已经基本成熟，适用条件如下：

（1）该技术仅适用于隧洞开挖中的极软岩、软岩，对于较软岩暂不适用。

（2）根据目前试验情况，周边孔钻孔深度不宜大于 2.2m，钻孔直径宜采用 38～42cm。

8.2　注意事项

（1）对于极软岩、软岩隧洞开挖，必须采用新奥法开挖，在钢支撑（或钢格栅）、超前小导管（或超前锚杆）、钢筋网、喷混凝土（或模筑混凝土）等超前支护的保护下进行。

（2）施工中应根据光爆效果情况，及时调整爆破参数，重点调整周边光爆孔间距、光爆层厚度（抵抗线）、孔底装药量；同时，严格控制外圈崩落孔按软岩光面爆破设计，严格控制孔间距和线装药密度。

参考文献：

[1] 重庆交通科研设计院. JTG D70—2004 公路隧道设计规范 [S]. 北京：人民交通出版社，2004.
[2] 马洪琪，周宇，和孙文. 中国水利水电地下工程施工 [M]. 北京：中国水利水电出版社，2011.
[3] 中国水利水电第十四工程局有限公司. DL/T 5099—2011 水工建筑物地下开挖工程施工技术规范 [S]. 北京：中国电力出版社，2011.
[4] 水利部水利水电规划设计总院. GB 50487—2008 水利水电工程地质勘察规范 [S]. 北京：中国计划出版社，2009.
[5] 杨玉银，段建军. 周边密空孔钻爆法在软质围岩隧洞开挖中的应用 [J]. 爆破，2000，17（2）：60－62.
[6] 晋东化工厂. GB 9786—1999 普通导爆索 [S]. 北京：中国标准出版社，2004.

光面爆破技术在卡鲁玛水电站尾水隧洞开挖中的改进与应用[①]

摘　要：在乌干达卡鲁玛水电站尾水隧洞8#施工支洞Ⅲ类围岩开挖中，为了解决光爆用ϕ25mm细药卷短缺、绑扎光爆药串用的竹片无法买到等问题，光面爆破施工中采用了经过加工的ϕ32mm常规药卷，调整了光爆孔内装药结构、装药方法，并在选用常规周边光爆孔孔距条件下，适当减小了光爆层厚度，将周边光爆孔密集系数提高到了1.25～1.43。爆破实践结果表明，通过这一系列改进，即便在只有最常见的ϕ32mm常规药卷和导爆索条件下，仍能取得良好的光爆效果。这一改进简化了光爆药串加工工序，减少了光爆层脱落需要克服的阻力，减轻了爆破对洞周被保留岩体的伤害。

关键词：光面爆破；装药结构；装药方法；炮孔密集系数；技术改进

1　引言

随着我国国力的增强和国内水电市场进入后水电时代，中国电建集团承揽了越来越多的国外水电和非水电工程。在国外工程施工，尤其是在非洲等不发达国家施工中，爆破施工常用火工材料、物资，经常会因为各种原因出现短缺或无法买到等情况，这就需要我们的爆破工程技术人员和爆破技术工人开动脑筋，设法利用现有的火工材料、设备物资，通过爆破技术的改进，来达到满足规范要求的爆破效果。在乌干达尾水隧洞8#施工支洞施工中，由于火工材料供应的问题，刚刚进洞142m，ϕ25mm细药卷就发生了短缺，再加上光面爆破常用的竹片等爆破物资无法买到，利用现有的ϕ32mm常规药卷和导爆索，如何实现满足要求的光爆效果，有待于在爆破工程实践中进一步探索、研究。

2　工程概况

2.1　概述

卡鲁玛水电站尾水隧洞工程位于乌干达境内的卡尔扬东哥地区卡鲁玛村，距离乌干达首都坎帕拉270km，距离古芦75km。尾水隧洞共两条：1#尾水洞长8705.505m，2#尾水洞长8609.625m，开挖断面呈平底马蹄形，开挖洞径宽13.7～14.8m，高13.45～14.8m，隧洞总开挖方量295.8万立方米、土石方明挖147.9万立方米、混凝土衬砌

① 本文其他作者：陈长贵、黄浩、刘志辉。

38.3 万立方米，总投资 5.9 亿美元，是目前世界上规模最大的尾水隧洞工程。

8[#]施工支洞与 1[#]、2[#]尾水洞分别相交于 TRT（1）2+759.662、TRT（2）2+735.764，全长 1167.52m。根据围岩出露情况及设计地质工程师现场勘察，从 0+061 开始，按照Ⅲ类围岩开挖，开挖断面呈城门洞形，开挖断面宽 8.24m、高 7.38m，底坡 9.5%。Ⅲ类围岩洞段以花岗片麻岩为主，局部夹少量侵入体，岩体以弱风化为主，节理、裂隙较发育，大节理面较多，将围岩切割成块状结构，坚固系数 $f=6\sim10$，属中硬偏软岩。

2.2 光面爆破施工难点

（1）本文研究对象为 8[#]施工支洞Ⅲ类围岩缺少光爆用细药卷洞段，具体桩号为 0+122.8～0+225.6 洞段，该洞段节理、裂隙较发育，均质性不好，不易出现明显的光爆效果。

（2）缺少光面爆破施工所需主要火工材料，比如缺少保证光面爆破满足不耦合装药要求必需的 ϕ20mm 或 ϕ25mm 细药卷，只有常规的 ϕ32mm 药卷。

（3）缺少光面爆破施工所需主要物资，比如保证药卷间隔装药所需竹片无法买到。

3 改进总体思路

鉴于以上光面爆破施工难点，对于 8[#]施工支洞Ⅲ类围岩要想取得较好的光爆效果，必须对火工材料、装药结构、装药方法、爆破参数做必要的改进、调整。

（1）减少局部爆炸能量：为减少局部爆炸能量过大对保留围岩造成的伤害，除孔底使用一整只 ϕ32mm 药卷（长 20cm，重 200g）外，其余部位均使用半只 ϕ32mm 药卷。

（2）改进装药结构：根据多年的爆破施工经验，当岩体较为坚硬时，对于孔内的 ϕ32mm 药卷，即便不将其绑扎在导爆索上，导爆索及孔底炸药爆炸的能量仍能将 ϕ32mm 药卷起爆。因此，光爆孔内可以不采用竹片绑扎制作药串的装药结构，只用孔内的导爆索起爆光爆孔内按设计线装药密度确定的半只 ϕ32mm 药卷间隔装药。

（3）改变装药方式：将导爆索一端插入整只 ϕ32mm 药卷，将炸药插入导爆索的一端朝向孔底，用炮棍直接推入孔底，然后直接用炮棍控制间隔装药的设计装药间隔距离，将剩余药卷装入孔内。

（4）调整光爆参数：为了减小光爆孔内炸药爆炸剥离光爆层时对被保留岩体的反作用力，减少爆炸高压气体作用于被保留岩体的作用时间，在周边光爆孔按常规间距选取的情况下，适当减小光爆层厚度，提高光爆孔密集系数。

（5）确保周边光爆孔同时起爆：由于提高了光爆孔密集系数 m，减小了光爆层厚度 W，其厚度甚至小于光爆孔孔距 E，如图 1 所示，$E>W>0.5E$。为了避免由于高段位雷管起爆时间间隔误差，造成相邻光爆孔 1 和光爆孔 2 中的一个先行起爆，假设光爆孔 1 先爆，当其应力波已经从光爆孔 1 的孔壁 A 传播到光爆孔 2 的孔壁 B 时，光爆孔 2 内炸药尚未起爆，将不能很好地在两孔 AB 之间形成应力波叠加，并先在 AB 之间形成贯通裂缝。这时，先爆孔 1 的应力波要击穿的岩石厚度为两孔间距 E，超过了光爆层厚度，由于最初的裂缝出现在炮孔壁向外的最短距离内[1]，可能造成先爆光爆孔 1 内炸药爆炸能量集中于垂直光爆层方向，向洞内 CG 方向冲出，从而影响光爆效果。因此，光爆孔内导爆索在孔外统一采用导爆索联炮，确保所有光爆孔同时起爆。这样，在图 1 中，几乎可以确保光爆孔 1 和光爆孔 2 的爆炸应力波同时到达 AB 的中点 M，并在两孔间形成贯通裂缝。

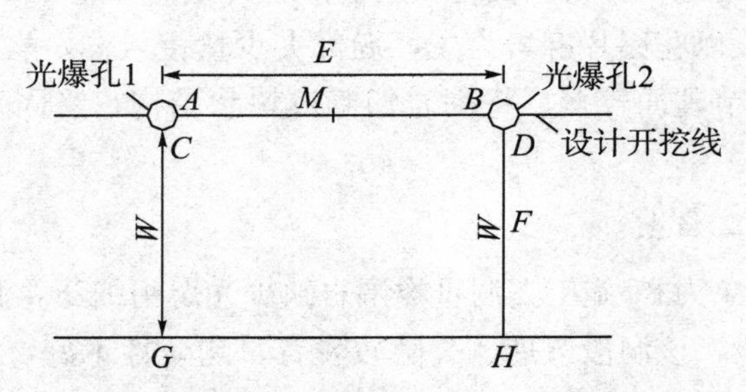

图 1　相邻光爆孔起爆时差分析示意图

（6）改变炮孔填塞方式：由于药径偏大，不耦合系数不能满足光面爆破要求，为了减轻粗药卷爆炸对被保留岩体的破坏，允许部分爆炸能量溢出孔外，因此，光爆孔可以不填塞土卷，不堵孔。

4　爆破设计

4.1　爆破方案

本文研究的 8# 施工支洞Ⅲ类围岩洞段，围岩稳定性较好，开挖断面 55.32m^2，可以采用全断面开挖，利用自制钻爆台车钻孔，钻孔采用 YT28 手风钻，掏槽采用多级楔形掏槽，周边孔采用光面爆破，3.5m^{3}侧翻装载机装 20t 自卸汽车出渣。

4.2　爆破参数

4.2.1　火工材料

8# 施工支洞洞口段使用的火工材料均为北京奥信化学科技有限公司生产。

（1）炸药：周边光爆孔、崩落孔、掏槽孔均选用 ϕ32mm 乳化炸药，重 200g，长 20cm。

（2）导爆索：选用塑料导爆索，炸药以太安为药芯，外观红色，导爆索直径 5.4mm，装药量 10g/m，爆速不小于 6×10^3 m/s，主要用于周边光爆孔内及周边孔孔外联炮。

（3）雷管：孔内及孔外联炮选用 1～11 段非电毫秒雷管；起爆雷管选用 8# 普通工业电雷管。

4.2.2　周边孔光爆参数设计

（1）钻孔直径 $d_{孔}$：选用 YT28 手风钻钻孔，钻孔直径 42mm。

（2）钻孔深度 L：鉴于围岩整体稳定性较好，设计单循环进尺取 3.2m，同样，取周边光爆孔钻孔深度 L=3.2 m。

（3）光爆孔孔距 E：围岩主要为弱风化花岗片麻岩，属中硬岩偏软，根据规范[2]，取 E=12d，E≈50cm。

（4）光爆层厚度（最小抵抗线）W：按照规范[2]，光爆层厚度应选取 60～70cm。由于光爆孔使用了 ϕ32mm 的粗药卷，为了使光爆层易于脱落，减小光爆层脱落时炸药爆炸对保留岩体的反作用力，从而减轻对被保留岩体的伤害，理论上可取 $E>W>0.5E$，实践中建议取 $E>W\geqslant 0.7E$，岩石均质性较好、完整性较好、硬度高。根据 8# 施工支洞围岩具体情况，取保护层厚度 $W=0.8E=40$cm。实际操作中，局部保护层厚度最薄到 $W=35$cm，但均取得了较好的光爆效果。

（5）光爆孔密集系数 m：在汪旭光主编的《爆破设计与施工》[1]中，渔洞隧道周边光爆孔间距 64cm、光爆层厚度 50cm，光爆孔密集系数 $m=1.28$；白石岩一号隧道周边孔间距 80cm、光爆层厚度 70cm，$m=1.14$；江头村隧道周边孔间距 50～70cm、光爆层厚度 50～60cm，$m=1.2$，但文献中只有相关数据，没有更详细的文字资料。文献［3］研究认为：合理的 m 值均应在 0.7～1.3 之间，巷道崩落爆破的 m 值可增大到 1.5，即使是周边光面爆破的 m 值也可增大到 1.2。

在本文研究的 8# 施工支洞Ⅲ类围岩光面爆破改进洞段施工中，一般部位 $m=E/W=50/40=1.25$，保护层最薄部位 $m=E/W=50/35=1.43$。本设计中，m 值超出了其他相关文献的建议取值范围[4]：瑞典兰格佛尔斯建议 $m=0.5\sim0.8$；《矿山井基工程施工及验收规范》（GB/T 213—1979）建议 $m=0.8\sim1.0$；《铁路隧道工程技术规程》建议 $m=0.65\sim1.0$；汪旭光主编的《爆破设计与施工》建议[1] $m=0.7\sim1.0$；马洪琪主编的《中国水利水电地下工程施工》建议[4] $m=0.7\sim0.8$。

（6）药卷直径 $d_{药}$：由于细药卷的短缺，周边光爆孔只能选用 ϕ32mm 常规药卷，$d_{药}=32$mm。

（7）不耦合系数 k：根据规范[2]，对于孔径 ϕ42mm 的光爆孔，药卷直径宜选用 20～25mm，即常规不耦合系数应达到 1.68～2.1。本设计中，$k=d_{孔}/d_{药}=42/32=1.31$，小于隧洞光面爆破常规不耦合系数。

（8）线装药密度 q：岩体属中硬岩偏软，且节理、裂隙较发育，线装药密度的选取宜介于中硬岩和软岩之间，取 $q=160$g/m。实际装药中，孔底装一只 ϕ32mm、重 200g 药卷，间隔布置 3 个半只 ϕ32mm、重 100g 药卷，单孔药量共计 $G=500$g，实际线装药密度为 $q=G/L=500/3.2=156$g/m。

（9）填塞方式：光爆孔孔口不进行填塞。

4.3 周边光爆孔装药结构

（1）周边光爆孔装药结构如图 2 所示。

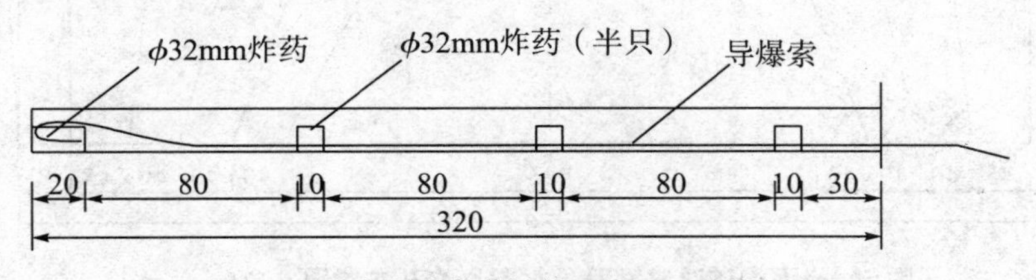

图 2 周边光爆孔装药结构示意图（单位：cm）

（2）装药方式：将导爆索插入一只 ϕ32mm 药卷内，用炮棍反向推入孔底，然后每间隔 80cm 推入半只 ϕ32mm 药卷，共装入 3 个半只药卷，药卷间隔距离采用炮棍控制[5]。

4.4 炮孔布置

本文研究的 8# 施工支洞Ⅲ类围岩光面爆破改进洞段，炮孔布置见图 3。

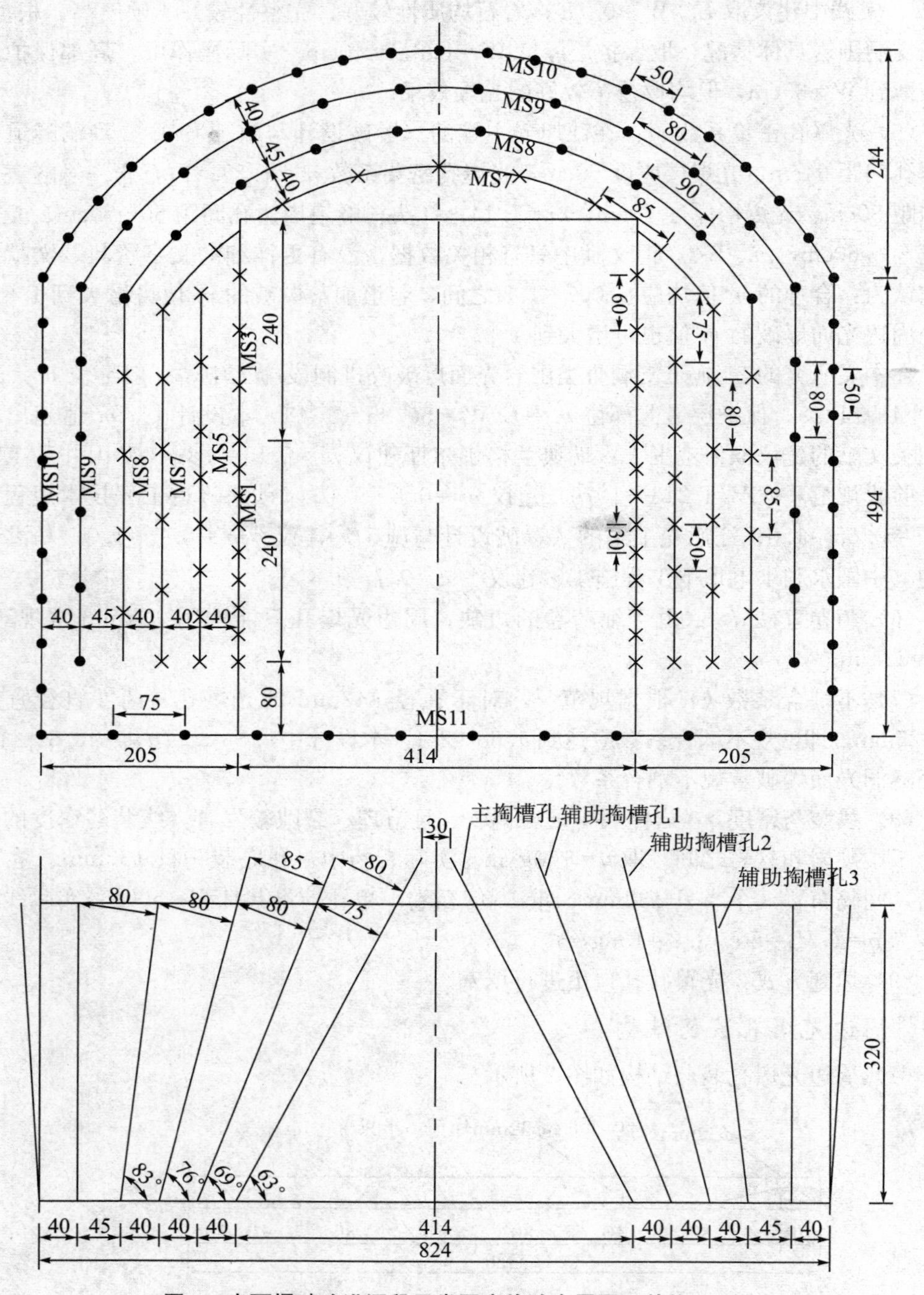

图 3　光面爆破改进洞段Ⅲ类围岩炮孔布置图（单位：cm）

4.5 典型爆破设计参数

光面爆破改进洞段典型爆破设计参数见表1。

表1 Ⅲ类围岩典型爆破设计参数表

炮孔名称	雷管段位	孔径/mm	孔深/m	孔数/个	孔距/cm	排距（抵抗线）/cm	药径/mm	单孔药量/kg	总药量/kg
主掏槽孔1	1	42	4.15	18	30		32	2.0	36.0
主掏槽孔2	3	42	4.15	6	60		32	2.0	12.0
辅助掏槽1	5	42	4.00	16	50～75	40～80	32	1.8	28.8
辅助掏槽2	7	42	4.00	18	80～85	40～85	32	1.6	28.8
辅助掏槽3	8	42	3.30	10	85	40～80	32	1.4	14.0
内崩落孔	8	42	3.20	11	90	40	32	1.4	15.4
外圈崩落孔	9	42	3.20	25	80	45	32	1.2	30.0
周边光爆孔	10	42	3.20	39	50	40	32	0.5	19.5
底孔	11	42	3.20	12	75	80	32	1.6	19.2
合计				155					193.7

5 爆破效果

2014年12月23日，8#施工支洞Ⅲ类围岩开挖至0+122.8桩号时，周边光爆孔必需的ϕ25mm细药卷短缺，光爆孔只能选用ϕ32mm常规药卷，通过采取上述改进措施，取得了良好的光爆效果。除局部破碎较严重洞段外，光爆半孔率均达到70%以上。光爆效果见图4。

图4 Ⅲ类围岩光面爆破改进洞段光爆效果

光面爆破改进洞段的爆破试验在0+122.8～0+161.2洞段进行，共12茬炮。光面爆破效果统计情况见表2。光面爆破改进洞段围岩属Ⅲ类围岩，属较完整和完整性差的围岩，局部较破碎，如图4所示。根据规范[2]，改进洞段半孔率应≥60%，两茬炮之间的台阶应小于20cm，相邻两孔间岩面平整，孔壁不应有明显的爆震裂隙。从图4、表2

的光面爆破效果情况看，完全满足规范要求。

表 2　光面爆破改进试验洞段光爆效果统计表

试验茬次	平均光爆孔深度/m	光爆孔数量/个	半孔总长度/m	半孔率/%	相邻两茬炮间台阶/cm	相邻两孔平整度	爆震裂隙情况
1	3.2	39	82.4	66.0	<18	<15	无明显裂隙
2	3.2	39	88.3	71.2	<17	<12	无明显裂隙
3	3.2	39	87.9	70.4	<17	<12	无明显裂隙
4	3.2	39	93.2	74.7	<17	<12	无明显裂隙
5	3.2	39	93.7	75.1	<16	<10	无明显裂隙
6	3.2	39	92.8	74.4	<16	<10	无明显裂隙
7	3.2	39	95.1	76.2	<16	<10	无明显裂隙
8	3.2	39	102.7	82.3	<16	<10	无明显裂隙
9	3.2	39	101.5	81.3	<16	<10	无明显裂隙
10	3.2	39	96.8	77.6	<16	<10	无明显裂隙
11	3.2	39	95.1	76.2	<16	<10	无明显裂隙
12	3.2	39	93.4	74.8	<16	<10	无明显裂隙

6　结语

在乌干达卡鲁玛水电站尾水隧洞 $8^{\#}$ 施工支洞Ⅲ类围岩开挖爆破施工中，在缺少光爆用细药卷和无法买到绑扎光爆药串用的竹片情况下，通过分析光面爆破原理，改进光面爆破技术参数、调整装药结构、细化装药方法、确保光爆孔同时起爆，成功地在Ⅲ类围岩中实现了光面爆破，保证了开挖质量，确保了施工安全。实践证明，在隧洞开挖光面爆破施工中，在某些条件不具备的情况下，通过专业爆破工程技术人员对现有条件的分析、研究，对光面爆破技术加以适当改进、调整，仍然能够达到光面爆破的目的，并取得良好的光爆效果。

参考文献：

[1] 汪旭光. 爆破设计与施工 [M]. 北京：冶金工业出版社，2011.

[2] 中国水利水电第十四工程局有限公司. DL/T 5099—2011 水工建筑物地下开挖工程施工技术规范 [S]. 北京：中国电力出版社，2011.

[3] 徐颖，方江华. 光面爆破合理炮孔密集系数的研究 [J]. 工程爆破，1998，4 (1)：25－29，38.

[4] 马洪琪，周宇，和孙文. 中国水利水电地下工程施工（上册）[M]. 北京：中国水利水电出版社，2011.

[5] 杨玉银. 隧洞开挖光面爆破新技术 [A] //汪旭光. 工程爆破文集（全国工程爆破学术会议论文集第七辑）[C]. 乌鲁木齐：新疆青少年出版社，2001：302－307.

隧洞开挖光面爆破装药结构的改进与应用①

摘　要：为了解决乌干达卡鲁玛水电站尾水隧洞光面爆破施工中，无专用光爆细药卷（ϕ20～22mm），且竹片难于买到，无法绑扎光爆药串等问题，在8#、9#、10#支洞及主洞开挖爆破施工中做了一系列光面爆破装药结构改进实验。采用（ϕ25～32mm）常规药卷，在其未与导爆索绑扎的条件下，导爆索成功起爆了光爆孔内按设计线装药密度装入的间隔装药，且取得了理想的光爆效果。实验及应用情况表明，在ϕ42mm光爆孔内，导爆索与一定间距（>50cm）的间隔装药在孔内自由分布、未绑扎的条件下，导爆索完全能够起爆孔内的间隔装药，这就简化了传统的光爆药串加工工艺，改变了隧洞开挖中传统的光爆孔内装药结构。

关键词：隧洞；开挖；光面爆破；装药结构；改进与应用；光爆参数；光爆效果

1　问题的提出

在隧洞开挖爆破施工中，光面爆破已经成为世界公认的、必然的选择。光面爆破的装药结构及线装药密度的控制成了光面爆破的关键技术。目前，国内《水工建筑物地下开挖工程施工技术规范》（DL/T 5099—2011）[1]建议的光面爆破线装药密度在70～350g/m，各类围岩的实际应用证明，这一建议值是非常合理的。如何针对不同硬度、不同类别的围岩确定合理的线装药密度就成为光面爆破的技术核心。目前主要有3种方法：①采用低密度的细药卷连续装药，药卷直径20～22mm；②把导爆索敷设在竹片上，将常规药卷按照设计间距采用电工胶布绑扎在竹片上制成光爆药串，药卷直径25～32mm；③采用一只非电毫秒雷管引爆装入孔底的ϕ32mm加强装药，利用炸药的殉爆距离，由内向外逐节引爆、传爆光爆孔内正常装药段的ϕ25mm间隔药卷[2]，正常装药段相邻两只药卷间隔长度8～14cm。对卡鲁玛项目来说，由于乌干达不生产炸药，因此必须从中国或印度进口。在国内和其他国家均未能采购到低密度ϕ20～22mm专用光爆细药卷，如果采用ϕ25mm药卷连续装药，其线装药密度将>500g/m，无法满足光面爆破要求；在当地没有制作光爆药串用的竹片，依靠进口，成本会很高，并且临时采购也来不及；采用一只雷管引爆、传爆孔内间隔装药的方法需要围岩硬度较高、完整性较好，受炸药殉爆距离限制，炸药间隔长度最大14cm，其线装药密度一般≥300g/m，主要适用于坚硬岩石，对中硬岩、软岩及完整性较差岩石不适用，不具有普遍性。为了解决这一技术难题，在乌干达卡鲁玛水电站尾水隧洞的3条施工支洞及主洞开挖施工

① 本文其他作者：陈长贵、黄浩、黄勇。

中，进行了一系列光面爆破装药结构实验。

2 改进思路及可能存在的问题

2.1 改进思路

①采用最易于购买的导爆索及常规的 ϕ25 ～32mm 乳化炸药作为光面爆破的基本爆破器材。②将导爆索插入一只 ϕ25mm 或 ϕ32mm 乳化炸药（100 ～250g），用炮棍直接推入孔底，作为孔底加强装药；将经过加工的 ϕ25mm 或 ϕ32mm 乳化炸药（每节约 100g），按照设计线装药密度确定的装药间隔，用炮棍逐节推入孔内预定位置。③周边光爆孔孔外采用导爆索连接，尽可能地确保光爆孔同时起爆。④减小周边光爆孔孔口填塞长度，采用炸药纸壳箱或炸药内包装纸、塑料等柔性材料填塞。

2.2 可能存在的问题

光爆孔的钻孔直径一般为 42mm，而优先选用的是 ϕ25mm 乳化炸药，导爆索直径一般≤6mm[3]，且导爆索与炸药间未经过绑扎，均处于自由状态，个别炸药与导爆索间可能存在 10mm 左右的距离，有可能造成个别炸药拒爆，从而影响光爆效果。

3 改进的基本装药结构

根据装药结构改进思路，确定采用图 1 所示的基本装药结构，并通过爆破实验进行验证。

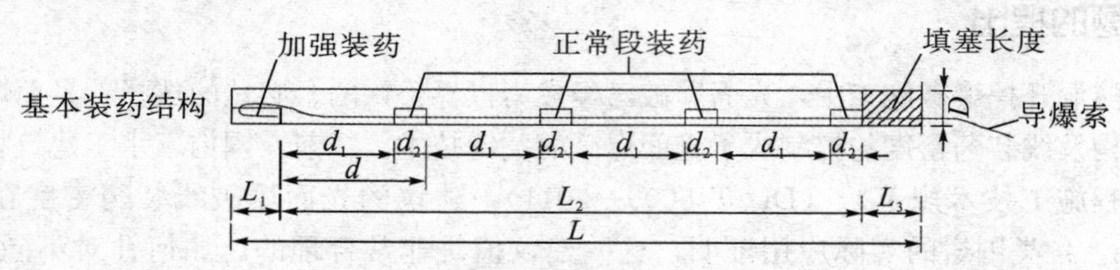

图 1 装药结构示意图（单位：cm）

L－光爆孔钻孔深度；L_1－孔底加强装药段长度；L_2－正常装药段长度；L_3－孔口填塞长度；d_1－正常装药间隔距离；d_2－正常装药段单节药卷长度；d－炮棍上控制装药间隔的标尺长度，$d=d_1+d_2$

4 爆破实验

4.1 工程概况

卡鲁玛水电站尾水隧洞工程位于乌干达境内的卡尔扬东哥地区卡鲁玛村。尾水隧洞共两条：1# 尾水隧洞长 8705.505m，2# 尾水隧洞长 8609.625m，开挖断面呈平底马蹄形，宽 13.60 ～14.8m，高 13.45～15.05m，围岩主要为花岗片麻岩，以Ⅱ～Ⅲ类围岩为主，极少量Ⅳ～Ⅴ类围岩。

尾水隧洞布置有 8#、9#、10# 3 条施工支洞。8# 施工支洞与 2# 尾水洞相交于 TRT（2）2+735.764，全长 1167.52m，底板坡度 9.5％；9# 施工支洞与 2# 尾水洞相交于 TRT（2）5+463.571，全长 732.68m，底板坡度 10.42％；10# 施工支洞与 2# 尾水洞相交于 TRT（2）8+434.940，全长 415.32m，底板坡度 11.58％。3 条施工支洞开挖断面除洞口段少量（30 ～70 m）Ⅴ类围岩呈马蹄形，宽 10.64m，高 9.40m 外，其余洞段为Ⅱ～Ⅳ类围岩，开挖断面均呈城门洞形，宽 8.16 ～8.44m，高 7.38 ～7.52m。施工支洞围岩主要为花岗片麻岩，以Ⅱ～Ⅲ类围岩为主，少量Ⅳ～Ⅴ类围岩。

4.2 实验方案

尾水隧洞的 8#、9#、10# 3 条施工支洞均不进行永久混凝土衬砌，只进行必要的锚、网、喷支护，但为了给主洞开挖提供合理的光面爆破参数，在 3 条施工支洞开挖施工中进行了大量光面爆破实验，从而为主洞开挖提供了合理的光面爆破装药结构及光爆参数。光面爆破装药结构实验分阶段分别在支洞和主洞进行。支洞的Ⅱ、Ⅲ、Ⅳ类围岩均采用全断面开挖；主洞以Ⅱ、Ⅲ类围岩为主，采用上下两部分部开挖，先开挖上部 8.19m，爆破实验均在上部进行。爆破实验主要针对Ⅱ、Ⅲ、Ⅳ类围岩，Ⅴ类围岩主要采用微量装药软岩光面爆破技术[4]。实验方案及参数见表 1。

各实验方案装药结构[5-6]如图 2 所示。

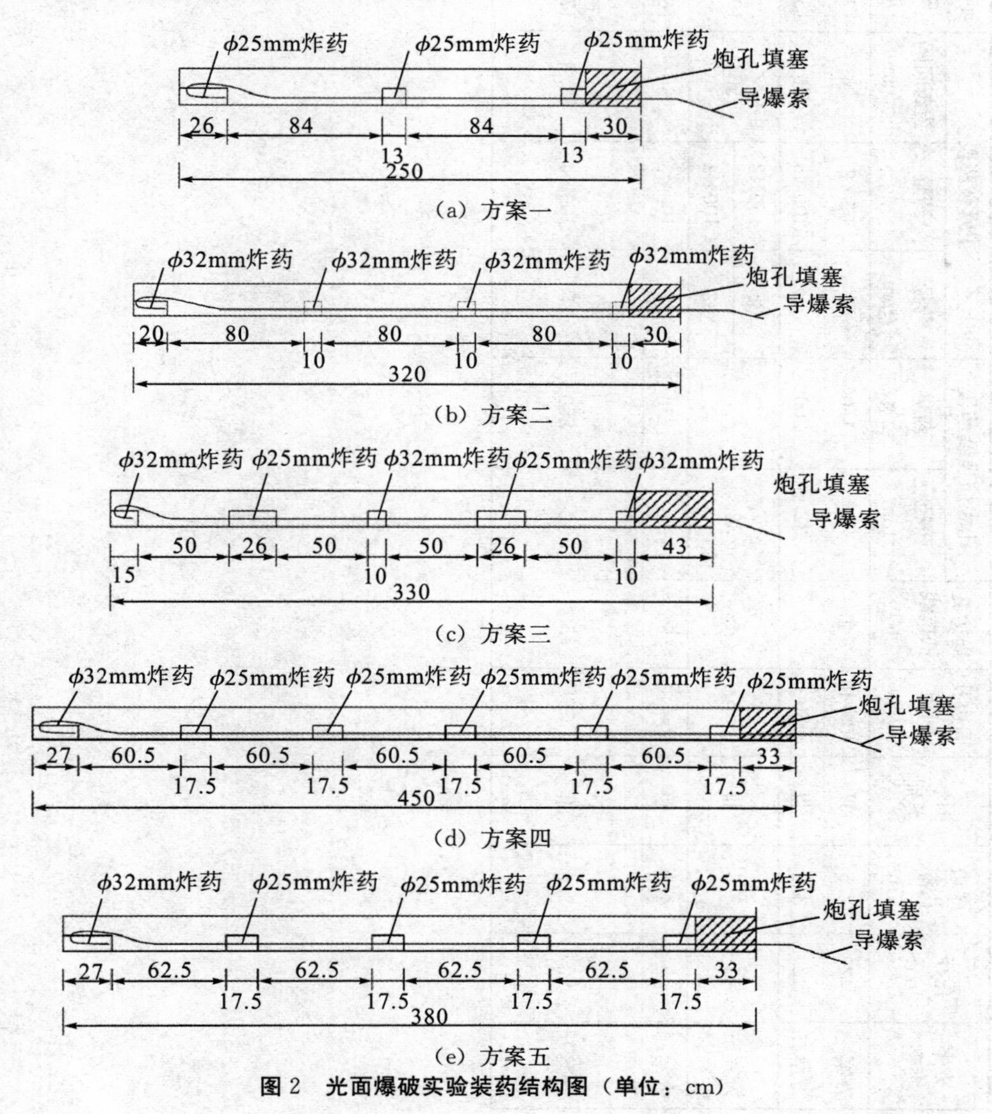

图 2 光面爆破实验装药结构图（单位：cm）

表 1　光面爆破装药结构实验方案

方案类型	孔径/mm	周边孔深/m	围岩类别	周边孔间距/mm	周边孔抵抗线/mm	孔底加强装药段		正常装药段			线装药密度 g/m	填塞长度/cm	实验洞段
						药径/mm	药量/g	药径/mm	药量/g	装药间隔/cm			
方案一	42	2.5	Ⅳ	40～45	40	25	150	25	75×2	84	120.00	30	8# 支洞 0+60.6～0+85.6
方案二	42	3.2	Ⅲ	50	40	32	200	32	100×3	80	156.25	30	8# 支洞 0+122.8～0+225.2
方案三	42	3.3	Ⅲ	55	45	32	150	25	150×2	50	196.97	43	10# 支洞 0+244.0～0+416.6
								32	100×2				
方案四	42	4.5	Ⅲ	50～55	50	32	250	25	100×5	60	166.67	33	2# 主洞 2+670.1～2+809.1
方案五	42	3.8	Ⅱ	55	50	32	250	25	100×4	62.5	171.05	33	2# 主洞 2+670.0～2+592.3 2+809.1～2+883.2 8+330.5～8+256.6 5+540.3～5+651.5

4.3 爆破器材

爆破器材主要来自中国和印度公司，以中国公司为主，印度公司为辅。在不同阶段使用的爆破器材规格有所差异，具体规格如下。

（1）炸药：中国公司提供的 ϕ32mm 乳化炸药，有重 300g、长 30cm 和重 200g、长 20cm 两种规格；印度公司提供的 ϕ32mm 乳化炸药，重 250g、长 27cm；中国公司提供的 ϕ25mm 乳化炸药，有重 150g、长 26cm 和重 200g、长 35cm 两种规格。

（2）导爆索：主要选用由中国公司提供的塑料导爆索[3]，药芯主要为太安，外观红色，直径 5.0 ～5.4mm，装药量 10g/m，爆速不小于 6×10^3m/s。

（3）雷管：孔内及网路连接主要选用由中国公司提供的 MS1～MS12 非电毫秒雷管，短缺时辅助选用印度公司提供的 MS1～MS15 非电毫秒雷管，但应注意其雷管段位及延时情况与中国标准不同；电雷管用于起爆整个非电毫秒雷管爆破网路，主要选用中国公司提供的 $8^{\#}$ 普通工业电雷管。

4.4 实验条件

（1）工地现场无法采购到绑扎光爆药串用的竹片等物品；没有 ϕ20～22mm 专用光爆细药卷。

（2）炮孔直径≤42mm；隧洞属于平洞或倾斜度≤25°。

（3）要求进一步提高钻孔质量，按设计要求保证孔位误差≤3cm；钻孔外偏角要求≤3.5°；尽可能提高相邻两孔的钻孔平行度，达到图 3（b）所示的水平，以提高光面爆破质量。

（4）周边光爆孔网路连接均采用导爆索，以提高光爆孔起爆的同时性。

（5）光爆孔钻孔完毕，装药前必须吹孔，将孔内岩粉和积水清理干净。

4.5 装药方法

周边光爆孔装药情况如图 3 所示。

（a）主洞光爆实验爆破器材

（b）装药情况

图 3 周边光爆孔装药情况

（1）炸药加工：图 3（a）为主洞光爆装药结构实验所用乳化炸药，孔底加强装药为印度公司生产的一只 ϕ32mm 乳化炸药，重 250g、长 27cm；正常装药段使用的炸药为中国公司生产的半只 ϕ25mm 乳化炸药，重 100g、长 17.5cm。

（2）炮棍制作[2,7]：选用比设计钻孔深度长 30cm 左右、直径 25～28mm 的 PVC 管作为周边光爆孔专用炮棍，如图 4 所示。

（3）装药过程：将导爆索插入孔底加强装药内，并将插入端朝向孔内，用炮棍将加强装药推入孔底，然后将正常装药段第一节药放入孔口，用炮棍将第一节药推入，直到“第一节药就位标记”到达孔口位置，即表明第一节药就位完毕；用同样方法将第二节、第三节……依次推入孔内就位，直到所有装药就位完毕。

（4）孔口填塞：采用炸药包装箱纸壳对孔口 20～30cm 段进行填塞，以轻堵为主。

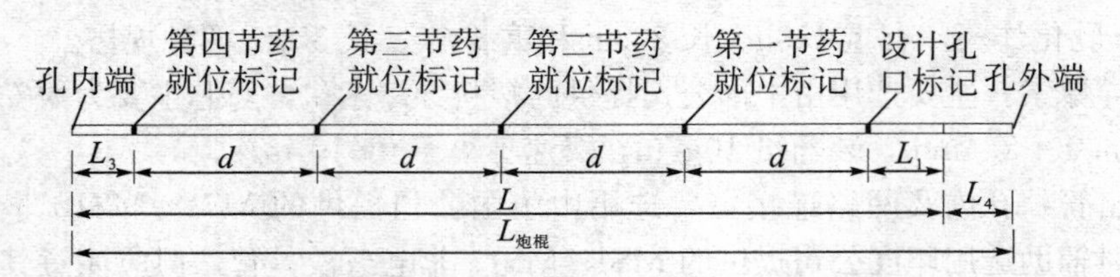

图 4　光爆专用炮棍制作示意图（单位：cm）

$L_{炮棍}$ —炮棍总长度；L —光爆孔钻孔深度；L_1 —孔底加强装药段长度；L_3 —孔口填塞长度；L_4 —炮棍加长段；d —炮棍上控制装药间隔的标尺长度，$d=d_1+d_2$（图中未示，见图 1）

4.6　主要光爆参数及装药结构设计方法[5-6]

（1）爆破器材：炸药主要选用 ϕ25～32mm 乳化炸药；导爆索优先选用普通塑料导爆索[3]。

（2）光爆孔直径 D：采用该装药结构，在未经爆破实验的情况下，钻孔直径不宜过大，一般取 D=38～42mm。

（3）钻孔深度 L：根据爆破设计需要，建议取 L=1.5～4.5m。

（4）光爆孔孔距 E：根据卡鲁玛爆破实验及应用情况，取 E=（9～13）D，建议软岩取 E=40～45cm，中硬岩取 E=45～50cm，硬岩取 E=50～55cm。

（5）最小抵抗线（光爆层厚度）W：根据卡鲁玛爆破实验及应用情况，建议取 W=（0.8～1.0）E。

（6）线装药密度 q：根据围岩硬度情况，初次选取可按照规范[1]确定线装药密度，建议软岩取 q=70～120g/m，中硬岩取 q=200～300g/m，硬岩取 q=300～350g/m。根据多年隧洞爆破经验，建议软岩取 q=25～120g/m，中硬岩取 q=120～200g/m，硬岩取 q=150～250g/m。

（7）单孔装药量 Q：$Q=qL$。

（8）孔底加强装药量 Q_1：软岩可选用 ϕ25mm 乳化炸药，取 Q_1=100～150g；硬岩选用 ϕ32mm 乳化炸药，建议中硬岩取 Q_1=150～200g，硬岩取 Q_1=200～250g。孔底加强装药相应长度为 L_1。

（9）正常装药段总药量 Q_2：$Q_2=Q-Q_1$。

（10）正常装药段单节装药质量 G：主要选用 ϕ25～32mm 乳化炸药，优先选用 ϕ25mm 乳化炸药。通常将一整只乳化炸药切割成几节，正常装药段装药规格一般取 G=100g/节，其相应长度为 d_2。

（11）正常装药节数 n：$n=Q_2/G$，可按四舍五入原则取整数。

（12）填塞长度 L_3：周边光爆孔一般采用柔性材料轻堵，并且不宜过长，否则易出现孔口“挂帘”现象，建议取 $L_3=20\sim35$cm。

（13）正常装药段长度 L_2：$L_2=L-L_1-L_3$。

（14）炮棍正常装药间隔标尺长度 d：$d=L_2/n$。

（15）正常装药间隔距离 d_1：$d_1=d-d_2$。

（16）网路连接：为了保证周边光爆孔同时起爆，进一步提高光面爆破效果，周边光爆孔孔外统一采用导爆索连接，相应段位非电毫秒雷管起爆。

4.7 实验结果

在卡鲁玛水电站尾水隧洞的8#、9#、10#3条施工支洞及主洞开挖中，在没有竹片绑扎光爆药串和无专用光爆炸药的条件下，针对光面爆破的装药结构，按不同围岩类别，分阶段进行了装药结构改进爆破实验，并且边实验边推广应用，均取得了较为满意的光爆效果。主洞内爆破实验光爆效果如图5所示。

（a）方案四：主洞Ⅲ类围岩光爆效果

（b）方案五：主洞Ⅱ类围岩光爆效果

图5　光爆效果

光面爆破装药结构实验光爆效果统计情况见表2。根据国内水工规范[1]，光面爆破的半孔率是炮孔残留半孔数与周边孔数之比的百分数。因此，表2中的半孔率统一按照这一方法计算。

表2　光爆效果统计

方案类型	实验洞段	实验炮数/茬	平均光爆孔深/m	周边光爆孔数/个	周边孔总数/个	保留半孔数量/个	半孔率/%	相邻两茬炮间台阶/cm	相邻两孔平整度	爆震裂隙情况
方案一	8#支洞 0+60.6～0+85.6	10	2.5	49	490	312	63.7	<12	<15	无明显裂隙
方案二	8#支洞 0+122.8～0+225.2	33	3.2	41	1353	971	71.8	<15	<16	无明显裂隙
方案三	10#支洞 0+244.0～0+416.6	53	3.3	37	1961	1788	91.2	<15	<12	无明显裂隙
方案四	2#主洞 2+670.1～2+809.1	31	4.5	45	1395	1334	95.6	<20	<10	无明显裂隙
方案五	2#主洞 2+670.0～2+592.3 2+809.1～2+883.2 8+330.5～8+256.6 5+540.3～5+651.5	21+20 +20 +30	3.8	47	4277	4093	95.7	<18	<10	无明显裂隙

5　结论

（1）针对乌干达卡鲁玛水电站尾水隧洞开挖爆破施工中，绑扎光爆药串的竹片难于买到，没有专用光爆细药卷的实际情况，在直径为42mm的周边光爆孔内，按照不同类别的围岩，进行了改变传统的光面爆破装药结构实验。爆破实验及实际应用表明，这种光面爆破装药结构的改进是非常成功的，在孔径为 ϕ42mm 的周边光爆孔内，使用导爆索完全可以起爆处于自由状态、未绑扎，按照设计间距分布的 ϕ25～32mm 间隔装药，并且稳定性较好，能满足光面爆破要求，成功地解决了在只有导爆索及常规药卷的条件下的光面爆破问题，改变了光面爆破传统的装药结构及装药方法，形成了一种新的光面爆破装药结构，使线装药密度的控制更加容易，装药方法更加简便。

（2）使用条件。①光爆孔必须是水平孔或倾角较小，炸药能在孔内稳定放置，不产生滑动；②光爆孔直径要求≤42mm，孔深不宜大于 4.5m；③孔外采用导爆索联炮，以确保周边光爆孔同时起爆。

（3）注意事项。①每茬炮严格按照爆破设计布设周边孔，确保孔位开口的准确性，要求开孔偏差在 3cm 以内。②严格控制周边孔钻孔外偏角[8]，要求钻孔作业时钻机一直保持紧贴岩面钻进。③确保周边孔相邻两孔的钻孔平行度，如图 3（b）中光爆孔所示；每一钻孔区域建议先钻一标准孔，将外径为 ϕ25mm 的细钢管或钻杆插入孔内作为参照，相邻周边孔钻孔时，边钻孔边将细钢管或钻杆向标准孔内推进，随时保持正在钻孔的钻杆与标准孔内细钢管（或钻杆）平行。④严格按照爆破设计要求的装药结构和装药量进行装药，未经设计人员允许，不得随意增减药量。⑤根据围岩变化及光爆效果情况，及时调整光爆参数。

6 应用情况

截至 2016 年 5 月 8 日，尾水隧洞 1#、2# 主洞全线贯通，采用改进后的光面爆破装药结构，完成了 8#、9#、10# 3 条施工支洞的Ⅱ、Ⅲ、Ⅳ类围岩开挖共计 2163m；通过三条施工支洞进入主洞，形成了 10 个开挖爆破作业面，完成了主洞开挖共计 17298.13m；所有开挖洞段光面爆破效果均良好，主洞开挖光面爆破半孔率均在 90％以上，开挖面规则、平整，体形良好，有效控制了隧洞超欠挖；根据测量数据统计，平均超挖在 10cm 以内，从而有效降低了开挖成本。

参考文献：

[1] 中国水利水电第十四工程局有限公司. DL/T 5099—2011 水工建筑物地下开挖工程施工技术规范［S］. 北京：中国电力出版社，2011.

[2] 杨玉银. 光面爆破孔内间隔装药传爆方法的改进与应用［J］. 工程爆破，2001，7（2）：73－78.

[3] 晋东化工厂. GB 9786—1999 普通导爆索［S］. 北京：中国标准出版社，2004.

[4] 杨玉银，陈长贵，黄浩，等. 微量装药软岩光面爆破技术在隧洞洞口开挖中的应用［J］. 工程爆破，2015，21（3）：26－31.

[5] 汪旭光. 爆破设计与施工［M］. 北京：冶金工业出版社，2011.

[6] 马洪琪，周宇，和孙文. 中国水利水电地下工程施工［M］. 北京：中国水利水电出版社，2011.

[7] 杨玉银. 隧洞开挖光面爆破新技术［A］//汪旭光. 工程爆破文集（全国工程爆破学术会议论文集第七辑）［C］. 乌鲁木齐：新疆青少年出版社，2001：302－307.

[8] 杨玉银，蒋斌，刘春，等. 隧洞开挖爆破超挖控制技术研究［J］. 工程爆破，2013，19（4）：4，21－24.

隧洞底板开挖光面爆破实验①

摘　要：为了解决乌干达卡鲁玛水电站尾水隧洞底板开挖的石方超挖问题，在底板开挖的初始阶段，进行了一系列光面爆破装药结构改进技术[1]实验。实验中通过调整底板光爆孔孔距、抵抗线、线装药密度，最终确定了合理的底板开挖光面爆破参数：孔距 61.8cm，最小抵抗线 60cm，装药间隔 61.3cm，线装药密度 160.4g/m。实验结果表明，光面爆破装药结构改进技术同样适用于隧洞底板开挖，底板光爆孔内按一定间距分布的炸药卷和导爆索在处于自由状态的情况下，仍然能够正常起爆；对于隧洞底板开挖，根据围岩情况和实验爆破效果，认真调整光爆参数，按设计要求精细钻孔、细致装药，光面爆破半孔率可达到93％以上，平均石方超挖可控制到 8.6cm。在卡鲁玛水电站尾水隧洞底板开挖的光面爆破施工中，底板开挖半孔率达到 90％ 以上，底板总平均超挖16.67cm，大大减少了石方超挖量，节省了大量超填混凝土，有效降低了开挖成本。

关键词：底板开挖；超挖控制；光面爆破；光爆参数；实验研究；隧洞

在地下工程开挖爆破施工中，通常采用光面爆破控制开挖轮廓、减少石方超挖，但都习惯于在两侧墙及边顶拱采用光面爆破，而底板的开挖往往由于各种原因经常被忽视，未采用光面爆破技术，造成大量石方超挖。底板平均超挖 30～40cm 以上是比较常见的，不可避免地产生大量底板垫层回填混凝土，大大增加了隧洞开挖成本。以乌干达卡鲁玛水电站尾水隧洞为例，在主洞下部先行开挖的几百米，底板开挖宽度 11.132～11.336m，未采用光面爆破，底板实测平均超挖在 35cm 以上，根据文献［2］的规定，底板允许超挖 20cm，则超挖了 15cm，并因此多产生石方 24352.36m^3，同时多回填24352.36m^{3}垫层混凝土。鉴于控制隧洞底板超挖的重要性，卡鲁玛水电站尾水隧洞底板开挖须采用光面爆破以控制超挖，降低成本。为了确定合理的底板开挖光面爆破参数，须先进行光面爆破实验。

1　工程概况

卡鲁玛水电站尾水隧洞工程位于乌干达境内的卡尔扬东哥地区卡鲁玛村。尾水隧洞共两条：1# 尾水隧洞长 8705.505m、2# 尾水隧洞长 8609.625m，开挖断面呈平底马蹄形，宽 13.6 ～14.8m，高 13.45 ～15.05m，围岩主要为花岗片麻岩。上部开挖贯通后，

① 本文其他作者：陈长贵、陈斌、张健鹏。

揭露围岩情况如表1所示。

表1 围岩分类情况

围岩类别	长度/m	占百分比/%
Ⅱ	13513	92.7
Ⅲ	950	6.5
Ⅳ	71	0.5
Ⅴ	50	0.3
合计	14584	100

尾水隧洞布置有8#、9#、10#3条施工支洞。8#施工支洞与2#尾水洞相交于TRT（2）2+735.764，全长1167.52m，底板坡度9.5%；9#施工支洞与2#尾水洞相交于TRT（2）5+463.571，全长732.68m，底板坡度10.42%；10#施工支洞与2#尾水洞相交于TRT（2）8+434.940，全长415.32m，底板坡度11.58%。

2 爆破实验

2.1 实验目的

通过底板开挖光面爆破实验，为卡鲁玛水电站尾水隧洞下层底部开挖确定合理的光面爆破参数，包括底板光爆孔孔距、抵抗线、线装药密度、装药结构等；设法减少下层底部开挖的石方超挖量，从而减少回填混凝土，降低开挖成本；同时，验证光面爆破装药结构改进技术[1]在隧洞底板开挖中的适用性，即在未绑扎光爆药串条件下，底板光爆孔内按一定间距分布的炸药卷和导爆索在均处于自由状态下的准爆情况。

2.2 实验条件和爆破器材

底板开挖采用YT28型手风钻钻孔，钻孔直径42mm，钻孔深度5.3m左右。确保底板光爆孔钻进过程中钻机紧贴地面向前推进，钻孔下倾角≤4.0°，并保证相邻两孔之间的钻孔平行度。

底板光爆孔网路采用导爆索连接，光爆孔装药前须用高压风管将孔内岩粉和积水吹出。采用光面爆破装药结构改进技术，不绑扎光爆药串，不采用ϕ20～22mm专用光爆细药卷，导爆索和药卷在孔内均处于自由状态。

（1）炸药：ϕ32mm乳化炸药（印度），重250g、长27cm；ϕ32mm乳化炸药（中国），重300g、长30cm；ϕ25mm乳化炸药（中国），重200g、长35cm。

（2）导爆索：底板光爆孔内及光爆孔外网路连接，主要选用塑料导爆索[3]（中国），药芯主要为太安，外观红色，直径5.0～5.4mm，装药量10g/m，爆速不小于6×10^3m/s。

（3）雷管：掏槽孔、崩落孔内及网路连接，主要选用MS1～MS9段导爆管雷管（中国）；电雷管用于激发导爆管网路，主要选用8#普通工业电雷管（中国）。

2.3 实验方案

鉴于隧洞上部已开挖洞段主要为Ⅱ类围岩，仅少量Ⅲ类围岩，下部底板开挖光面爆破实验洞段也以Ⅱ类围岩为主，Ⅲ类围岩参数可在Ⅱ类围岩光爆参数的基础上做适当调整。基于8# 施工支洞工区所属的1# 主洞上、下游和2# 主洞上、下游4个开挖作业面在上层开挖光面爆破施工中的良好效果，爆破实验选择了8# 施工支洞区域的1# 主洞上游2+562.18～2+482.68洞段、下游2+960.02～3+039.52洞段，2# 主洞上游2+539.88～2+460.38洞段，上述3个洞段围岩均为Ⅱ类。按照文献［1］中的设计思路和设计方法，并以文献［4-6］理论思想为指导。设计的底板开挖光面爆破实验方案及参数如表2所示，各实验方案装药结构如图1所示。

表2　底板开挖光面爆破实验方案及参数

方案序号	实验洞段	底孔间距/cm	单茬炮底板光爆孔数/个	底孔抵抗线/cm	孔底加强装药段		正常装药段		线装药密度/(g·m⁻¹)
					药径/mm	药量/g	单节药量×节数/g	装药间隔/cm	
方案1	2# 主洞 2+539.88～2+460.38	79.5	15	85	32	300	150×6	63.3	226.4
方案2	1# 主洞 2+960.02～3+039.52	69.6	17	75	32	250	125×6	65.3	188.7
方案3	1# 主洞 2+562.18～2+482.68	61.8	19	60	32	250	100×6	61.3	160.4

注：3个方案均为孔径42mm，底孔孔深5.3m，填塞长度30cm。

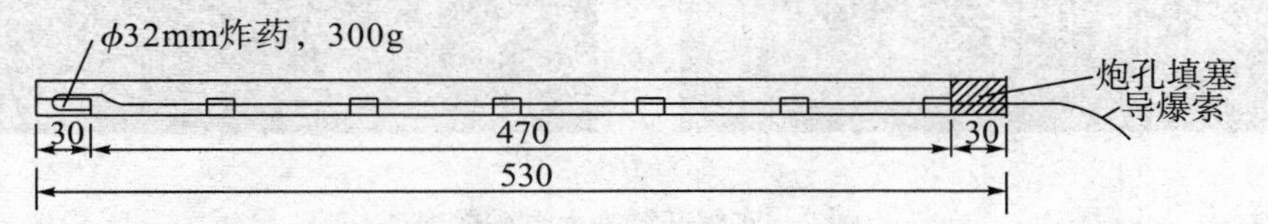

装药间隔：63.3cm；每段装药量（除孔底外）：ϕ32mm炸药150g，长度15cm。

(a) 方案1

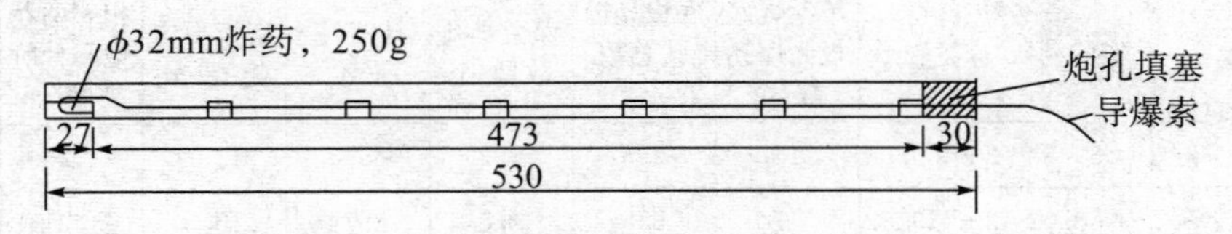

装药间隔：65.3cm；每段装药量（除孔底外）：ϕ32mm炸药125g，长度13.5cm。

(b) 方案2

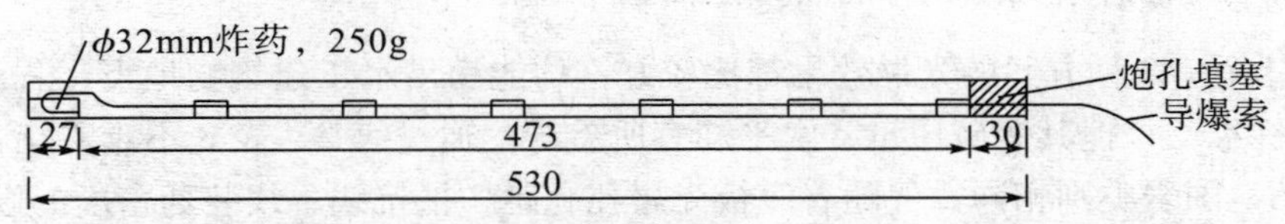

装药间隔：61.3cm；每段装药量（除孔底外）：ϕ25mm炸药100g，长度17.5cm。

(c) 方案3

图1　光面爆破实验装药结构（单位：cm）

2.4　实验结果

在乌干达卡鲁玛水电站尾水隧洞8# 施工支洞区域下部底板选取的3个实验洞段中，按照不同的底板光爆孔孔距、抵抗线、线装药密度进行的底板开挖光面爆破实验，取得了合理的底板开挖光爆参数，使实验洞段底板开挖后均无明显爆破震动裂隙，均取得了较好的光爆效果（见图2）。底板光面爆破半孔率[2]及相关参数如表3所示。

（a）方案1

（b）方案2

（c）方案3

图2　底板开挖光面爆破效果

表3　底板光面爆破实验效果

方案序号	实验洞段	单茬炮底板光爆孔数/个	底板光爆孔总数/个	保留半孔数量/个	半孔率/%	底板平均超挖/cm	相邻两茬炮间台阶高度/cm	相邻两孔平整度/cm
方案1	2# 主洞 2+539.88～2+460.38	15	225	192	85.3	12.2	<25	<15
方案2	1# 主洞 2+960.02～3+039.52	17	255	228	89.4	10.3	<21	<12
方案3	1# 主洞 2+562.18～2+482.68	19	285	261	91.6	8.6	<18	<10

注：3个方案爆破实验次数均为15次，底孔孔深5.3m。

总体上看，3种方案的光爆效果都比较好，均能满足水工建筑物地下工程开挖光面爆破检验标准[2]，但其爆破质量、水平却有所差异。通过表2、表3不难看出：从方案1到方案3，围岩类别相同，但随着底板光爆孔孔距、抵抗线、线装药密度的逐渐减小，光面爆破的半孔率明显提高、底板超挖明显降低，并且开挖后底板的平整度也明显提高。可见，方案3的光面爆破参数要优于方案1、方案2。因此，在卡鲁玛水电站尾水隧洞1#、2#主洞下部底板开挖中，主要采用了方案3的光面爆破参数。

3　应用情况

卡鲁玛水电站尾水隧洞1#、2#主洞施工段，共计14584m，在下部开挖已全部结束的底板开挖 10 个作业面，都采用了方案 3 的光爆参数，均取得了令人满意的效果，石方超挖量均控制在规范允许范围内。其中，8# 施工支洞区域的底板开挖爆破效果最好，4 个开挖作业面共计开挖 5356.1m，底板半孔率达 90% 以上，底板平均超挖 8.6cm，平整度良好。下部开挖典型炮孔布置如图 3 所示，下部开挖典型爆破参数如表 4 所示。

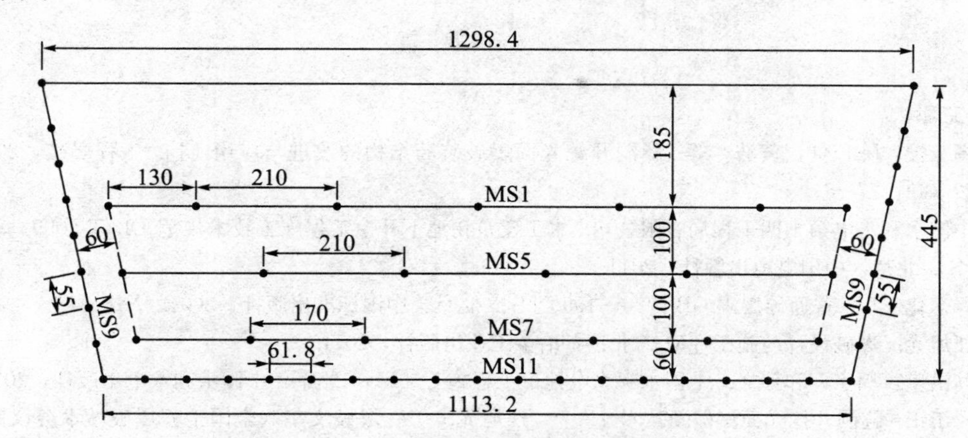

图 3　下部开挖典型炮孔布置（单位：cm）

表 4　下部开挖典型爆破参数

炮孔名称	雷管段别	孔数/个	孔距/cm	排距或抵抗线/cm	药径/mm	单孔药量/kg	总药量/kg
主爆孔	MS1	7	130、210	185	32	3.00	21.00
	MS5	210	100	32	3.60	21.60	
辅助孔	MS7	7	170	100	32	3.60	25.20
侧墙光爆孔	MS9	14	55	60	32/25	0.85	11.90
底部光爆孔	MS11	19	61.8	60	32/25	0.85	16.15
合　计		53					95.85

注：下部开挖高度 4.45m，开挖断面面积 53.66m^2，炸药单耗 95.85/（53.66×5.3）=0.337kg/m^3；各孔径均为 42mm，孔深 5.3m；“130、210”表示第一排的 MS1 段的炮孔两侧的孔距为 130cm，中部孔距为 210cm（见图 3）；“32/25”表示光爆孔孔底为加强装药 ϕ32mm 药卷，正常装药段药径为 ϕ25mm药卷［见图 1（c）］。

卡鲁玛水电站尾水隧洞 1#、2# 主洞下部 10 个开挖作业面累计底板开挖 11322.98m，实际总平均超挖 16.67cm，以允许超挖 20cm 来计算，共减少超挖 4197.44m^3，减少回填混凝土 4197.44m^3，节约成本 441.99 万元人民币。

4　结论

（1）通过底板开挖光面爆破实验，实现了减少底板超挖的目的[7]，将底板石方平均超挖控制在 8.6cm 以内，从而减少了大量回填混凝土，降低了开挖成本。

（2）爆破实验及后期的应用证明，光面爆破装药结构改进技术同样适用于隧洞底板开挖，在未绑扎光爆药串条件下，底板光爆孔内按一定间距分布的炸药卷和导爆索在处于自由状态的情况下，仍然能够正常起爆。

（3）通过爆破实验为卡鲁玛水电站尾水隧洞下部底板开挖确定了合理的光面爆破参数：底板孔距 61.8cm、抵抗线 60cm、线装药密度 160.4g/m，孔底加强装药采用 ϕ32mm 药卷，正常间隔装药段采用 ϕ25mm 药卷，导爆索引爆，可为同类工程提供参考。

参考文献：

[1] 杨玉银，陈长贵，黄浩，等. 隧洞开挖光面爆破装药结构的改进与应用 [J]. 工程爆破，2016，22（4）：77－81.

[2] 中国水利水电第十四工程局有限公司. 水工建筑物地下开挖工程施工技术规范 DL/T 5099—2011 [S]. 北京：中国电力出版社，2011.

[3] 晋东化工厂. 普通导爆索 GB 9786—1999 [S]. 北京：中国标准出版社，2004.

[4] 汪旭光. 爆破设计与施工 [M]. 北京：冶金工业出版社，2011.

[5] 马洪琪，周宇，和孙文. 中国水利水电地下工程施工 [M]. 北京：中国水利水电出版社，2011.

[6] 杨玉银. 隧洞开挖光面爆破新技术 [A] //汪旭光. 工程爆破文集（全国工程爆破学术会议论文集第七辑）[C]. 乌鲁木齐：新疆青少年出版社，2001：302－307.

[7] 杨玉银，蒋斌，刘春，等. 隧洞开挖爆破超挖控制技术研究 [J]. 工程爆破，2013，19（4）：21－24.

精细化管理在隧洞光面爆破施工中的作用①

摘　要：在乌干达卡鲁玛水电站尾水隧洞14.584km的主洞开挖施工中，为了取得良好的光面爆破效果，减少爆破对围岩的扰动，通过选用合理的光爆参数，对钻爆作业人员反复培训、指导，严格实施钻孔爆破工艺，对隧洞开挖光面爆破采取了精细化施工管理，全程贯穿着“服务、指导、监督”的管理理念，最终尾水隧洞开挖取得了较好的光面爆破效果，光面爆破半孔率达90%以上。实践表明，对于隧洞开挖光面爆破，除了合理地设计装药结构、线装药密度外，做好员工培训、测量放线、钻孔、装药、联网爆破的每一个环节，才能取得令人满意的光爆效果。

关键词：隧洞；开挖；光面爆破；精细化管理；过程控制；技术培训；现场指导

在隧洞开挖施工中，为了减少超挖、降低成本、减轻爆破对围岩的扰动，主要采用光面爆破施工方法。但在许多隧洞开挖施工中，由于项目管理不到位，技术人员的吃苦精神不够、沟通意识不强，钻爆人员的责任心缺失，爆破器材不符合要求，盲目追求进度等各方面原因，光面爆破要求很难落到实处，从而产生了大量超挖、超填混凝土，造成了经济损失。同时由于超挖的存在，致使隧洞周围成型差，围岩稳定性差，人为造成安全隐患。文献[1]规定，对于Ⅰ、Ⅱ、Ⅲ类围岩，边顶拱允许超挖20cm；底板开挖由于钻机操作上比边顶拱开挖更难，允许超挖25cm，但经过几十年的施工实践，要想达到这个规定也是不易的。只有采取合理的装药量与装药结构、合理的单循环进尺和精细化的施工管理，才能减少超挖、降低成本，很好地完成隧洞开挖施工。乌干达卡鲁玛水电站尾水隧洞开挖中，由于采取了一系列精细化的光面爆破管理措施，在边顶拱混凝土衬砌完成后，实现了在边顶拱开挖平均单循环进尺3.75m条件下，8#施工支洞区域的1#主洞上游洞段（1303.6m）平均超挖10.62cm，10个开挖作业面总平均超挖12.58cm；底板开挖平均单循环进尺5.30m，总平均超挖16.67cm；光面爆破半孔率均在90%以上，证明了隧洞开挖施工只要有良好的光面爆破设计和精细化的施工管理，是可以达到文献[1]规定的标准的。

1　工程概况

卡鲁玛水电站尾水隧洞工程位于乌干达境内的卡尔扬东哥地区卡鲁玛村。尾水隧洞共两条：1#尾水隧洞长8705.505m、2#尾水隧洞长8609.625m，开挖断面呈平底马蹄

① 本文其他作者：左祥、张健鹏、刘志辉。

形，宽13.60～14.8m，高13.45～15.05m，围岩主要为花岗片麻岩，Ⅱ～Ⅲ类围岩为主，极少量Ⅳ～Ⅴ类围岩。

尾水隧洞布置有8#、9#、10#3条施工支洞。8#施工支洞与2#尾水洞相交于TRT（2）2+735.764，全长1167.52m，底坡9.5%；9#施工支洞与2#尾水洞相交于TRT（2）5+463.571，全长732.68m，底坡10.42%；10#施工支洞与2#尾水洞相交于TRT（2）8+434.940，全长415.32m，底坡11.58%。3条支洞开挖断面除洞口段少量（30～70m）Ⅴ类围岩呈马蹄形，宽10.64m，高9.40m外，其余洞段为Ⅱ～Ⅳ类围岩，开挖断面均呈城门洞形，宽8.16～8.44m，高7.38～7.52m。

2 爆破器材

在进行隧洞开挖爆破设计之前，首先要对所在国家、地区能购买到的火工材料等爆破器材进行调查研究，或到已经建成的火工材料库了解库存的材料情况，包括品种、数量、性能、参数等，看能否满足爆破设计需要。

2.1 炸药

对于隧洞开挖光面爆破，主要选用防水的乳化炸药，优先选用低爆速、低猛度的专用光爆炸药，药径ϕ20～22mm，但这种炸药很难买到。最常使用、最易于买到的用于光面爆破的炸药是ϕ25 mm乳化炸药；在缺少ϕ25 mm乳化炸药的情况下，可临时采用ϕ32 mm乳化炸药替代[2-3]。

2.2 雷管

目前隧洞开挖主要采用非电毫秒雷管起爆网路，装药、联炮使用的雷管主要是非电毫秒雷管，亦称导爆管雷管，常用雷管段位为MS1～MS15，相邻两段雷管时差25～120ms（见表1）。起爆网路主要采用电雷管起爆，一般采用8#工业电雷管。

表1 非电毫秒雷管延时情况

单位：ms

1段	2段	3段	4段	5段	6段	7段	8段	9段	10段	11段	12段	13段	14段	15段
0	25	50	75	110	150	200	250	310	380	460	555	650	760	880

2.3 导爆索

主要选用塑料导爆索[4]，用于起爆光爆孔内的间隔装药。药芯主要为太安，外观红色，直径≤6.0mm，装药量10g/m，爆速不小于6×10^3m/s，索卷长度50m。

2.4 专用光爆炮棍

专用光爆炮棍[3]的作用是向光爆孔内推送药卷，并确保药卷按设计间距到达指定位置，一般选用比设计钻孔深度长30cm、直径25～28mm的PVC管作为周边光爆孔专用炮棍。为了保证光爆孔内设计线装药密度，孔内相邻两只药卷间要有一定的间隔距离，一般为30～80cm。因此，需要在炮棍上按一定的设计间隔做标记，以确保每只药卷进入光爆孔内指定位置。专用光爆炮棍结构如图1所示。

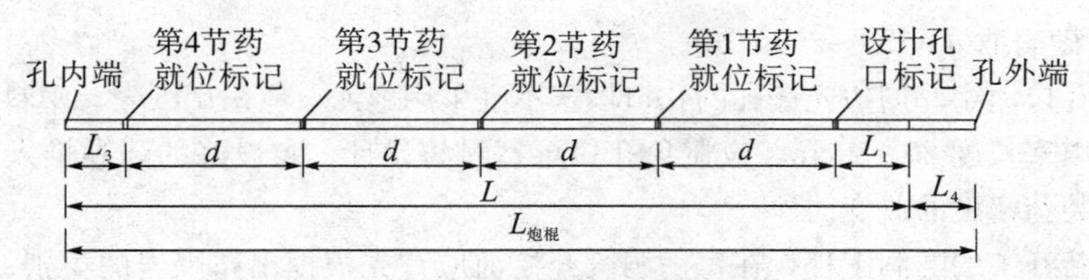

图1　专用光爆炮棍结构

$L_{炮棍}$－炮棍总长度；L－光爆孔钻孔深度；L_1－孔底加强装药段长度；
L_3－孔口填塞长度；L_4－炮棍加长段；d－炮棍上控制装药间隔的标尺长度

2.5　孔口填塞材料

光爆孔的孔口填塞材料不同于掏槽孔、崩落孔，一般不选用炮泥，主要选用浸泡过的纸壳箱、塑料包装纸等软质材料。

3　爆破设计基本要求

(1) 钻孔直径。目前在我国隧洞开挖施工中，钻孔设备主要为YT28型手风钻（钻孔直径35～42mm）和多臂钻（钻孔直径50mm左右）。多臂钻由于钻孔深度和钻臂本身结构原因，超挖量难于控制，平均超挖多在30cm以上。因此，在卡鲁玛水电站尾水隧洞施工中选用了YT28型手风钻，钻孔直径选用ϕ42 mm。

(2) 光爆孔孔深L。采用手风钻在实际施工中，Ⅰ、Ⅱ、Ⅲ类围岩光爆孔钻孔深度须根据断面大小、围岩类别而定，一般选用2.0～4.0m，断面小取小值，断面大取大值。Ⅳ、Ⅴ类围岩钻孔深度一般选用1.0～2.2m，具体视钻爆作业水平、围岩完整性、围岩硬度情况综合确定，一般围岩完整性差、硬度低，取小值；反之取大值。过长的单循环进尺，由于钻孔外偏角的问题，容易造成较大超挖[5]。

(3) 周边光爆孔孔距E。根据规范[1]，初次选取软岩35～45cm，中硬岩45～60cm，硬岩55～65cm，再根据爆破实验结果修正。根据卡鲁玛爆破实验及实际应用情况，取E=（9～13）D，软岩取E=40～45cm，中硬岩取E=45～50cm，硬岩取E=50～55cm。

(4) 周边光爆孔抵抗线W。周边光爆孔抵抗线，又称光爆层厚度，根据规范[1]，初次选取软岩45～55cm，中硬岩60～75cm，硬岩60～80cm，再根据爆破实验结果修正。根据卡鲁玛爆破实验及应用情况，取W=（0.8～1.0）E。

(5) 密集系数m。周边光爆孔密集系数$m=E/W$，国内矿山井基工程、铁路隧道工程、水电工程等相关技术规范建议值均在m=0.65～1.0范围内[6]。在卡鲁玛水电站尾水隧洞工程实践中，取m=1.0～1.43[2-3]，均取得了较好的光爆效果。建议在以后的工程施工中，取m=1.0～1.25。

(6) 不耦合系数k。在卡鲁玛水电站尾水隧洞工程实践中，分别选用了ϕ25mm、ϕ32mm乳化炸药，均取得了较好的光爆效果。因此，建议取k=1.32～1.68[2-3]。

(7) 线装药密度q。根据围岩硬度情况，初次选取可按照规范[1]确定软岩q=70～120g/m，中硬岩q=200～300g/m，硬岩q=300～350g/m。根据多年隧洞爆破经验及卡鲁玛水电站尾水隧洞的工程实践，软岩取q=25～120g/m[7-8]，中硬岩取q=120～

200g/m，硬岩取 q=150～250g/m。

（8）孔口填塞。周边光爆孔的孔口填塞不宜采用炮泥，应采用纸壳、塑料等柔性材料轻堵，填塞长度 20～30cm。应避免孔口填塞时将设计、布设好的药卷推入孔内，造成局部线装药密度的改变。

对于新开工的隧洞工程，在每一洞段开挖前应首先根据出露围岩的类别、完整性、硬度等条件确定相应的初始光爆参数，进行光面爆破实验[3,8-9]，再根据爆破效果对光爆孔孔距、抵抗线、线装药密度等参数进行适当调整，直到取得满足要求的光爆效果。

4　施工过程管理

一个良好的光面爆破设计，要想落到实处，必须采取精细化的施工管理，关注每一道中间工序，确保每一道工序都做到最好，才能保证每一茬炮的光爆效果，从而保证整条隧洞的光爆效果。

4.1　钻爆人员培训

爆破设计完成后，向项目技术人员、现场管理人员、钻爆作业工人等详细介绍设计思路及方案，说明施工过程中的每一道工序的具体要求，确保钻爆工人听懂、学会。在卡鲁玛水电站尾水隧洞开挖中，共有 4 支钻爆作业队伍，管理者针对每支钻爆作业队伍，每个开挖作业面的光爆效果及现场出现的问题，及时沟通和培训，确保钻爆工人能够及时改进钻爆工艺（见图 2）。

图 2　钻爆作业人员培训

在卡鲁玛水电站尾水隧洞 10 个主要开挖作业面的施工中，有针对性地、反复地对钻爆工人进行钻爆技术培训，不断提高他们的钻爆技术水平，培养他们的职业道德和责任心，对控制超挖，施工进度和安全、文明施工起到了积极的促进作用，最终实现了掏槽方式、崩落孔布置、光爆孔孔距、抵抗线、光爆孔装药方法、线装药密度等的高度统一，取得了良好的光面爆破效果。

4.2　钻爆台车制作

钻爆台车是隧洞开挖施工中采用手风钻进行钻孔、装药、爆破作业的工作平台，亦称打钻平台。为了保证钻爆作业人员能够对钻孔部位、钻孔倾角按照设计要求钻孔，确保钻孔精度，台车顶层任何位置距顶部围岩高度应控制在 170cm 以内，两侧平台应延伸至两侧墙（见图 3）。

图 3　钻爆台车

4.3　测量放样

测量放样是控制隧洞超欠挖的重要一环。对于隧洞设计开挖轮廓，必须由专业测量工精确放样，放样偏差<2cm；周边光爆孔钻孔孔位也要由测量工精确定位。

4.4　钻孔过程控制

（1）每个周边光爆孔都必须严格控制开孔的准确性，要求开孔偏差在 3cm 以内[5]。

（2）严格控制周边孔钻孔外偏角，当孔深为 2.5～4.0m 时，钻孔外偏角应控制在 1.4°～3.4°内[5]；要求钻孔作业过程中钻机始终保持紧贴岩面钻进。

（3）确保周边孔相邻两孔的钻孔平行度，每一钻孔区域先钻一标准孔，将外径为 ϕ25mm 细钢管或钻杆作为标杆插入孔内作为参照，相邻周边孔钻孔时，边钻孔边将标杆向标准孔内推进，随时保持正在钻孔的钻杆与标准孔内的标杆平行。

4.5　装药过程控制

在卡鲁玛水电站尾水隧洞开挖施工中，光面爆破的基本装药结构如图 4 所示。周边光爆孔装药采用带有标记的专用光爆炮棍[3]。将导爆索插入孔底加强装药内，并将插入端朝向孔底（反向装药），用炮棍将加强装药推入孔底，然后依次将正常装药段药卷推入设计指定位置。孔口填塞以轻堵为主，填塞长度 20～30cm。

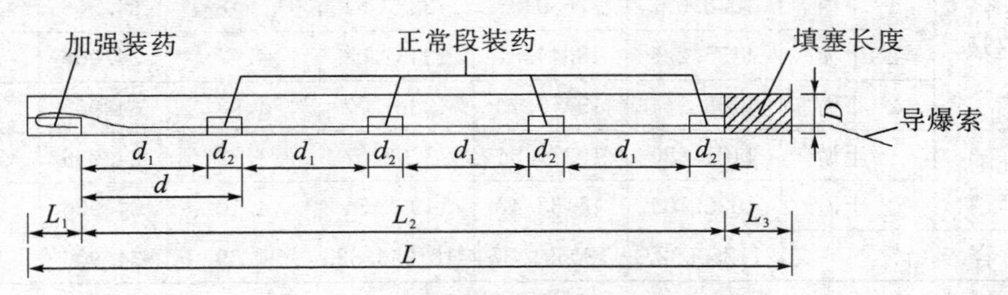

图 4　光爆孔装药结构

L－光爆孔钻孔深度；L_1－孔底加强装药段长度；L_2－正常装药段长度；L_3－孔口填塞长度；
d_1－正常装药间隔距离；d_2－正常装药段单节药卷长度；
d－炮棍上控制装药间隔的标尺长度，$d=d_1+d_2$；D－钻孔直径

4.6　联炮过程控制

由于光爆孔内采用间隔装药，且间隔距离较大，远大于相邻药卷间的殉爆距离，所以所有光爆孔内装药均应采用导爆索引爆。相邻周边光爆孔起爆的同时性是保证光爆效

果的一个重要因素[2]，为了确保光爆孔同时起爆，孔外周边光爆孔联炮均采用导爆索。

5 实践效果

在卡鲁玛水电站尾水隧洞开挖实践中，对光面爆破采取了精细化的管理措施，实现了开挖质量、进度、安全的完美结合。光面爆破效果见图 5。

图 5 光面爆破效果

隧洞边顶拱混凝土衬砌基本完成后，根据混凝土超填方量，对边顶拱的超挖量进行了复核，见表 2。

表 2 边顶拱超挖量复核计算

部位		统计洞段长度/m	实际混凝土衬砌量/m³	设计混凝土衬砌量/m³	平均每延米超填量/m³	设计周长/m	平均超挖量/cm
8#施工支洞区域	1# 上游	1303.603	20048.90	15212.53	3.71	34.906	10.62
	1# 下游	1023.606	16008.79	11945.07	3.97	34.906	11.36
	2# 上游	1303.192	20602.94	15207.73	4.14	34.906	11.85
	2# 下游	931.171	14544.52	10866.39	3.95	34.906	11.31
9# 施工支洞区域	1# 上游	1110.929	18196.58	12964.10	4.71	34.906	13.48
	1# 下游	1048.077	17659.68	12230.64	5.18	34.906	14.84
	2# 上游	1155.225	18644.87	13481.01	4.47	34.906	12.80
	2# 下游	1168.144	19449.13	13631.77	4.98	34.906	14.26
10# 施工支洞区域	1# 上游	1181.880	19370.54	13792.07	4.72	34.906	13.52
	2# 上游	1025.100	16165.42	11962.51	4.10	34.906	11.74
合　计		11250.927	180691.37	131293.82	4.39	34.906	12.58

注：表中统计洞段长度扣除了初期试验洞段、Ⅳ～Ⅴ类围岩洞段，以及地质原因包括断层及其影响带等不可控洞段。

6 结束语

在卡鲁玛水电站尾水隧洞开挖施工中，根据现有爆破器材及围岩具体情况选择合理的光面爆破设计参数，严格控制施工过程，加强作业队伍管控、沟通，对Ⅰ、Ⅱ、Ⅲ类围岩采取精细化的施工管理，完全可以实现光面爆破的半孔率达到 90%以上，相邻两茬炮之间的台阶或钻孔的最大偏斜值在 20cm 以内，平均径向超挖值在 20cm 以内的工程质量目标。

参考文献：

[1] 中国水利水电第十四工程局有限公司. 水工建筑物地下开挖工程施工技术规范 DL/T 5099—2011 [S]. 北京：中国电力出版社，2011.

[2] 杨玉银，陈长贵，黄浩，等. 光面爆破在卡鲁玛水电站尾水隧洞开挖中的改进与应用 [J]. 工程爆破，2016，22 (6)：62－65，74.

[3] 杨玉银，陈长贵，黄浩，等. 隧洞开挖光面爆破装药结构的改进与应用 [J]. 工程爆破，2016，22 (4)：72－76，86.

[4] 晋东化工厂. 普通导爆索 GB 9786—1999 [S]. 北京：中国标准出版社，2000.

[5] 杨玉银，蒋斌，刘春，等. 隧洞开挖爆破超挖控制技术研究 [J]. 工程爆破，2013，19 (4)：4，21－24.

[6] 马洪琪，周宇，和孙文. 中国水利水电地下工程施工 [M]. 北京：中国水利水电出版社，2011.

[7] 杨玉银，陈长贵，黄浩，等. 微量装药软岩光面爆破技术在隧洞洞口开挖中的应用 [J]. 工程爆破，2015，21 (3)：26－31.

[8] 杨玉银，陈长贵，黄浩，等. 微量装药软岩光面爆破技术 [J]. 爆破，2015，32 (4)：77－83，88.

[9] 杨玉银，陈长贵，陈斌，等. 隧洞底板开挖光面爆破实验 [J]. 工程爆破，2017，23 (2)：73－76，81.

利用爆炸方法取出断入钻头内的钎梢

摘　要：在各类爆破工程施工中，常有因钎梢断入钻头内而使钻头报废的情况。笔者通过对其内部结构的分析，经过大量试验成功地利用爆炸方法，解决了将断钎梢头从钻头内取出这一难题。

关键词：爆炸方法；钻头；钎梢

1　前言

在爆破工程中，所使用的浅眼冲击式凿岩机，其大部分钻头与钎杆的连接是采用锥孔连接方式，钻头形状一般为一字型、十字型、X 型和柱齿型。常用钻头裤口直径 22～24mm，锥角 7°。

在钻头使用过程中，由于钎杆头部（与钻头连接段）的质量问题或钻机操作人员安装钻头技术水平或操作钻机的水平问题，经常出现钎梢头部断入钻头内的情况，断入钻头尾孔内的钎梢长度一般 5～30mm，并且均在尾孔内，难以借助常用工具将其取出。钻头结构如图 1 所示。

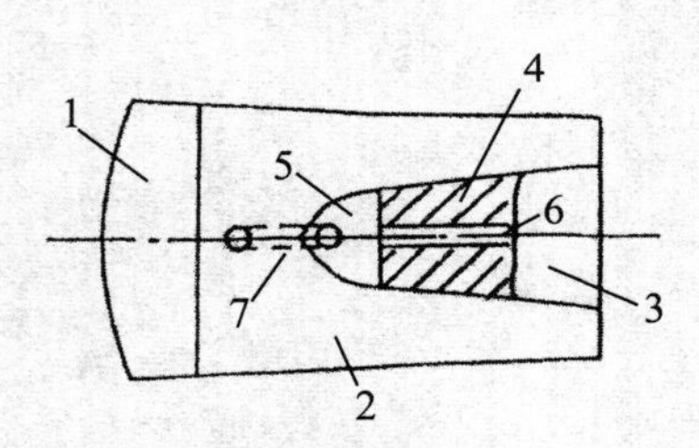

图 1　钻头结构图

1—合金片；2—钻头主体；3—钻头尾孔（锥孔）；4—钎梢头；
5—空腔；6—钎杆中心孔；7—钻头吹洗孔

笔者通过对钻头内部结构进行分析，经多次试验，采用爆破方法成功将钎梢从钻尾孔中轰出。下面以一字型钻头为例介绍这一方法。

2　断入钎梢头的钻头内部结构分析

从图 1 中不难看出，在钻头尾孔底部与钎梢头之间有一空腔，其空腔大小所能装入的炸药足以将钎梢头炸出。但炸药装入有两个位置：钻头吹洗孔和钎杆中心孔。若从钎杆中心孔装入炸药，则无法将炸药引爆，因为中心孔内不可能装药；若装入药，必然将钻头尾孔炸胀，即便炸出钎梢头也无法再用，况且很难绑扎起爆雷管。因此，只能选用钻头吹洗孔处装入炸药并绑扎起爆雷管。

3 钻头内的爆炸作用分析

钻头尾孔与钎梢之间空腔内装入的炸药爆炸后，产生高压气体，这种气体膨胀时所产生的推力 F 作用于钎梢头上，如图 2 所示。同时，钎梢头还受钻头尾孔壁对其产生的摩擦力 f 和夹制力 N。不难看出，若爆炸推力 F 能克服摩擦阻力 f 和夹制力 N，钎梢头就会在爆炸气体推力作用下，脱离钻头尾孔。

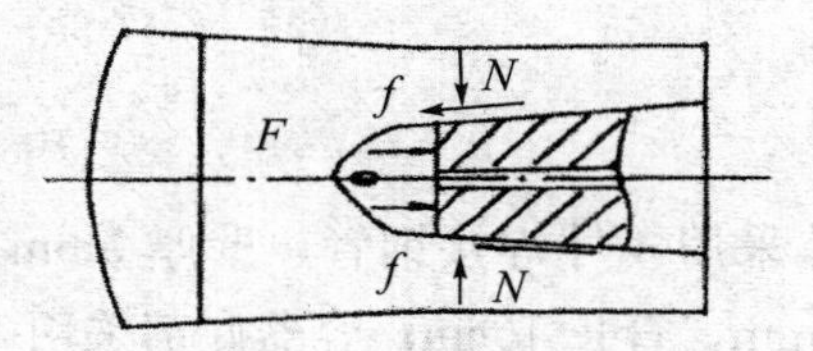

图 2 钎梢头受力图

多次实验表明，空腔内盛放炸药所产生的推力足以将钎梢头推出钻头尾孔，并且其推力大大超过钻头尾孔壁对钎梢的摩擦力。这就需要控制炸药用量，以免因爆炸而损坏钻头。

3.1 爆破器材及其他工具

（1）爆破器材：火雷管、导火索、2# 岩石铵梯炸药。

（2）其他工具：电工胶布、牙签、防护容器及 10cm×15cm 方木（20cm 长）。

3.2 炸药的装填及用量

炸药的装填是将炸药倒在钻头吹洗孔周围，用牙签将炸药轻轻捅入孔内，不得捣实，直至炸药堆到吹洗孔口即可。

多次试验证明，炸药的药量一般以 0.5～1.5g 为宜。具体药量控制以钎梢断入钻头内的长度划分为三个等级，如表 1 所示。

表 1 炸药用量表

钎梢头长度/mm	5～10	10～20	20～30
装药量/g	0.5～0.8	0.8～1.2	1.2～1.5

3.3 起爆体的绑扎

如图 3 所示，首先切取一定长度的导火索，一枚雷管，将导火索与雷管安装好后，将雷管聚能穴朝向钻头尾孔方向，雷管装药段中部紧压钻头吹洗孔口，然后用电工胶布绑紧，但注意不能将雷管聚能穴封住。

3.4 起爆体的起爆

起爆体的起爆必须在如图 4 所示的开口容器内进行。钻头尾孔端朝向容器底部，容器底部依靠山体或土坡，容器开口端用方木挡好，方木后面再用石块顶紧。

起爆体起爆后，钎梢头飞向容器底部，钻头飞向方木。

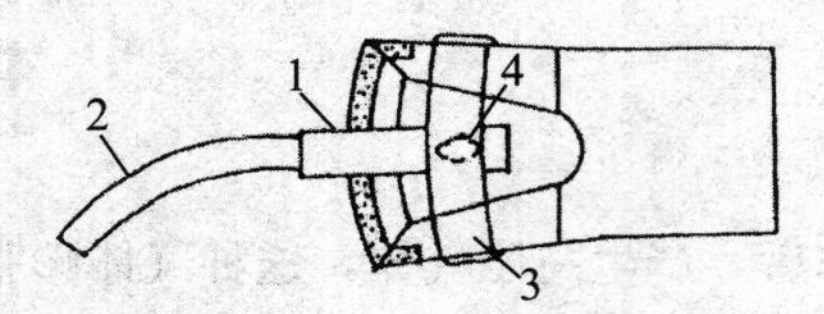

图3　起爆体绑扎图

1—火雷管；2—导火索；3—电工胶布；4—传爆孔（钻头吹洗孔）

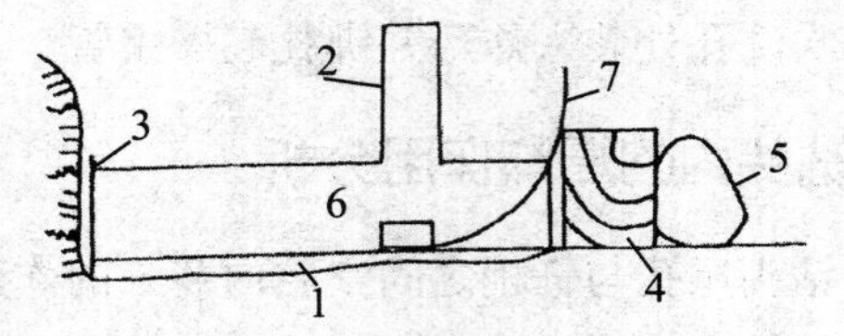

图4　起爆体起爆图

1—容器主体；2—排气孔；3—钢板；4—方木；5—石块；6—钻头；7—导火索

4　防护容器的制作

如图4所示，容器主体采用4寸焊接钢管，壁厚5mm，管长50cm；排气孔采用2.5寸焊接钢管，壁厚4.5mm，管长15cm；容器底部采用10～12mm厚钢板，钢板尺寸为130×130mm。钢板与4寸钢管需焊接牢固，排气孔设在距容器口15cm处。

5　爆破处理后的钻头使用情况

由于爆破所用药量很少，只有0.5～1.5g，爆破对钻头的影响很小，几乎不影响其使用，这一点在温州赵山渡引水工程上安隧洞和许岙隧洞开挖中得到证实。表2为经过爆破取出钎梢的钻头使用情况跟踪记录。

表2　爆破后钻头情况表

钻头编号		合金高度/mm	岩石硬度	钻孔情况		合计钻孔量/m	取钻杆头爆破次数
				孔深/m	孔数/个		
新钻头		15	6～8	2.3	13～15	30～35	
试验钻头	1	14	6～8	2.3	13	29.9	经二次爆炸
	2	13	6～8	2.3	12	27.6	经一次爆炸
	3	10	6～8	2.3	7	16.1	经二次爆炸
	4	10	6～8	2.3	8	18.4	经一次爆炸
	5	9	6～8	2.3	5	11.5	经一次爆炸
	6	9	6～8	2.3	5	11.5	经一次爆炸
	7	7	6～8	2.3	5	11.5	经一次爆炸
	8	6	6～8	2.3	4	9.2	经一次爆炸
	9	5	6～8	2.3	2	4.6	经一次爆炸
	10	4	6～8	2.3	1	2.3	经一次爆炸

6　注意事项

（1）爆破场地应选择在便于人员撤离的山脚或土坡下。

（2）钻头内装药完毕应将合金及吹洗孔口周围炸药清理干净，再绑扎雷管。

(3) 人员距起爆容器的安全距离不得小于10m，人员严禁站在容器底部方向。

(4) 对炸药用量要严格控制，药量过大会损坏合金。

(5) 防护容器口必须用方木等软质材料挡口而不能用石头堵口，以免撞坏钻头合金。

7 结束语

利用爆炸方法取出钻头内的钎梢头是爆破原理的又一新的应用，能以较小的投入取得较大的回报，且具有操作简单、安全等特点。

南水北调穿黄河隧洞爆破振动控制技术研究①

摘　要：针对南水北调东线穿黄河隧洞工程上方筑有黄河大堤，隧洞围岩地质构造发育，存在黄河水、孔隙水和岩溶裂隙水“三水连通”重大安全隐患的具体情况，分析了工程难点及主要安全问题，论证了爆破振动控制的可行性，并提出了加固洞周围岩、利用探洞作临空面、采用分部开挖法、控制单循环进尺和爆破振动监测等隧洞开挖时控制爆破振动的有效方法，成功地将爆破振动对黄河大堤及围岩的扰动控制在了安全允许范围内，可供同类工程参考。

关键词：穿黄隧洞；黄河大堤；三水连通；阻水帷幕；振动控制

1　引言

我国江河湖泊众多，随着水利、公路、铁路等工程建设事业的不断发展，越来越多穿越江河底部的地下隧洞工程将面临隧洞围岩由于受爆破振动的影响，造成河水或湖水、孔隙水和岩溶裂隙水“三水连通”的问题，若不能妥善处理，将会造成洞内大量涌水，甚至导致工程失败。因此，必须要求将爆破开挖对围岩的振动影响严格控制在允许范围内，如果隧洞顶部筑有挡水堤坝，还必须考虑爆破振动对堤坝的影响。这一技术难题在南水北调东线穿黄河隧洞工程中得到了较好的解决，可为同类工程施工提供指导与参考。

2　工程概况及难点

2.1　工程情况

南水北调东线穿黄河隧洞工程位于山东省东阿县位山村和东平县解山村之间。隧洞起始桩号6+534.807，终止桩号7+067.446，开挖断面呈圆形，开挖直径8.9～9.5m，设计过水流量100m³/s，为有压隧洞。隧洞全长585.38m，由进口段工程、南岸竖井、过河平洞和北岸斜井组成。隧洞上方筑有黄河大堤，洞顶距黄河水面约70m，在桩号6+750部位发育有F5断层，直通黄河底部，该部位岩层厚38.53m，仅为开挖洞径4倍左右。据相关资料，该洞穿越岩层主要为张夏组灰岩，构造发育，共有13条断层，产状多为北东走向，陡倾角，宽度在0.5～3.0m之间，均通向黄河底部。以Ⅲ～Ⅳ类围岩为主，岩体破碎、节理裂隙发育。

---

① 本文其他作者：廖成林、温定煜、刘春。

隧洞与黄河大堤相对位置平面示意图见图1。

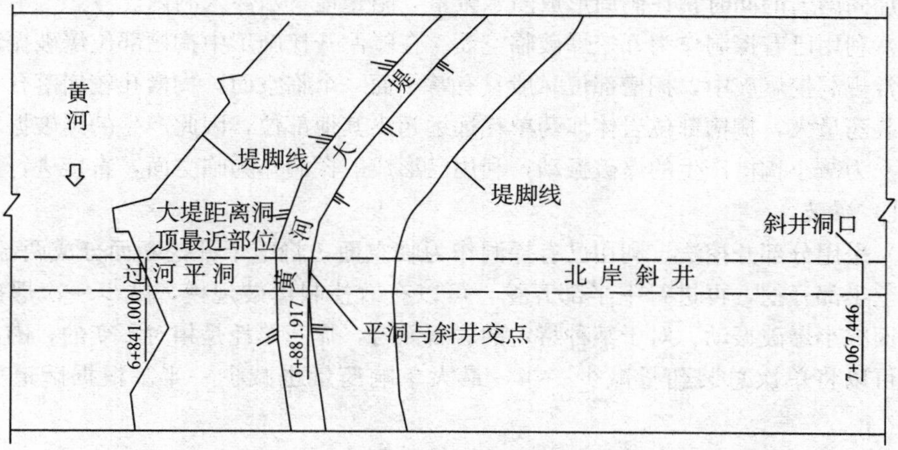

图1　隧洞与黄河大堤相对位置平面示意图

1986年4月至1988年1月，由中国水电五局在现穿黄河隧洞轴线上部成功开挖了一条勘探试验洞（简称探洞），探洞呈城门洞形，宽2.61m、高2.93m。探洞最终设计为现隧洞开挖的上导洞。在探洞开挖施工中，先对洞周围岩进行了阻水灌浆处理。由于长期受地下水侵蚀作用，1999年8月探洞水仓水泵房北侧岩壁突然涌水，为确保黄河大堤安全，同时考虑南水北调工程即将实施，按过水隧洞断面在探洞四周进行了灌浆加固处理，形成了穿黄河隧洞的阻水帷幕。

2.2　工程难点

该隧洞工程在爆破施工中主要存在以下一些安全问题：

（1）在穿黄河隧洞顶部筑有黄河大堤，爆破振动过大将影响黄河大堤的安全稳定性，威胁下游人民生命财产安全。

（2）依据招标文件，穿黄隧洞节理裂隙发育，断层发育多达13条，直通黄河底部，爆破振动过大可能造成节理裂隙扩张、延伸，并形成相互之间贯通的情况，则黄河水可能源源不断地涌入隧洞，将对施工人员的生命安全及设备造成严重威胁。

（3）为阻止施工期间地下水渗入，开挖前采取了超前预注浆等措施，通过灌注纯水泥浆或水玻璃与水泥的双液浆，在洞周形成阻水帷幕，爆破振动过大可能会破坏阻水帷幕，致使大量地下水涌入洞内，同样威胁现场施工人员、设备的安全。

可见，严格控制爆破振动对于确保隧洞围岩及洞顶黄河大堤安全稳定性至关重要，必须进行立项研究。

3　爆破振动控制

为了控制爆破振动对隧洞围岩的扰动及对黄河大堤安全稳定性的影响，穿黄河隧洞爆破施工中主要采取了以下措施：

（1）加固洞周围岩。加固洞周围岩可以提高隧洞围岩的完整性和整体强度，从而提高围岩自身的抗震能力。本次工程采用超前预注浆技术对围岩进行了加固[1]，每50m

为一超前预注浆洞段，每次开挖 40m，留 10m 作为下一预注浆段的止水岩盘。超前预注浆在加固围岩的同时，在洞周形成阻水帷幕，阻止地下水渗入洞内。

（2）利用已有探洞作为开挖爆破临空面。在隧洞开挖施工中掏槽部位爆破振动相对较大。常规洞挖爆破中，掏槽部位一般只有掌子面一个临空面，掏槽孔较崩落孔、周边孔深且装药量大，掏槽部位岩体炸药单耗远远超出其他部位，因此产生的爆破振动也相对较大。为减小掏槽产生的爆破振动，利用已形成的探洞作为临空面，直接进行主爆孔（崩落孔）爆破。

（3）采用分部开挖法。利用已有探洞作为临空面，将整个开挖断面分成两部开挖，先进行上半部开挖，再进行下半部开挖，可以有效控制爆破规模，减少一次爆破装药量，从而减小爆破振动。对于某种特定的岩石而言，炸药单耗是相对不变的，因此分两部开挖可以将单次总装药量减少一半，最大单响药量也减少一半。根据萨道夫斯基公式[2-3]：

$$v = K(Q^{1/3}/R)^{\alpha} \tag{1}$$

式中：v 为被保护对象所在地质点的峰值振动速度，cm/s；Q 为最大单响药量（齐爆时为总装药量，延期爆破时为同一段位最大装药量），kg；R 为被保护对象至爆源的距离，m；K，α 为爆破点至保护对象间与地形、地质条件有关的系数和衰减指数。

在爆心距、岩性和钻爆参数相同的情况下，半断面和全断面开挖时质点振动速度 v 和最大单响药量 Q 的关系可表示为：

$$v_{半} = v_{全}(Q_{半}/Q_{全})^{\alpha/3} \tag{2}$$

式中：$v_{半}$ 为半断面开挖时保护对象所在地的振动速度，cm/s；$v_{全}$ 为全断面开挖时保护对象所在地的振动速度，cm/s；$Q_{半}$ 为半断面开挖时最大单响药量，kg；$Q_{全}$ 为全断面开挖时最大单响药量，kg。

根据式（2），对于隧洞内同一开挖断面而言，当 $\alpha = 1.5$ 时，若单响药量减半，即 $Q_{半} = 0.5\,Q_{全}$，则：

$$v_{半} = v_{全}(0.5)^{1.5/3} = 0.707 v_{全}$$

即 $v_{半} \approx 0.7 v_{全}$，爆破振动减小 30%左右，可见分部开挖可有效减小爆破振动。

（4）控制单循环进尺。对于某一种岩石，爆破单位体积岩石的炸药消耗量是相对不变的，通过控制单循环进尺，减少单循环开挖爆破岩石方量，可以有效地降低一次爆破装药量，从而降低单响药量。本次施工中，综合考虑围岩情况、爆破振动控制要求，将单循环进尺控制在 1.5m 以内。

（5）爆破振动监测。对被保护对象进行爆破振动监测，可以及时掌握爆破振动对其影响情况，以便及时调整爆破参数，确保被保护对象的安全。本次爆破施工中对黄河大堤进行了实时爆破振动监测[4]，共设置 3 个监测断面，沿洞轴线布置 6 个测点，其中大堤顶 3 个测点、堤后 3 个测点，在大堤迎水面洞轴线两侧各布置 2 个测点，如图 2 所示。

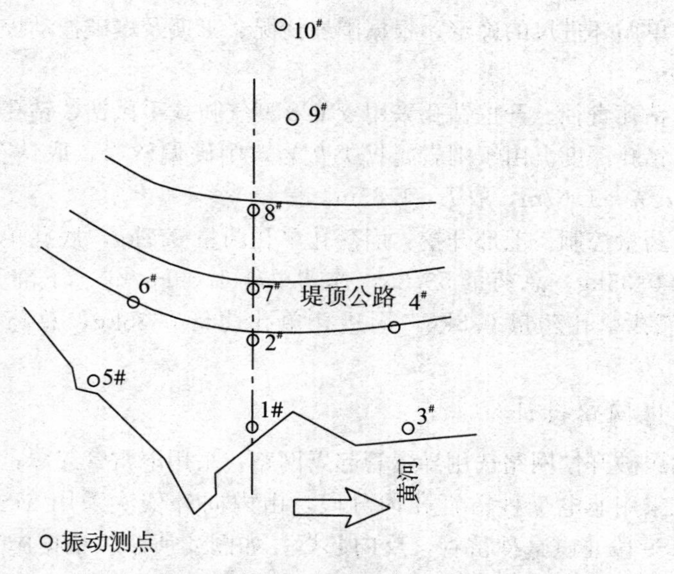

图2　黄河大堤振动测点布置图

4　爆破方案设计

为了控制隧洞开挖爆破振动对黄河大堤、围岩和阻水帷幕的影响，穿黄河隧洞开挖采用超前预注浆加固围岩，以提高围岩抗震能力；利用原探洞作为临空面，取消掏槽以避免掏槽爆破药量过大；分上、下两部短台阶开挖以减小爆破规模；控制单循环进尺（在1.5m以内）以减小最大单响药量；周边采用光面爆破以减小爆破对围岩扰动；通过爆破振动监测，反馈监测数据分析，及时调整爆破参数。

4.1　爆破参数设计[5]

爆破设计以穿黄河隧洞北岸斜井和过河平洞段中，断层、节理裂隙较发育的围岩洞段为主要研究对象，主要为Ⅳ类围岩，断面开挖直径9.5m。

（1）台阶高度。为使上部与下部爆破开挖规模基本均衡，要求两部分的开挖断面面积基本相近，考虑到扣除上部探洞面积，最终确定上部开挖高度5.0m，断面面积30.74m³；下部台阶高度4.5m，断面面积33.07m³。

（2）超前距离。考虑到上部钻孔作业及便于反铲扒渣、装渣，确定上部掌子面超前下部4m。

开挖分部纵断面示意如图3所示。

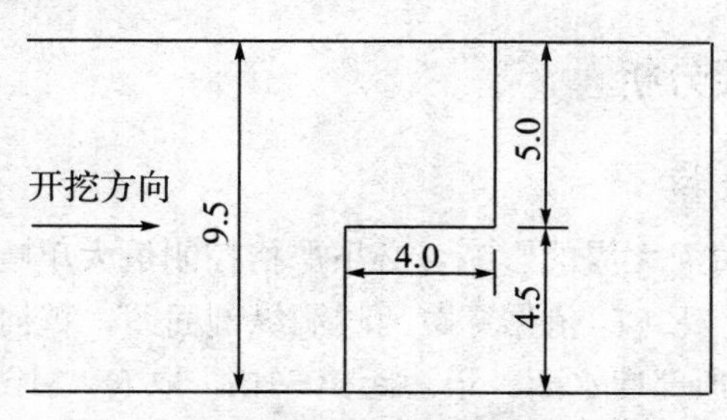

图3　开挖分部纵断面示意图（单位：m）

（3）单循环进尺的确定。根据围岩情况、工期及爆破振动控制要求，确定单循环进尺 $l=1.5\text{m}$。

（4）钻孔直径。开挖钻孔采用 YT28 型气腿式手风钻，钻孔直径 $D=42\text{mm}$。

（5）钻孔深度。由于围岩属Ⅳ类灰岩，中硬偏软岩，取钻孔利用率 $\eta=0.9$，钻孔深度 $L=l/\eta=1.67\text{m}$，取 $L=1.65\text{m}$。

（6）药量控制。上部开挖：崩落孔单孔药量 0.7kg，底孔单孔药量 0.8kg，周边孔单孔药量 0.35kg，总药量 50.35，炸药单耗 1.09kg/m^3。下部开挖：崩落孔单孔药量 0.8kg，底孔单孔药量 0.8kg，周边孔单孔药量 0.35kg，总药量 50.60kg，炸药单耗 1.02kg/m^3。

4.2 起爆网路设计

隧洞爆破开挖网路选用导爆管起爆网路，采用电雷管起爆，专用起爆器引爆。崩落孔、底孔采用非电毫秒雷管孔内分段，由内向外依次采用 MS1、MS3、MS5、MS7、MS8、MS9 段非电毫秒雷管，反向起爆，如图 4 所示。根据施工要求和有关规定，选用 2# 岩石乳化炸药，崩落孔、底板采用 ϕ32mm、长 20cm、重 200g 的药卷，周边孔采用 ϕ25mm、长 20cm、重 100g 的药卷。周边光爆孔采用孔内间隔装药，导爆索引爆，将 ϕ25mm 药卷均布绑扎在导爆索、竹片上，孔内放一支 MS9 段起爆雷管。孔外采用 MS1 段雷管联炮，8 号电雷管起爆。

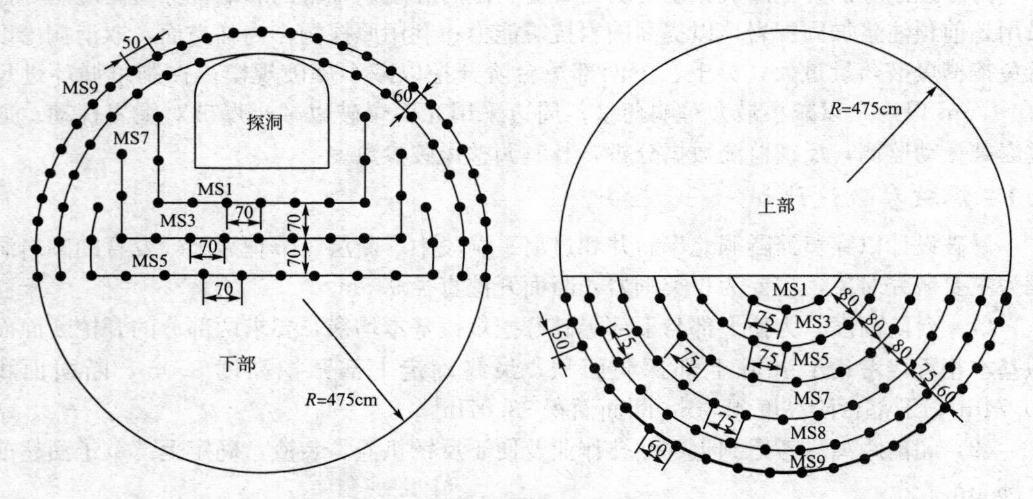

图 4　炮孔布置及起爆网路示意图（单位：cm）

5　爆破振动控制效果分析

5.1 黄河大堤安全校核

为控制爆破振动对黄河大堤的影响，必须严格控制最大单响药量，根据萨道夫斯基公式[1-2]：$v=K\left(Q^{1/3}/R\right)^{\alpha}$。依据穿黄河隧洞纵剖面图，黄河大堤距隧洞顶部最近部位位于隧洞 6+841 桩号顶部迎水面，最短距离 51m，取 $R=51\text{m}$；穿黄河隧洞爆破最大单响药量出现在下部开挖的 MS8 段外圈崩落孔（见图 4），最大单响药量 12.8kg，取

Q_{max}=12.8kg；K、α 为爆破点至保护对象间与地形、地质条件有关的系数和衰减指数，隧洞围岩中硬偏软，取 $K=250$、$\alpha=1.8$，则 $v=0.98$cm/s。

目前国内尚缺少引调水工程的安全监测规范，穿黄河隧洞工程在引调水工程中具有一定特殊性，穿黄隧洞属于地下工程，而黄河大堤却属土石坝工程。因此，黄河大堤允许质点振动速度[6]参考《爆破安全规程》（GB 6722—2003）、《水电水利工程爆破安全监测规程》（DL/T 5333—2005）和穿黄河探洞开挖爆破以及类似工程爆破监测结果，并结合穿黄河隧洞首次爆破试验设定相对安全的允许质点振动速度标准（3～4cm/s），取 3.0cm/s，$v=0.98$cm/s<3.0cm/s，因此黄河大堤是安全的。

穿越黄河大堤和黄河河床期间，通过爆破振动监测观测到的质点峰值振动速度均小于设定的安全允许值，质点主振频率集中在 100Hz 以下，随着爆破断面远离监测点，观测值逐渐下降至 0.2cm/s（垂直向）。

5.2 爆破振动对阻水帷幕的影响

从 2008 年 6 月至 2011 年 12 月整个开挖、混凝土衬砌过程中，对隧洞围岩内部渗透水压力进行了监测，洞内阻水帷幕最大渗透水压力出现在 2010 年 5 月份，位于黄河大堤下部的 B－B（桩号：6+886.917m）断面，达到 0.010MPa，如图 5 所示，远远小于设计允许压力 0.8MPa[4]，表明爆破振动对阻水围幕造成的影响极微弱，阻水帷幕有效地阻挡了外部水渗入洞内。

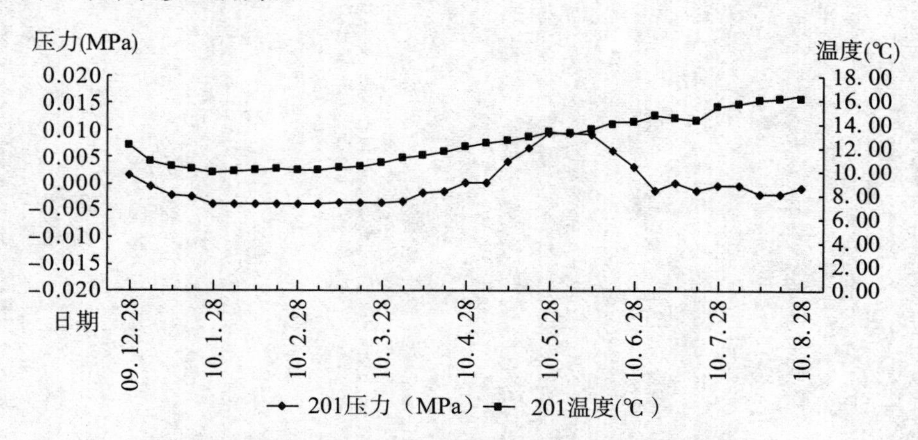

图 5　穿黄河隧洞 B－B 断面渗压计 T－P201 变化过程线

6　结语

在南水北调东线穿黄河隧洞工程施工中，采用了超前预注浆加固围岩、利用已有探洞作为临空面、分部开挖、控制单循环进尺、爆破振动监测等措施控制爆破振动，成功地将爆破振动对黄河大堤及围岩的扰动控制在了安全允许范围内。到目前为止，南水北调东线穿黄河隧洞工程已经开挖、衬砌完毕。实践证明，采用科学的爆破施工方法、先进的技术监测手段，在江河湖泊底部，采用钻爆法开挖隧洞是完全可行的。穿黄河隧洞采用钻爆法成功开挖的经验，可供同类工程借鉴。

参考文献：

[1] 廖成林，朱海亚，杨玉银．超前探水预注浆技术在南水北调东线穿黄隧洞工程施工中的应用［J］．四川水利发电，2010，29（3）：68－70.

[2] 汪旭光．爆破设计与施工［M］．北京：冶金工业出版社，2011.

[3] 国家质量监督检验检疫总局．GB 6722—2003 爆破安全规程［S］．北京：中国标准出版社，2003.

[4] 赵慧仙，廖成林，朱海亚，等．安全监测技术在南水北调东线穿黄隧洞工程安全管理中的应用［J］．四川水利发电，2010，29（3）：1－4.

[5] 周凤才，朱海亚，史福全．穿黄隧洞工程开挖施工技术应用分析［J］．海河水利，2010，29（3）：25－26.

[6] 杨天生，何利华，张猛，等．爆破振动监测技术在穿黄大堤工程中的应用［J］．海河水利，2010，29（3）：54－55.

第三篇
开挖支护

富水泥结碎石斜井隧洞施工技术[①]

摘　要：支北04施工支洞是万家寨引黄北干线1#引水洞的一条斜井施工支洞，地下水极其丰富，0+264～0+336洞段围岩为泥结碎石，稳定性极差，在同类工程中是不多见的。针对该洞段特殊地质情况，提出了开挖中的关键技术问题，并进行了分析、处理。通过该斜井洞段的成功实践，总结出了富水泥结碎石斜井隧洞的施工方法，对同类工程的施工具有指导意义。

关键词：斜井；富水；泥结碎石；关键技术问题；分析与处理

1　引言

目前，对于软岩隧洞开挖施工技术已有了相当成熟的施工方法，相关论著也很多。但对于围岩为泥结碎石（碎石含量<10%）的斜井隧洞开挖施工，相关文献资料却很少，尤其是地下水极其丰富，经过长时期浸泡的泥结碎石斜井隧洞的开挖，从目前现有文献资料看尚没有相关论述。本文结合山西万家寨引黄北干线支北04施工支洞的成功实践，对经地下水长期浸泡的泥结碎石富水洞段的关键施工技术进行了分析、总结，并简述了施工方案。

2　工程概况

万家寨引黄北干线支北04施工支洞位于山西省朔州市平鲁区下水头乡下乃河堡村。该支洞为斜井支洞，开挖断面呈城门洞形，宽5.5m，高5.5m，洞长422.76m，倾角19.05°。该支洞曾于1993年由中国水电某局开工兴建，两年时间只开挖了264m，由于地下水太丰富、地质条件太差而被迫停工。我局于2003年12月中标该施工支洞剩余部分及部分主洞施工。

该洞已挖0+143～0+264洞段，自1995年年底停工后至2003年12月期间被地下水长期浸泡。经业主实测，地下水流量为168m³/h。洞内地下水抽干后，出露围岩为泥结碎石，泥土呈红黄色，碎石含量<10%，块度5～30cm，顶部坍塌空腔高2.0m左右，地下水沿顶拱及掌子面大量渗漏。

3　工程特点及难度

支北04施工支洞为斜井支洞，倾角19.05°，地下水集中于掌子面底部，开挖出渣

---

① 本文其他作者：蒋斌、杨贵仲、张艳如。

难度较大；洞内地下水极其丰富，不利围岩稳定；洞内围岩经地下水长期浸泡，使围岩自身稳定性大大降低，泥结碎石（含量<10%）类围岩在隧洞开挖中属于开挖难度最大的围岩之一，其自身开挖稳定性极差，开挖过程中极易坍塌；施工作业人员开挖作业时几乎在雨水中进行，施工操作难度大。

综上所述，该洞开挖主要难度是由于地下水及围岩自身稳定性差造成的。因此，制订开挖方案前必须先对开挖过程中可能遇到的关键技术问题进行详细分析、研究，确保开挖过程中的安全、稳定。

4 关键技术问题的分析、处理

4.1 地下水问题

该支洞地下水极其丰富，0+143～0+264 洞段长期积水，开挖前实测小时渗水量在 168m³左右，这样大的渗水量，施工人员根本无法进入工作面，即使能进入工作面也无法保证围岩稳定。地下水渗漏问题处理的好坏，直接影响到该支洞开挖能否成功。因此，在进行支洞开挖前必须先处理好 0+143～0+264 洞段的地下水渗漏问题，这是该支洞能否开挖成功的关键。

能否成功地处理地下水直接关系到工程的工期和施工安全。因此，该支洞开挖前必须先进行堵水灌浆，将地下水量减少到最小，剩余少量地下水通过水泵抽排至洞外，即“以堵为主，堵排结合”。

4.2 顶拱坍塌问题

由于围岩为泥结碎石，已开挖顶拱大量渗水，且掌子面存在面状渗流。因此，开挖后的顶拱极易坍塌，解决好顶拱坍塌问题是该支洞开挖成功的又一关键问题。

顶拱坍塌问题可以通过超前支护结合模筑的方法来解决。自掌子面沿设计开挖线向前方土体内超前打入 ϕ50mm 钢管，以支立好的钢支撑为一个支点，前方未开挖土体为另一个支点，钢管作为纵梁承受顶拱土体的压力，超前小钢管间距 20cm 左右。在钢支撑和小钢管保护下的开挖，单循环进尺宜控制在 0.8～1.0m，且必须及时进行一次模筑混凝土，封闭顶拱，使模筑混凝土和超前小钢管共同承受顶拱土体压力。

4.3 掌子面坍塌问题

由于掌子面地下水较丰富，呈面状渗流，再加之超前小钢管的前端支点为前方掌子面未开挖土体。因此，掌子面土体在顶拱土压力及掌子面渗流的共同作用下，极易发生坍塌。掌子面的坍塌将造成超前小钢管的前方支点失稳，从而导致超前支护失败。可见，掌子面的坍塌问题必须引起足够重视。

在泥结碎石开挖中，为了避免掌子面发生坍塌，采用短台阶开挖法，先进行上半圆开挖。每次开挖长度 5～8m，先挖周边，中间留平台，以撑托掌子面。实践证明，中间留平台的方法可以有效地防止掌子面坍塌，是泥结碎石类隧洞开挖的重要手段之一。

掌子面留平台情况见图 1。

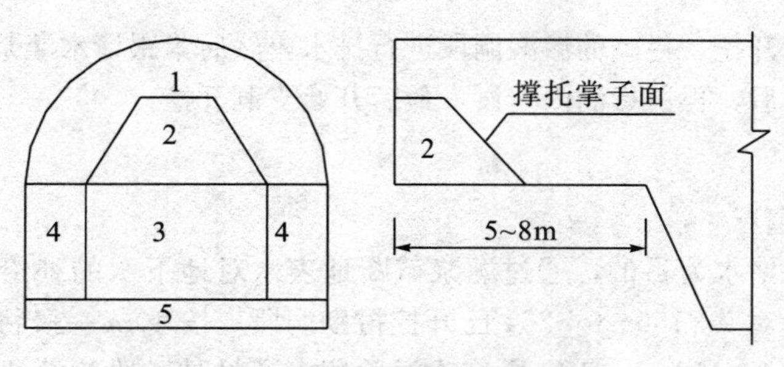

图1　泥结碎石段洞身开挖程序图

4.4　模筑混凝土和喷混凝土的选择问题

对于泥结碎石类围岩，在开挖后封闭是采用模筑混凝土还是喷混凝土的问题上存在着分歧，笔者通过多年软岩开挖的实践证明，采用模筑混凝土比喷混凝土更经济、快捷、有效。模筑混凝土与喷混凝土相比，存在以下优点：

（1）不受地下水影响。该支洞地下水丰富，开挖后的边顶拱渗水严重，边顶拱表面存在着一层水膜，喷混凝土无法附着在边顶拱泥结碎石表面，而模筑混凝土由于简易木模板的使用却能将混凝土与边顶拱较好地结合。这是因为边顶拱开挖采用人工精细开挖，超挖得到有效控制，边顶拱模筑混凝土厚度基本控制在20～25cm。由于单循环进尺只有0.8～1.2m，单块模板长不过1.2m，且由于渗水的存在模筑只能采用坍落度较小的干混凝土，浇至顶拱封仓部位时，简易木模板几乎一块一块地安装，入仓采用人工用手往模板里塞，以确保填满空腔。对于最后一块木模板，尽管长度不过1.2m，但为确保填满空腔，仍将其分为0.3m和0.9m两段，先将0.9m段人工用手塞满，再用长0.3m、宽约0.2m的木板端上混凝土封仓。当然，尽管顶拱部位混凝土与岩面能较好地结合，却由于未能实施有效振捣，其密实度并不高，但实践证明，其完全能满足一次支护要求。

（2）形成联合支护快捷。喷混凝土一次只能喷3～5cm厚，若要喷20～25cm厚得分4～5次，才能喷至设计厚度，拖延时间太长，不利于尽快形成与超前小钢管、钢支撑的联合支护。而模筑混凝土可以一次模筑至设计厚度，且顶拱模筑时间不过6～7h。

（3）成型好。模筑混凝土与喷混凝土相比，由于模板的存在成拱规则，受力条件好。

（4）成本低。模筑混凝土与喷混凝土相比，成本较低，喷混凝土为388元/m^3左右，而模筑混凝土则只要281元/ m^3。

（5）材料消耗少。相同厚度的喷混凝土与模筑混凝土相比，喷混凝土回弹率较高，顶拱达30%左右，浪费较大；而模筑混凝土却不存在回弹问题，相对从材料上较节约。

可见，模筑混凝土与喷混凝土相比，具有见效快、成型好、成本低、浪费少，尤其是不受地下水影响等优点。因此，对于该支洞泥结碎石类围岩，我们采用了模筑混凝土。

5　施工方案

由于该斜井支洞内0+143～0+264洞段长期积水，渗水量很大，因此，施工准备完成后必须先对已开挖、衬砌的渗漏洞段进行排水，然后紧跟堵水灌浆，待堵水灌浆结束且满足施工要求后，再进行洞内清淤，最后开始支洞开挖。

5.1 堵水灌浆

5.1.1 堵水灌浆情况

本次灌浆是以堵水为目的，通过灌浆截断地表水对地下水的补给，从而封堵地下水。灌浆对象是针对 0+150～0+264 已开挖衬砌洞段。按 40m 一段将整个灌浆段分为三段灌注，将其中 0+150～0+190 段作为试验段。通过试验段的灌注确定了施工工艺和有关灌浆参数。施工中实际采用的灌浆参数如下：

（1）堵水灌浆布置。采用环间分序，环内加密的原则，布置情况见图 2。

（2）灌浆材料。灌浆主要材料采用水泥、水玻璃，无水孔采用单液水泥浆，有水孔采用水泥、水玻璃双液浆。

（3）浆液配合比。对于无水孔，采用水灰比为 0.5∶1 的水泥浆灌注；对于有水孔，除 0.5∶1 的水泥浆外，另掺入 2%～4%的水玻璃。

（4）灌浆压力和结束标准。灌浆压力：一序孔采用 1.0～1.5MPa，二序孔采用 1.5～2.0MPa。结束标准：在设计压力下，单位注入量≤1L/min 时，继续灌注 30min，即结束灌浆。

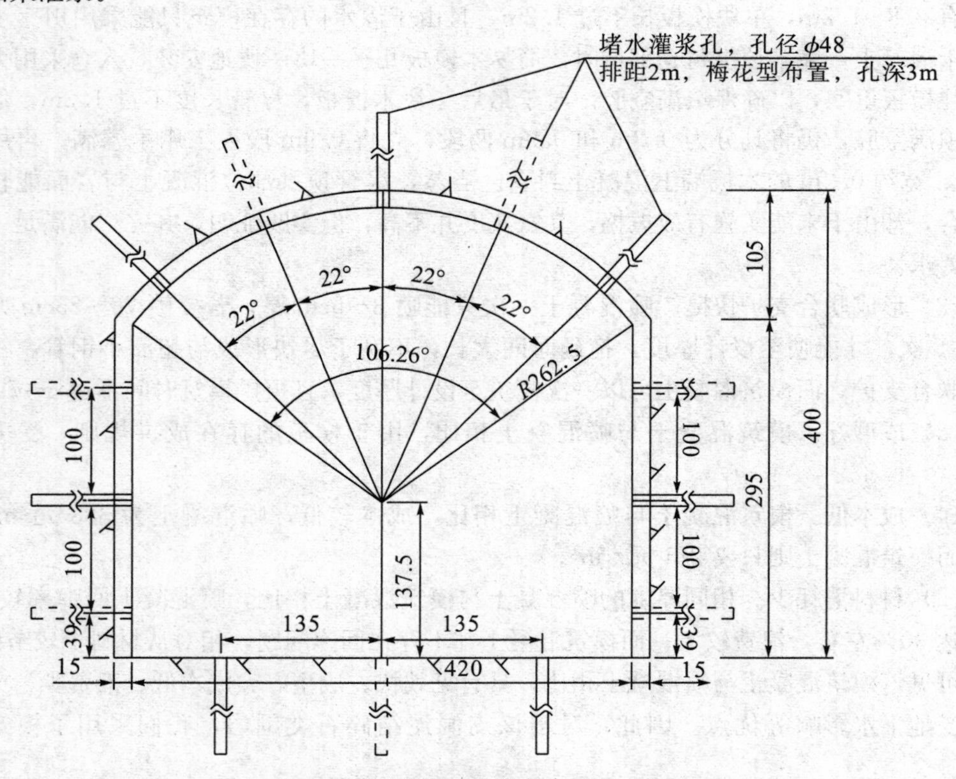

图 2 原开挖衬砌洞段堵水灌浆布置图（单位：cm）

5.1.2 灌浆效果

通过对 0+150～0+264 洞段的堵水灌浆，效果非常明显，地下水渗漏大大减少，

渗水量由灌注前的 $168m^3/h$，减少至 $18m^3/h$，通过水泵抽排，完全可以满足开挖施工要求。

5.2 支洞开挖施工

5.2.1 开挖方法

该支洞围岩为泥结碎石，机理紊乱，地下水丰富，强度极低，稳定性极差，遇水即成泥浆塑流状。洞身开挖及一次支护难度很大，针对上述地质条件，经项目部施工技术人员研究并报业主、监理审批后，决定采用超短台阶核心支撑法开挖。首先挖上半圆，每次开挖 5～8m，先挖周边，中间留平台（核心）撑托掌子面，待上半圆边顶拱一次支护结束后，再开挖下部；下部开挖时，先由中部开挖，再开挖边墙，边墙边开挖边支护，每开挖 0.8～1.2m 支护一次。具体开挖程序见图 1。

5.2.2 开挖支护程序

在支洞开挖施工中，一次支护主要采用钢支撑，超前小钢管及模筑混凝土，辅以径向锚杆、钢筋网等。二次钢筋混凝土衬砌（即永久衬砌）紧跟，滞后开挖面两个仓，16～20m。

泥结碎石洞段一次支护示意如图 3 所示。

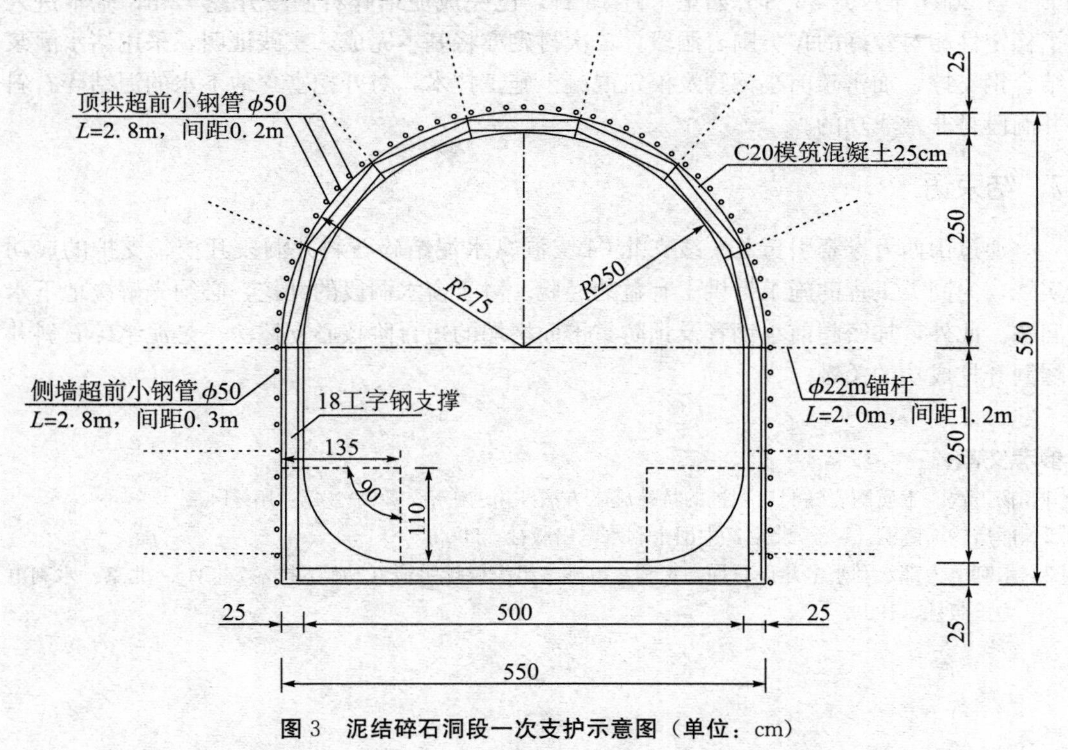

图 3 泥结碎石洞段一次支护示意图（单位：cm）

（1）上半圆开挖，每次开挖 5～8m，先挖周边，中间留平台，以撑托掌子面。开挖采用风镐配合人工。

（2）每挖 0.5～1.2m 立一榀钢支撑，钢支撑采用 Ⅰ18 工字钢焊接而成，由长 2.0m 埋入洞壁的 ϕ22mm 砂浆锚杆固定，相邻两榀钢支撑之间用 Φ22 钢筋焊接。

（3）由于围岩稳定性极差，地下水丰富，因此必须采用加密超前小钢管。在钢支撑外缘用YT28手风钻钻孔，钻孔直径60～65mm，风镐打入长2.8m的ϕ50mm超前小钢管，顶拱间距20～25cm，侧墙间距30～40cm。

（4）单循环进尺控制在0.8～1.2m，每循环均需支立简易木模板，进行上半圆C20模筑混凝土浇筑，厚25cm。支立模板采用悬挂式，即不需要常规的支撑模板所用钢拱架，而是将单块模板直接用铅丝绑扎在钢支撑上，外侧沿拱圈用Φ8钢筋作带。

（5）下半部开挖，先由中间开槽，后挖边墙，随挖随模筑，挖1m模筑1m。

（6）支立两侧简易模板，并进行两侧墙混凝土模筑。

（7）抢挖洞底部分，挖好后接入底部钢支撑，并进行底部混凝土模筑。

（8）至此，全断面形成一个封闭体。然后绑扎底拱及边顶拱双层钢筋，进行二次混凝土衬砌，二次衬砌采用C25混凝土，厚40cm。

在进行模筑混凝土时，在围岩渗水量较大处预埋PVC排水管，直径50mm，长度70cm。

6 实施效果

自2004年3月26日开始至7月15日，已完成泥结碎石洞段开挖72m，基本进入了稳定性相对较好的Ⅳ类围岩洞段，二次衬砌亦将基本完成。实践证明，采用堵水灌浆结合钢支撑、加密超前小钢管及模筑混凝土施工技术，对开挖富含地下水的泥结碎石斜井洞段是非常成功的。

7 结束语

通过山西万家寨引黄北干线支北04支洞富水泥结碎石斜井洞段开挖、支护的成功实践，为同类工程的施工提供了有益的经验。对于富水洞段的开挖，必须先解决地下水问题。此外，加密超前小钢管及预防掌子面坍塌的短台阶核心支撑法，是泥结碎石斜井隧洞开挖成功的关键。

参考文献：

[1] 杨玉银．土质围岩隧洞口掘进的特殊施工方法［J］．矿冶，2000（4）：10－14.

[2] 熊启钧．隧洞［M］．北京：中国水利水电出版社，2002.

[3] 水利电力部水利水电建设总局．水利水电施工组织设计手册（2施工技术）［M］．北京：水利电力出版社，1990.

万家寨引黄工程土洞斜井一次支护方案优化[①]

摘　要：万家寨引黄工程某斜井土洞段是该工程的控制性项目之一，工期紧，开挖难度大。通过对土洞斜井一次支护方案优化，简化了施工工序，降低了施工成本，加快了施工进度，保证了斜井土洞段开挖按计划完工，共节约费用 70.72 万元，占原设计一次支护总费用的 46.43%。

关键词：土洞斜井；一次支护；方案优化；万家寨引黄工程

1　引言

在目前的水电地下工程招投标中，由于竞争日趋激烈，施工单位为了中标，大多都会在正常定额预算价的基础上，下浮 5%～20%，有的甚至达到 30%，作为投标报价。一旦中标，由于中标价太低，如不设法降低施工成本，工程很难顺利完工。因此，如何通过技术手段降低施工成本，是施工单位必须研究的重要课题。

2　工程概况

本文所研究的某土洞斜井是山西省万家寨引黄工程的一条斜井施工支洞。该支洞总长 585.88m，其中 0+000.00～0+022.66 段为土方明挖段，0+022.66～0+246.22 段为土洞斜井开挖段，其余洞段为岩洞段。本文主要研究对象为 0+022.66～0+246.22 段的土洞斜井洞段，该洞段长 223.56m，开挖断面呈城门洞形（底角为圆弧形），宽、高均为 5.4m，设计底坡倾角为 19.02°。

土洞地质情况分为三段：0+022.66～0+089.95 段为隧洞进口黄土状亚砂土，土体结构疏松，稳定性差；0+089.95～0+169.23 段为隧洞穿越 Q_2 含砾石亚黏土，表层有上层滞水活动，土体含水量较高，工程性质不良；0+169.23～0+246.22 段隧洞围岩为 N_2 含砾石红黏土，有一定自稳能力，但与上覆 Q_2 土体接触部位含水量增高，稳定性差。

土洞斜井开挖一次支护原设计图如图 1 所示。

① 本文其他作者：蒋斌、李荣伟。

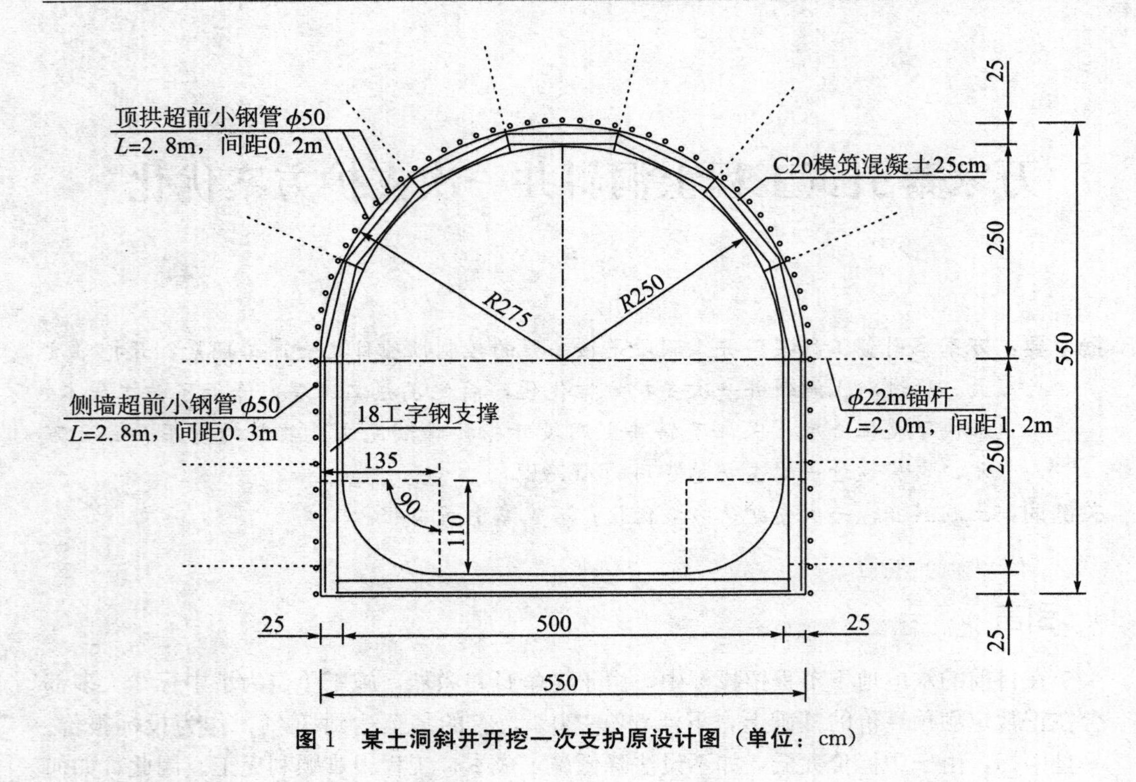

图1 某土洞斜井开挖一次支护原设计图（单位：cm）

3 一次支护方案优化

隧洞开挖一次支护是指施工期间为保证施工安全，减少开挖后围岩松弛变形，控制围岩自支护能力的降低，从而更充分地利用围岩自身的支护能力，对隧洞围岩所做的初期支护。它的主要作用是保证二次衬砌（亦称永久衬砌）前隧洞围岩的暂时稳定，为二次衬砌争取更多的时间。当然，二次衬砌完成后，一次支护与二次衬砌一起发挥永久支护的作用。

土洞开挖一次支护应在保证施工安全的前提下进行，支护方式尽可能简单、实用，尽可能地减少一次开挖支护作业循环时间，以减少土洞围岩暴露时间。在这一支护原则指导下，对该土洞的一次支护原设计方案进行了优化。

3.1 超前注浆小导管方案优化

原设计支护方案中，在顶拱160°范围内布置超前注浆小导管，超前注浆小导管的主要作用是通过小导管管壁上的孔洞，向周围岩体裂隙内注入水泥浆，以加固周围岩体，并使管体与围岩紧密结合，起到超前支护的目的。这对于结构比较破碎的岩体来说是非常有效的，但对于土体来讲，却未必能起到加固围岩的作用。因为土体均质性较好，无明显裂隙，且由于土体强度极低，注浆压力很小，水泥浆无法进入土体内，也就无法起到加固围岩的作用。在土洞中采用超前注浆小导管，实际上只起到纵向梁的作用。因此，在施工中，我们将超前注浆小导管优化为超前小钢管，这样无须在管壁上钻取注浆孔，且节省了注浆工序，从而减少了一次支护循环时间。

开挖后，由于土体围岩均质性较好，顶拱洞体成型较好，施工中将超前小钢管的数量由原设计的每循环 19 根减少至每循环 13～14 根。这一改变未对围岩稳定造成任何影响，并满足了一次支护要求。

3.2 钢格栅方案优化

原设计图中，钢格栅采用三角形断面，主筋为两根 Φ25mm 螺纹钢筋和一根 Φ36mm 螺纹钢筋。该洞土洞段均质性较好，且无地下水，开挖后边顶拱成型较好。在已完成的开挖断面大小、地质条件均相似的万家寨引黄总干 9#、10#、11# 隧洞土洞开挖中，一次支护钢格栅 3 根主筋均采用 Φ22mm 螺纹钢筋，且取得了成功。因此，我们认为原设计过于保守。施工中钢格栅 3 根主筋均采用 Φ25mm 螺纹钢筋，即以一根 Φ25mm 主筋取代 Φ36mm 主筋。同时，鉴于土体稳定性较好，将钢格栅间距由原设计 1.0m 调整为 1.25m。

3.3 钢筋网方案优化

原设计施工图中，钢格栅内外两侧均挂钢筋网，即挂双层钢筋网，环向网筋为 Φ8 钢筋，纵向网筋为 Φ6 钢筋，网格间距为 20cm×20cm。由于钢格栅内外两侧均挂钢筋网，施工工艺较为复杂，且给模筑混凝土入仓带来较大难度，这一工序的施工时间较长，不利于土体的及时封闭。因此，施工中取消了双层钢筋网，但施工中须将超前小钢管剥出，使其与钢格栅和模筑混凝土形成一个整体，达到联合支护的目的。

3.4 托梁方案优化

原设计施工图中，为防止开挖下台阶时钢格栅拱脚下沉、变形，在两侧拱脚下设置了纵向托梁，将几排钢格栅连为一体。根据以往土质围岩隧洞开挖的成功经验及该洞的开挖试验，在进行下部开挖时，采取短进尺、及时模筑、下部两侧预留土体的方法可以有效避免钢格栅下沉变形，这主要是依靠相邻两环模筑混凝土之间的挤压力、摩擦力及两侧墙预留土体的承托作用。因此，在土洞开挖中取消了托梁施工。简化这一工序有利于土体及时封闭，减少一次支护作业循环时间。

3.5 拱脚外八字锚杆方案优化

原设计施工图中，为防止钢格栅在土体侧压力作用下产生径向变形，在钢格栅两侧拱脚处各设置了两根外八字锚杆。锚杆采用 Φ22mm、$L=300$cm 的砂浆锚杆。施工中发现，土体侧压力较小，两侧土体稳定性较好，径向变形不明显。因此，施工中取消了两侧共 4 根拱脚外八字锚杆。

4 优化实效

4.1 工程实效

至 2005 年 1 月 25 日止，该土洞斜井段开挖支护及二次衬砌已基本结束，在整个土洞斜井段（长 223.56m）开挖过程中，二次衬砌紧跟一次支护，施工过程有条不紊，未发生任何塌方及安全事故。实践证明，该土洞斜井段施工中，对原设计一次支护方案的优化是非常成功的，对其进行优化处理是必要的，优化方案是合理的。

4.2 经济实效

通过上述施工方案优化，取得了良好的经济效益，降低了工程施工成本，缩短了土洞斜井开挖作业循环时间，加快了工程施工进度。一次支护方案优化前后工程费用比较见表1。从表1中不难看出，优化后费用比优化前节约了46.43%。

表1　方案优化前后工程费用比较表

单位：万元

序号	项　　目	优化前费用	优化后费用	节约费用
1	超前注浆小导管	39.06	19.27	19.79
2	钢格栅	63.80	32.68	31.12
3	双层钢筋网	9.86	0	9.86
4	托梁	4.31	0	4.31
5	拱脚外八字锚杆	5.64	0	5.64
6	模筑混凝土	29.63	29.63	0
合　　计		152.30	81.58	70.72

5　结束语

实践证明，根据工程实际情况，理论联系实际，进行施工方案优化是极为重要的，这可以很好地解决施工进度与成本的关系，是降低工程项目施工成本的有效途径。当然，这种施工方案的优化是在可靠的技术保证和丰富的施工经验的前提下进行的。

参考文献：

[1] 关宝树．隧洞工程施工要点集［M］．北京：人民交通出版社，2003.
[2] 熊启钧．隧洞［M］．北京：中国水利水电出版社，2002.

超前探水预注浆技术在南水北调东线穿黄河隧洞工程施工中的应用①

摘　要：在南水北调东线穿黄河隧洞工程，从探洞施工开始，到隧洞斜井开挖完成，通过超前（探水）预注浆形成（或补强）阻水帷幕，成功地进行了水下隧洞开挖，有效避免了突发性涌水和塌方的出现。

关键词：超前探水；预注浆；阻水帷幕；南水北调东线穿黄河隧洞工程

1　工程概况

南水北调东线穿黄河隧洞工程位于黄河下游中段山东省东阿和东平两县境内，在黄河位山险工段经隧洞穿过黄河主槽及黄河北大堤，是南水北调东线的关键控制性项目。隧洞最大埋深60余米，平洞段上覆基岩最薄处约38.5m。隧洞按$100m^3/s$进行设计，为有压圆形隧洞，洞长585.38m，内径7.5m，开挖洞径8.9～9.5m，包括南岸竖井、过河平洞、北岸斜井及进、出口埋管。隧洞纵剖面图见图1。

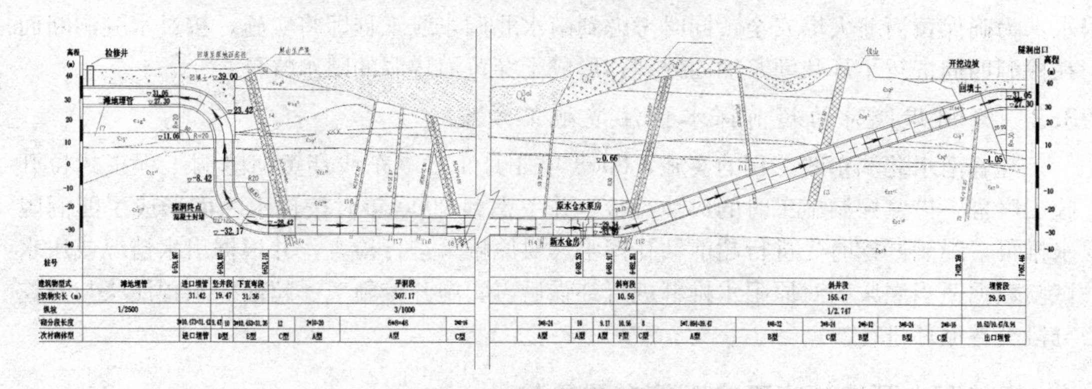

图1　穿黄河隧洞纵剖面图

2　地质条件

隧洞进出口地表堆积有杂填土石；进口竖井高程7m、出口斜洞高程5m以上为崮山组地层，岩层风化厚度大，构造裂隙发育，岩体较破碎，属Ⅳ类围岩；隧洞平洞段围

① 本文其他作者：廖成林、朱海亚。

岩为张夏组第十层鲕状灰岩，完整性较好，主要为Ⅱ类围岩；竖井和斜洞下部张夏组第十一层豹皮灰岩分别为Ⅱ类和Ⅲ类围岩。穿黄河隧洞勘察揭露断层13条，产状多为北东走向，规模不大，陡倾角，宽度为0.5～3.0m，围岩破碎，多发生渗（涌）水，属Ⅲ～Ⅳ类围岩。张夏组灰岩为区域主要含水地层，黄河在本段工程为地上“悬河”，河水补给土层孔隙水和灰岩含水层岩溶裂隙水，穿黄河隧洞由于断层和垂向裂隙切割较深并伴有不同程度的溶蚀现象，使得隧洞段黄河水、孔隙水和岩溶裂隙水“三水连通”，河水补给水量充沛，因此隧洞围岩渗（涌）水量较大，涌水量达10～200m^3/h，隧洞涌水主要发生在断层和宽大溶蚀裂隙部位。由于隐伏地质构造使围岩中地下水空间分布具有极不均一性，开挖隧洞涌水的可预见性差，成为本工程施工所面临的主要问题。

3 超前探水预注浆施工方案的确定

3.1 探洞时期的超前预注浆施工方案

1986年4月11日至1988年1月底，在现穿黄河隧洞洞线上成功开挖了一条勘探试验洞（城门洞型，2.61m×2.93m），施工中采用超前预注浆形成阻水帷幕，然后在帷幕内开挖成洞。

当时为了探索水下隧洞施工的方法，确保探洞施工和黄河大堤的安全，施工中将探洞分成13个开挖洞段，每洞段长度40～50m。开挖前先在起始段面上用地质钻机作发射状钻孔探水，随后进行高压灌浆，在待开挖洞段的四周岩层中形成封闭的阻水帷幕，再进行开挖施工。为保证开挖安全，每个灌浆洞段比相应开挖洞段长7～10m，同时留作下一灌浆洞段的止水岩盘，如此循环掘进。

由于长期受地下水的溶蚀作用，1999年8月底，探洞水仓水泵房北侧岩壁突然涌水，为确保黄河北大堤安全，同时考虑到南水北调东线工程即将实施，按过水隧洞断面在探洞四周进行了环状灌浆加固处理，形成了穿黄河隧洞的阻水帷幕。

3.2 隧洞开挖时的超前探水预注浆施工方案

随着南水北调东线工程的实施，2008年3月1日，东线穿黄河隧洞工程正式拉开施工序幕。借鉴探洞施工时的成功经验，并考虑到2000年时按过水断面形成了隧洞阻水帷幕，隧洞开挖时先进行超前钻孔探水，对原帷幕进行检查，并根据出水情况或压水试验数据适当灌浆，对原阻水帷幕进行补强后再实施开挖施工。超前探水预注浆与开挖分段交替循环进行。

4 超前探水预注浆施工方案的主要参数

4.1 总体施工方案

钻孔布置按钻灌检查50m、开挖40m设计，每个钻灌面布置4台钻机，每个检查断面发射状布置12个检查孔。钻孔在开挖轮廓线内的部分，若无突发性涌水，不进行灌浆作业；钻孔过程中发生突发性涌水时，须停止钻进，并测定压力及流量，流量大于5m^3/h时，不论钻孔长度是多少均作为一个灌浆段进行灌浆；若某压水试验段的透水率≤2Lu，则该段可先不灌浆，继续进行下一段钻孔及压水试验，直至透水率＞2Lu，将该段及先前段作为一个灌浆段进行灌浆，但最大灌浆段长度不超过 10m。

4.2 钻孔布置

钻孔的布置见图 2、图 3、图 4 和表 1。

在钻机布置面设置 X、Y、Z 轴，其中平行于隧洞轴线为 Z 轴，垂直于隧洞轴线向上方向为 Y 轴，垂直于隧洞轴线水平方向为 X 轴。

钻孔角度以钻机机头转动轴为原点，平行洞轴线为基准，向上向右转动为正，向下向左转动为负。钻孔水平角为钻孔在 XZ 平面投影与 Z 轴的夹角，钻孔垂直度为钻孔在 YZ 平面投影与 Z 轴的夹角。钻孔参数表中，钻孔角度未考虑隧洞本身倾角。

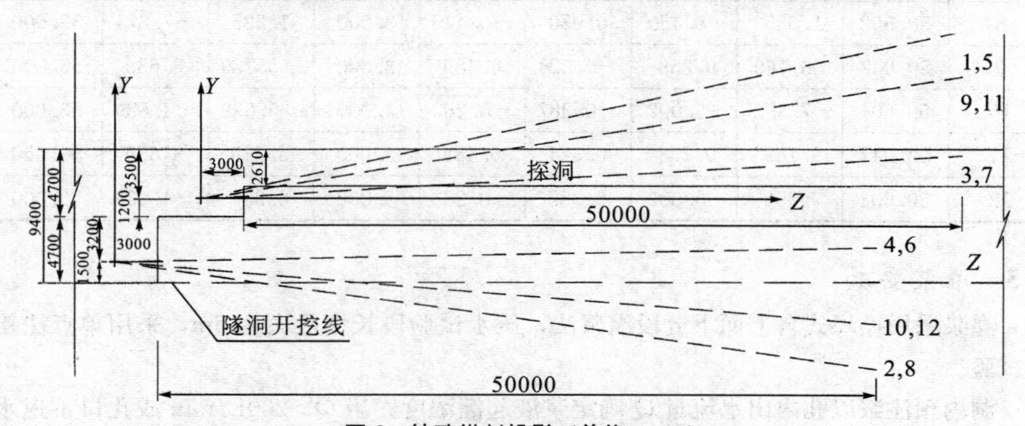

图 2　钻孔纵剖投影（单位：mm）

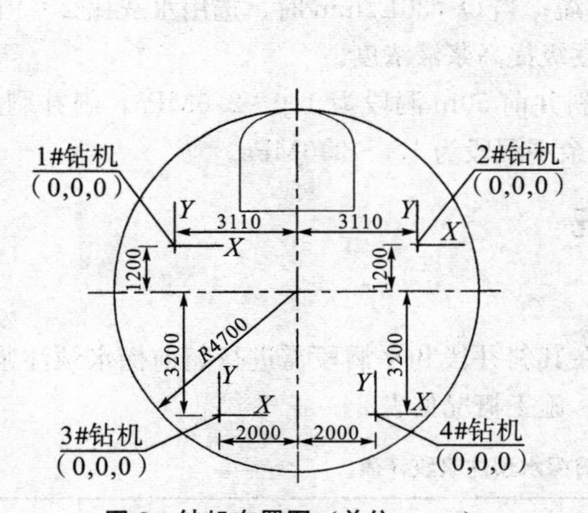

图 3　钻机布置图（单位：mm）

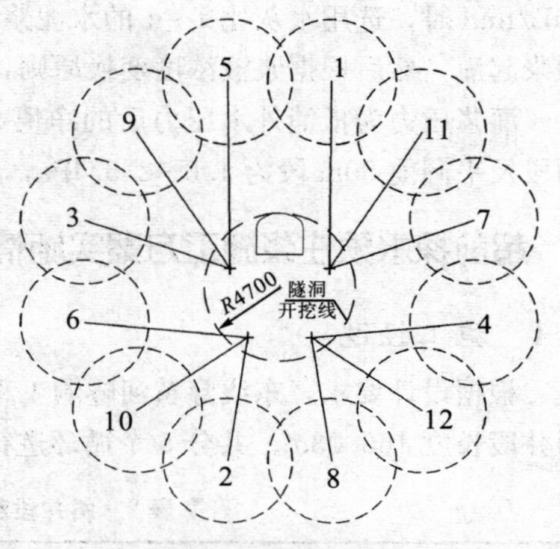

图 4　钻孔终孔投影图（单位：mm）

表 1　钻孔参数表

钻孔号	钻孔长度/m	钻孔角度		开孔位置/m			终孔位置/m		
		水平角	垂直角	X	Y	Z	X	Y	Z
1	51.240	0.135°	12.628°	0.007	0.672	3.000	0.125	11.874	53.000
2	50.562	−1.335°	−8.450°	−0.070	−0.446	3.000	−1.235	−7.874	53.000

续表

钻孔号	钻孔长度/m	钻孔角度		开孔位置/m			终孔位置/m		
		水平角	垂直角	X	Y	Z	X	Y	Z
3	50.791	−9.600°	3.277°	−0.507	0.172	3.000	−8.964	3.035	53.000
4	50.903	10.762°	1.043°	0.570	0.055	3.000	10.074	0.965	53.000
5	51.240	−0.135°	12.628°	−0.007	0.672	3.000	−0.125	11.874	53.000
6	50.903	−10.762°	1.043°	−0.570	0.055	3.000	−10.074	0.965	53.000
7	50.791	9.600°	3.277°	0.507	0.172	3.000	8.964	3.035	53.000
8	50.562	1.335°	−8.450°	0.070	−0.446	3.000	1.235	−7.874	53.000
9	50.947	−6.169°	9.258°	−0.324	0.489	3.000	−5.729	8.639	53.000
10	50.604	−7.353°	−5.002°	−0.387	−0.263	3.000	−6.839	−4.639	53.000
11	50.947	6.169°	9.258°	0.324	0.489	3.000	5.729	8.639	53.000
12	50.604	7.353°	−5.002°	0.387	−0.263	3.000	6.839	−4.639	53.000

4.3 灌浆要求

灌浆采用循环式自上而下分段灌浆法，压水试验段长度最大为5m，采用单点法压水试验。

洞内预注浆以孔内出水流量 Q 确定浆液起灌浓度，当 $Q>200$L/min 或孔口不返水时，使用双液浆起灌；当 $Q>60$L/min 时，选用水灰比 0.6∶1 的水泥浆起灌；当 $Q>30$L/min 时，选用水灰比 1∶1 的水泥浆起灌；当 $Q<30$L/min 时，选用水灰比 2∶1 的稀浆起灌。然后根据浆液浓度变换原则，逐级提高浆液浓度。

灌浆压力为抵消外水压力后的净值，斜井前 50m 洞段为 1.0～2.0MPa，斜井剩余洞段及平洞前 80m 段为 1.0～2.5MPa，剩余平洞段为 1.5～3.0MPa。

5 超前探水预注浆施工方案实施情况

5.1 施工经过

根据设计要求，东线穿黄河隧洞工程在其斜井段和平洞段需进行超前探水预注浆。斜井段长度 166.03m，共分 5 个循环进行，施工概况见表 2。

表 2 斜井段超前探水预注浆统计表

循环序号	施工时段	灌浆孔数	钻孔进尺/m	水泥干耗量/t	备注
①	2008 年 11 月 25 日至 2008 年 12 月 16 日	12	612.75	171.60	
②	2009 年 2 月 26 日至 2009 年 3 月 28 日	18	728.40	501.17	
③	2009 年 4 月 29 日至 2009 年 5 月 11 日	12	612.00	271.33	
④	2009 年 6 月 13 日至 2009 年 6 月 22 日	12	488.20	191.55	
⑤	2009 年 7 月 20 日至 2009 年 7 月 26 日	12	481.84	198.52	

5.2 施工方法

5.2.1 钻孔

采用XY－2PC地质钻机和金刚石钻头自上而下钻进，孔径为ϕ75mm。为了出现涌水情况时便于处理，在各检查孔孔口采取埋设孔口管的方式，并设置法兰盘，孔径为ϕ110mm。

5.2.2 洗孔

采用导管通入大流量水流，从孔底向孔外冲洗，冲洗水压采用80%的灌浆压力，压力超过1MPa时，采用1MPa。

5.2.3 灌浆

灌浆采用分段分序自上而下孔内循环进行。

灌浆记录使用自动记录仪。

针对出现特殊情况的孔位，采取双液浆（水玻璃—水泥浆）灌注、间歇灌浆等措施进行处理。

双液浆（水玻璃—水泥浆）试验配比统计见表3。

表3 双液浆（水玻璃—水泥浆）试验配比统计表

序号	水灰比（质量比）	水泥浆∶水玻璃（体积比）	水温/℃	室温/℃	浆液温度/℃	胶凝时间/s
1	1∶1	1∶0.090	11	18	10	181
2		1∶0.085				240
3		1∶0.080				299
4		1∶0.065				483
5	0.8∶1	1∶0.109	9	10	9	123
6		1∶0.104				180
7		1∶0.099				239
8		1∶0.095				301
9	0.6∶1	1∶0.102	9	10	9	120
10		1∶0.090				179
11		1∶0.080				240
12		1∶0.072				299
备注： ①水玻璃浓度为25Be； ②气温、水温对浆液胶凝时间影响较大，在施工中使用双液浆时，应在施工现场进行试验以确定双液浆胶凝时间						

5.3 特殊情况处理

在斜井段超前钻孔探水过程中，多处出现了涌水情况，部分涌水情况见图5、图6，最大涌水流量达130.2m³/h，压力0.34MPa。其中：

（1）2009年3月7日23：00分，第二循环8#孔第2段（10～13m）处出现涌水，经现场测定涌水流量达130.2m³/h，压力0.34MPa，当时在孔口安装阀门进行了关闭。2009年3月8日9：40分现场研究决定采取水灰比0.6：1的纯水泥浆起灌，初步拟定压力0.5～0.7MPa，灌注16t水泥后间歇灌浆，待凝12h后打开阀门涌水没有明显减少，接着采取双液浆（水玻璃—水泥浆）灌注，注灰量4.78t、水玻璃0.406t，双液浆胶凝时间按3min控制。如此施工后将孔口阀门打开，发现涌水仍未堵住，经现场测量涌水流量为1.2m³/h。现场研究决定灌注2t水泥进行封孔，后0.5t水泥量采取双液浆灌注。本循环Ⅲ序孔钻灌结束后，在本孔附近增加了6个检查孔。

（2）2009年3月18日凌晨1：00分，第二循环新增检查孔02－8－002号钻孔进尺至15.2～15.9m处出现涌水，经现场测量涌水流量达108m³/h。2009年3月18日，现场研究决定采取双液浆灌注，起灌比级1：1：0.08，双液浆胶凝时间按5min控制，灌注水泥46t，间歇24h；2009年3月20日下午，中水北方勘测设计院专家到达现场，将孔口阀门打开，涌水仍未堵住，决定继续灌注；2009年3月21日，采取纯水泥浆灌注，灌浆比级0.5：1～0.8：1，灌注水泥100t，间歇10h；2009年3月23日，打开孔口阀门，外流清水，采取纯水泥浆灌注，灌浆比级1：1，灌注水泥0.42t，达到封孔标准，按终孔处理。

图5　第二循环8#孔第2段（10～13m）**涌水情况**

图6　第二循环检查孔02－8－002号（15.2～15.9m）**涌水情况**

5.4　灌浆成果分析

在隧洞斜井段，各次序灌浆前压水试验的吕荣值及单位耗水泥量分别呈递减趋势，但局部出现涌水或异常情况的灌浆孔，吕荣值较大或少数无法测定吕荣值，单位注入水泥量较大。

5.4.1　吕荣值测定情况统计分析

斜井段原帷幕探水检查孔Ⅰ序孔吕荣值 $q>$10Lu 占82.2%，Ⅱ序孔吕荣值 $q>$10Lu 占62.2%，Ⅲ序孔吕荣值 $q>$10Lu 占1.86%，新增检查孔Ⅲ吕荣值 $q>$10Lu 占100%。从透水率的数值上看，斜井段岩层透水率较大，说明岩石破碎、构造裂隙发育，强风化，水泥浆耗量较大并扩散范围广。

从斜井段原帷幕探水检查孔吕荣值图来看，除第一循环和第二循环吕荣值较大外，其余灌浆循环基本保持平衡。说明第一循环和第二循环即斜井段前80m范围较剩余段岩层差，第三、四、五循环岩层情况基本相同。具体详见图 7。

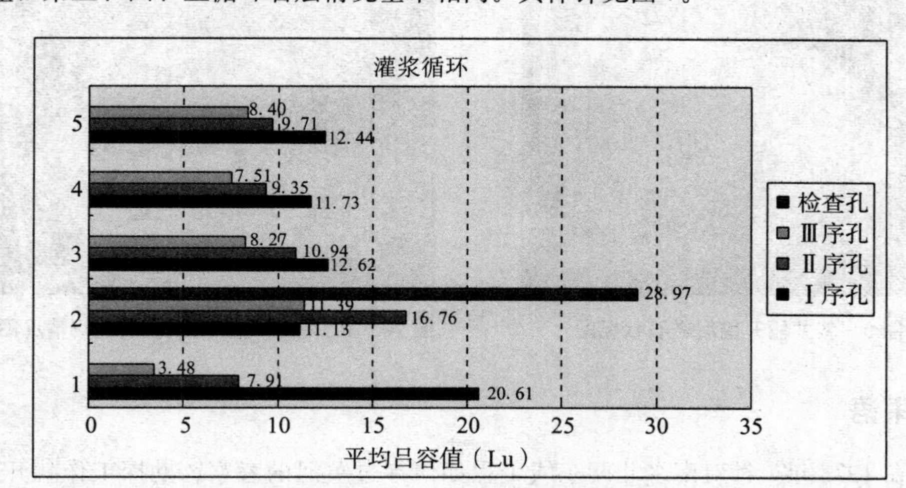

图 7　斜井段原帷幕探水检查孔吕荣值图

5.4.2　水泥耗量情况统计分析

斜井段原帷幕探水检查孔钻孔灌浆单位注入水泥量随着分序灌浆施工逐渐减小，除少数灌浆孔因出现涌水或岩层裂隙发育而单位注入水泥量相对较大外，其余均符合正常灌浆规律。具体详见图 8。

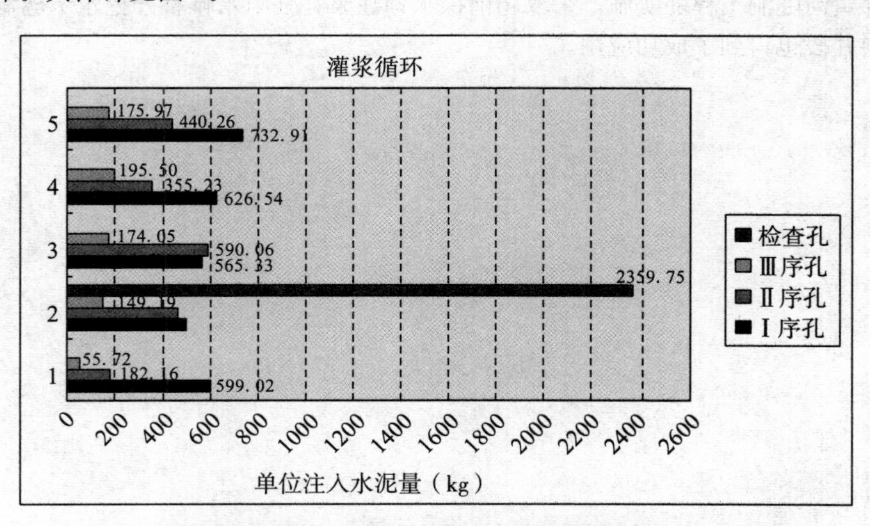

图 8　斜井段原帷幕探水检查孔钻孔灌浆水泥耗量统计分析图

5.5　开挖后揭示的灌注效果

从开挖揭示的岩层来看，穿黄隧洞斜井段岩层构造裂隙发育，岩体破碎，黄河水、孔隙水和岩溶裂隙水“三水连通”，河水补给水量充沛，并穿越 3 条（F3、F11、F12）断层、崮山组与张夏组岩层分界面。斜井段开挖揭示的岩石状况见图 9。在斜井段开挖过程中未发生爆破涌水和塌方情况，开挖后洞壁无涌水和明显渗水出现，说明超前探水预注灌浆达到了预期的阻水和固结岩石效果。斜井段开挖临时支护后现场情况见图 10。

图 9　斜井段开挖后岩石状况图

图 10　斜井段开挖临时支护后现场情况图

6　结束语

早在 1973 年，针对南水北调东线工程如何穿过黄河的考察、勘探工作就开始了，有关部门提出了架渠、埋管、隧洞等方案，经过比选，重点研究了在解山和位山之间黄河河底开挖隧洞的立交方案。但因当时对河底岩溶发育及水文地质情况了解还不够清楚，故提出了在河床底部开挖一条过河勘探试验洞的问题。通过成功开挖探洞，进一步探明了河底地质构造和岩溶发育等地质情况，认为解山—位山线隧洞穿越黄河方案是可行的，同时落实了采取超前预注浆形成阻水帷幕开挖水下隧洞的施工方法。随着南水北调东线穿黄河隧洞工程的实施，采取超前探水预注浆补强阻水帷幕开挖水下隧洞的施工方法在斜井段也得到了成功应用。

第四篇
塌方处理

汾河水库泄洪隧洞F_3断层塌方分析及处理[①]

摘　要：主要介绍山西省汾河水库泄洪隧洞F_3断层塌方冒顶的处理情况，并分析了塌方冒顶的原因，总结了经验教训，为同类工程塌方的预防和处理提供了有益的经验。

关键词：隧洞塌方；分析；处理

汾河水库自1961年5月竣工使用以来，由于上游水土流失导致水库严重淤积，截至1984年11月，水库淤积了3.0632亿立方米，已不能满足防洪要求，为使水库达到最大洪水保坝标准，拟在大坝右岸台地内兴建一条排沙泄洪洞。在隧道开挖过程中，由于地质条件差，地下水极其丰富等原因，先后发生了大小塌方30多次，其中最严重段为洞内F_3断层处发生了冒顶事故，塌方体平均长10.31m，宽7.09m，高33.2m，塌方总方量约2500m^3，塌方支护处理由水电部第五工程局第二分局地下工程公司承担，从安全处理到支护处理出渣完毕前后仅用12d，其处理速度之快在同类工程中是不多见的。笔者对该工程的施工处理方法作一简要介绍，同时对F_3断层塌方原因进行分析论述。

1　工程地质情况

F_3断层位于汾河水库泄洪洞的弯道下游直段，洞内出露桩号0+279.0～0+291.8。断层产状：走向NE54°～64°与洞轴线交角51°左右，倾向NW，倾角78°～85°。其中，上游面（上盘）较陡，倾角83°～85°，下游面（下盘）倾角78°～82°。上下游两断层面均平直、光滑，局部粘有0.1～0.2m厚黄绿色断层泥。断层两侧断口上小、下大，呈不规则状，且对塌方体下滑极有利。断层带塌落物质为断层泥，断层角砾岩及糜烂碎裂岩块，产物松散。F_3断层纵向地质剖面见图1。

隧洞穿过地层为太古界五台群变质岩系，F_3断层所处地段岩性为云母斜长片麻岩，浅灰色、中粒、中粗粒结构，片麻状构造，质软，断层充填物质呈全、强风化状态，属Ⅴ类软弱松散结构岩体。洞顶上覆盖厚度33.2m，其中人工填土，中更新统亚黏土共厚8.3m，下更新统砂卵石厚3.5m，基岩厚21.4m。

① 本文其他作者：段建军。

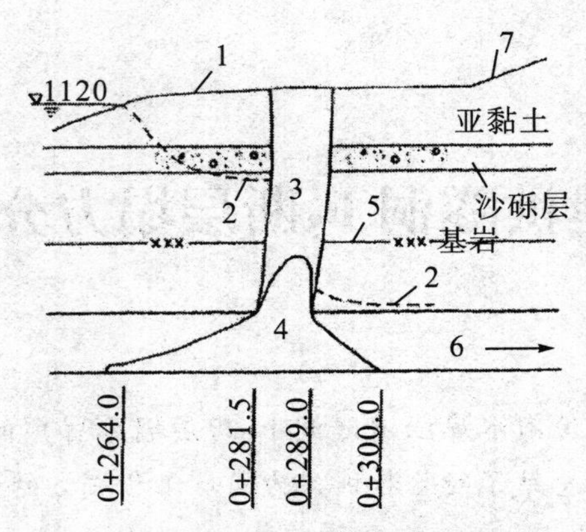

图 1　F_3断层纵向地质剖面图

1－地面线；2－地下水位线；3－空腔；4－渣堆；5－强风化下限；6－隧洞；7－坝坡脚

F_3断层地表露头在库区内，地面高程 1123.5m，距大坝坡脚 21.0m，距水库水边 30m，地下水在断层内出露高程为▽1107.5～1110.3m，塌方期间水位为▽1121.31～1122.0m，塌方期间地下渗水极其严重，给支护处理带来了相当大的困难。

2　施工处理方案的确定

鉴于F_3断层塌方冒顶处理的特别重要性，其处理方案由中国水利水电总公司、山西省水利厅、水电部第五工程局及其二分局、隧洞工程指挥部等单位的专家多次讨论研究，最后确定如下：

（1）揭开地面土层开挖导井（圆形断面，其直径 D＝3.0m，深 h＝12.0m）。

（2）扩大导井开挖（方形 13m×9m）。

（3）撬挖危石。

（4）制作施工处理用钢结构平台，长 7.5m，宽 4.5m，高 1.0m。

（5）风、水、电恢复供应。

（6）井筒支护：采用从上到下分段处理的原则，整个处理过程在长 7.5m、宽 4.5m 的钢结构平台上进行，平台通过卷扬机升降，处理方法为挂网及锚喷支护。

（7）洞内比渣及清渣。

（8）洞顶喷混凝土（必要时加设钢拱架）。

（9）针模运行、定位进行混凝土浇筑衬砌。

（10）导井回填。

以上处理方案在施工过程中，视具体情况作了局部调整。

3　支护处理及回填

F_3断层地面出露点确定以后，首先进行了导井开挖和安全撬挖工作，然后对井筒挂网和锚喷支护。纵向地质分段及支护方法见表 1。F_3 断层设计回填物料分段见表 2。

表 1　纵向地质分段及支护方法一览表

部位	分段	岩(土)性质	分布高程/m	图例	厚度/m	支护方法	备注
上下盘	土层	亚黏土,质坚固	1115.3~1123.5	①	8.2	人工修整成正坡	①砂砾层挂网要求贴紧墙面,且向上、下分别搭接出1m。②左侧断层带只能将适当长钻杆打入关键块体作为锚杆。③在地下涌水较严重的部位设置排水孔,同时喷射中增加水泥用量和速凝剂掺量,以降低水灰比;另一措施是先喷干拌混凝土,待其与涌水融合后,再逐渐加水喷到设计厚度
	砂砾石	结构松散,缺中间颗粒	1111.8~1115.2	②	3.5	①人工修整、撬挖;②挂网:ϕ3.2mm铅丝,网格15cm×15cm;③喷混凝土,分两次,共厚10cm	
	基岩	两岩面平直光滑,上部强风化,下部弱风化	1111.8~1000.4	③	21.4	①锚杆支护:a. 楔缝式。ϕ25mm长3.0m。b. 药卷黏结剂式。ϕ22mm螺纹钢长2.0m、3.0m,排距1m,梅花形布置。②喷混凝土:厚15~20cm	
两侧壁	土层砂砾层	同上	1111.8~1123.5	同上	11.7	同上	
	左侧	破碎岩块	1111.8~1090.4	④	21.4	①适当位置打锚杆,挂住关键块体;②喷混凝土,厚10~15cm	
	右侧	断层泥夹糜烂岩		⑤	21.4	①挂网;②喷混凝土	
上、下游洞顶		弱~强风化	1090.4			①撬挖处理;②喷混凝土10cm	

表 2　F_3 断层设计回填物料分段表

高程/m	1092.94～1100.94	1100.94～1110.94	1110.94～1113.94	1113.94～1121.94	1121.94～1123.95
厚度/m	8.0	10.0	3.0	7.56	2.0
回填物	100 号浆砌块石	石渣	黄土	石渣	黄土
备注	岩壁插筋 1 根 Φ22，L=1m，伸出 50cm		分层夯实，$r_干=15.21kN/m^3$		分层夯实，$r_干=15.21kN/m^3$

4　塌方冒顶原因分析

4.1　库水位的影响

F_3 断层曾先后发生 3 次塌方事故，塌方时间分别为 1991 年 7 月 26 日、1992 年 9 月 26 日和 1992 年 11 月 9 日凌晨至 11 月 18 日。3 次塌方时的库水位和 F_3 断层地面出露点的高程差均不足 3m。F_3 断层地面出露点的高程为 1123.5m，后 2 次塌方时的库水位在 1121.31～1122.0m 之间。由库水位地下渗水在 F_3 断层内引起的地下水位高程为 1107.5～1110.3m。3 次塌方前地下渗水均很严重。F_3 断层开挖时，其中储存的丰富地下裂隙水向洞室内集中漏出，引起第一次塌方。经过锚喷支护处理，并架设了钢支撑 10 榀(16 号工字钢，间距 0.8m)，使其自稳时间延长 420 余天，直至 9 月 26 日压垮前 4 榀钢支撑，在第二次塌方后又进行了及时的锚喷支护，使断层自稳时间延长至 470 余天，其间经受了无数次的放炮震动。但由于地下水的长期冲刷，最终未能阻止冒顶事故的发生，将前述所做的支护处理全部破坏。

第一次支护后，随着断层内地下潜水的流失，从 1991 年 9 月至 1992 年 5 月底，洞内地下渗水基本在 0+000～0+145 地段，地下渗水量 10m 内为 126.9～152.3t/min。自 1992 年 6 月浇筑工作开始，随着丰水季节的来临，地下渗水也相应增大。库水位、相应的渗水桩号、渗水量统计见表 3。

表 3　库水位、渗水桩号、渗水量统计表

项　目	时　间　1992—月—日										
	06.09	06.23	07.06	07.29	08.17	09.12	10.06	10.14	10.29	11.07	11.18
浇筑桩号/m	0+055.22	0+070.22	0+085.22	0+110.9	0+124.2	0+124.2	0+124.2	0+229	0+211	0+259	0+259
库水位/m	1108.98	1109.42	1109.86	1111.24	1116.32	1121.06	1112.00	1121.87			1121.31
渗水桩号/m	0+145	0+515	0+162	0+186	0+238	0+263	0+292	0+299	0+310	0+313	0+317
渗水量/($L\cdot min^{-1}\cdot 10m^{-1}$)	152.3			231.5		311.4		331.8	352.0	316.1	321.4
备注	1992 年 11 月 11 日水库放水 $Q=60m^3/s$ 至 11 月 21 日结束										

注：* 浇筑桩号和渗水期号均为到相应时间为止的截止期号。

由表 3 不难看出，混凝土衬砌浇至桩号 0+124.2 后，随着库水位的迅速升高，地下渗水也相应地以较快的速度向下游推移，至 1992 年 9 月 21 日，渗水桩号已至 0+

276.2，即渗水已进入 F_3 断层的影响范围内，接着便发生了9月26日第二次塌方。以后随着0+214～0+259段混凝土衬砌的开始，库水位的继续升高，到1992年11月5日洞内渗水也穿过 F_3 断层移至0+311.3，随后便发生了1992年11月9日的塌方冒顶事故。

4.2 内部应力及结构变化的影响

F_3 断层在开挖前，岩体内部应力处于相对平衡状态，开挖后，这种平衡状态遭到破坏，从而引起周围岩体的变形和应力重分布，应力重分布后达到了新的暂时平衡，但这种平衡只维持了4d，便由于地下水作用和 F_3 断层本身岩体软弱、破碎，不能适应这种平衡而发生失稳塌方。第一次支护处理完毕时，上、下两盘岩体对中间充填物产生的侧压力仍很大，由这种侧压力产生的抗滑力及支护抗力使岩体又达到了新的平衡。但由于隧洞开挖成洞后地下水位的下移和丰水期库水位的上升，使断层内的外水压力大大升高，在这种不断升高的外水压力（渗透力）作用下，断层充填物中的细颗料沿渗流方向发生移动，并不断流失，继而断层内的较粗颗粒发生移动。断层内部形成管状通道，带走大量细小土粒和沙粒，这样就使充填物的结构发生了根本变化。断层本来是靠这些细小颗粒的黏结及支撑作用形成整体的，故这些细小颗粒的流失，使断层内部的整体性遭到破坏。这种破坏的结果便是断层内部产生变形和应力的再次重分布。遭到破坏的充填物不能适应应力的多次重分布，于是便发生失稳，出现了1992年9月26日和11月9日发生的冒顶事故。从以上分析可见，应力和结构的变化也主要是由库水位持续而迅速地升高引起的。塌方过程如图2所示（a. 相对平衡；b、c. 隧洞开挖形成后，地下水向洞内集中漏出；d、e. 丰水期库水位上涨，外水压增大，致使长期无衬护的洞内 F_3 段冒顶）。

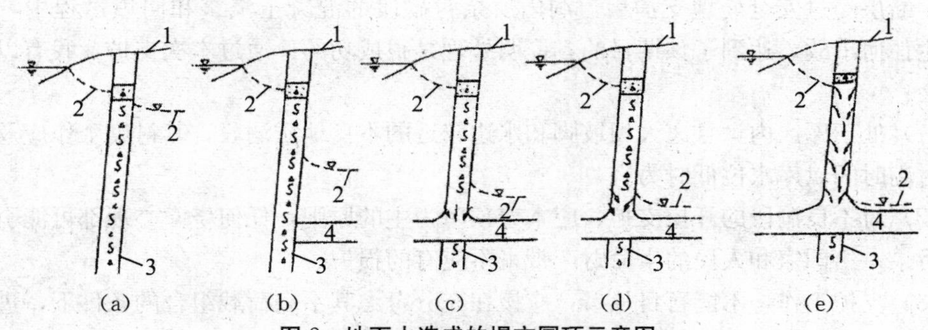

图2 地下水造成的塌方冒顶示意图

1—地面线；2—地下水位线；3—断层；4—隧洞

4.3 其他因素的影响

由前面所述工程地质条件看出，F_3 断层段的地质条件极差是发生塌方的主要原因。另外，F_3 断层开挖后的暴露时间太长，达470余天，隧洞的埋深较浅，长期放炮震动也是影响隧洞稳定的重要因素，同时与气温骤然升降也不无关系。

5 塌方事故的教训和处理的体会

汾河水库泄洪隧洞 F_3 断层的塌方冒顶事故给我们的教训十分深刻，这次塌方冒顶无论在人力、物力、财力等方面都造成了相当大的损失。它告诫我们，在地下工程施工中，对塌方的预防必须予以高度重视。虽然这次冒顶事故的发生根本原因归结于库水位迅速而持续地升高，但并不能说设计、施工中不存在问题。在设计施工过程中经验不足，没有及时进行断层带混凝土衬砌是造成塌方的另一重要原因。

这次塌方冒顶在某种程度上讲不是不可避免的。在第一次锚喷支护处理并架设了钢支撑后，其自稳时间近 1 年零 2 个月，如果在此期间，及时进行断层带混凝土加强衬砌，尽可能地选择枯水季节施工，这样即使以后库水位再高几米，也不会由于渗水压力而将断层充填物中的细小颗粒带走，改变充填物颗粒级配，以致使其整体结构发生根本性的变化，最后导致内部应力平衡状态破坏，发生塌方。

从前面塌方冒顶原因分析中还可以看出，隧洞进行混凝土衬砌以后，使地下渗水向下游 F_3 断层方向不断推移，渗水量也相应增大。当衬砌浇筑桩号到 0+259.0 时（距 F_3 断层仅 20m），大量地下渗水集中于 F_3 断层带渗漏，最大渗水量达每 10m 长度为 352.0L/min，可见洞内由上游至下游按序进行的混凝土衬砌是导致冒顶的另一原因。与之相应避免塌方的另一可行方法是改变混凝土衬砌浇筑仓号顺序。断面开挖完成后，首先进行断层带的混凝土衬砌浇筑，这样可以避免大量地下渗水集中于断层带渗漏，也就尽可能地避免了断层充填物颗粒级配的改变，从而尽可能地避免冒顶事故的发生。

虽然我们尽量避免塌方，但地下工程开挖中，由于地质情况错综复杂，要绝对避免塌方事故的发生是极其困难的，一旦发生了大塌方事故，相关专业技术人员应该深入现场观察研究，分析塌方原因，随时注意记录塌方发展情况，尽快制订切实可行的塌方处理方案。单就本隧洞 F_3 断层冒顶支护处理来讲，无论施工速度、工程质量还是安全措施等都可以说是同类工程支护处理实施的一个成功范例。

F_3 断层经过安全处理支护后，洞内所余衬砌段的混凝土浇筑和回填过程中，没有再发生任何事故，达到了预期目的，证明处理是很成功的。通过本次支护，我有以下几点体会：

（1）处于库区内，且离大坝坡脚和水边较近的不良地质洞段，其衬砌工作应及早进行，衬砌时间以库水位低时为宜。

（2）对不良洞段的开挖支护，应本着预防为主的原则，任何侥幸心理都可能引起严重的后果，给国家和人民的生命财产带来不应有的损失。

（3）支护工作，不能盲目从事，应该在充分考虑其不利荷载组合的条件下，进行必要的理论计算，并要参考同类工程确定支护参数。

（4）塌方冒顶的处理工作应本着安全第一的原则，制订出最合理的开挖处理方案，避免造成不应有的人员伤亡。

（5）当大塌方事故发生时，应持续观察、分析其发展情况，当事态发展严重时，要及时向有关部门汇报，以尽快确定处理方案。

参考文献：

[1] 水利电力部水利水电建设总局．水利水电施工组织设计手册（2 施工技术）[M]．北京：水利电力出版社，1990.

中长管棚在隧洞特大塌方处理中的应用[①]

摘　要：针对甘肃舟曲喜儿沟水电站引水洞特大塌方事故中塌方量大、塌腔高、塌渣呈松散块状、地下水丰富的实际情况，采用了“中长管棚超前支护、注浆加固胶结塌方岩渣、开挖结合使用小导管”的施工方法，取得了成功，可供同类工程借鉴。

关键词：中长管棚；参数计算；注浆；加固岩渣；特大塌方

1　工程概况

喜儿沟水电站位于甘肃省舟曲县憨班乡的白龙江干流上，电站引水隧洞进水口位于白龙江右岸副坝上游，引水隧洞全长 8393m，我公司负责施工标段桩号为 3+200～8+413.692，长 5213.692m，为有压隧洞，断面呈圆形，开挖半径 8.7～9.2m，隧洞底坡为 5‰，采用钢筋混凝土全断面衬砌，衬砌后洞径 7.5m。

本次大塌方位于引水洞 2# 支洞上游主洞 3+680～3+650 洞段，附近发育有断裂构造，走向 NW305°，倾向 SW，倾角约 70°。塌方洞段主要以碳质千枚岩为主，夹方解石条带及绢英千枚岩，其中炭质千枚岩遇水易风化成碎屑、碎片状，抗风化能力差，属软岩；绢英千枚岩和方解石抗风化能力较强，属中硬岩。该洞段岩体较为破碎，节理裂隙发育且地下水丰富，岩体自稳能力较差，岩体属Ⅴ类围岩。

2　塌方情况、特点及原因分析

2.1　塌方经过

本次塌方洞段于 2010 年 7 月份开挖支护完毕。自 2011 年 12 月 27 日开始，3+710～3+680 洞段多次重复发生小规模塌方，报请业主、监理同意后，及时进行了支护处理。2012 年 4 月 28 日，3+688.0～3+685.4 洞段支护完毕后进行出渣时，3+680 上游突然发生大规模塌方，塌方长度估计 30m 左右，塌腔体被掩埋，塌腔高度不明确，有大量地下水持续渗出；5 月 18 日出渣到 6000m^3 时，塌腔逐渐出露，混凝土拱圈跟进到 3+680；在随后的出渣过程中，腔体内渣体不断随渗流塌落，并再次将腔体掩埋；6 月 2 日渗水逐渐加大，腔体内有渣体塌落的声响，直到 6 月 12 日洞渣还不断往下滑塌；至 6 月 19 日，出渣已达 26000 余立方米，但腔体仍未出露，腔体内地下渗水量达 15～

① 本文其他作者：高印章、蒋斌、张黎。

$20m^3/h$。

2.2 塌方特点

（1）塌腔高。截至2012年6月19日，按塌方长度30m、宽度9.2m（洞径）计算，塌腔高度可达94.2m，考虑洞两侧侧向垮塌，塌腔高度至少在70m以上。

（2）塌方渣体呈碎块状。由于塌方渣体中的黏土颗粒被持续不断的地下水带走，渣体胶结情况差，从现场掌子面堆渣及出渣料情况看，腔体内渣体呈5～60cm碎块状散体结构。

（3）塌方腔体不断扩大。腔体内的岩体在地下水的浸泡、冲刷下，不断塌落，渣体不断向上堆积，腔体不断扩大。

（4）腔体内可能存有高水头地下水。由于地下水流量较大，且塌方腔体处于掩埋状态，腔体上部可能存在高水头地下水。

2.3 塌方原因分析

该洞段出现大塌方事故主要有以下几方面原因：

（1）地层构造运动影响。该洞段附近发育有断裂构造，受区域断裂影响，引水洞线层间挤压断层、小褶皱较发育，存在由碳质千枚岩、糜棱岩组成的破碎带，稳定性差、透水性强。

（2）岩体结构整体性差。该洞段岩体属Ⅴ类围岩，主要以碳质千枚岩为主，岩体较为破碎，裂隙发育且地下水丰富，遇水长期浸泡易于软化崩解，岩体自稳能力差。

（3）地下水丰富。该洞段节理裂隙发育，沿节理裂隙大量渗出地下水，造成碳质千枚岩遇水软化、崩解变形。

（4）开挖完成后暴露时间过长。该洞段于2010年7月完成开挖支护，直到2011年12月，近一年半时间内，由于各种原因一直未能进行永久混凝土衬砌，直至造成围岩失稳、垮塌。

3 塌方处理方案的制订

对于该洞段塌方事故的处理，鉴于此次塌方事故的特殊性及可能存在的重大安全隐患，公司领导高度重视，专门派地下工程、混凝土等相关专业专家与业主、设计、监理共同商讨确定了塌方处理方案。

3.1 立即停止出渣

到2012年6月19日，出渣26000余立方米后，塌腔仍被渣体完全掩埋。由于塌腔内可能存在高水头地下水，如果继续向前出渣，将打破空腔内高位水头地下水、渣体与洞内渣体构成的平衡稳定状态，造成大量的高水头地下水、渣体从腔体内瞬间涌出，给洞内出渣人员、设备及其他施工人员带来生命、财产损失。同类事故在某同类隧洞施工中已经发生过[1]。

3.2 方案比较

对于该次塌方的处理，有超前小导管施工方案和超前管棚施工方案两种方案可以选择。

（1）超前小导管方案。具有循环快、成本低、操作简单等优点，但要求小导管前部的未开挖渣体支点具有一定的自稳支撑能力，并且由于小导管直径较小，注浆加固周围渣体的范围小，承受上部渣体的压力不能过大。

（2）超前管棚方案。具有施工循环较长、成本较高、操作难度大，需要专业钻具及专业施工队伍的缺点，但超前管棚长度较长、直径较大，注浆加固长度、范围都比较大，前部未开挖渣体支点经注浆加固后具有一定的自稳支撑能力，承受上部压力能力也比较强。

3.3 处理方案确定

通过专家组充分探讨，本次塌方处理必须在确保安全的前提下进行。鉴于本次塌方体呈块状散体结构，稳定性差，塌腔内高度达 70m 以上，腔体内存在高位水头，超前支护体必须能承受上部很高的承载压力，因此最终选择了超前管棚方案进行本次塌方处理。

4 超前管棚支护施工原理

对于隧洞塌方处理，超前管棚施工基本工作原理是：采用专用钻孔机具按照设计次序在设计开挖轮廓线外，按较小的间距钻孔，将管体周围钻有孔洞的大直径钢管依次打入前方堆积渣体内，然后按照设计次序、设计压力依次灌注水泥浆，水泥浆通过钢管周围的孔洞压入周围渣体内，从而固结钢管周围渣体。环向密集布置的沿洞轴线方向的钢管在钢拱架和前方经注浆加固的未开挖渣体两个支点的共同支撑下，为下一步渣体开挖提供了安全保证；钢管周围渣体经过注浆固结后，在钢管周围沿设计开挖轮廓线形成了一个筒状环向壳体固结拱圈，从而分别在隧洞塌方洞段的纵向、环向形成了一个具有一定支撑强度的梁结构和拱结构，形成的纵向和环向结构共同作用能有效提高超前支护体的整体承载力和自稳能力，这样就能有效保证隧洞塌方渣体的顺利开挖支护工作。

5 管棚设计计算

5.1 洞顶围岩压力计算

洞顶埋深较浅时，围岩压力可根据太沙基松动土压力理论[2]计算。太沙基（K. Terzaghi）松动土压力理论是从应力传递概念出发，考虑了隧洞尺寸、埋深、土层黏聚力和内摩擦角对土体稳定的影响，认为隧洞在开挖以后，在隧洞两侧出现了两个剪切面，顶部的土体由重力作用而向下移动，土压力计算公式如下：

$$P = \frac{\gamma a_1 - c}{\lambda \tan\varphi}\left[1 - \exp\left(-\frac{\lambda H \tan\varphi}{a_1}\right)\right] + q\exp\left(-\frac{\lambda H \tan\varphi}{a_1}\right) \tag{1}$$

$$a_1 = a + h_1 \tan(45° - \varphi/2) \tag{2}$$

式中：P 为围岩压力，MPa；γ 为围岩重力密度，kN/m^3；c 为黏聚力，MPa；λ 为侧压力系数；φ 为内摩擦角，°；a 为隧洞开挖宽度的 1/2；h_1 为洞室开挖高度，m；q 为地面荷载，N。

埋深较大时，式（1）中的指数趋于 0，则

$$P = \frac{\gamma a_1 - c}{\lambda \tan\varphi} \tag{3}$$

当围岩顶部埋深大于30m时，按太沙基公式计算的围岩压力误差较大。考虑到施工后的管棚对围岩压力的缓冲、吸收、分散等作用以及通过管棚注浆对围岩的加固效果，通常实际围岩压力仅为太沙基公式计算值的40%~50%，即

$$P_v = (0.4 \sim 0.5)P \tag{4}$$

该塌方段开挖洞径 $D=9.1\text{m}$，塌方段埋深按 $H=70\text{m}$ 计，管棚采用扇形布置。施工中，钢管的计算模型可以简化成图1所示[3]。由于埋深较大，渣体呈散体结构，围岩压力可按式（2）~式（4）确定。

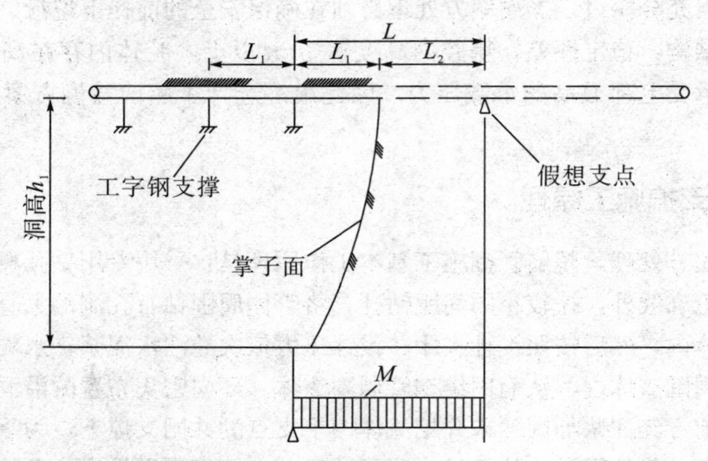

图1　管棚钢管强度计算简图

根据工程岩体分级标准[4]，塌方洞段岩体基本质量级别为Ⅴ级，$\gamma<22500\text{N/m}^3$，$\varphi<27°$，$c<0.2\text{MPa}$，渣体松方系数按1.4，取 $\gamma=22500/1.4=16071\text{N/m}^3$；取内摩擦角 $\varphi=27°$；由于渣体呈散体块状结构，黏聚力很小，取 $c=0$；$a=D/2=4.55\text{m}$；$h_1=9.1\text{m}$；洞顶埋渣厚度 $H=70\text{m}$；钢管容许应力 $[\sigma]=240\text{MPa}$。

在岩体力学中，侧压力系数 λ 是指水平压应力与垂直压应力之比，土的侧压力系数一般小于1，岩体中的侧压力系数可以大于1。在隧洞顶部由上至下 λ 值是变化的，太沙基（1936）在隧道顶部以上的土体中央测得 λ 值如下：距洞顶5倍洞径以上，$\lambda=0.6$；距洞顶5倍洞径以内，$\lambda=(1.0\sim1.5)\sim0.6$。本次塌方计算中取 $\lambda=1.0$，则：

$$a_1 = a + h_1\tan(45° - \varphi/2) = 4.55 + 9.1\tan(45 - 27/2) = 10.13$$

$$P = \frac{\gamma a_1 - c}{\lambda\tan\varphi} = \frac{16071 \times 10.13 - 0}{1.0 \times \tan 27°} = 319511\text{Pa} = 0.32\text{MPa}$$

$$P_v = (0.4 \sim 0.5)P = 0.16\text{MPa}$$

5.2　钢管最不受力段长度计算

$$L = L_1 + L_2$$

式中：L_1 为钢拱架间距，m；L_2 为开挖单循环进尺，m。取钢拱架间距 $L_1=0.5\text{m}$，单循环进尺控制在0.5~0.8m，最大不超过0.9m，计算取 $L_2=0.9\text{m}$，则 $L=0.5+0.9=1.4\text{m}$。

5.3 单位宽度内荷载计算

$w=P_v=0.16\text{MPa/m}$

$M_{max}=wL^2/8=0.16\times10^6\times1.4^2/8=39200\text{N}\cdot\text{m}=39.2\text{kN}\cdot\text{m}$

5.4 单位宽度内钢管抗弯截面模量计算

$$W=\frac{M_{max}}{[\sigma]}=\frac{39.2\times10^3}{240\times10^6}=1.633\times10^{-4}\text{m}^3=163.3\text{cm}^3$$

5.5 钢管规格选取

将管棚常用钢管规格相关参数进行比选，选取合理的钢管规格参数。

(1) 直径108mm、壁厚6mm的钢管抗弯截面模量$W_Z=46.46\text{cm}^3$，单位宽度内所需钢管数量为$n=163.3/46.46=3.51$根/m，钢管间距28cm，间距偏小。

(2) 直径108mm、壁厚8mm的钢管抗弯截面模量$W_Z=58.55\text{cm}^3$，单位宽度内所需钢管数量为$n=163.3/58.55=2.79$根/m，钢管间距36cm。

(3) 直径108mm、壁厚10mm的钢管抗弯截面模量$W_Z=69.16\text{cm}^3$，单位宽度内所需钢管数量为$n=163.3/69.16=2.36$根/m，钢管间距42cm。

(4) 直径127mm、壁厚10mm的钢管抗弯截面模量$W_Z=99.77\text{cm}^3$，单位宽度内所需钢管数量为$n=163.3/99.77=1.64$根/m，钢管间距61cm，间距明显偏大，不合理。

从以上几组数据看，选用直径ϕ108mm、壁厚8mm和直径ϕ108mm、壁厚10mm的钢管均可以，考虑到小间距更有利于支护结构的安全稳定，施工中选用了直径108mm、壁厚8mm的钢管，间距35cm。

6 塌方处理施工

6.1 塌方段支护处理结构

隧洞塌方段管棚布置及支护衬砌结构，见图2。

6.2 管棚施工参数选取

(1) 管棚外偏角：尽量选取最小外偏角度，这与现场作业条件及钻孔设备有关。根据现场察看，最小钻孔外偏角可控制在10°以内。

(2) 管棚长度：鉴于顶部塌方堆积体结构松散，如果管棚过长，管棚底部偏离隧洞设计开挖轮廓过大，通过管棚注浆时，可能影响设计开挖轮廓周围的渣体胶结效果。预计本次塌方长度30m，按一次通过考虑，管棚长度最少35m，外偏角按10°考虑，管棚底部偏离设计开挖轮廓距离$r=35\sin10°=6.07\text{m}$，通过管棚注浆难于保证这一厚度的渣体很好地胶结。如果两次管棚通过，每次通过长度15m，考虑搭接长度3m，管棚长度18m，管棚底部偏离设计开挖轮廓距离3.1m。根据经验，通过管棚注浆可以保证这一厚度的渣体较好地胶结，因此取管棚长度$L=18\text{m}$。

(3) 管棚布置范围、间距：根据顶部塌方情况，管棚布置在顶拱圆心角150°范围，管棚间距35cm。

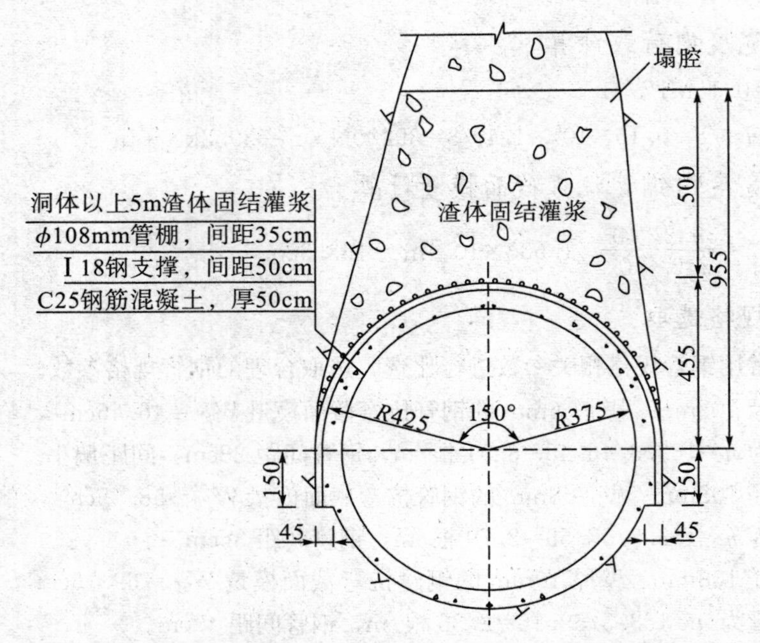

图2　塌方段管棚布置及支护衬砌结构断面图（单位：cm）

（4）管棚外部端头支撑：采用Ⅰ18工字钢制成的钢拱架支撑，间距50cm。

（5）管棚注浆孔布置：每隔30cm梅花形布置，孔径ϕ10～16cm，孔口段1m不设注浆孔。

（6）灌注浆液：采用0.5∶1的水泥浆。

（7）注浆压力：考虑到渣体空隙较大，灌注压力太大，浆液可能流出渣体外部，灌浆压力逐渐由小增大，一序孔采用“少灌多复”的方法，灌浆压力选用0.3～0.5MPa，二序孔灌浆压力选用0.5～0.6MPa，三序孔灌浆压力选用0.6～0.8MPa。

（8）灌浆结束标准：在上述设计灌浆压力下，当注入率不大于0.4L/min时，延续灌注30min，即可终止灌浆。

（9）钻孔设备选取：选用YXZ－70A型液压锚固钻机钻孔，钻孔直径110～230mm，钻孔深度35～100m，钻孔角度范围0～360°，质量1345kg，电动机功率18.5kW。

（10）钻具选取：选用ϕ108mm三件套偏心钻具。扩孔时钻头直径118mm，收拢时钻头直径85mm。

6.3　管棚施工

（1）封闭掌子面塌方堆积体：采用C20喷混凝土封闭掌子面塌渣堆积体，防止表面塌渣继续风化，防止管棚注浆浆液从渣体渗出。

（2）管棚钻孔测量放样：根据管棚设计参数，采用全站仪进行管棚孔位测量放样工作，孔位精度控制在±3cm。

（3）钻孔跟管：钻孔采用YXZ－70A型液压锚固钻机，钻具采用ϕ108mm三件套偏心钻具。钻机就位施钻前，必须精确核定钻机位置，反复调整，确保钻机钻杆轴线方向与设计一致。钻具钻进时偏心扩孔套向外旋出，钻头直径 118mm，钻孔直径 120～125mm；管棚按 1.5m 一节，套在钻杆外部、钻具后边同时跟进，管棚钢管随着钻具钻进采用丝扣逐节连接；管棚跟管钻进到设计深度（18m）后，钻具小心地反转，偏心扩孔套旋回，钻头直径收拢至 85mm，钻杆、钻具从管棚钢管内退出，并将钻杆逐节拆除，最后将偏心钻具系统从管棚钢管中取出。

（4）注浆：管棚钢管施工完毕，采用钻机来回扫孔，清除管棚内浮渣，再采用高压风将管棚内岩渣吹出钢管外。管棚钢管孔口连接注浆管，按每序孔的设计灌浆压力，注入 0.5∶1 的水泥浆。注入管棚钢管内的浆液通过钢管周围的注浆孔充填扩散到渣体空隙中，使管壁周围一定范围内松散渣体充分胶结。

（5）开挖支护：全部管棚注浆完毕 24 小时后即可开始进行开挖作业，开挖采用反铲结合人工开挖，单循环进尺 50～80cm，根据堆积渣体稳定情况，辅以钢支撑、超前小导管超前支护。

7 塌方处理效果

截至 2012 年 11 月底，发生塌方的 3＋680～3＋650 洞段已经开挖支护完毕，塌方处理工作取得了成功。从开挖后渣体出露情况看，渣体胶结良好，注浆效果完全满足开挖需要，为塌方处理取得成功奠定了坚实的基础。

8 结束语

实践证明，采用中长管棚处理高水头压力下隧洞特大塌方是行之有效的手段，其中管棚跟管钻进成功是塌方处理的前提，这是保证塌方处理过程中施工安全的首要条件。注浆浆液对塌方堆积体的良好胶结效果是塌方处理成功的关键，是保证塌方堆积渣体稳定、防止继续塌方的重要因素，因此要更加重视注浆施工作业。

参考文献：

[1] 杨玉银，卢学文．某隧洞特大涌渣流砂事故原因分析及经验教训［J］．工程爆破，2010，16（3）：52－55.
[2] Terzaghi K. Theoretical Soil Mechanics［M］. New York：John Wiley&Sons，Inc，1943.
[3] 李建军，谢应爽．隧道超前支护管棚工法设计与计算研究［J］．公路交通技术，2007（3）：140－142.
[4] 水利部长江水利委员会长江科学院．GB 50218—94 工程岩体分级标准［S］．北京：中国计划出版社，2006.

隧洞典型塌方案例分析及经验教训[①]

摘　要：针对乌干达卡鲁玛水电站尾水隧洞9#施工支洞的一次典型塌方事故，对塌方的原因进行了分析，深刻总结了经验教训，提出了隧洞开挖中围岩由Ⅴ类变Ⅳ类时应注意的事项；给出了围岩变更确定支护参数时应考虑的建议上覆较好岩层厚度，可供同类工程借鉴，对预防同类塌方事故的发生具有指导意义。

关键词：隧洞塌方；经验教训；超前支护；上覆岩层厚度；卡鲁玛水电站

1　引言

在地下工程施工中，尤其是Ⅳ、Ⅴ类围岩开挖过程中，经常发生一些塌方事故[1-2]，但地下工程施工技术发展到今天，应该说所有的塌方事故都是可以预防或提前预测的，只是我们在施工中存在一些侥幸心理，对围岩地质情况了解不够透彻，不能按照围岩地质情况制订合理的支护方案，或者为了减少施工成本、加快工程进度，过早地减弱支护措施，造成支护强度不够，围岩自稳时间过短，导致在开挖循环所有支护措施尚未完成时就已经发生了塌方事故。本文对乌干达卡鲁玛水电站尾水隧洞9#施工支洞0+38.87～0+42.50洞段塌方事故进行了分析、总结，给隧洞工程技术人员在制订或改变支护方案时提供了可供参考的依据。

2　工程概况

卡鲁玛水电站尾水隧洞工程位于乌干达境内的卡尔扬东哥地区卡鲁玛村。尾水隧洞共两条：1#尾水洞长8705.505m，2#尾水洞长8609.625m，开挖断面呈平底马蹄形，开挖洞径宽13.7～14.8m，高13.45～14.8m，总投资5.9亿美元。

9#施工支洞与1#、2#尾水洞分别相交于TRT（1）5+481.471、TRT（2）5+463.571，全长732.68m。本文研究对象为9#施工支洞Ⅳ类围岩洞段0+21.20～0+42.50洞段，开挖断面呈城门洞形，宽8.44m、高7.30m，底坡10.42%，采用钢支撑、挂网、系统锚杆、喷混凝土支护，如图1所示。钢支撑采用I16工字钢；挂网采用Φ6.5mm钢筋，网格尺寸15cm×15cm；系统锚杆采用Φ25mm螺纹钢，长4.5m，间排距均为1.5m；采用C25喷混凝土，厚22cm，分两次喷射，初喷4cm，复喷18cm。

① 本文其他作者：陈长贵、黄浩、刘志辉。

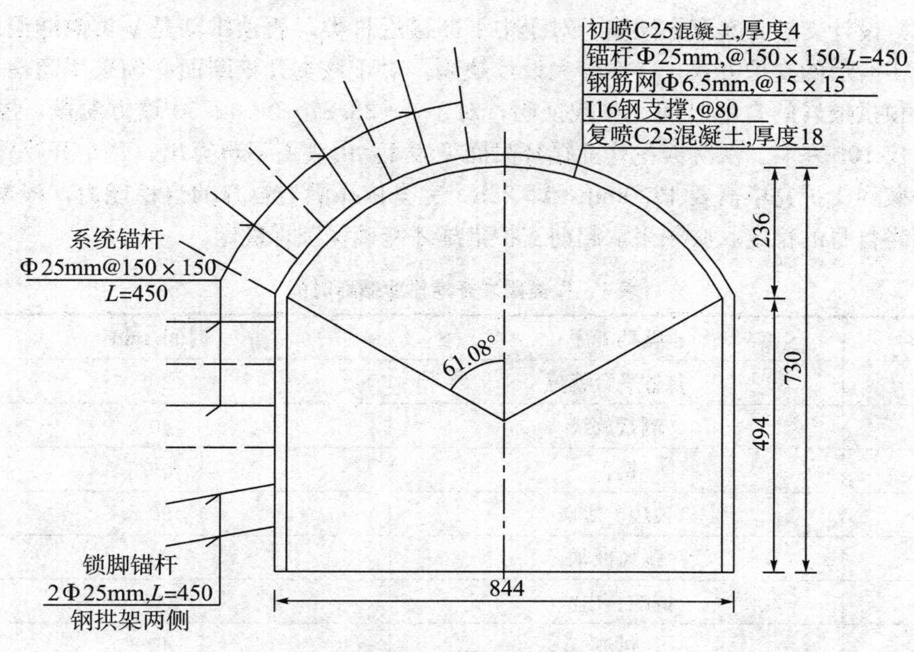

图 1　Ⅳ类围岩支护设计图（单位：cm）

3　塌方情况及原因分析

3.1　塌方经过

2015 年 1 月 31 日 14：05，9# 施工支洞开挖爆破，单循环进尺 3.0m，掌子面桩号开挖至 0+42.50；16：10 出渣完毕，开始进行支护作业；2 月 1 日 0：10，正在进行钢支撑、挂网施工时，顶拱突然坍塌，挂网破坏、钢支撑严重变形，钻爆台车局部损坏，幸未造成人员伤亡。塌方空腔呈不规则三角体，下部宽 7.4m，钢支撑顶部以上塌腔高度 3.05m，洞轴线方向长 3.63m。塌落物呈散体结构，个别块度达 80cm×50cm×30cm。

3.2　塌方原因分析

本次塌方洞段从爆破到顶拱塌方共历经 10 小时 5 分钟，即塌方洞段围岩自稳时间仅 10 小时左右。塌方原因分析如下：

（1）设计围岩变类过早。2015 年 1 月 15 日，9# 施工支洞开挖至 0+21.2 桩号，设计地质人员现场勘察后，将围岩由Ⅴ类变为Ⅳ类，开挖断面由马蹄形转换为城门洞形，取消了注浆小导管超前支护。实际情况是掌子面中下部围岩呈弱风化状，属中硬岩，接近于Ⅲ类，但顶拱部位围岩风化程度较高，呈强风化状，属软岩，仍为Ⅴ类围岩，自稳能力很差，取消超前支护存在较大安全隐患。经与设计方沟通，同意在变为Ⅳ类围岩后 10m 范围内（0+21.20～0+31.20 洞段），增设超前锚杆，超前锚杆采用 Φ25mm 螺纹钢，长 4.5m，间距 30cm。自 0+31.20 洞段开始暂按Ⅳ类围岩支护，取消超前锚杆。支护方式见图 1。

(2) 设计支护方案存在缺陷。对于中下部接近Ⅲ类，而顶拱却是Ⅴ类的隧洞围岩，采用图1所示的支护方式，存在较大设计缺陷。对于该类开挖断面必须采用超前支护，以延长顶拱围岩的自稳时间。实践证明，对于0+38.87～0+42.50塌方洞段，围岩自稳时间仅10h左右。实际开挖作业循环时间见表1。由表1不难算出，每个开挖作业循环从爆破到支护完毕需要1320min，即22h，完全依靠围岩自身的自稳能力，根本无法维持围岩自身的稳定，必须采取超前支护措施才能确保围岩稳定。

表1　Ⅳ类围岩开挖作业循环时间

序号	循环工序	时间/min
1	打钻平台就位	20
2	测量放线	40
3	钻孔	180
4	装药、爆破	90
5	通风散烟	20
6	撬挖、出渣	240
7	扒渣	40
8	钢支撑架设、挂网	270
9	锁脚锚杆、系统锚杆施工	150
10	喷混凝土	600
合计		1650

(3) 地质原因。塌方洞段地质结构如图2所示，隧洞顶部发育有两条大的节理面J1、J2，节理J1与节理J2交汇于隧洞左上方，距钢支撑顶部3.0～3.2m，两节理面下方三角体围岩呈强风化状，结构松散。节理面的存在大大降低了围岩的自稳能力，缩短了围岩自稳时间。

(4) 单循环进尺偏大。塌方洞段钻孔深度3.2m，根据以往施工经验，对于Ⅳ、Ⅴ类围岩，尤其是在没有超前支护的情况下，最大钻孔深度不宜超过2.2m，以1.5m左右为宜。尽管隧洞开挖采用了光面爆破，并且严格控制了装药量，爆破后开挖轮廓成型良好，但毕竟隧洞中下部为中硬岩，掏槽及崩落孔装

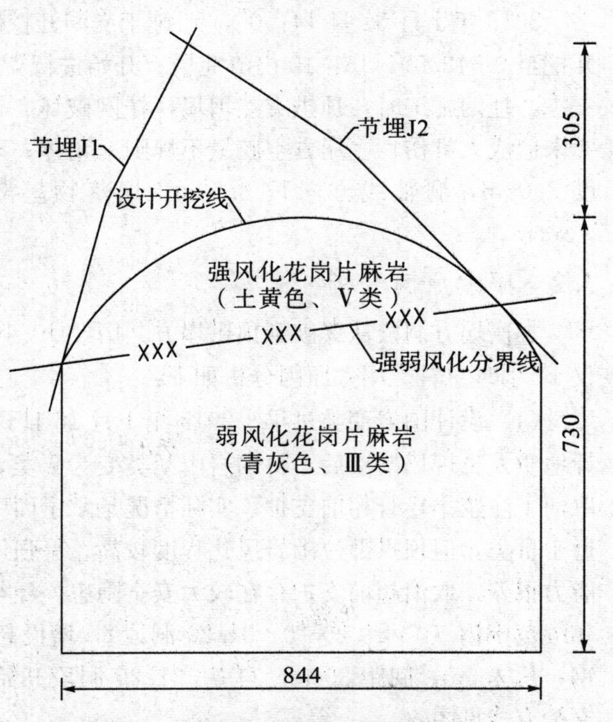

图2　塌方洞段地质结构横剖面图（单位：cm）

药量不可能过小，较深的钻孔增大了单响装药量，必然增大了爆破震动对顶部松散岩体造成的挤压破坏，并且较大单循环开挖进尺使围岩在洞轴线方向暴露的跨度增大，这就进一步降低了围岩自稳能力。

在以上几方面原因综合作用下，导致了本次塌方事故，但最根本的原因是支护方案存在缺陷，没有进行超前支护，这直接导致了本次塌方事故。

4 塌方处理[3]

2015 年 2 月 1 日 1：15，接到 9# 施工支洞发生塌方的汇报后，项目部工程技术人员和安全管理人员立即赶到现场。经近距离现场观察后，确认岩体基本稳定，但仍不时有小块塌落。经技术人员、安全人员、现场施工管理人员讨论研究后认为，该塌方部位不宜立即开始塌方处理，应等顶拱围岩小块塌落基本停止，稳定一段时间后再做处理。于是当晚掌子面塌方部位仅留两个人继续观察塌方情况，其余人员返回营地休息。

早上 8：00，工程技术人员、现场施工人员再次赶到 9# 施工支洞塌方掌子面，经观察后，确认塌方部位已经稳定，随后确定了以下塌方处理方案，具体见图 3。

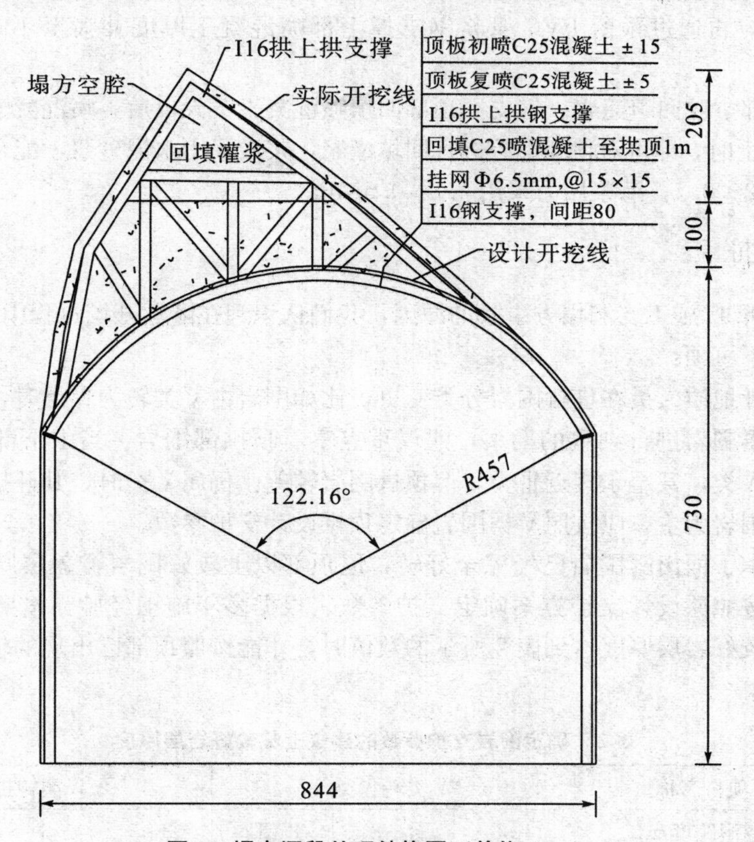

图 3　塌方洞段处理结构图（单位：cm）

（1）喷混凝土封闭塌方空腔顶板。本次塌方部位顶拱围岩强度很低、结构疏松，不宜遇水或打钻进行扰动，一旦进行扰动可能造成顶拱再次塌方，因此不宜采用锚杆支护，主要采用喷混凝土支护。由施工人员站在已支护的安全洞段向塌方段顶拱由外向内进行C25喷混凝土支护，厚度15cm。

（2）重新架设钢支撑。顶拱喷混凝土完成后，将塌方破坏的钢支撑重新按照原设计要求架设，采用I16工字钢制作，间距80cm。

（3）架设拱上拱。在原设计钢支撑架设完毕后，在钢支撑和塌方顶部岩面的喷混凝土间架设图3所示的拱上拱支撑，要求拱上拱支撑尽量贴紧初喷混凝土面，拱上拱同样采用I16工字钢制作。

（4）塌方空腔顶板复喷混凝土。为了保证拱上拱与顶部初喷混凝土接触良好，在初喷混凝土15cm基础上，再补喷5cm厚C25混凝土。

（5）钢支撑顶部挂网。钢支撑顶部按照原设计要求挂网，采用Φ6.5mm钢筋，网格尺寸15cm×15cm。

（6）预设超前小导管。在最靠近掌子面的一榀钢支撑拱部预设超前小导管，小导管采用ϕ42mm钢管，长3.5m，间距30cm，为下一步开挖做好准备。

（7）钢支撑模喷混凝土。在钢支撑下部架设简易模板，顶部先模喷30cm左右C25混凝土，预留4根ϕ80mm、长100cm的PVC管；24h后，待模喷混凝土达到设计强度的40%左右，再通过预留PVC管将钢支撑上部喷混凝土厚度补喷至100cm，如图3所示。

（8）顶部空腔回填灌浆。钢支撑顶部回填喷混凝土7天以后，喷混凝土达到设计强度的70%以上时，即可对顶部空腔进行回填灌浆，浆液采用水泥砂浆，配合比为水泥：砂：水=1：2：0.7，灌浆压力采用0.3～0.5MPa。

5 经验教训

通过分析9#施工支洞塌方事故的原因，我们认识到在隧洞开挖过程中围岩变更时，必须注意以下事项：

（1）设计地质人员在进行围岩分类变更，比如围岩由Ⅴ类转为Ⅳ类时，必须对掌子面及开挖出露围岩进行细致的勘察，建议重点察看顶拱部围岩。当中下部围岩已经好转，已达到Ⅳ类，甚至于接近Ⅲ类，但顶拱围岩较差，仍属Ⅴ类时，其开挖支护设计方案应以顶拱围岩为主，应按照Ⅴ类围岩确定顶拱设计支护参数。

（2）当掌子面出露围岩已经完全好转，但顶部以上较好围岩覆盖层厚度仍然很薄时，要求仍按照原设计支护方案确定支护参数。根据多年施工经验，按照隧洞跨度不同，当上覆较好岩层厚度达到表2所示的数值时，才能按照顶部已出现的较好围岩确定支护参数。

表2　确定围岩支护参数的建议上覆较好岩层厚度

序号	项目名称	Ⅴ类转Ⅳ类			Ⅳ类转Ⅲ类		
1	隧洞跨度/m	3～5	5～8	8～12	3～5	5～8	8～12
2	建议上覆岩层厚度/m	2.0～2.5	2.5～3.5	3.5～4.5	1.5～2.0	2.0～2.5	2.5～3.0
3	上覆岩层类别	Ⅳ类			Ⅲ类		

（3）超前支护是有效延长围岩自稳时间，保证初期支护顺利完成的关键。因此在围

岩状况较差的情况下，取消超前支护时，必须慎重考虑。

（4）在Ⅳ、Ⅴ类围岩开挖施工中，必须严格控制单循环进尺，Ⅴ类围岩单循环进尺宜控制在 1.0～1.5m，Ⅳ类围岩宜控制在 1.5～2.2m，避免因单循环进尺过大，造成已支护洞段与掌子面间跨距偏大，这样可能会进一步降低围岩自稳时间。

（5）该洞段开挖期间，恰逢旱季，已近两个月未下雨，因此塌方洞段塌方空腔高度仅 3m 左右。但该部位洞顶距地表仅 23.65m 左右，且上覆岩体从上至下依次为黄土、全风化岩、强风化岩，遇水极易坍塌，因此该次塌方如果赶在雨季，可能存在冒顶风险，这更进一步说明了超前支护及控制单循环进尺的重要性。

6 结束语

乌干达卡鲁玛水电站尾水隧洞 9# 施工支洞发生的这次塌方事故，虽然塌方量不大、塌腔高度不算高，但却是一次典型的塌方事故。称其为典型是因为该次塌方主要是由于Ⅴ类围岩转Ⅳ类围岩过早，且Ⅳ类围岩设计支护方案存在缺陷（没有超前支护）造成的。目前，卡鲁玛水电站尾水隧洞 3 条施工支洞开挖才刚刚开始，17 公里的主洞开挖还未进行，且该项目所在区域有 3/4 时间处于雨季，因此，本次塌方给接下来的隧洞开挖工作敲响了警钟。同类塌方事故也同样发生在正在施工的卡鲁玛电站主交通洞（MAT）和逃生兼通风洞（EVT）中，可见，总结本次塌方经验、教训是十分必要的，同时本次塌方的经验教训对其他同类隧洞的开挖具有重要的指导意义。

参考文献：

[1] 杨玉银，卢学文．某隧洞特大涌渣流砂事故原因分析及经验教训［J］．工程爆破，2010，16（3）：52－55.

[2] 杨玉银，高印章．中长管棚在隧洞特大塌方处理中的应用［J］．山西水利科技，2013，42（2）：27－29，32.

[3] 水利电力部水利水电建设总局．水利水电施工组织设计手册（2 施工技术）［M］．北京：水利电力出版社，1990.

永宁河四级电站导流洞塌方分析及处理[①]

摘　要：主要介绍四川省盐源县永宁河四级电站导流洞塌方处理情况，并分析了塌方原因，总结了经验教训，为同类工程塌方的预防和处理提供了有益的经验。

关键词：导流洞；塌方；分析；处理

1　工程概况

永宁河四级电站位于盐源县长柏乡境内的永宁河上，为闸坝式引水发电站。电站总装机 4.0 万千瓦，年发电量 18708 万千瓦时，年利用小时 4677h。导流洞布置在左岸，进口在坝址左岸上游河湾内，设计全长 191m，为城门洞型。导流洞宽 3.6m，高 4.5m，顶拱中心角为 120°，开挖断面积 19.64m²，设计衬砌厚度边墙顶拱 30cm，底板 20cm。混凝土强度等级为 C20。

2　导流洞工程地质条件

导流洞埋深较浅，只有 15～30m。进出口 40m 范围围岩稳定性极差，以凝灰岩、碳质泥岩、黑泥哨组砂岩、泥质灰岩及断层泥为主。围岩呈碎裂散体结构，强度极低，塑性变形大，遇水易崩解、软化。导流洞洞顶有一发电引水渠通过，塌方期间为雨季，地下渗水较严重，加大了支护处理的难度。

3　塌方情况

2004 年 7 月 15 日，导流洞开挖至桩号 0+025 附近，遇到夹泥断层带。断层破碎带宽度 2 ～3m，且有较大渗水。施工单位及时向业主汇报，并提出了临时支护方案，但业主迟迟未予批准。2004 年 7 月 16 日，桩号 0+025 附近开始出现小塌方并逐渐发展，至 2004 年 7 月 18 日塌方量约 200m³。由于地下渗水严重，凝灰岩及碳质泥岩自稳能力迅速降低，塌方范围进一步扩大，到 2004 年 7 月 21 日，塌方范围扩大到桩号 0+019～0+030，塌穴高度 10～12m，塌方总量约 900m³。

4　塌方原因分析

4.1　地质原因及围岩内部应力影响

塌方地段主要为凝灰岩和碳质泥岩，岩体破碎且节理发育，岩层的层间结合力较

---

① 本文其他作者：谢和平、宁赞桥。

低，加上地下水的作用，导致围岩的整体稳定性极低。在开挖前岩体内部应力处于相对平衡状态，开挖后这种平衡状态遭到破坏，从而引起周围岩体的变形和应力重新分布。应力重新分布后达到了新的暂时平衡，但这种平衡只维持了短短的24h，便由于地下水作用和本身岩体软弱破碎，不能适应这种平衡而发生失稳塌方。

4.2 地下渗水的影响

在地下渗水的作用下，断层破碎带中的泥质充填物遇水迅速软化，断层本来是靠中间充填物的黏结及支撑作用形成自稳的，中间泥质充填物的软化，使断层内部产生变形和应力的再次分布。已泥化的充填物不能适应应力的重分布，于是便发生失稳。地下水还导致凝灰岩及碳质泥岩发生崩解、软化，断层破碎带失去稳定产生坍塌后，断层带附近的围岩也无法自稳跟着发生坍塌，造成塌方范围的扩大。

4.3 支护不及时的影响

由于业主单位在开挖单价中没有给临时支护的费用，施工队伍为了节省费用，在开挖过程中存在侥幸心理，开挖前没有采用超前锚杆或超前导管做超前支护，开挖后也没有及时进行临时支护对围岩进行封闭，使易崩解和软化的围岩暴露时间过长。

4.4 单循环进尺过大的影响

施工队伍班组收入和月累计进尺相关，实际开挖中，班组为抢进度擅自加大开挖进尺，单循环进尺达到2～2.5m（要求为0.8～1.5m），在遇到断层带后仍盲目进尺开挖，使整个地质破碎带到掌子面的距离长度达6m。

5 塌方处理方案

5.1 方案选择

在对塌方段的处理过程中，起初由于对围岩失稳特性了解不足，先后采用格栅拱架挂网锚喷、工字钢棚架等方法进行支护，均被再次垮塌的塌方体全部砸毁。

施工单位在总结前两次经验的基础上，深入现场观察研究，通过认真仔细的分析，总结了本次塌方的特点：

（1）围岩自稳能力极差，一次塌方后只能稳定3～5h，在地下水的作用下，将再次发生较大的塌方，采用常规的方法根本没有足够的处理时间。

（2）塌穴高度较大，很难用支撑直接顶紧围岩面进行加固。

（3）塌方顶部尚未冒顶，上部覆盖层仍有10m左右，从顶上进行明挖后从上自下处理或从顶上用钻机钻孔注浆后处理，造价均较高，不经济。

针对塌方特点，通过安全性、经济性、适用性比较，经过多次讨论，最后决定采用混凝土护顶法对塌方段进行处理，其参数选择见表1。

表 1 塌方处理参数表

类别 部位	C20 混凝土护顶厚度 /m	工字钢外支撑		超前导管			
		型号	排距 /m	直径 /mm	长度 /m	间距 /m	排距 /m
渣堆顶部	1.5～2.0						
拱部		16#	2.0～3.0	40	4.0	0.3	2.0～3.0
直墙		16#	2.0～3.0	40	4.0	0.3	2.0～3.0

5.2 施工过程

具体施工过程（见图 1）如下：

（1）先对 0+016～0+019 段进行永久混凝土衬砌，防止塌方范围继续扩大。

（2）人工将渣堆顶大致找平，将长度为 8m 的 16# 工字钢和 Φ40 钢管一端铺于渣堆上，另一端固定在钢木棚架法处理失败后留下的 16# 工字钢搭设的支撑上。工字钢和钢管上铺 Φ8 钢筋制成的网片。

（3）预埋泵管，并用砂袋将渣堆与 0+019 处已衬砌的混凝土顶拱之间的空隙封堵。

（4）用 HBT70 混凝土卧泵泵送 C20 混凝土，将工字钢和钢管包裹于内，在渣堆顶部形成一厚度为 1～2m 的混凝土顶盖。

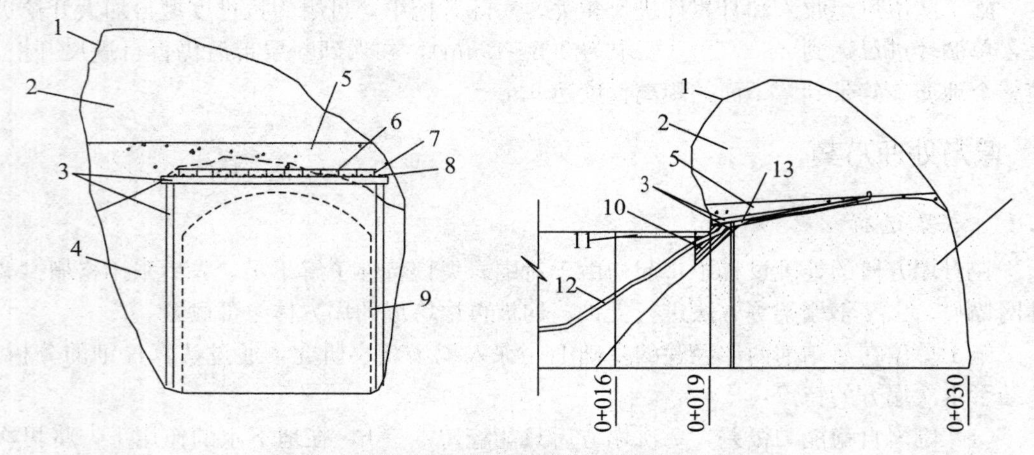

图 1 导流洞混凝土护顶法处理塌方示意图

1—塌方轮廓；2—塌穴；3—16# 工字钢支撑；4—塌渣；5—混凝土顶盖；6—Φ8 钢筋网片；7—16# 工字钢；8—Φ40 钢管；9—设计开挖线；10—封口砂袋；11—已浇混凝土段；12—泵管；13—预埋泵管

（5）在渣堆中沿洞周设计开挖线外布设 Φ40 超前小导管并注浆。当混凝土强度达到 90%后，按设计断面先进行上半部分的开挖和一次衬砌（开挖 1.5m 即衬砌）。然后进行下半部分的开挖和一次衬砌。衬砌时每隔 2～3m 设一工字钢外支撑。

（6）二次衬砌混凝土紧跟一次衬砌混凝土进行，二次衬砌混凝土设一层 Φ16@20×20cm 钢筋，且顶拱厚度由原 30cm 增厚为 60cm。

6 处理效果

塌方段于 2004 年 8 月 28 日处理完毕。目前导流洞已过流运行了 3 年多时间，塌方处理段稳定，没有发生任何事故，达到了预期的目的。

7　塌方事故的教训和处理的体会

7.1　事故的教训

永宁河四级电站导流洞的塌方事故给我们的教训十分深刻，不管从经济上还是工期进度上都造成了较大的损失。它告诫我们，在地下工程施工中，对塌方的预防必须予以高度重视。虽然这次塌方事故是由地质条件极差和地下渗水所引发的，但在施工过程中没有及时进行临时支护或永久混凝土衬砌也是造成塌方的另一方面原因。

虽然我们尽量避免塌方，但地下工程开挖中由于地质情况错综复杂，要绝对避免塌方事故的发生，仍是极其困难的。一旦发生了塌方事故，相关专业技术人员应该深入现场观察研究，分析塌方原因，随时记录塌方发展情况，尽快制订切实可行的塌方处理方案。

7.2　处理体会

导流洞塌方段混凝土护顶法的处理给塌穴高度在10m左右，且塌方稳定时间只有3～5h的同类塌方的处理实施提供了一个成功的范例。通过本次塌方处理有以下几点体会，值得同类工程参考：

（1）在地下渗水较丰富，且围岩遇水自稳能力极差，采用常规锚喷支护作用不大的不良地质洞段，衬砌工作应紧跟掌子面进行，必要的情况下可掘进1m就跟进混凝土衬砌1m。

（2）在塌方处理方案尚未制订前，不能盲目地抢先清除塌方体，否则将导致更大的塌方。

（3）塌方处理方案的制订应该在充分考虑塌方特点和围岩特性的前提下进行，不能盲目从事，否则只能是事倍功半，造成不必要的人力、财力的浪费。

（4）塌方事故的发生往往是由支护不及时造成的。当遇到断层破碎带或软弱地质带时，施工单位不要一味地等待监理或业主的批示，应及时先行对其进行支护，避免塌方事故的发生或塌方事态的扩大。

（5）在地质不良洞段，不能存在侥幸心理，在开挖过程中要严格控制单循环进尺，不能为了抢进度，擅自加大开挖进尺。

（6）在开挖单价的编制中，应尽量采用综合单价，将临时支护的费用包括在其中。这样当遇到不良地质洞段时施工单位就有充分的自主权，及时采取临时支护措施。

参考文献：

[1] 水利电力部水利水电建设总局．水利水电工程施工组织设计手册（2施工技术）[M]．北京：水利电力出版社，1990.

[2] 关宝树．隧道工程施工要点集 [M]．北京：人民交通出版社，2003.

[3] 杨玉银，段建军．汾河水库泄洪隧洞 F_3 断层塌方分析及处理 [J]．四川水力发电，2000，19(2)：25—28.

第五篇
施工技术与管理

境外长大隧洞快速掘进施工技术[①]

摘　要：乌干达卡鲁玛水电站尾水隧洞是控制整个水电站工期的关键线路，具有洞线长、开挖断面大、工期紧、任务重的特点。为了加快卡鲁玛水电站尾水隧洞的开挖速度，根据各开挖作业面的围岩情况，采取了改变掌子面形状、优化掏槽方式、减少钻孔数量、提高装渣速度、减少出渣运距、加快循环工序等一系列措施。结果表明，这些措施有效提高了开挖速度，加快了开挖进度，创造了施工支洞提前 80 天进入主洞，开挖单面月进尺 235.2m（开挖断面 54.34m²）；主洞上层开挖单面月进尺 257.1m（开挖断面 91.54m²），主洞下层开挖单面月进尺 324.3m（开挖断面 76.27m²）的好成绩，成功实现了快速掘进，确保了主洞开挖进度满足整个工程总进度工期要求。

关键词：爆破方案优化；水平 V 形掌子面；分部楔形掏槽；快速掘进；卡鲁玛水电站尾水隧洞

1　引言

卡鲁玛水电站尾水隧洞工程是中国电建集团在乌干达承建的大型洞室工程，共两条，总长 17.315km，开挖断面 155.7～196.48m²，属超长、大断面隧洞。该工程于 2013 年 8 月 15 日宣布正式开工，但由于尾水隧洞施工位于乌干达国家野生动物保护区内，征地、环评等工作异常复杂，直到 2014 年 5 月下旬，才开始陆续开工，此时工期已经延后 9 个多月，但合同约定的总完工日期不能改变，尾水洞必须于 2018 年 7 月 31 日前全部开挖、衬砌、灌浆完毕并交付使用，否则将承担按日计算的高额罚款。根据工期总体安排，尾水隧洞的 10 个主要开挖作业面必须保证上层开挖月进尺 180m 以上，才能满足总工期要求。这就对承担尾水洞施工任务的中国水电五局卡鲁玛水电站尾水隧洞项目部提出了更高的要求，必须优化爆破设计、加快作业循环、合理配置施工机械、精心组织施工，以全面实现长大隧洞快速掘进，确保尾水洞按时完工。

2　工程概况

2.1　概述

卡鲁玛水电站尾水隧洞工程位于乌干达境内的卡尔扬东哥地区卡鲁玛村，距离乌干

① 本文其他作者：陈长贵、陈斌、黄勇。

达首都坎帕拉 270km。尾水隧洞共两条：1# 尾水隧洞长 8705.505m，2# 尾水洞长 8609.625m，开挖断面呈平底马蹄形，宽 13.60～15.20m，高 13.45～15.05m，围岩主要为花岗片麻岩，以Ⅱ类围岩为主，坚固系数 $f=8\sim10$，极少量Ⅲ～Ⅳ类围岩。隧洞总开挖方量 295.8 万立方米，土石方明挖 147.9 万立方米，混凝土衬砌 38.3 万立方米，总投资 5.9 亿美元，是目前世界上规模最大的尾水隧洞工程。

尾水隧洞由中国水电五局承担的开挖任务总长 14602.3m，其中 1# 长 7338.4m，2# 尾水洞长 7263.9m，布置 8#、9#、10# 3 条施工支洞，共形成 12 个开挖作业面，各作业面具体承担的开挖任务见表 1。8# 施工支洞与 2# 尾水洞相交于 TRT（2）2+735.764，全长 1167.52m，底坡 9.5%；9# 施工支洞与 2# 尾水洞相交于 TRT（2）5+463.571，全长 732.68m，底坡 10.42%；10# 施工支洞与 2# 尾水洞相交于 TRT（2）8+434.940，全长 415.32m，底坡 11.58%。3 条施工支洞开挖断面除洞口段少量（30～70m）Ⅴ类围岩呈马蹄形，宽 10.64m，高 9.40m 外，其余洞段为Ⅱ～Ⅳ类围岩，开挖断面均呈城门洞形，宽 8.16～8.44m，高 7.38～7.52m。施工支洞围岩主要为花岗片麻岩，Ⅱ～Ⅲ类围岩为主，少量Ⅳ～Ⅴ类围岩。

表 1　各施工支洞开挖作业面承担开挖任务

施工区域	8# 施工支洞区域				9# 施工支洞区域				10# 施工支洞区域			
主洞工作面	1# 上游	1# 下游	2# 上游	2# 下游	1# 上游	1# 下游	2# 上游	2# 下游	1# 上游	1# 下游	2# 上游	2# 下游
开挖长度/m	1395	1364	1390	1300	1364	1400	1428	1433	1642	164.5	1540	164.5

2.2　实现快速掘进要解决的关键问题

要实现长大隧洞快速掘进，必须合理解决以下关键技术、问题：

（1）制订先进的爆破技术方案。采用合理的掌子面形状、最优的钻孔深度、最先进的掏槽方式以提高钻孔利用率，从而提高单循环进尺。

（2）减少钻孔时间。优化爆破设计，合理减少炮孔以减少钻孔数量，从而节约钻孔时间。

（3）实施光面爆破。通过光面爆破可减少超挖以减少出渣时间，减少或省略爆破后为施工安全而进行的临时支护时间，缩短危石撬挖排险时间。

（4）减少出渣时间。加快装渣速度，设法减少出渣运距，从而大幅度减少出渣时间。

（5）加强洞内通风。选用优质的通风设备，确保在短时间内提供足够的风量，将爆破有害气体浓度降低，以便出渣设备及时进入洞内作业。

（6）合理配置施工机械。隧洞开挖断面较大，每茬炮的渣量很多，必须有足够的自卸车和装渣设备，以确保将爆破洞渣尽快运出洞外。

（7）合理工序衔接。隧洞开挖循环工序较多，必须减少各工序中间的等待时间。

3　快速掘进关键技术、措施

为了实现卡鲁玛水电站尾水隧洞快速掘进，在主洞开挖施工中主要采取了以下技术措施。

3.1 优化爆破设计

3.1.1 爆破方案

尾水隧洞主要以Ⅱ类围岩为主，开挖断面宽13.60m、高13.45m，受开挖、支护钻孔设备能达到的高度限制，无法采用全断面开挖，必须采用分部开挖法，先进行上部开挖，待上部开挖完毕，再进行下部开挖。上、下部开挖均采用YT28手风钻钻孔，钻孔直径42mm；周边轮廓控制采用光面爆破；上部开挖采用水平V形掌子面[1]，掏槽方式采用分部楔形掏槽[2]，周边孔、崩落孔的平均钻孔深度取$L=3.75$m；下部开挖所有钻孔均采用水平孔，平均钻孔深度取$L=5.30$m；上、下部开挖均采用3.0m^3装载机装25t自卸汽车出渣。

3.1.2 爆破器材

(1) 炸药：崩落孔、掏槽孔及周边光爆孔孔底加强装药均选用印度公司生产的ϕ32mm乳化炸药，重250g，长27cm；周边光爆孔正常装药段选用中国公司生产的ϕ25mm乳化炸药，重200g，长35cm。

(2) 导爆索：选用塑料导爆索，炸药以太安为药芯，外观红色，导爆索直径5.4mm，导爆索装药量10g/m，爆速不小于6×10^3m/s。

(3) 雷管：孔内及联炮雷管选用1～14段非电毫秒雷管；起爆雷管选用8#普通工业电雷管。

3.1.3 分层高度确定

上部高度不能过高或过低，过低会使下部高度过大，从而增加钻孔爆破操作难度；过高会由于上部炸药单耗远远大于下部单耗，从而增加整体开挖成本。根据经验，上部开挖高度宜控制在7.0～9.0m，结合开挖设计断面尺寸及各作业队实际情况，8#施工支洞区域4个作业面上层开挖高度9.0m、下层开挖高度4.45m；9#施工支洞区域4个作业面上层开挖高度7.3m、下层开挖高度6.15m；10#施工支洞区域2个上游主要开挖作业面上层开挖高度8.2m、下层开挖高度5.25m。本文以10#施工支洞区域的分层高度为例介绍爆破设计情况。

3.1.4 掌子面形状设计

良好的爆破效率，即良好的钻孔利用率，是加快掘进速度的关键。对硬质岩石而言，掌子面的形状直接影响着钻孔利用率的提高[1,3]。根据温州赵山渡引水工程许岙、上安两条隧洞开挖[1,4]及10#施工支洞开挖成功经验[2]，为了有效提高硬质岩石开挖钻孔利用率，从而提高单循环进尺，上部开挖采用水平V形掌子面[1]，使掌子面两侧向外突出，中部向内凹进，在水平剖面上呈V字形，并且掌子面上部呈倒坡状，如图1所示。这种水平V形掌子面可以有效提高硬岩隧洞开挖钻孔利用率，使钻孔利用率达到100%成为现实[1]。其基本作用原理是：在周边孔、崩落孔等钻孔深度相同的条件下，前排孔爆破后为后排孔创造的临空面深度大大超过了后排孔的孔底，为后排孔爆破创造了良好的临空面[1]。根据文献[1]，水平V形掌子面要素确定如下。

(1) 隧洞开挖跨度B：$B=13.60$m。

（2）掌子面内斜角$\alpha_{斜}$：鉴于尾水隧洞开挖跨度较大，$\alpha_{斜}$值的选取除与掏槽方式、岩石硬度、钻孔深度有关外[1]，还应适当考虑开挖断面跨度的影响。当开挖断面跨度过大时，如果掌子面内斜过深，钻爆台车可能与掌子面间存在较大空隙，不利于钻孔和施工安全。根据前几茬炮的现场钻孔、爆破试验情况，对于该尾水洞当采用楔形掏槽时，$\alpha_{斜}$可取21°～25°，初次可选取$\alpha_{斜}$＝21°，再根据爆破效果进行调整。

（3）掌子面内斜深度L_1：L_1＝（B/2）$\tan\alpha_{斜}$＝（13.6/2）tan21°＝2.61m，可取L_1＝2.60m。

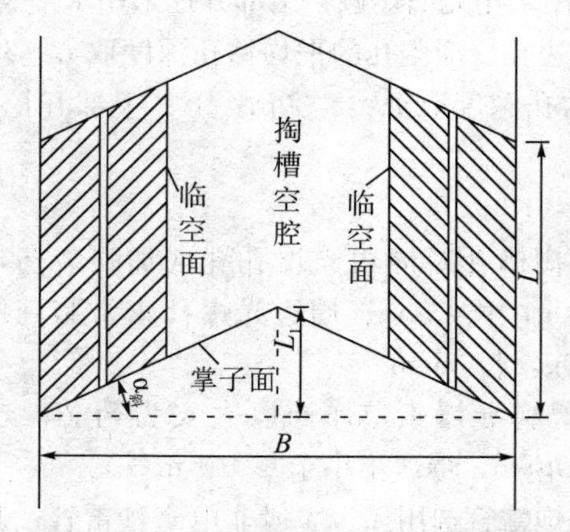

图1　水平V形掌子面要素及作用原理示意图

3.1.5　掏槽方式设计

掏槽效果的好坏直接影响着单循环进尺，这也是加快掘进速度的关键因素之一。为了解决传统楔形掏槽[5-6]布置形式集中，掏槽面积偏小，掏槽空腔小，环向及孔底夹制作用大，爆破困难，掏槽炸药单耗偏高的问题，结合卡鲁玛水电站尾水隧洞8#、9#、10#施工支洞采用分部楔形掏槽的成功经验，在主洞开挖中继续使用了分部楔形掏槽[2]，将掏槽分为上部楔形掏槽和下部楔形掏槽两部分，中间间隔120～140cm。这样既扩大了掏槽面积[7]，又尽可能地减少了掏槽孔钻孔数量，降低了掏槽炸药单耗。尾水隧洞主洞掏槽孔布置及结构设计如图2所示。

3.1.6　典型炮孔布置图

隧洞开挖合理的钻孔布置和数量，是减少钻孔时间，加快钻爆速度的基本保障。尾水隧洞主洞开挖典型炮孔布置如图2所示，上部整个掌子面仅158个炮孔，平均炮孔密度为1.73个/m^2，炮孔密度相对较低，这就大大缩短了钻孔作业时间，从而加快了掘进速度。炮孔起爆顺序按照图中标示的非电毫秒雷管段位顺序，由内向外逐层起爆，依次为：内掏槽、外掏槽、辅助掏槽、崩落孔、周边孔、底孔。上部掏槽和下部掏槽同一类型的掏槽孔，采用同一段位非电毫秒雷管同步起爆。

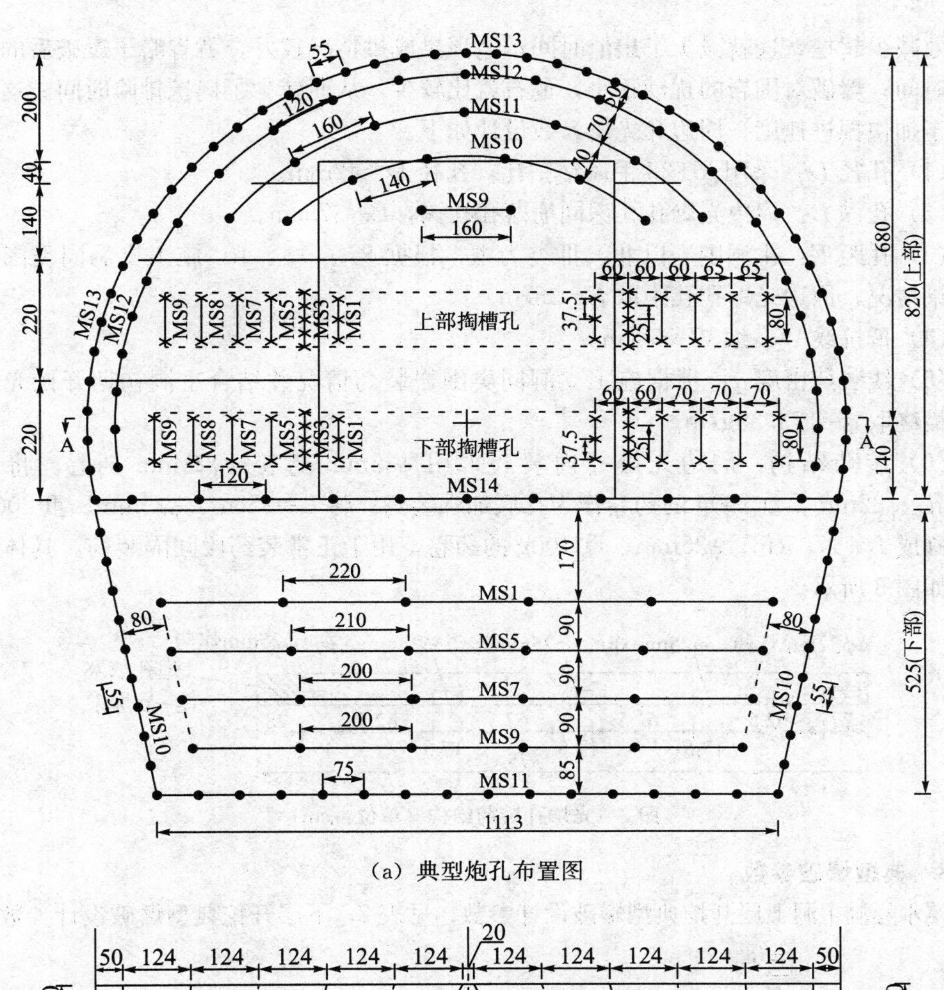

(a) 典型炮孔布置图

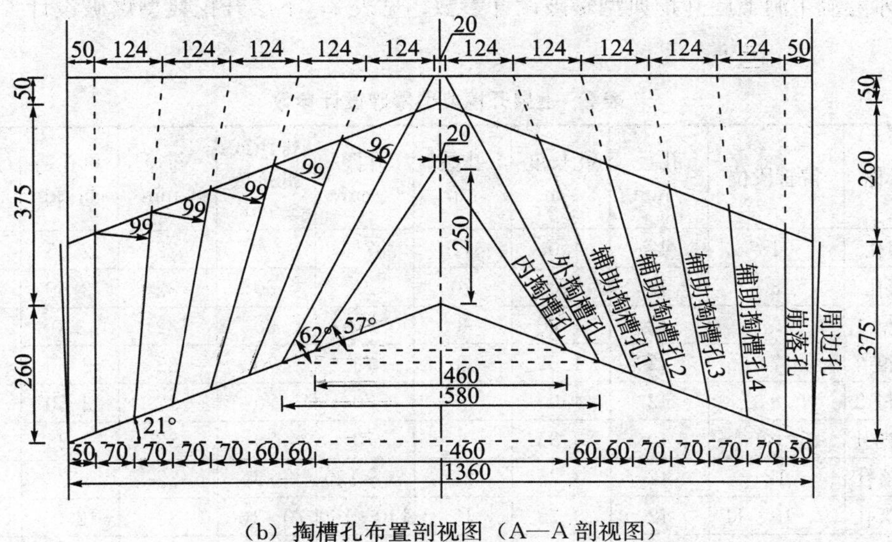

(b) 掏槽孔布置剖视图（A—A 剖视图）

图 2　尾水隧洞主洞开挖典型炮孔布置图（单位：cm）

3.1.7　实施光面爆破

对于加快开挖掘进速度，边顶拱实施光面爆破也是非常重要的。良好的光面爆破可以有效减少超挖，这就减少了出渣时间；边顶拱成拱情况较好，就省略了爆破后的锚喷支护时间；爆破对围岩的扰动很小，危石就比较少，从而减少了撬挖排险时间。这些都有利于加快掘进速度。周边孔光爆参数设计如下。

（1）孔径 D：采用 YT28 手风钻钻孔，孔径 $D=42$mm。

（2）孔深 L：周边光爆孔孔深同崩落孔孔深，$L=375$cm。

（3）孔距 E：主洞围岩以Ⅱ、Ⅲ类为主，根据 8#、9#、10# 施工支洞同类围岩光爆效果情况，周边光爆孔孔距取 $E=55$cm。

（4）抵抗线 W：取 $W=50$cm。

（5）线装药密度 q：根据施工支洞同类围岩装药情况并结合主洞初期开挖光爆试验，最终取 $q=173.33$g/m。

（6）装药结构：周边光爆孔内装药采用 ϕ32mm 药卷、ϕ25mm 药卷。将 $L=270$cm、ϕ32mm、重 250g 的药卷作为孔底加强装药；将 $L=35$cm、ϕ25mm、重 200g 药卷切割成 $L=17.5$cm、ϕ25mm、重 100g 的药卷，用于正常装药段间隔装药，具体装药结构如图 3 所示。

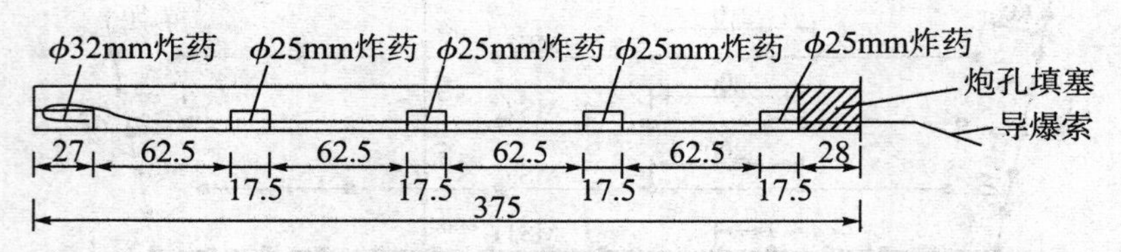

图 3　光爆孔装药结构（单位：cm）

3.1.8　典型爆破参数

尾水隧洞主洞上层开挖典型爆破设计参数，见表 2；下层开挖典型爆破设计参数，见表 3。

表 2　上层开挖典型爆破设计参数

炮孔名称	雷管段位	孔径/mm	孔长度/m	孔数/个	孔距/cm	排距或抵抗线/cm	药径/mm	单孔药量/kg	总药量/kg
内掏槽孔	1	42	4.00	12	37.5	/	32	2.25	27.00
外掏槽孔	3	42	6.00	20	25	60	32	3.50	70.00
辅助掏槽 1	5	42	4.70	8	70	60	32	3.0	24.00
辅助掏槽 2	7	42	4.30	8	70	70	32	2.75	22.00
辅助掏槽 3	8	42	4.00	8	70	70	32	2.50	20.00
辅助掏槽 4	9	42	3.85	8	70	70	32	2.25	18.00
外圈崩落孔	12	42	3.75	23	70～120	70	32	1.75	40.25
顶部崩落孔	9、10、11	42	3.75	15	140～160	70～100	32	2.0	30.00
周边光爆孔	13	42	3.75	43	55	50	32/25	0.65	27.95
底 孔	14	42	3.75	13	120	60～75	32	2.5	32.50
合　计				158					311.70

注：上部开挖高度 8.2m，开挖断面面积 91.54m²，炸药单耗 311.7/（91.54×3.75）=0.908kg/m³。

表 3　下层开挖典型爆破设计参数

炮孔名称	雷管段位	孔径/mm	孔长度/m	孔数/个	孔距/cm	排距或抵抗线/cm	药径/mm	单孔药量/kg	总药量/kg
崩落孔	MS1、MS5	42	5.3	12	210～220	90、170	32	3.0	36.0
	MS7、MS9	42	5.3	12	200	90	32	3.6	43.2
侧墙光爆孔	MS10	42	5.3	16	55	80	25/32	1.05	16.8
底部光爆孔	MS11	42	5.3	16	75	85	32	1.50	24.0
合　计				46					120.0

注：下部开挖高度 5.25m，开挖断面面积 64.16m²，炸药单耗 120/（64.16×5.1）＝0.367kg/m³。

3.2　出渣方案优化

3.2.1　缩短出渣运距

卡鲁玛水电站尾水隧洞 8#、9#、10#施工支洞均位于乌干达国家野生动物保护区墨金森公园内，中标合同中的弃渣场位置位于野生动物保护区外，平均运距 6.5km，运距过长，势必增加出渣运输设备数量、成本，降低出渣速度。为了加快出渣速度，降低出渣成本，经项目部与乌干达国家能矿部、国家野生动物保护局、国家环境管理署多方协调沟通，同意项目部提出的在野生动物保护区内 8#、9#、10#施工支洞附近设置 3 个弃渣场的变更方案。变更后运距：8#施工支洞口到 8#弃渣场 1060m；9#施工支洞口到 9#弃渣场 1410m；10#施工支洞口到 10#弃渣场 700m。这一变更大大加快了出渣速度，有效降低了出渣成本。

3.2.2　加快装渣速度

出渣工序是影响掘进速度的关键一环，按照上部开挖高度 8.2m，设计开挖断面面积 91.54m²，每茬炮进尺 3.75m，松方系数 1.4 计算，超挖按照 10cm 考虑，上部实际开挖面积达到 93.98m²，实际开挖松方方量达到 493.40m³。要想把这些渣料快速运走，除了足量的自卸运输车外，装渣速度就成了关键因素。尾水隧洞按照上部分层高度 8.2m 计算，上层底部宽度 13.32m，下层底部宽度 11.13m，均能完全满足两台装载机和一台自卸车并排同时装渣作业的要求。因此，为了提高装渣速度，决定采用两台 3m³ 侧翻装载机装一台 25t 自卸汽车，自卸车停在底板中间，两台装载机从两侧向自卸汽车装渣，从而将装渣速度提高一倍。现场实际测算，每台自卸车的平均装渣方量 16.0m³，每车净装渣时间为 3～4min，考虑到掌子面渣料集料等各种因素影响，每车渣实际平均装渣时间为 5.0min。

3.2.3　出渣设备配置

尾水隧洞通过 8#、9#、10#施工支洞分别向 1#、2#主洞上、下游共形成 12 个开挖作业面，其中 10#施工支洞向下游仅 164.5m，不作为主要开挖面，因此实际上共形成了 10 个主要开挖作业面。每个开挖作业面出渣时，根据各作业面距渣场远近，采用 2 台 3m³ 侧翻装载机配 5～8 台自卸汽车出渣，所有出渣设备在每个施工支洞区域范围内总体调配使用，必须确保出渣自卸车辆足量供应。

3.2.4 平均出渣时间

设定考虑超挖后的开挖断面面积为 S（m^3）、单循环进尺为 L（m）、松方系数为 n、每茬炮爆破石方松方方量为 V（m^3）、自卸车斗容为 V_1（m^3）、每车渣平均装渣时间为 t（min）、每茬炮出渣时间为 T（min），则每茬炮爆破石方松方方量可按公式 $V=SLn$ 计算，每茬炮平均出渣时间可按 $T=(V/V_1)\ t$ 计算，有

$$T=(SLn/\ V_1)t=(93.98\times3.75\times1.4/16.0)\times5.0\approx31\times5.0=155\text{min}$$

3.3 加强施工通风

合理的通风设备配置，是保证洞内出渣作业尽早开始，并确保出渣、钻孔作业顺利进行的关键。经过通风计算，每个主洞开挖作业面均采用了从支洞口独立架设风机，通过支洞向主洞内直接压风的通风方式，风机主要以法国科奇玛轴流风机为主，辅以山西巨龙轴流风机。各作业面具体配置情况见表 4。实际使用情况证明，各作业面通风方式及风机选择，完全满足洞内通风需要，爆破后通风散烟 35～40min 即可开始洞内出渣，保证了出渣作业的尽早开始。

表 4 轴流风机作业面具体配置情况表

<table>
<tr><th>施工区域</th><th>作业面</th><th>规格型号</th><th>功率/kW</th><th>供风能力/(m³/min)</th><th>风筒直径/cm</th><th>最大通风距离/m</th><th>通风效果</th><th>生产厂家</th></tr>
<tr><td rowspan="6">8#施工支洞区域</td><td>1#主洞上游</td><td>SFD－Ⅲ－N0014</td><td>2×160</td><td>3650</td><td>180</td><td>2556.3</td><td>良好</td><td rowspan="2">中国山西巨龙风机有限公司</td></tr>
<tr><td>1#主洞下游</td><td>SFD－Ⅲ－N0014</td><td>2×160</td><td>3650</td><td>180</td><td>2525.3</td><td>良好</td></tr>
<tr><td rowspan="2">2#主洞上游</td><td>T2－140－2×110－4</td><td>2×110</td><td>2820</td><td>180</td><td rowspan="2">2465.2</td><td rowspan="2">良好</td><td rowspan="10">法国科奇玛通风设备有限公司</td></tr>
<tr><td>T2－160－45－6（加力）</td><td>45</td><td>3480</td><td>180</td></tr>
<tr><td rowspan="2">2#主洞下游</td><td>T2－140－2×110－4</td><td>2×110</td><td>2820</td><td>180</td><td rowspan="2">2375.2</td><td rowspan="2">良好</td></tr>
<tr><td>T2－160－45－6（加力）</td><td>45</td><td>3480</td><td>180</td></tr>
<tr><td rowspan="4">9#施工支洞区域</td><td>1#主洞上游</td><td>T2－160－2×160－4</td><td>2×160</td><td>3319</td><td>180</td><td>2090.2</td><td>良好</td></tr>
<tr><td>1#主洞下游</td><td>T2－160－2×200－4</td><td>2×200</td><td>3489</td><td>180</td><td>2126.2</td><td>良好</td></tr>
<tr><td>2#主洞上游</td><td>T2－140－2×110－4</td><td>2×110</td><td>2820</td><td>180</td><td>2073.6</td><td>良好</td></tr>
<tr><td>2#主洞下游</td><td>T2－140－2×110－4</td><td>2×110</td><td>2820</td><td>180</td><td>2078.6</td><td>良好</td></tr>
<tr><td rowspan="2">10#施工支洞区域</td><td>1#主洞上游</td><td>T2－160－2×200－4</td><td>2×200</td><td>3489</td><td>180</td><td>2057.5</td><td>良好</td></tr>
<tr><td>2#主洞上游</td><td>T2－160－2×160－4</td><td>2×160</td><td>3319</td><td>180</td><td>1905.5</td><td>良好</td></tr>
</table>

3.4 缩短循环作业时间

为了加快开挖作业循环，缩短循环时间，项目部狠抓工序衔接，要求每一道工序结束前半小时，下道工序人员必须提前进入现场，开始进行准备工作，做到人等作业面，不能出现作业面等人的现象。这一措施有效地加快了循环工序。典型上层开挖作业循环时间，见表 5。

表 5　典型上层开挖作业循环时间表

序号	循环工序	时间/min			备注
		8# 施工支洞区域	9# 施工支洞区域	10# 施工支洞区域	
1	钻爆台车就位	20	15	15	8# 施工支洞区域主洞上层开挖高度 9.0m，开挖断面面积 104.65m² （含超挖 10cm）；9# 施工支洞区域主洞上层高度 7.3m，开挖断面面积 81.68m² （含超挖 10cm）；10# 施工支洞区域主洞上层高度 8.2m，开挖断面面积 93.98m² （含超挖 10cm）
2	测量放线	55	60	60	
3	钻孔（含危石撬挖）	260	245	250	
4	装药、爆破	90	90	90	
5	通风散烟	35	35	30	
6	出渣	170	125	155	
7	清底、危石处理	60	60	60	
合计		690	630	660	

3.5 精细化施工管理

在卡鲁玛水电站尾水隧洞开挖施工中，精细化管理渗透到了掘进施工中的每一个环节，具体体现在：狠抓工序衔接，确保两个工序之间不出现作业面等人现象；优化爆破设计，选用合理的掌子面形状和掏槽方式，同时精简炮孔数量；按爆破设计要求布设周边孔孔位；采用光面爆破控制超挖，减少出渣及危石处理时间；优化出渣方案、加快装渣速度；配置优质的通风排烟设备，减少通风散烟时间。以上几项精细化管理措施在卡鲁玛水电站尾水隧洞快速掘进施工中起到了决定性作用，取得了较为满意的效果。

4　应用效果

在卡鲁玛水电站尾水隧洞开挖施工中，通过采取一系列快速掘进技术措施，完全实现了主洞开挖的快速掘进。以 10# 施工支洞区域 1# 主洞上游上层开挖作业面为例，平均单循环进尺达到 3.75m，掌子面无残孔，钻孔利用率达到 100%成为现实，如图 4 所示。2015 年 11 月份，8# 施工支洞区域 1# 主洞上游上层开挖创造了月进尺 230.2m 的记录，其上层开挖高度 8.9m、宽 13.6m，开挖断面面积 102.0m²；10# 施工支洞区域 2# 主洞上游下层开挖创造了 25 天进尺 286m 的记录，其下层开挖高度 5.25m，开挖断面面积 64.3m²。2015 年 12 月份，10# 施工支洞区域 1# 主洞上游上层开挖创造了月进尺 257.1m 的记录，其上层开挖高度 8.2m、宽 13.6m，开挖断面面积 91.54m²；9# 施工支洞区域 1# 主洞上游下层开挖创造了月进尺 324.2m 的记录，其下层开挖高度 6.15m、开挖断面面积 76.28m²。自 2015 年 11 月份以来，主洞的 10 个主要开挖作业面上层开挖能力均达到月进尺 200m 以上，并且光面爆破半孔率达到 90%以上；下层月开挖能力均能达到 300m 以上。目前，卡鲁玛水电站尾水隧洞主洞上、下层开挖掘进速度远远超过了 2013 年 8 月份中标施工组织设计阶段计划月进尺 150m 的预期目标，中国水电五局在非洲东部创造了“卡鲁玛速度”，这一开挖速度和光面爆破质量受到了来现场检查指导的中国电力建设集团领导、乌干达业主、印度咨询公司的高度评价和赞誉。

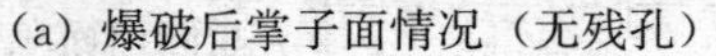

(a) 爆破后掌子面情况（无残孔）　　(b) 主洞开挖光面爆破情况

图 4　主洞开挖爆破效果情况

5　结束语

乌干达卡鲁玛水电站尾水隧洞工程由中国水电五局承建，具有洞线长、开挖断面大、围岩坚硬、工期紧等特点，是典型的境外长大隧洞，能否保质、按期履约完工，涉及国家的形象、荣誉，因此中国水电五局抽调全局力量，组建了高效精干的项目及技术专家团队。自 2014 年 5 月下旬，各施工支洞明挖地表植被清理作业陆续开工以来，为了实现尾水隧洞的快速掘进，项目技术专家团队攻克了多项技术难题，最终实现了尾水隧洞的快速掘进，在非洲东部创造了“卡鲁玛速度”，并且在尾水隧洞 10 个主要开挖作业面全面实现了光面爆破，半孔率达到 90%以上，为中国电力建设集团赢得了荣誉，也为中国电力建设集团扎根乌干达国际市场奠定了坚实的基础。

参考文献：

[1] 杨玉银. 水平 V形掌子面在赵山渡引水工程隧洞开挖中的应用 [J]. 工程爆破，2000，6 (1)：60－63.

[2] 杨玉银，陈长贵，黄浩，等. 分部楔形掏槽在硬质岩石隧洞开挖中的应用 [J]. 工程爆破，2015，21 (6)：67－72.

[3] 杨玉银. 提高隧洞开挖爆破钻孔利用率方法 [J]. 爆破，2014，31 (2)：72－74，164.

[4] 杨玉银，宁赞桥，谢和平，等. 许岙隧洞开挖施工技术与管理 [J]. 山西水利科技，2009 (3)：4－6.

[5] 马洪琪，周宇，和孙文，等. 中国水利水电地下工程施工（上册）[M]. 北京：中国水利水电出版社，2011.

[6] 汪旭光. 爆破设计与施工 [M]. 北京：冶金工业出版社，2011.

[7] 杨玉银. 掏槽面积对隧洞开挖钻孔利用率影响试验研究 [J]. 爆破，2013，30 (2)：100－103.

分部分块开挖施工工艺在特大涌水土洞斜井开挖中的应用[①]

摘　要：在涌水条件下进行土洞斜井开挖时，地下水主要集中于开挖掌子面底部，给开挖工作增加了很大难度。为了解决地下水对开挖作业面的影响，提出了分部分块开挖施工工艺。这一施工工艺有效地避免了地下水对开挖施工作业面的影响，并在山西万家寨引黄北干支北 03－1 特大涌水条件下土洞斜井开挖施工中得到了应用。本文对该施工工艺原理进行了分析论述，对同类工程施工具有重要指导意义。该技术成果于 2007 年 11 月被中国企业联合会、中国企业家协会定为第十二批中国企业新纪录。

关键词：土洞斜井；特大涌水；开挖；关键技术；山西引黄北干

1　前言

在土洞斜井施工过程中，对地下水的处理是尤为重要的。由于地下水主要集中于下部掌子面，如果处理得不好，地下水的大量涌出将造成开挖工作无法进行，甚至造成土洞斜井开挖失败。在山西万家寨引黄北干支北 03－1 土洞斜井开挖施工中，地下水极其丰富，水量达到 $450m^3/h$，这样大的水量给斜井开挖工作带来极大困难。对于这样大的水量，从现有文献资料看，目前尚没有成熟、完整的施工经验可供借鉴。因此，进行特大涌水条件下土洞斜井开挖施工工艺研究是非常必要的。

2　工程概况

2.1　基本情况

万家寨引黄北干支北 03－1 支洞，位于山西省朔州市平鲁区下水头乡境内，为土洞斜井支洞。支洞全长 410.82m，倾角 18.52°，开挖断面呈城门洞形，宽、高均为 5.4m。该洞 0＋000～0＋85.95 洞段为进口段，围岩为 Q_3^{al+pl} 黄土状亚砂土，土体结构疏松，稳定性差；0＋85.95～0＋354.66 段围岩为 N_2 含砾石红黏土，土体质密，胶结程度差，有一定自稳能力，但与 Q_2 土体接触部位含水量增高，地下水位高程为 1315m，需注意施工涌水问题，稳定性差；0＋354.66～0＋410.82 洞段围岩为基岩洞段，围岩为强

① 本文其他作者：蒋斌、徐京、魏豫。

风化砂岩，有一定稳定性。

2.2 施工涌水情况

由于该支洞为土洞斜井支洞，为了保证已开挖支护洞段的安全稳定，二次钢筋混凝土衬砌紧跟开挖作业面，保持二次钢筋混凝土衬砌距开挖掌子面不大于30m。于是，未衬砌前有地下水大量渗出洞段的部位在衬砌后，地下水被迫在已衬砌的最后一个仓段末端大量渗出。大量地下水主要汇聚于开挖掌子面底部。

该支洞2006年3月14日开挖至0+250.02桩号时，底拱开始向洞内渗水，渗水量12m³/h；随着向前开挖，边墙开始向洞内渗水，3月29日开挖至0+258.50桩号时，总渗水量增加至60m³/h；4月6日开挖至0+260.50时，汇集的地下水总渗水量110m³/h；5月11日开挖至桩号0+269.52时，汇集的地下水增加到280m³/h；5月26日开挖至桩号0+274.66时，地下水增加到323m³/h；6月6日开挖至桩号0+282.50时，地下水增加到450m³/h。大量地下水主要以抽排为主。自5月30日开始，采用3条主管线4台水泵排水，其中3台水泵额定排水量为150m³/h，一台为120m³/h。

3 分部分块开挖施工工艺的提出

支北03－1支洞为土洞斜井支洞，倾角18.52°。本文所研究的对象为该洞的0+250.02～0+354.66洞段，该洞段地下水极丰富，主要汇集于底部掌子面。尽管可以采取加强排水措施，但仍无法改变掌子面底部处于淹没状态的施工作业环境。由于该洞段围岩为N_2含砾石红黏土，在无水条件下土体质密坚硬，胶结程度较好，虽有一定自稳能力，但掌子面底部浸泡于水中非常不利于围岩稳定，易于造成边墙失稳破坏，给开挖工作带来很大难度。因此，如何解决掌子面地下水，使开挖工作在无水的状态下进行，就成了在地下水极其丰富的条件下，进行土洞斜井开挖的关键技术问题。

在施工中，通过带领工程技术人员深入实地、现场勘查，并与现场施工人员一起反复研究后，提出了分部分块开挖施工工艺。该施工工艺的主要指导思想是：先进行上半圆导洞开挖，再下部中槽先行，最后开挖两侧。这一施工工艺有效地解决了这一技术难题。

4 分部分块开挖施工工艺基本原理

分部分块开挖施工工艺是针对存在地下水的土洞斜井而设计的。所谓“分部分块”，是指上下分为两部开挖，下部又分为几块开挖，具体分部分块情况，其示意如图1所示。

该施工工艺的基本原理如图2所示。图中，AD为Ⅰ部上半圆开挖掌子面，BE为$Ⅱ_1$部中槽开挖掌子面，CF为$Ⅱ_2$部两侧边墙开挖面。先进行上半圆开挖，如图2（a）所示，随着上半圆开挖，其底部高程（A点）越来越低，当其低于滞后的$Ⅱ_1$部中槽开挖掌子面底部高程（E点）时，地下水开始逐渐从上部半圆掌子面底部（A点）渗出，如图2（b）所示。这时，停止上部半圆开挖，开始进行下部中槽开挖，随着开挖的进行，中槽掌子面底部（E点）越来越低，逐渐低于上部掌子面底部（A点），上部掌子面底部（A点）的少量地下水开始渗入中槽底部（E点），如图2（c）所示。当下部中槽开挖至距上部半圆掌子面 2.0m 左右时，停止下部中槽开挖。这时，上部掌子面底部（A 点）和两侧墙开挖面底部（F 点）均处于无水状态，可以同时进行上半圆掌子面和下部两侧墙开挖。上部半圆开挖至掌子面底部出水为止，下部两侧墙开挖至距中槽掌子面底部积水 1.5m 左右时暂停开挖，如图 2（d）所示。这时开始继续下部中槽开挖，并重复上述步骤，直到土洞斜井段开挖完毕，进入岩石开挖为止。以上开挖过程中，地下水始终集中于Ⅱ$_1$部中槽开挖掌子面底部（E 点）；Ⅰ部上半圆开挖、Ⅱ$_2$部两侧边墙开挖作业始终在无水的条件下进行。

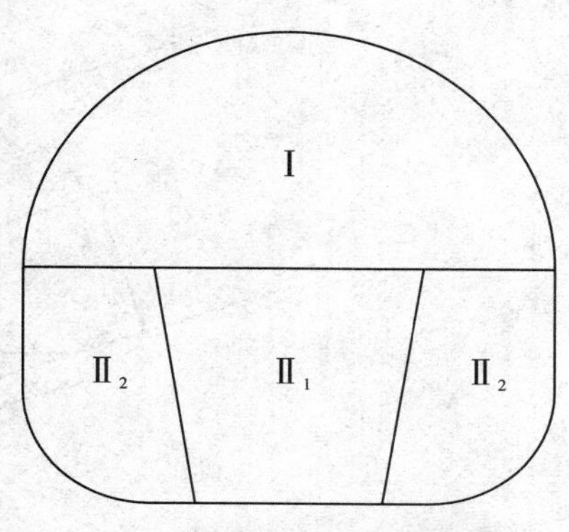

图 1　开挖分部分块示意图

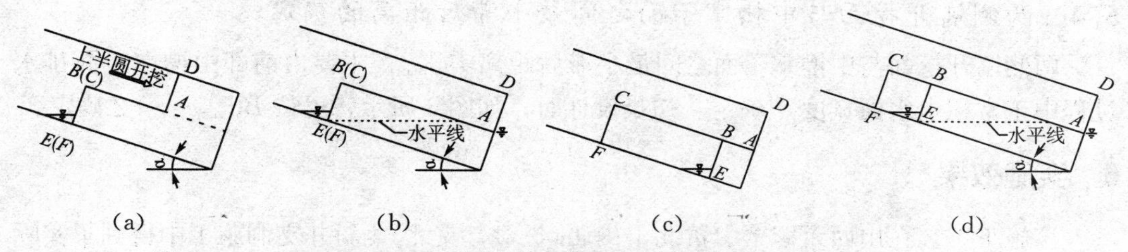

图 2　分部分块开挖施工工艺基本原理示意图

5　施工工艺的应用

5.1　分部分块情况

对于土洞斜井开挖，其分部分块情况如图 1 所示。一般分为上下两部，上部先行开挖，边加强支护，单循环进尺 0.5～1.0m；下部分为三块：中间一块作为中槽先行，整个开挖过程中地下水主要集中于中槽掌子面底部；两侧各留一块作为对边墙土体的保护层，两侧墙边开挖边进行全封闭加强支护。

5.2　上部台阶超前距离的确定

上部台阶超前距离与土洞斜井的倾角 α 及下部台阶的高度 h 有关系，如图 3 所示。在图 3 中，上部台阶超前下部中槽掌子面的最大距离 AB_{max}，即滞后中槽掌子面顶部 B 点距上部掌子面底部出水点 A 的距离，初步设计时可通过以下经验公式估算：$AB_{max}=(h/\tan\alpha)+2$。在下部台阶一定的情况下，倾角 α 越小，上部超前下部的 AB_{max} 值越大。

5.3　中槽掌子面与上部掌子面最小开挖距离的确定

中槽掌子面与上部掌子面的最小开挖距离 AB_{min}，根据上部工作面需要确定，如图 2（c）所示。主要考虑施工人员操作方便、小型施工机具使用停放、材料的堆放等，一般取 $AB_{min}=1.5～2.5$m。

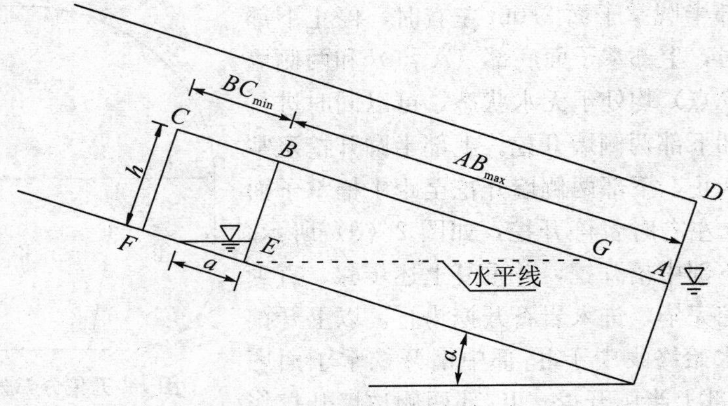

图 3　分部分块超前计算简图

5.4　两侧墙开挖面与中槽掌子面之间最小滞后距离的确定

两侧墙开挖面与中槽掌子面之间最小滞后距离 BC_{min}，主要由前部中槽掌子面排水过程中正常积水水面宽度 a 确定。初步设计时，如图 3 所示，可按 $BC_{min}=a+2$ 确定。

6　实施效果

该施工工艺在山西万家寨引黄北干支北 03－1、支北 04 斜井支洞施工中得到了实际应用，有效地解决了施工过程中地下水对开挖施工作业面的影响。现上述两个支洞已开挖完毕，并进行了永久衬砌和堵水灌浆。

7　结束语

实践证明，在大涌水条件下的土洞斜井开挖施工中，分部分块开挖施工工艺能有效地解决地下水对开挖施工作业面的影响。但这一施工工艺必须与加强排水、合理的施工支护相结合，才能达到应有的效果。在开挖过程中要注意二次钢筋混凝土衬砌的及时跟进，并对已衬砌洞段及时进行堵水灌浆，以减少地下水的渗出量。

参考文献：

[1] 熊启钧. 隧洞 [M]. 北京：中国水利水电出版社，2002.

[2] 水利电力部水利水电建设总局. 水利水电施工组织设计手册（2 施工技术）[M]. 北京：水利电力出版社，1990.

雨量充沛地区土质围岩竖井开挖技术研究①

摘　要：乌干达卡鲁玛水电站尾水隧洞4#、5#通风竖井所处区域雨量极其充沛，竖井穿过的土质围岩厚度分别为35.20m、49.07m。为了有效解决土质围岩竖井开挖阶段，由于高地下水位造成的井内积水而影响井壁围岩稳定的问题，采取了从地面向竖井底部的联通洞内预先钻设中心排水导孔的措施，孔径ϕ140～155mm，孔内设能透水的套管，中心排水导孔深度分别为95.78m、93.40m。4#、5#通风竖井的开挖实践表明，在下部有施工通道的土质围岩竖井开挖时，钻设中心排水导孔，能有效降低地下水位，使开挖工作在无水条件下进行，保证了4#、5#通风竖井土质围岩段开挖的顺利进行。

关键词：丰水地区；竖井开挖；土质围岩；井内积水；围岩稳定；中心导孔；降水技术

1　问题的提出

土质围岩通常是指包括土体、全风化岩、强风化岩等不需爆破，用反铲等设备能直接挖装的围岩。对于竖井开挖，目前国内已经有了非常成熟的经验，但在非洲等雨水极其充沛的地区，地下水位很高，土体几乎处于饱和状态，随着开挖深度的增加，井底会出现大量积水，极易造成井壁的土体失稳破坏，给竖井开挖工作造成很大困难。我们通常最易想到的办法是在竖井周围采用井点降水，但由于非洲地区土质围岩地表覆盖层一般比较厚，可达到30～60m，且土体透水性很差，存在降水效果不理想且成本过高等问题。这就需要探索一种简便易行、成本低廉、效果显著的降水方法，使整个土质围岩竖井开挖工作在无水条件下进行。

2015年5月，乌干达卡鲁玛水电站用于地下厂房通风排烟的1#通风竖井开始进行开挖，当时其下部通风兼安全洞已经开挖支护完毕，具备下部施工通道。竖井深90.2m，土质围岩段设计开挖直径5.3m，经附近通气孔钻孔显示：土质围岩厚度34.0m。当开挖至9.5m深时，井壁开始出现渗水；开挖至12.0m深时，由于土层整体含水量大，井壁开始出现较大渗水，土体自稳能力变差，开挖后井壁坍塌严重；至13.4m深时，井壁土层基本无自稳能力，开挖后井壁坍塌且向上延伸至已支护的井壁后形成空腔；至13.9m深时，井底出现向上涌水且带出大量泥沙，井壁土层呈半液态，无自稳能力；继续向下开挖至14.4m深时，井壁流出的泥沙又充满井底，无法进行开挖及支护施工，竖井停工近一个月。为了降低地下水位，尽快重新开始1#通风竖井开

① 本文其他作者：左祥、刘志辉、张健鹏。

挖工作，在井周采取了井点降水措施，但由于土层透水性差，降水效果不理想，开挖进度缓慢。

卡鲁玛水电站尾水隧洞设有4#、5#通风竖井，其底部分别与1#、2#主洞间的8#施工支洞联通洞、9#施工支洞联通洞相通，主要用于主洞开挖阶段通风排烟。地下厂房1#通风竖井的土质围岩段开挖遇到的地下水问题，给尾水隧洞项目科研人员提出了一个重要课题：如何在4#、5#通风竖井开挖时，尽量在不增加开挖成本的前提下，实现地下水位的下降，保证井壁稳定并使开挖工作在无水环境下进行，就成了两条通风竖井能否顺利开挖的关键。

2　工程概况

卡鲁玛水电站尾水隧洞工程位于乌干达境内的卡尔扬东哥地区卡鲁玛村，距离乌干达首都坎帕拉270km。所处区域3～11月份为雨季，雨量极充沛；12～2月份为旱季，雨量很少。

尾水隧洞共两条：1#尾水隧洞长8705.505m，2#尾水隧洞长8609.625m，开挖断面呈平底马蹄形，宽13.60～15.20m，高13.45～15.05m，围岩主要为花岗片麻岩，以Ⅱ类围岩为主，坚固系数f=8～10。布置有8#、9#、10#3条施工支洞，其中8#施工支洞与2#尾水洞相交于TRT（2）2+735.764，全长1167.52m，底坡9.5%；9#施工支洞与2#尾水洞相交于TRT（2）5+463.571，全长732.68m，底坡10.42%。通过8#施工支洞在1#、2#两条主洞间形成了8#施工支洞联通洞，通过9#施工支洞在1#、2#两条主洞间形成了9#施工支洞联通洞。

为了解决主洞开挖期间的通风排烟问题，在8#施工支洞联通洞中间部位顶部设置了4#通风竖井；9#施工支洞联通洞中间部位顶部设置了5#通风竖井。4#通风竖井深95.78m，其中上部土质围岩厚度35.20m，设计开挖直径6.5m；下部岩层厚度60.58m，设计开挖直径5.3m。5#通风竖井深93.40m，其中上部土质围岩厚度49.07m，设计开挖直径6.5m；下部岩层厚度44.33m，设计开挖直径5.3m。土质围岩段竖井采用型钢圈梁结合锚、网、喷支护，下部基岩段竖井支护采用锚、网、喷支护。

3　施工特点、难点及处理思路

3.1　施工特点

已开挖的卡鲁玛水电站项目1#通风竖井、4#通风竖井、5#通风竖井，均具有以下特点：

（1）主要用于主体工程的通风排烟，下部均有出渣施工通道，即竖井底部与主体洞室是联通的。

（2）竖井在雨季施工，并且当地雨量极其充沛。

（3）地表平坦，土质覆盖层厚。

（4）地表土壤含水量高，接近饱和状态。

（5）土体渗透性不好，降水难度大。

3.2 开挖难点

（1）竖井上部土质围岩覆盖层厚，并且在野生动物保护区内，不具备明挖条件，必须进行井挖。

（2）竖井开挖过程中，由于地表降雨、井壁和井底的地下水渗入，井内会出现较深的积水，井壁土质围岩遇水容易软化，造成井壁失稳、坍塌。

（3）土层渗透性不好，在竖井周围采用井点降水效果不理想，并且井点降水价格昂贵。

3.3 处理思路

从以上分析不难看出，竖井开挖能否顺利完成的关键在于能否有效降低地下水位，使竖井土质围岩开挖工作在无水环境中进行，因此，设法有效降低地下水位就成了本文研究的主要内容。鉴于1#通风竖井施工中，井点降水效果不理想，因此不再考虑井点降水。在反井钻机开挖竖井施工中，先钻设 ϕ250mm 左右导孔，再扩孔成 1.4m 的溜渣导井[1]，溜渣导井的作用是让竖井内爆破渣料通过导井进入下部施工通道，出渣工作在下部施工通道内进行。基于这一启示，为了降低地下水位，可考虑沿竖井中心轴线，从地表向下钻垂直中心排水导孔至下部施工通道（8#施工支洞、9#施工支洞联通洞），如图1所示。通过中心排水导孔将地表与下部施工通道连通，在竖井开挖时，让井内渗水、积水通过中心排水导孔流入下部施工通道，再由下部施工通道内的专用排水设施抽排到洞外，从而保证竖井开挖工作在无水环境中进行，并按照常规竖井开挖方法进行开挖支护作业。

4 排水导孔降水基本原理

竖井开挖中心排水导孔基本工作原理，如图1所示。从地表沿竖井中心线向下部施工通道（联通洞）钻中心排水导孔，孔径 ϕ140～155mm，孔内设透水套管，竖井开挖时井内积水或施工用水通过中心排水导孔流入下部施工通道的集水坑内；同时，由于中心排水导孔内设透水套管，地下水在重力作用下，产生倾斜流动，形成图1所示的降水曲线，使地下水位低于竖井开挖作业面，地下水汇聚于中心排水导孔内，流入下部施工通道的集水坑内；集水坑内地下水通过下部施工通道内的排水系统，经施工支洞抽排到洞外。

5 排水导孔设计

5.1 导孔

（1）导孔直径 D。排水导孔主要用于排除井内积水并收集导孔周围地下水渗水，不宜选用过大孔径，在卡鲁玛项目的工程实践中，4#、5#通风竖井上部土质围岩段取 $D=140$mm，下部基岩段取 $D=155$mm。

（2）导孔深度 H。导孔深度即竖井中心位置地面到下部施工通道顶部的深度，也就是竖井的深度。在4#通风竖井施工中，取 $H=95.78$m；5#通风竖井取 $H=93.40$m。

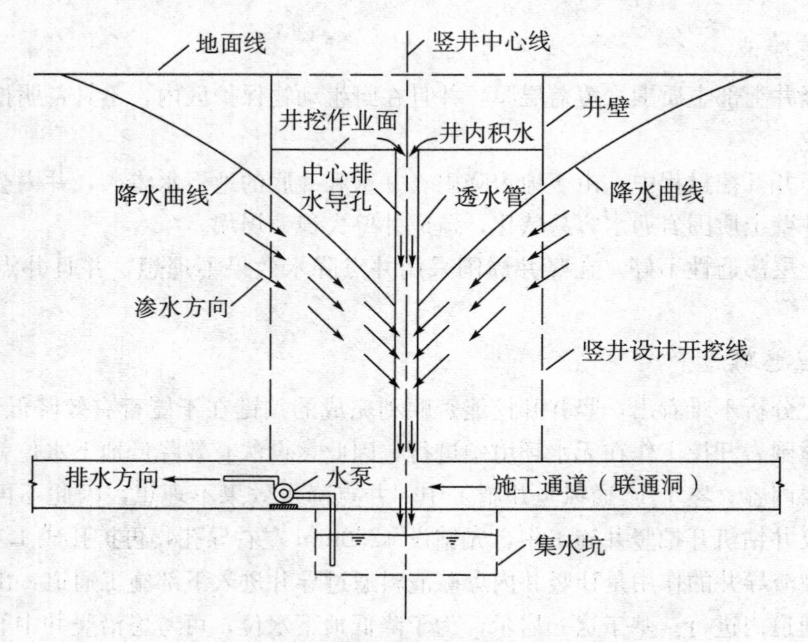

图1　中心排水导孔工作原理示意图

5.2　套管

（1）材质。导孔内套管主要用于土质围岩段，选用 PVC 塑料透水套管。

（2）套管外径 d。套管外径与导孔直径相同。在 4#、5# 通风竖井施工中，取 $d=140$mm。

（3）套管深度 h。从地表到基岩范围内，即土质围岩竖井段均设置套管。在 4# 通风竖井施工中，$h=35.20$m；5# 通风竖井 $h=49.07$m。

（4）套管参数：单节净长度 $L=290$cm，外径 $\phi 140$mm，套管壁厚 $\delta=7$mm，内丝长度、外丝长度均为 66mm。

（5）套管管壁透水缝隙参数：沿导管环向有 4 组缝隙，环向间距 35mm，单条缝隙长 75mm，缝宽 1.5mm，间距 8.5mm，如图 2 所示。

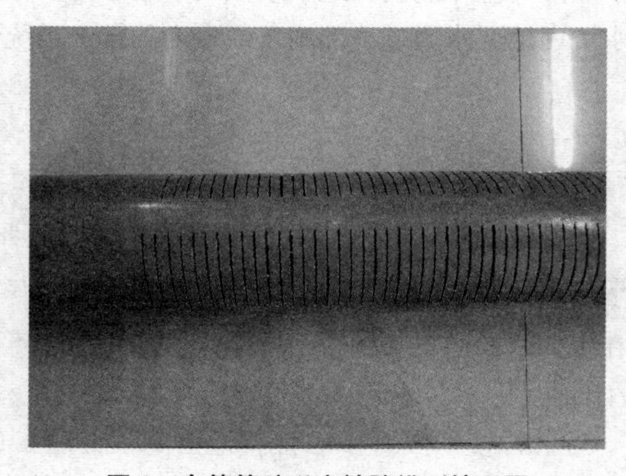

图2　套管管壁透水缝隙排列情况图

6 排水导孔施工

导孔结构如图 3 所示。导孔施工采用车载式水井钻机，具体施工程序如下。

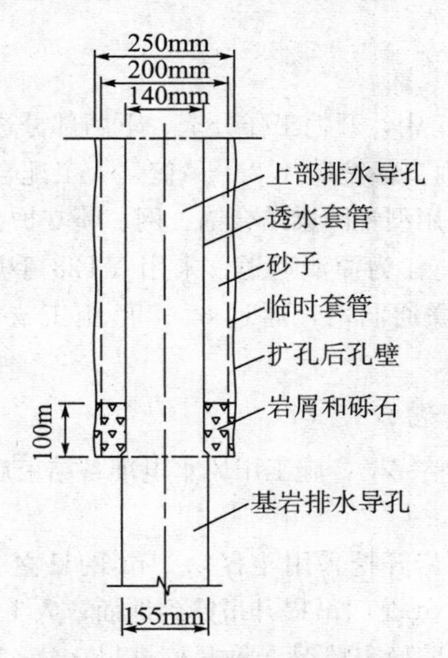

图 3 中心排水导孔结构示意图

6.1 探明土质围岩厚度

采用 ϕ152mm 钻具，从竖井中心线垂直向下钻进，直到钻至基岩为止，可从钻进速度和返回的岩屑情况判断出是否已钻至基岩面。在 4# 通风竖井施工中，探明土质围岩厚度 h=35.20m；5# 通风竖井土质围岩厚度 h=49.07m。

6.2 扩孔并安装临时套管

ϕ152mm 钻具钻到基岩后，退到地面取下钻具，换上 ϕ228mm 刮刀钻头，自上而下进行扩孔到基岩面，扩孔后孔径达到 ϕ250mm。扩孔后安装临时套管，采用 ϕ200mm PVC 塑料管，壁厚 9mm。

6.3 贯穿基岩导孔

临时套管完成后，重新换上 ϕ152mm 钻具，从基岩面向下钻进，直到与下部施工通道（联通洞）贯通，从而形成 ϕ155mm 下部基岩排水导孔。

6.4 永久透水套管安装

土质围岩段的永久透水套管采用 ϕ140mm PVC 塑料透水管，壁厚 7mm，管壁上设有图 2 所示的透水缝隙。第一节套管在放入导孔前，先将底部加热扩大管径至 ϕ165mm，然后逐节放入孔内，直至导孔内永久透水套管安装完成。

6.5 充填料回填[2]

导孔永久套管安装完成后，永久套管与扩孔后孔壁间采用充填料回填并拔出临时套管。充填料的作用是滤除地下水中携带的泥土颗粒，防止永久套管缝隙堵塞。先在永久套管与临时套管间填入1.0m深钻孔岩屑和粒径5～10mm的砾石，然后拔出临时套管，再用铁锹慢慢填入粒径2～5mm的砂子。充填料填入时不可过快，以防止套管与孔壁间空隙堵塞。

7 竖井开挖施工

在4#、5#通风竖井施工中，开挖工作分上、下两部分进行。上部土质围岩开挖采用0.11m³小型挖掘机在井内直接挖装1.2m³吊篮，人工配合装渣，龙门吊提升吊篮到地面，渣料运往弃渣场；采用型钢圈梁结合锚、网、喷支护。下部基岩竖井开挖采用反井钻机施工ϕ1.4m溜渣井，作为溜渣通道；采用YT28手风钻钻垂直孔，光面爆破；渣料通过溜渣井进入下部联通洞内，通过8#、9#施工支洞进行出渣，渣料运往弃渣场。

7.1 上部土质围岩开挖施工

(1) 测量放线。场地平整完毕，施工用风水电准备结束后，即可进行设计开挖线测量放线。

(2) 开挖方法。土质围岩开挖采用斗容0.11m³的日立ZX35U－5A型挖掘机，在井内挖装1.2m³吊篮，采用5t龙门吊提升吊篮到地面；人工进行井壁修整。

(3) 支护施工。根据井壁稳定情况，每开挖进尺1.0～1.5m进行一次井周临时支护：先初喷5cm厚C25混凝土；再施工ϕ25mm砂浆锚杆，$L=4.5$m，间排距均为1.5m，挂钢筋网Φ6.5mm，网格尺寸20cm×20cm；然后安设I16工字钢圈梁，间距50cm；最后喷20cm厚C25混凝土。

(4) 混凝土衬砌。开挖支护到基岩面后，开始进行上部土质围岩混凝土衬砌，衬砌采用50cm厚C25钢筋混凝土。

7.2 下部基岩开挖施工

(1) 反井钻机安装空间扩挖。土质围岩衬砌结束后，继续向下进行竖井开挖4.5m，然后在井周选择围岩稳定性较好的部位，向两侧扩挖，扩挖断面呈矩形，宽4.0m、高2.5m，一侧扩挖1.5m，另一侧扩挖4.0m，形成一个长10.08m、宽4.0m、高2.5m的空间，用于反井钻机安装。扩挖段采用HW175×175型钢支撑结合锚、网、喷支护：钢支撑间距50cm；ϕ25mm砂浆锚杆，$L=3.0$m，间距1.0m，排距50cm；挂钢筋网Φ6.5mm，网格尺寸20cm×20cm；喷C25混凝土，厚25cm。

(2) 反井钻机安装。采用国产立鼎牌反井钻机，钻机型号：ZFY1.4/300（LM－300），最大钻孔深度300m，导孔直径250mm，扩孔直径1.4m。按照反井钻机说明书要求，浇筑钻机混凝土基础，进行反井钻机安装，并布置好相应辅助设施，包括配电箱、泵站、油箱、循环水池等。

(3) 溜渣井开挖。采用反井钻机在竖井中心线附近，先自上而下钻ϕ250mm导孔至联通洞顶部，然后在联通洞内换上扩孔专用钻具，再自下而上扩孔至ϕ1.4m导井，就形成了溜渣井。

(4) 竖井扩挖。采用YT28手风钻钻垂直孔，光面爆破，严格控制爆破后最大块度在 60cm 以内，防止溜渣井堵塞。单循环进尺采用 2.0m；掏槽采用垂直楔形掏槽，掏槽孔距选用 30～40cm，单孔药量 1.6kg；崩落孔孔距 70～80cm，排距 80cm，单孔药量 1.4kg；周边孔孔距 50～55cm，最小抵抗线选用 45～50cm，单孔药量采用 200g/m。爆破后采用人工将渣料扒入溜渣井，落入联通洞内，采用 $3m^3$ 装载机装 25t 自卸车通过施工支洞，将爆破渣料运往弃渣场。

（5）井壁支护。每循环出渣完毕，均须进行锚、网、喷支护：先施工 ϕ22mm 砂浆锚杆，$L=3.0$m，间排距均为 1.5m；然后挂钢筋网 Φ6.5mm，网格尺寸 20cm×20cm；最后喷 15cm 厚 C25 混凝土。

8 工程应用情况

卡鲁玛水电站尾水隧洞的 1[#]、2[#] 尾水隧洞长均在 8600m 以上，属于长大隧洞，为了解决开挖期间的通风排烟问题，在 1[#]、2[#] 尾水洞间的 8[#] 施工支洞联通洞顶部设置了 4[#] 通风竖井，9[#] 施工支洞联通洞顶部设置了 5[#] 通风竖井。4[#] 通风竖井土质围岩段 35.20m，5[#] 通风竖井土质围岩段 49.07m，开挖直径均为 6.5m，均采用型钢圈梁结合锚、网、喷支护，支护厚度 25cm，最后进行 50cm 厚 C25 钢筋混凝土衬砌。

该项技术于 2015 年 7 月，首先在 4[#] 通风竖井开挖中得到了实际应用，通过中心排水导孔降水，使竖井土质围岩段开挖得以顺利进行，井内开挖作业面可在无水状态下施工，按照设计图纸要求开挖支护期间井壁土体稳定。2016 年 3 月，该项技术在 5[#] 通风竖井土质围岩段开挖中得到了推广应用，再一次证明了该项技术的实用性、可靠性，保证了 5[#] 通风竖井的顺利完工。

9 经济效益分析

采用中心排水导孔降水技术与采用井点降水技术，分别进行 4[#]、5[#] 通风竖井土质围岩段开挖的经济效益对比情况，见表 1。由表 1 不难看出，采用中心排水导孔降水技术与采用井点降水技术开挖相比共可节约成本约 65.67 万元。经济效益分析测算条件：①中心排水孔钻孔及井点降水钻孔均采用当地施工资源；②4[#] 通风竖井土质围岩厚 35.20m，5[#] 通风竖井土质围岩厚 49.07m，竖井施工准备期为 1 个月，土层施工进尺 0.8m/天；③实测 4[#]、5[#] 通风竖井中心排水导孔渗水流量分别为 $5.28m^3/h$、$4.85m^3/h$；④8[#]、9[#] 施工支洞联通洞内集水坑至洞外集水井扬程分别为 101.5m、68.0m，洞外集水井至沉淀池扬程分别为 8.0m、12.0m；⑤根据土层深度，应采用喷射井点降水技术，按双排井点布置，参照定额[3]，人、材、机按照实际成本及现场情况调整，其中施工用电为自发电，成本为 3 元/(kW·h)，计算井点降水深度与定额中深度之间的偏差，按内插法取值计算。

表1　两种方法经济效益分析对比

竖井名称	项目	单位	中心排水导孔降水	井点降水	备注
4#通风竖井	安装或施工费用	元	37197.60	66799.52	
	拆除费用	元	—	20314.40	
	排水费用	元	7658.11	231682.68	自发电，3元/(kW·h)
5#通风竖井	安装或施工费用	元	37197.60	80341.73	
	拆除费用	元	—	24922.31	
	排水费用	元	11884.56	326563.02	自发电，3元/(kW·h)
合计		元	93937.87	750623.66	

10　适用条件及注意事项

10.1　适用条件

卡鲁玛水电站尾水隧洞4#通风竖井、5#通风竖井的土质围岩段开挖应用的实践证明，在丰水地区土质围岩竖井开挖中，中心排水导孔降水技术是非常实用、有效的。具体适用条件如下：

（1）竖井上部土质围岩覆盖层较厚，不具备明挖条件。

（2）竖井所在地区降水量充沛或地下水位较高，土体内含水量较大。

（3）上覆土体透水性较差，井点降水效果不理想。

（4）竖井具有下部施工通道，并且已经开挖完毕投入使用。

10.2　注意事项

（1）在中心排水导孔钻孔施工中，应严格控制钻孔的偏斜度，确保不偏离至竖井开挖范围以外，并钻入下部施工通道内。

（2）在回填永久透水套管与孔壁土体间空隙时，应严格控制岩屑和砾石、砂子的粒径，并缓慢填入，防止堵塞，以确保填充物质量，从而确保填充物滤除携带的泥土，防止泥土堵塞永久透水套管上的缝隙。

参考文献：

[1] 水利电力部水利水电建设总局．水利水电施工组织设计手册（2施工技术）[M]．北京：水利电力出版社，1990.

[2] 孙友宏，张祖培，刘宝昌．水井钻井和成井新技术 [M]．北京：地质出版社，2004.

[3] 云南省工程建设技术经济室，云南省建设工程造价管理协会．云南省市政工程消耗量定额 [M]．昆明：云南科技出版社，2013.

隧洞混凝土衬砌钢筋保护层不足问题处理方法[①]

摘　要：为了解决乌干达卡鲁玛水电站尾水隧洞混凝土衬砌局部钢筋保护层不足的问题，工程技术人员通过查阅相关国内外规范和计算分析，并与业主、监理沟通后，确定了尾水隧洞允许的最小保护层厚度，同意对尾水隧洞钢筋保护层厚度小于35mm的区域进行修复处理，修复方案采用表面喷涂环氧类材料，喷涂材料采用Sikagard－720EpoCem环氧水泥细砂浆和Sikagard－PW环氧涂料面层干燥膜。实践表明，该处理方法具有施工操作简便、施工进度快的特点，处理质量完全满足竣工验收要求，可供同类工程参考。

关键词：隧洞衬砌；保护层不足；允许最小保护层；表面喷涂；修复方法

1　前言

在隧洞钢筋混凝土衬砌施工中，难免会存在局部钢筋保护层不足的问题，由于是局部问题，不影响隧洞使用功能，业主、监理很少会引起重视，更不会将其作为问题来处理，施工单位也很少有工程技术人员和现场施工人员对保护层厚度问题引起重视，因此国内几乎没有保护层不足处理这方面的专家，在网上也难以找到相关可供参考的文献。在乌干达卡鲁玛水电站尾水隧洞衬砌施工完成后，经检测，发现隧洞局部保护层厚度小于设计保护层厚度。对保护层不足部分，业主要求对其进行修复。如何对保护层不足部分进行修复处理，包括修复方法、修复范围、使用材料等的研究，就成了本文探讨的主要课题。

2　工程概况

卡鲁玛水电站尾水隧洞工程位于乌干达境内的卡尔扬东哥地区卡鲁玛村，距离乌干达首都坎帕拉270km。尾水隧洞共两条：1#尾水隧洞长8705.505m，2#尾水隧洞长8609.625m，衬砌后断面呈平底马蹄形，宽12.90m，高12.90m，底板宽10.50m。围岩主要为花岗片麻岩，Ⅱ类围岩占92.7％，Ⅲ类围岩占6.5％。边顶拱混凝土衬砌均采用C25钢筋混凝土，其中，Ⅱ类围岩顶拱150°范围内衬砌厚度30cm，下部衬砌厚度35cm，钢筋主筋采用Φ20mm螺纹钢，分布筋采用Φ16mm螺纹钢；Ⅲ类围岩边顶拱衬砌厚度均为35cm，主筋采用Φ25mm螺纹钢，分布筋采用Φ20mm螺纹钢。由中国水电五局施工洞段共计1228仓，单仓长度12m，其中1#尾水洞616仓，2#尾水洞612仓。

---

① 作文其他作者：张健鹏、张勐。

钢筋设计保护层厚度分为两种：2017 年 2 月以前，设计批复施工图纸按照中国规范设计[1]，保护层厚度为 50mm，按此厚度共完成混凝土衬砌 198 仓；之后，由于业主咨询专家对保护层厚度提出异议，要求按照欧美规范设计[2-3]，保护层厚度最终调整为 77mm，按该厚度完成混凝土衬砌共计 1030 仓。

3 保护层不足情况调查及原因分析

3.1 保护层不足情况调查

为了了解保护层不足的具体情况，经与业主、监理沟通后，决定从 1# 主洞、2# 主洞各抽取 100 仓左右，进行保护层不足情况的调查，每隔 5～6 仓抽取 1 仓，实际从 1# 主洞抽取 50mm 保护层洞段 9 仓，77mm 保护层洞段 85 仓；从 2# 主洞抽取 50mm 保护层洞段 8 仓，77mm 保护层洞段 95 仓，共计抽测 197 仓。实测数据统计见表 1。从表中不难看出，尾水隧洞保护层厚度仅有 5.54%，小于按照中国规范设计的保护层厚度 50mm。

表 1　保护层抽测数据统计表

部　位	1# 主洞		2# 主洞		合计面积/m²	占总面积比例/%	备　注
分类情况	保护层 50mm 洞段	保护层 77mm 洞段	保护层 50mm 洞段	保护层 77mm 洞段			
小于 20mm 保护层面积/m²	46.4	44.4	17.1	27.2	135.1	0.17	①隧洞边顶拱内表面周长 33.471m，单仓长度 12.0m，抽测的 197 仓总表面积 79125.44m²；②表中统计的每一层级数据，均包含所有小于本层级的数据
小于 30mm 保护层面积/m²	96.2	174.2	54.4	99.8	426.6	0.54	
小于 40mm 保护层面积/m²	293.0	366.8	310.9	438.4	1409.1	1.78	
小于 50mm 保护层面积/m²	855.8	1136.2	764.4	1629.4	4385.8	5.54	

通过对抽测数据分析发现，保护层不足部位主要集中在侧墙 1.5m 以下。其中，设计保护层 50mm 洞段，保护层厚度基本在 30mm 以上，少量 20～30mm；设计保护层厚度 77mm 洞段，保护层厚度基本在 40mm 以上，少量 30～40mm。

3.2 原因分析

经过初步分析得出，造成钢筋保护层不足的原因主要有以下几方面：

（1）两侧边墙底脚部分钢筋布置较为密集，局部钢筋发生错动，造成钢筋保护层测定仪在进行该部位测定时，出现保护层不足现象。

（2）钢模台车就位时，中心发生偏移，液压支撑系统调整模板位置时，造成保护层垫块挤压破坏，导致保护层损失。

（3）钢模台车模板在使用过程中发生局部变形，造成模板局部沿半径方向向外突出，导致该部位混凝土保护层不足。

4 修复处理范围标准确定

根据国内外相关规范，对于实际保护层小于设计保护层的情况，保护层的减少有一个允许值，即各类混凝土根据设计使用年限、使用环境、混凝土强度等级等条件，均存在最外层钢筋混凝土保护层的最小厚度。

4.1 按照中国规范计算的最小厚度

根据《混凝土结构设计规范》(GB 50010—2010) 的规定[4]：①受力钢筋的保护层厚度不应小于钢筋的公称直径 d。②设计使用年限为 50 年的混凝土结构，最外层钢筋的保护层厚度应符合表 2 的规定，并且当混凝土强度等级不大于 C25 时，表 2 中保护层厚度数值应增加 5mm；设计使用年限为 100 年的混凝土结构，最外层钢筋保护层的厚度不应小于表 2 中数值的 1.4 倍。

表 2 混凝土保护层的最小厚度[4]

单位：mm

环境类别	板、墙、壳	梁、柱、杆
一	15	20
二 a	20	25
二 b	25	35
三 a	30	40
三 b	40	50

卡鲁玛水电站尾水隧洞位于乌干达境内，气候四季如春，年平均气温 22.3℃；洞内流过的发电用水为白尼罗河河水，河水无侵蚀性，因此，根据规范［4］中“表 3.5.2 混凝土结构的环境类别”，尾水隧洞混凝土暴露的环境属于“二 a 类”：非严寒和非寒冷地区与无侵蚀性的水或土壤直接接触的环境。隧洞属于板、墙、壳结构。根据表 2，混凝土的最小保护层厚度可取 20mm；尾水隧洞设计混凝土强度为 C25，不大于 C25，因此保护层厚度数值应增加 5mm，表中数据最终取值应为 25mm。尾水隧洞的设计使用年限为 100 年，因此最小保护层的最终取值应为表中数据取值的 1.4 倍：(20+5)×1.4=35mm，即尾水隧洞混凝土保护层最小厚度为 35mm。

4.2 按照英国标准计算的最小厚度

根据英国国家标准《2014 欧洲法规 2 混凝土结构设计》(BS EN 1992－1－1：2004＋A1) 的规定[5]：混凝土钢筋保护层最小值按下式三个数值中取最大值：

$$C_{min} = \max\{C_{min,b}; C_{min,dur} + \Delta C_{dur,\gamma} - \Delta C_{dur,st} - \Delta C_{dur,add}; 10\ \text{mm}\}$$

式中 C_{min}——混凝土钢筋保护层最小值，mm；

$C_{min,b}$——黏结力要求的最小保护层，mm；

$C_{min,dur}$——环境要求的最小保护层，mm；

$\Delta C_{dur,\gamma}$——考虑额外的安全因素增加的保护层，mm；

$\Delta C_{dur,st}$——使用无缝钢材时最小保护层的减少，mm；

$\Delta C_{dur,add}$——采取额外保护措施时最小保护层的减少，mm。

（1）黏结力要求的最小保护层 $C_{min,b}$ 按表 3 选取。

表 3　从黏结力角度考虑的最小保护层[5] $C_{min,b}$

钢筋布置方式	最小保护层
单根钢筋情况	选用钢筋直径
钢筋束情况	选用等效的钢筋直径
注：如果名义的最大骨料直径大于 32mm，则 $C_{min,b}$ 应增加 5mm	

尾水隧洞衬砌布置的主筋均为单层钢筋，Ⅱ类围岩衬砌主筋采用 Φ20mm 螺纹钢，占 92.7%；Ⅲ类围岩衬砌主筋采用 Φ25mm 螺纹钢，占 6.5%。因此，Ⅱ类围岩考虑最小保护层取 20mm；Ⅲ类围岩考虑最小保护层取 25mm。同时考虑到衬砌混凝土为二级配料，最大骨料粒径为 37.5mm>32mm，最小保护层应增加 5mm。因此，Ⅱ类围岩最小保护层厚度应为 25mm，Ⅲ类围岩最小保护层厚度应为 30mm。两者之间应取大值，因此最终取 $C_{min,b}=30$mm。

（2）环境要求的最小保护层 $C_{min,dur}$ 按照表 4 选取。

表 4　环境要求的最小保护层[5] $C_{min,dur}$

单位：mm

结构等级	环境暴露等级						
	X0	XC1	XC2/XC3	XC4	XD1/XS1	XD2/XS2	XD3/XS3
S1	10	10	10	15	20	25	30
S2	10	10	15	20	25	30	35
S3	10	10	20	25	30	35	40
S4	10	15	25	30	35	40	45
S5	15	20	30	35	40	45	50
S6	20	25	35	40	45	50	55

由于尾水隧洞的用途主要是排放发电后下泄的河水，混凝土长期浸泡在水中，根据英国标准[5]：根据 EN206－1 与环境因素相关的裸露等级表，选取环境暴露等级为 XC1。

尾水隧洞混凝土的设计强度等级是 C25。根据英国标准[5]：对于 50 年设计使用年限的结构物，推荐的结构等级是 S4。而尾水隧洞的设计使用年限是 100 年，根据英国标准[5]：推荐的结构等级修正表应增加 2 个等级。因此，尾水隧洞的结构等级应该是 S6。

根据表 4，可以确定环境要求的最小保护层厚度 $C_{min,dur}=25$mm。

（3）考虑额外的安全因素增加的保护层 $\Delta C_{dur,\gamma}$。额外的安全因素在某个国家的取值参照国家规范附件，推荐值是 0mm。

（4）使用无缝钢材时最小保护层的减少 $\Delta C_{dur,st}$。在不同国家的取值参照国家规范附件，在没有其他进一步的规定前，取值为 0mm。

（5）采取额外保护措施时最小保护层的减少 $\Delta C_{dur,add}$。在不同国家的取值参照国家规范附件，在没有其他进一步的规定前，取值为 0mm。

因此，$C_{min,dur}+\Delta C_{dur,\gamma}-\Delta C_{dur,st}-\Delta C_{dur,add}=25+0-0-0=25\text{mm}$。

根据以上计算：

$$C_{min}=\max\{C_{min,b};C_{min,dur}+\Delta C_{dur,\gamma}-\Delta C_{dur,st}-\Delta C_{dur,add};10\text{ mm}\}$$
$$=\{30\text{mm};25\text{mm};10\text{mm}\}=30\text{mm}$$

最终，根据英国标准选取的最小保护层厚度应为 $C_{min}=30\text{mm}$。

4.3 按照美国规范计算的最小厚度

根据美国规范《混凝土结构和材料允许误差标准规范》（ACI 117—90）的规定[6]：保护层的减少应不超过规定保护层厚度的 1/3。尾水隧洞实际存在两种保护层：按照中国规范[1]设计的 50mm 保护层和按照欧美规范[2-3]设计的 77mm 保护层。经业主、监理协商后，整个尾水隧洞规定保护层厚度按照中国规范选取，确定为 50mm。因此，尾水隧洞保护层的减少应不超过 50/3＝16.7mm，即最小保护层厚度应为 50－16.7＝33.3mm。最终，按照美国规范选取的最小保护层厚度为 33.3mm。

4.4 修复处理范围标准划定

尾水隧洞施工合同执行的施工技术规范为欧美标准规范，因此，最终修复处理范围应选取按照英国、美国规范计算出的最小保护层中的较大值，即最小保护层厚度应选取 33.3mm。但尾水隧洞的设计方为中国电建集团华东勘测设计研究院，业主、监理在征询设计方意见后，最终将尾水隧洞允许的最小保护层厚度确定为 35mm，即最终修复处理范围标准划定为：尾水隧洞衬砌钢筋保护层不足 35mm 的区域需要进行修复处理。

5 修复处理方案

5.1 修复方案选择

通过查阅相关规范和资料，确定目前混凝土衬砌保护层不足的修复方案主要有以下两种。

（1）方案一：喷混凝土。在混凝土表面采用同标号喷混凝土至设计保护层厚度。

（2）方案二：喷涂环氧类材料[7-8]。在混凝土表面喷涂薄层环氧类材料，形成耐腐、耐磨的高强度保护膜。

方案比较：方案一虽然能够达到增加保护层的目的，但存在以下问题：①喷混凝土保护层厚度的增加，将缩小隧洞过水断面，减小过流量，从而影响发电量；②喷混凝土将增加隧洞的表面糙率，降低过流速度，同样减小过流量，影响发电量。方案二采用喷涂环氧类材料，可以有效地避免上述问题，并且具有很高的强度及黏结性，喷涂后表面平整光滑，同时更具可操作性。

方案确定：通过方案比较，业主、监理最终选择了方案二，即在隧洞混凝土表面喷涂环氧类材料。

5.2 喷涂材料选择

对于环氧类喷涂材料，初步选择了两大著名生产商：巴斯夫（BASF）集团和西卡

（SIKA）集团。由于巴斯夫集团推荐的喷涂材料具有挥发可燃性，不能空运，只能走海运，可能会造成工期延后；而西卡集团生产的喷涂材料可以空运，有利于加快工程进度。因此，最终选择了西卡集团生产的喷涂材料。

西卡集团专家到尾水隧洞现场考察后，提供了4种喷涂材料方案，如表5所示。

表5 西卡集团推荐的喷涂材料方案

项　目	喷涂材料		喷涂厚度或层数	每平方米材料价格/美元
方案一	Sikagard－720EpoCem		4mm	16.51
方案二	Sikacem Gunit 103		10mm	5.38
方案三	Sikagard－706 Thixo		2层	16.23
方案四	Sikagard－720EpoCem	Sikagard－PW	2mm＋0.2mm	11.78

以上4种方案均能满足保护层不足的修复要求，通过对施工成本、施工难度、喷涂厚度比较，并报请业主、监理同意，最终选择了方案四作为修复材料，即先用机械喷涂2mm厚Sikagard－720EpoCem环氧水泥细砂浆，再人工涂刷200微米（0.2mm）厚Sikagard－PW环氧涂料面层干燥膜。

5.3 喷涂机具选择

经过比较，喷涂机具最终选择了中国生产的欧普兰T7型喷涂机和美国生产的ToughTek F340e型喷涂机各一台。

6 修复处理施工

6.1 修复处理

（1）现场测定处理范围。在喷涂施工前，先组织人员采用HC－GY71一体式钢筋扫描仪对隧洞逐仓进行扫描检查，逐仓找出保护层小于35mm的区域，并用红漆划定成规则的形状，等待进行喷涂处理。

（2）混凝土表面处理。对划定的喷涂混凝土表面，采用高压水冲击设备进行机械清理，以清除混凝土表面的水泥浮浆、泥浆、油污、含蜡的涂层等，并用刷子将所有灰尘、松散易碎物质从表面清除。

（3）Sikagard－720EpoCem喷涂施工。上述施工准备完成后，采用喷涂机进行Sikagard－720EpoCem环氧水泥细砂浆喷涂，喷涂厚度2.0mm。要求洞内环境温度＋5～＋40℃，空气相对湿度20％～80％。喷涂完成后，24小时内防止水淋或流水冲刷。

（4）Sikagard－PW涂刷施工。在Sikagard－720EpoCem喷涂施工完成后，根据产品说明书，在卡鲁玛水电站尾水隧洞内20～25℃的环境下，24小时以后即可涂刷Sikagard－PW环氧涂料面层干燥膜。涂刷施工采用涂刷滚轮人工涂刷，涂刷厚度200微米（0.2mm）。涂刷完成后到完全固化需要7天，在此期间应防止流水冲刷。

6.2 喷涂材料消耗及成本分析

尾水隧洞混凝土表面喷涂材料消耗情况见表6。

表6 每平方米混凝土表面喷涂材料消耗情况表

序号	材料名称	使用数量/(kg/m²)	单价/(美元/kg)	合价/(美元/m²)
1	Sikagard－720EpoCem	4.0	2.064	8.256
2	Sikagard－PW	0.32	10.994	3.518
合　计				11.774

6.3 修复处理效果

截至目前，卡鲁玛水电站尾水隧洞已经开始保护层不足部分的修复工作，修复后的混凝土喷涂材料表面平整、光滑、坚硬。经试验检测，涂层与混凝土黏结情况良好，28天黏结强度可达到 4.4N/mm²，28 天抗压强度可达到 46.9N/mm²，远远高于设计混凝土抗压强度，修复质量完全满足竣工验收要求。

7 结束语

保护层的作用是保证钢筋与其周围混凝土能共同工作；同时防止钢筋锈蚀，以保证混凝土结构在设计使用年限内能正常使用。对于隧洞混凝土保护层厚度，由于不影响隧洞使用功能，不采用专用仪器检测难于被发现等原因，很难引起施工人员重视。但是，一旦有业主、监理重视这个问题，会给施工单位带来一定经济损失，并且可能会给施工单位带来一定的负面影响。因此，建议施工单位在施工过程中要高度重视这一问题，采取相应措施以确保隧洞混凝土保护层厚度。

参考文献：

[1] 中华人民共和国国家能源局. DL/T 5057—2009 水工混凝土结构设计规范［S］. 北京：中国电力出版社，2009.

[2] ACI Committee 318. ACI 318—14 Buildingcode requirements for structural concrete［S］. Farmington Hills City：American Concrete Institute，2014.

[3] U. S. Army Corps of Engineers. EM1110－2—2104 Strength design for reinforced concrete hydraulic structures［S］. Washington：［s. n.］，2016.

[4] 中华人民共和国住房和城乡建设部. GB 50010—2010 混凝土结构设计规范［S］. 北京：中国建筑工业出版社，2010.

[5] BSI Standars. Eurocode 2：BS EN 1992－1－1：200＋A1：2014 Design of concrete structures［S］. London：［s. n.］，2014.

[6] ACI Committee 117. ACI 117—90 Standardspecifications for tolerances for concrete construction and materials［S］. Farmington Hills City：American Concrete Institute，1990.

[7] BSI Standars. BS EN 1504－9：2008 Products and systems for the protection and repair of concrete structures—definitions，requirements，quality control and evaluation of conformity［S］. London：［s. n.］，2008.

[8] Kurt F. von Fay. Guide to concrete repair second edition［M］. Denver City：U. S. Department of the Interior Bureau of Reclamation，2015.

许岙隧洞掘进施工与管理①

摘　要：许岙隧洞施工段（2063.5m）是温州市赵山渡引水工程控制工期的关键线路，具有隧洞长、断面小、工作面少、工期短、施工难度大等特点。本文就许岙进口隧洞的施工技术与管理作一简要介绍，贯穿整个开挖过程的主要指导思想是“经济、实用、有效”，为同类隧洞施工提供了一些可借鉴的经验。

关键词：引水隧洞；施工技术；施工管理

1　工程概况

温州赵山渡引水工程许岙隧洞全长4125m，其中进口段（下称许岙进口隧洞）长2063.5m。该洞为明流无压隧洞，设计流量9.9m^3/s，加大流量10.72m^3/s，设计水深1.69m，加大水深1.80m，设计底坡$i=1/3000$。

许岙进口隧洞平面布置上有一个弯道，转弯半径50m。开挖断面呈城门洞形，分A、B两种形式，断面大小分别为4.1m×3.833m和3.5m×3.525m（宽×高）。A型断面边墙、顶拱采用钢筋混凝土衬砌，厚度为40cm；B型断面两侧墙采用10cm厚素混凝土衬砌，局部洞段顶拱采用锚喷支护；整个隧洞底板均为10 cm厚素混凝土。全洞设有固结灌浆，A型断面设有回填灌浆。

许岙进口隧洞岩性主要为晶屑玻屑熔结凝灰岩和紫红色流纹斑岩。

靠洞口桩号6+950～6+981段31m呈强～全风化状，为Ⅳ、Ⅴ类围岩，$f=1\sim2$，开挖难度较大。其余洞段除局部节理发育外，大部分呈弱～微风化状态，完整性较好，为Ⅰ、Ⅱ类围岩，$f=8\sim12$，但局部洞段地下水丰富。

2　施工总体布置

洞口布置有空压机站（设9m^3和6m^3电动固定空压机各一台），靠洞口段1200m开挖采用一台9m^3空压机供风；1200～2063.5m采用9m^3和6m^3两台空压机联合供风。另外，洞口还布置有混凝土拌和站（设有2台0.35m^3强制式拌和机）、抽水泵站、变压器、修理间和运渣线路等。

洞内右侧墙下部设置ϕ102mm风管，施工进水ϕ40mm硬塑料管，施工排水ϕ50mm软管，中部设置鼓风筒，上部布置照明及动力线。洞内左侧墙上部布置抽风筒。另外，隧洞中部右侧壁设有一升压变压器洞室，宽4.0m，深2.5m，高2.0m。

① 本文其他作者：段建军、杨宝生。

3 隧洞开挖

3.1 开挖方法

3.1.1 洞口开挖

洞口部位31m属V类极不稳定围岩，为便于顶拱支护衬砌工作，采用顶拱及中部先行开挖而预留两侧墙的施工方法。待洞口段开挖支护完毕，再进行两侧墙部位开挖。

顶拱开挖采用周边密空孔钻爆法（又称减震爆破法）；支护采用插筋纵梁，钢拱架结合临时衬砌的施工方法。

3.1.2 洞身开挖

对于岩石完整性较好、硬度较高的小断面隧洞，常规上一般采用全断面开挖，认为分部开挖不利于加快工程进度，也没有必要。但事实上，对于许呑进口隧洞采用分部开挖是非常有益的，它可以减少钻孔数量。另外，隧洞高度3.525m，不搭设打钻平台是难以钻上部孔的，而通常搭设和拆除需近1h。分部开挖，采用顶拱预留光爆层的方法，将顶拱部位拖后下部主爆区15～20m，可以使下部主爆区开挖不需搭设打钻平台，而后面光爆层开挖，只需搭设简易平台，搭设和拆除只需15min，且不占打钻直线时间，对加快钻爆速度是有利的，况且光爆层先于主爆区起爆，可以有效地阻止主爆区爆破岩渣抛掷过远，有利于加快出渣速度。可见，分部开挖对加快循环作业时间是有益的，并且顶拱预留光爆层对提高光面爆破的质量大有好处。

3.2 洞身开挖爆破设计（以 f=8～12，平均循环进尺2.73m为例）

3.2.1 炮孔布置

典型炮孔布置见图1。

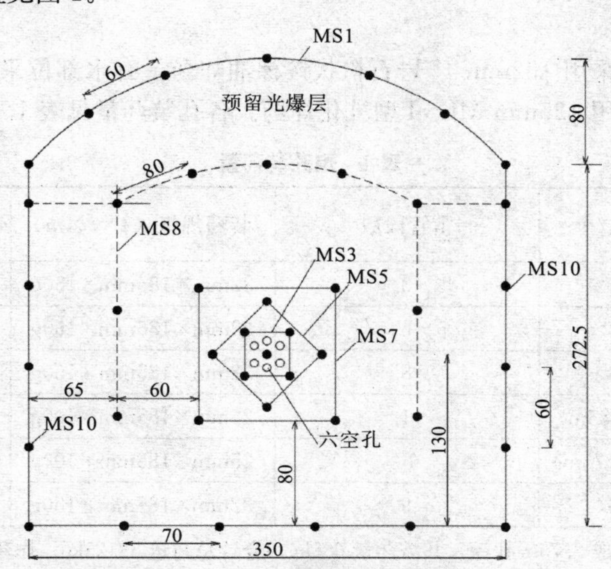

图1 隧洞开挖炮孔布置示意图（单位：cm）

3.2.2 掌子面形式

采用水平V形掌子面，如图2所示。掌子面内斜角 α=30°～50°，内斜深度 L_1=

(*B*/2) tanα，其中 *B* 为设计开挖宽度，本隧洞 *B*=3.5m。

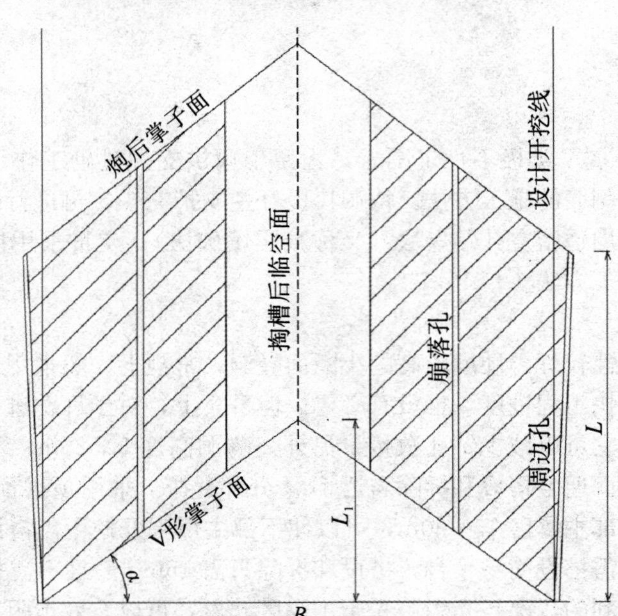

图 2　掌子面水平剖面示意图（单位：cm）

3.2.3　掏槽方式

采用六空孔平等直孔掏槽，掏槽孔布置见图 1。

3.2.4　钻孔深度

根据出渣设备及人员组织情况，取钻孔深度 *L*=2.7～2.8m，平均孔深 2.75m 左右。

3.2.5　装药量

掏槽及主爆孔采用 ϕ32mm 4# 岩石粉状铵梯油炸药，有水部位采用 ϕ32mm 乳化炸药，周边光爆孔采用 ϕ25mm ML－I 型乳化炸药。各孔装药量见表 1。

表 1　炮孔装药量

炮孔名称	孔数/个	雷管段数	装药规格（ϕ×*l*×*m*）	单孔药量/g	总药量/kg
中心孔	1	3	32mm×185mm×150g	1950	1.95
扩掏槽	12	5、6、7	32mm×185mm×150g	1650	19.80
崩落孔	8	8	32mm×185mm×150g	1500	12.00
顶拱光爆孔	7（3.85m）	1	25mm×185mm×100g	1300	9.10
侧墙光爆孔	10（2.75m）	10	25mm×185mm×100g	900	9.00
底孔	6	9	32mm×185mm×150g	1500	9.00
顶拱光爆孔药量折合成 2.75m 孔深，共需药量 6.5kg，合计总药量 58.25kg，炸药单耗 1.85kg/m³					

注：表中装药量需视围岩变化情况及时调整。

3.2.6　爆破效果

本爆破设计自 1999 年 5 月开始应用至今，已近一年时间，平均单循环进尺在 2.7m

以上（孔深2.7～2.8m），总平均爆破效率达99%以上，正常情况下月进尺可达140m以上。

3.3 顶拱预留光爆层施工

按图3所示的装药结构进行装药爆破。用一只雷管引爆光爆孔内的间隔装药，利用炸药本身在孔内的殉爆距离，这在许岙隧洞开挖中取得了良好的光爆效果，比传统的导爆索或雷管直接引爆法可降低成本35%～40%，其施工程序如下。

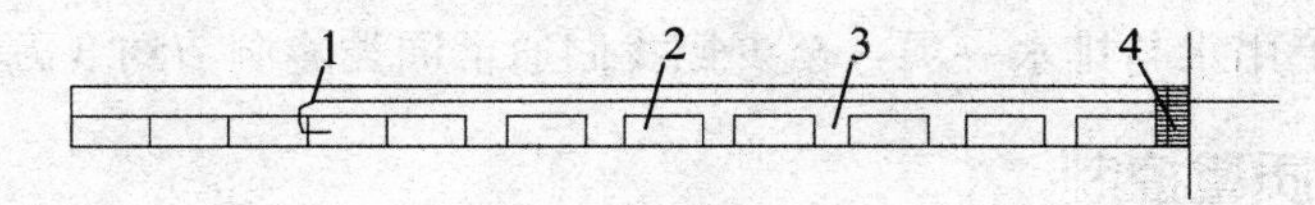

图3　装药结构示意

1—导爆管雷管；2—ϕ25mm乳化炸药；3—空气间隔；4—堵塞纸卷

3.3.1 钻孔

采用YT28手风钻钻孔，孔径为ϕ42～45mm。钻孔时，为保证钻孔在设计开挖面上平行等距，须在先钻孔内插入炮棍或钻杆等作为参照物。

3.3.2 装药

孔底连续装药（起爆药）选择ϕ25～32mm乳化炸药，正常间隔装药段采用ϕ25mm乳化炸药，起爆雷管布置于孔底起爆药中靠近孔口的第一只或第二只内，聚能穴朝向孔口，孔内装药空气间隔不大于炸药的殉炸距离，用带有标尺的炮杆来控制。

3.4 出渣

出渣的速度是控制单循环作业时间的关键，也是影响洞挖工程进度的主要因素。除了设法保证机械设备完好外，采取的另一项有效措施是：在洞中部设置运渣中转站。

许岙隧洞出渣根据现有技术装备情况，采用后翻铲斗式装岩机配有轨V形矿斗车，轨距600mm。牵引设备为XK2.5－6148－1型电瓶车和JM20－1型20马力内燃机各一台。洞外平均运距为200m左右。在洞挖进尺600m以内时，使用一台电瓶车，每次拉6个矿斗；当600～1000m时，使用内燃机，每次拉8个矿斗；当洞挖进尺超过1000m时，在1000m位置（隧洞中部）设中转站（即双轨错车道），电瓶车用来由掌子面向中转站送渣，由其将装渣矿斗送至中转站后，把等在那里的空矿斗拉至掌子面装渣。送至中转站的渣由内燃机将其运至洞外弃渣，这样使出渣运输相对运距始终不超过1200m，整个出渣时间也不会因隧洞的加深而延长。

3.5 洞内生产用风

洞内生产用风由洞口空压机站供给，在洞深1000m以内时，采用1台$9m^3$空压机供风；洞深超过1000m时，由于管损风压较大，将另一台$6m^3$空压机与$9m^3$空压机同时工作，以保证打钻风压。

3.6 采用替代材料进行通风排烟

许岙进口隧洞的鼓风筒从经济角度来讲也是有其特色的。除了局部采用造价十几元1m的由废旧油筒焊接而成的风筒外，其余主要是采用造价仅4元/m的由彩条防雨塑料布现场加工而成的风筒，而我们以往采用的基本上是50～60元/m的由正规厂家生产的鼓风筒，仅此一项，整个隧洞开挖完毕至少可以节约10万元人民币。

3.7 合理利用地下水以满足施工用水

许岙隧洞2000多米的隧洞内没有1m用于生产用水和排水的钢管。其施工生产用水在洞挖掘进800m以内时是采用由洞外小河内将水抽至洞口，洞内采用ϕ40mm硬塑料管进水；到800m以后，其施工用水不再由洞外抽入，而是将洞内渗入地下水集入掌子面附近集水坑，用于施工生产。其洞内排水也只是采用ϕ40mm硬塑料管与软管相结合的方法，仅施工用水与排水一项，至少比我们通常同类隧洞节约8万元以上人民币。

4 施工进度及质量控制

许岙进口隧洞原开工日期为1998年3月初，但由于前期投标遗留问题未能很好解决，加上洞口地质条件与招标文件相比出入很大，造成前期拖后工期近6个月，直至1998年9月6日才开始洞口强行进洞，10月10日洞口段31m土质围岩开挖、支护完毕后开始正常掘进。由于中国水电五局加大了施工管理力度，狠抓工序衔接，大胆采用多项新技术，加快了施工进度。

为了保证开挖工程质量，我们本着“谁施工，谁负责”的原则，以施工人员的工作质量保证工序质量，以工序质量保证工程质量。具体做法如下：

(1) 经常进行质量意识教育，使职工牢固树立“质量否定一切”的观念。

(2) 给职工进行技术交底和技术培训。

(3) 随着围岩的变化及时调整爆破参数。

(4) 对于周边轮廓采用光面爆破或减震爆破。

(5) 坚持每循环须周边孔位放样制度，放样误差控制在3cm内。

(6) 严格控制周边钻孔外斜角度，要求钻孔过程中，钻机紧贴岩面向前推进。

(7) 实行“定人、定机、定区域”制度，做到各部位钻孔，爆破责任到人。

经过现场管理人员的努力和现场监理的监督，许岙隧洞的开挖质量得到了业主的好评，开挖单元工程优良率在80%以上。

5. 结语

中国水电五局在许岙进口隧洞开挖中，以下几个方面取得的经验值得总结：

(1) 国内首次在隧洞开挖中采用了水平V形掌子面，提出了“水平V形掌子面”的概念，并对其作用机理、基本要素进行了简述。

(2) 六空孔平行直孔掏槽与水平V形掌子面相结合的施工方法，使3.5m×2.73m（宽×高）的开挖断面单循环进尺提高到3.2m×3.3m。

(3) 通过以上两项新技术的应用，使隧洞开挖掌子面无残孔，钻孔利用率超过100%成为现实。

(4) 许岙进口隧洞洞口31m土质围岩（$f=1\sim2$）开挖、支护的成功，采用了减震爆破与插筋纵梁相结合的施工方法，这一施工工艺为国内首次采用；洞口端部覆盖层厚度50cm进洞开挖的成功，打破了传统的覆盖层厚度2～3倍洞径才能进洞的规定。

(5) 在未采用导爆索、专用光爆炸药的情况下，仅采用一只雷管，利用炸药本身在孔内的殉爆距离成功地引爆、传爆了光爆孔内的间隔装药，并且这一技术在许岙隧洞开挖中得以应用，取得了良好的光爆效果。

参考文献：

[1] 杨康宁．水利水电工程施工技术［M］．北京：中国水利水电出版社，1997．
[2] 水利电力部水利水电建设总局．水利水电工程施工组织设计手册（2 施工技术）［M］．北京：水利电力出版社，1990．

地下水引起隧洞底板拱起开裂的原因分析及预防①

摘　要：对于薄壁无筋隧洞底板，在地下水较为发育洞段，经常会出现地下水扬压力将底板拱起开裂的问题。结合赵山渡引水工程上安隧洞底板混凝土的拱起开裂及其处理情况，分析了隧洞底板拱起开裂的原因，并提出了预防底板拱起开裂的方法和处理措施，为同类工程施工提供了有益的经验。

关键词：底板开裂；拱起；分析；预防；赵山渡引水工程

1　工程概况

温州赵山渡引水工程上安隧洞位于浙江省瑞安市马屿镇，为明流无压隧洞，设计流量 9.9m^3/s，加大流量 10.72m^3/s，设计水深 1.69m，加大水深为 1.80m。该洞全长 2965m，断面呈城门洞形，分 A、B 型两种开挖断面，分别为 4.4m×3.946m 和 3.8m×3.587m（宽×高）。其中，A 型开挖断面衬砌形式为：两直墙及顶拱为 40cm 厚钢筋混凝土，底板为 10cm 厚素混凝土；B 型开挖断面分 B、C、D 三种衬砌形式，其底板及两直墙均为 10cm 厚素混凝土，B 型衬砌顶拱为锚、喷支护，C 型衬砌顶拱为喷混凝土，D 型衬砌顶拱不作支护处理。各类衬砌混凝土强度等级均为 C15。B、C 型衬砌顶拱锚喷支护参数为：喷混凝土强度等级为 C20，厚 8cm，锚杆为水泥药卷式锚杆，$L=250$cm，ϕ20mm，间距 1.2m，排距 1.5m。

该洞 A 型衬砌洞段地质条件均较差，节理裂隙发育，且大部分洞段发育有破碎带、断层等，局部地下水较丰富；B 型衬砌洞段节理裂隙发育，但无断层破碎带等，局都地下水较发育；C、D 两种衬砌洞段，地质条件均较好，地下水不发育，但 C 型衬砌顶拱有局部不稳定岩块，需进行锚杆支护。

2　隧洞底板拱起开裂情况

该洞在混凝土衬砌后，发生了三段典型的拱起开裂现象，位置在桩号 5+224～5+230 段、5+217～5+222 段和 5+423～5+428 段。典型拱起开裂洞段基本特性见表 1。

---

① 本文其他作者：赵英姿、姜凌宇、谢和平。

表1　典型拱起开裂洞段基本特性

桩　号	主要裂隙			起拱高/cm	起拱部位	时　间	渗水情况	锚喷情况	灌浆情况
	宽/mm	条数	长/m						
5+224～5+230（B型衬砌）	1～2 1～2	1 1	2.3 5.2	3～8 5～10	沿洞轴靠右墙 洞轴中部	浇后3d 第一次处理后10d	缝内渗水 缝内渗水	优良	优良
5+217～5+222（B型衬砌）	1～3	2	4.8 5.4	3～4	靠洞轴呈“X”型	5+224～5+230第二次处理后	缝内渗水	优良	优良
5+423～5+428（A型衬砌）	1～3	2	3.9 4.2	3～6	靠左右两侧各一条	回填、固结灌浆完毕	缝内渗水	—	优良

3　底板拱起开裂原因分析

3.1　地下水的影响

地下水无疑是引起隧洞底板拱起开裂的最主要原因。表1所示的三段典型拱起开裂洞段，在开挖后、衬砌前，每段顶拱局部均存在线状滴水，洞壁潮湿，局部沿层面存在面状掺水。随着洞周及底板的封闭，地下水位随时间的推移逐渐升高，在其产生的扬压力作用下，隧洞底板下部受压，上部表面受拉，产生拉应力。地下水位的持续升高，扬压力不断增大，使隧洞底板产生塑性变形，首先在最薄弱部位拱起，当上部表面所受的拉应力超过底板混凝土的极限抗拉强度时，已拱起的最薄弱部位的底板表面开始出现竖向裂缝。裂缝随着地下水位的升高沿着底板薄弱部位不断向四周延伸，直至所产生的裂缝长度、宽度、数量足以使地下水位不再继续升高为止。

3.2　隧洞底板衬砌厚度的影响

隧洞底板设计衬砌厚度仅10cm，且强度等级为C15素混凝土。这一厚度在隧洞衬砌史上是少见的。在地下水较丰富洞段，如果不采取适当引排措施，10cm厚的素混凝土是不足以抵抗因地下水位不断升高而产生的扬压力。例如，位置处于5+217～5+222和5+423～5+428两洞段，其底板的拱起开裂均是在底板混凝土浇筑完成一个月以后发生的，当时底板混凝土早已达到设计强度，但仍不能抵抗地下水所产生的扬压力。可见，底板混凝土薄是导致底板拱起开裂的另一主要原因。

3.3　地下水引排不当的影响

并非地下水发育洞段处的底板都会拱起开裂。实践表明，对于该洞A、B两种类型的衬砌断面，只要引排措施得当，底板一般不会拱起开裂。表1中所列三段并非地下水最丰富的洞段，在地下水最丰富的洞段拱顶侧墙均设置了PVC排水管，这些排水管有效地降低了地下水位。另外，在桩号5+224～5+230洞段首次拱起开裂后，在后续施工中，凡底板基础清理完毕后，在有明显地下水渗水点的位置均设置了排水管。在2001年6月7日，技术人员对该洞底板进行了全面细致的检查，发现凡设置了排水管且排水效果较好的洞段，底板均未发现拱起开裂现象，但如果排水管埋设质量较差、排水效果不好，仍可能出现底板拱起现象。例如，该洞桩号5+529～5+532洞段共埋设了9根PVC排水管，其中5根排水效果不好，该段因此产生了拱起现象（并未开裂），起拱高度3～4cm。

桩号5+217～5+222段拱起开裂是在桩号5+224～5+230段第二次加固处理完毕后发生的。后者在第二次处理时，底板混凝土加厚至25cm，并设置了钢筋网和锚筋及排水管，一个月以后检查该段底板并未拱起开裂，但所设置的排水管排水效果均较差，未能有效地降低地下水位，这就导致了与其邻近的桩号为5+217～5+222段的拱起开裂。

从以上事例分析不难看出，有效的引排措施是避免和预防底板拱起开裂的重要手段。

3.4 锚喷支护和灌浆的影响

该洞在衬砌施工顺序上是先进行侧墙及顶拱施工，再由内向外进行底板衬砌，待底板混凝土浇筑完毕后，最后进行锚喷支护和灌浆施工。锚喷支护和灌浆施工使洞周得以有效地封闭，这就使原本可以从洞周局部渗出一些的地下水被封堵在洞周岩体内，促使地下水位升高，加大了地下水对底板的扬压力，进而造成底板拱起开裂，这一点在桩号5+423～5+428段表现得尤为明显。

4 预防底板拱起开裂的措施

通过上述对上安隧洞底板拱起开裂的原因分析，可以得出如下结论：对该类薄壁底板，由地下水引起的拱起开裂是可以预防的，其预防工作重点主要是引排。

（1）找出预防对象。在进行隧洞边墙及顶拱衬砌前，应首先明确洞壁和洞顶的渗水、滴水较为严重的洞段为预防底板拱起开裂的洞段。

（2）洞壁、洞顶排水管安设见图1。在地下水出露的洞段边墙及顶拱布设排水孔，排距3～5m，钻孔直径42～45mm，钻孔深度2～3m，孔口处用ϕ38mm PVC管引排，管长40～80cm，伸入孔内15cm左右，伸入孔内的15cm四周用棕麻包裹，以防水从孔壁与管周结合处漏出。

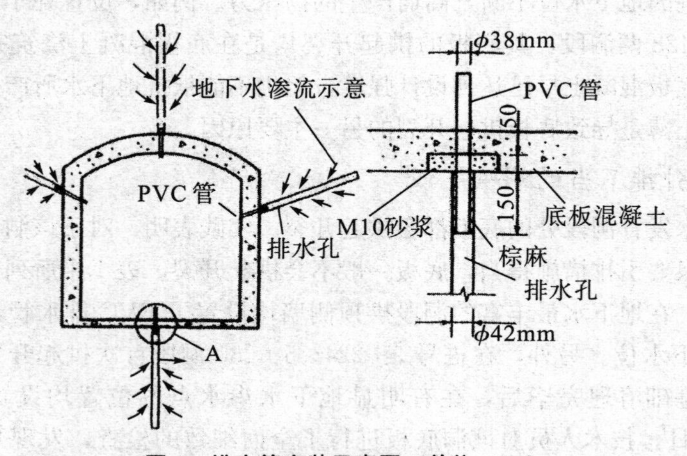

图1 排水管安装示意图（单位：cm）

（3）底板渗水点检查。侧墙、顶拱衬砌完毕，在清理完底板浮渣并冲洗洁净后，应先行查找底板渗水点，并做出标记。

（4）底板排水管安设见图 1。在底板各渗水点处钻孔并安设 PVC 排水管，安设方法及参数选择同洞壁、洞顶排水管安设一致。

（5）管周封堵。在 PVC 排水管安设后，将 PVC 管周围与孔口接触部位用 M10 水泥砂浆封堵。

经上述方法处理的渗水洞段，可从根本上有效防止因地下水扬压力将底板拱起开裂现象的发生。

5 对已拱起裂缝底板的处理措施

通过对上安隧洞多处底板拱起开裂问题的处理，总结出了一套较为成熟的处理措施：

（1）将拱起开裂的部位及其两端 1m 范围内的底板混凝土全部凿除，直至基岩面。

（2）认真检查渗水部位，并在各渗水点钻 2.5m 深的排水孔，孔口设长 $L=40$cm，ϕ38mm 的 PVC 排水管，管底部 15cm 用棕麻包裹插入孔内，并在管周用 M10 水泥砂浆封堵。

（3）将底板厚度不足 15cm 的洞段，重新开凿处理，保证底板厚度达到 15cm 以上。

（4）在新浇的 15cm 底板混凝土内设置 ϕ14mm 钢筋网，尺寸 20cm×20cm，保护层厚 3cm。

（5）对局部软弱破碎部位，在钢筋网下部可设置一定数量的 Φ22mm L 形锚筋。锚筋长 1.2m 左右，伸入基岩 70cm，采用锚固剂锚固。

6 结语

对薄层隧洞底板，在地下水较发育地区，必须采取正确的引排措施，施工单位在排水设施的安装施工中必须认真对待，否则可能造成底板拱起开裂或拱起开裂部位的处理失败。建议设计单位在进行该类隧洞设计时，对地下水丰富洞段进行必要的应力计算后，适当加厚隧洞底板衬砌厚度并设置必要的钢筋及排水孔，以提高隧洞底板的抗拱起开裂性能。

参考文献：

[1] 水利电力部水利水电建设总局. 水利水电施工组织设计手册（2 施工技术）[M]. 北京：水利电力出版社，1990.

[2] 徐运汉. 小浪底水利枢纽导流洞混凝土衬砌裂缝分析 [A] //黄河小浪底建设工程技术论文集 [C]. 北京：中国水利水电出版社，1997.

主洞斜井出渣施工方法的改进与应用[①]

摘　要：本文通过山西省万家寨引黄北干主洞斜井出渣的成功实践，介绍了一种主洞斜井出渣的新方法，并对该出渣方法的主要设备"平台车"的设计、使用情况进行了简要介绍。该出渣方法与常规出渣方法相比，具有机动灵活、经济实用的特点，能产生较大的技术经济效益。

关键词：出渣方法；改进应用；主洞斜井；万家寨引黄工程

1　问题的提出

目前对于水利水电工程的施工斜井，坡度一般小于25°，以斜井作为施工支洞对主洞进行开挖时，主洞出渣方法多采用有轨运输，即采用装岩机装矿斗车或箕斗，通过轨道由电瓶车牵引至主 、支洞交叉处，然后换用支洞口处的卷扬机将矿斗车或箕斗牵引至支洞外，渣料集中弃置于洞口附近，最后用装载机装自卸车运往弃渣场。对于主洞，笔者认为该出渣法存在以下问题：①施工设备资金投入大；②辅助设施繁杂；③辅助施工人员偏多；④支洞口存在渣料二次倒运问题。对于主洞斜井出渣来讲，以上问题的解决有助于降低主洞出渣施工成本，加快施工进度。

2　工程概况

由我局承建的山西万家寨引黄北干线前期准备工程Ⅱ标，共有3条斜井支洞，即支（北）03－1、支（北）04、支（北）05。以上三条支洞开挖断面均呈城门洞形，衬砌或支护后，断面宽、高均为4.2～4.5m。其中，支（北）03－1斜井支洞长409.92m，倾角18.52°，负责主洞开挖270m；支（北）04斜井支洞长422.76m，倾角19.05°，负责主洞开挖585m；支（北）05斜井支洞长573.68m，倾角23.03°，负责主洞开挖792m。

本标段主洞共1647m，通过以上3条斜井支洞开挖，按常规出渣方法，需配置电瓶车4台（其中一台备用），钢轨（24kg/m）3294延米，枕木2060根，轨道连接板及螺栓420套，加上轨道铺设、维护等人工费用，共需投入资金100余万元。

3　改进思路

主洞斜井出渣方法的改进，主要是针对主洞而言的。其主要改进思路是在主洞内采用无轨运输，而在斜井内则采用有轨运输，即在主洞内采用轮式自卸车出渣，装满渣料

① 本文其他作者：李荣伟、于贺龙、祁建华。

的自卸车开至主支交叉位置后，直接开上支洞底部的专用“平台运输车”，然后通过支洞口的卷扬机牵引平台运输车至支洞口处，再将装满渣料的自卸车直接开往弃渣场。这样就避免了渣料的二次倒运，节省了电瓶车、轨道、枕木及相关辅助工序。

主洞斜井出渣改进思路如图 1 所示。

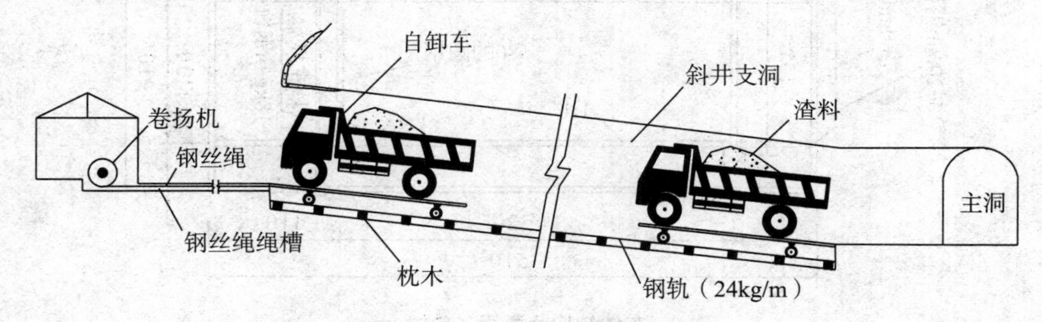

图 1　主洞斜井出渣改进思路示意图

4　平台运输车的设计

从图 1 中不难看出，要改进主洞斜井出渣方法，最重要的是进行平台运输车（以下简称平台车）的设计。平台车的初步设计和使用是在支（北）05 支洞进行的，由于初次设计，其中存在许多缺点，但经过改进，使用还是成功的。由山西省水工局承建的支（北）03 支洞建设人员在参观了支（北）05 支洞平台车后，认为该出渣方法确实可行，同样采用了该出渣方法，并对平台车作了进一步改进。支（北）04 支洞在支洞开挖完毕后，对支（北）03 及支（北）05 两支洞的平台车设计和使用情况进行了优缺点综合分析，最终设计出了既轻便又经济实用的平台车。下面以支北 04 支洞使用的平台车为例，对该平台车的设计情况进行简要介绍。

4.1　车体设计

4.1.1　设计条件

（1）承载对象。平台车承载对象即出渣运输设备，通过对卷扬机牵引力及出渣运输速度的综合考虑，初步拟定选用山东奥峰车辆有限公司生产的奥峰牌 SD4010D 型自卸农用运输车（以下简称自卸车）。具体技术参数如下：车辆自重 3.15t，自卸车长 4.9m、宽 1.8m、高 2.635m，装渣斗容 4.5m^3，轮距（中对中）1.55m。

（2）承载。平台车车体的承载能力应能承受自卸车及 4.5m^3 的渣料的重量之和。自卸车自重 3.15t，4.5m^3渣料重约 8.1t，即平台车承载能力应达到 11.25t。

4.1.2　车体材料

车体骨架采用 I18 工字钢制成，两侧扶手栏杆采用 18kg 轻轨制成，挡车横梁采用 18kg 钢轨，平台车底面铺装采用 5cm 厚松木板；轮轴采用 ϕ80cm 圆钢制成；车轮采用铸钢制成。

4.1.3　车体结构尺寸

车体结构尺寸根据选用的自卸车尺寸确定，在自卸车长的基础上增加 20cm，宽的基础上增加 30cm，即平台车长确定为 4.9＋0.2＝5.1cm，宽确定为 1.8＋0.3＝2.1cm。

具体结构尺寸如图2所示。

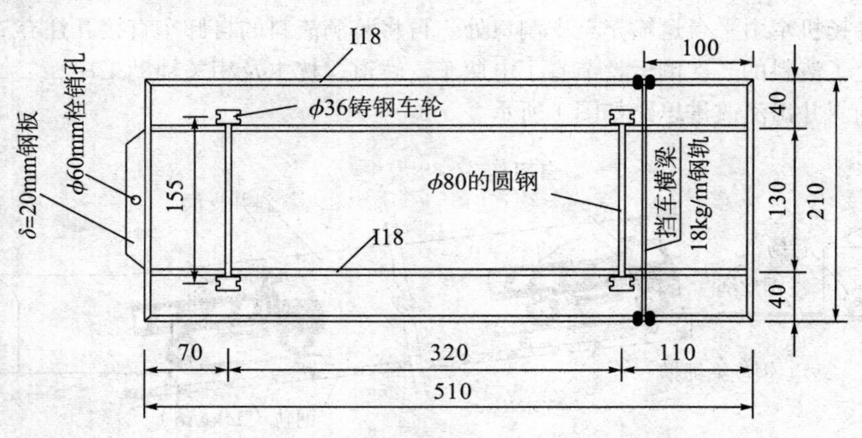

图2 车体结构示意图（单位：cm）

4.2 轮轴选择

平台车共设前后两根轮轴，根据平台车所承载重量，通过轮轴抗剪切力计算，平台车轮轴选用 ϕ80cm 圆钢制成。通过实践检验，完全能满足承载要求。

4.3 车轮材料选择、制作

平台车车轮材料的最终确定是在经过我局施工的支（北）04、支（北）05及山西省水工局施工的支（北）03三个支洞工作面的试用实验后确定的。最初在支（北）05支洞选用铸铁轮外包一圈钢轨厚铁，但使用不久车轮就会变形；支（北）03的车轮选用矿斗车的车轮，情况有所好转，但仍不耐用，其轴承承载力不够。在试用中，上述两种车轮均只有内侧轮缘，经常发生脱轨问题。项目部组织有丰富施工经验的技师共同研究后，决定采用铸钢材料制作以解决耐用问题，采用钢轨两侧双侧轮缘，即使车轮骑在轨道上以防脱轨，两侧轮缘高度达38mm，这完全有效地解决了脱轨问题。车轮结构尺寸如图3所示。

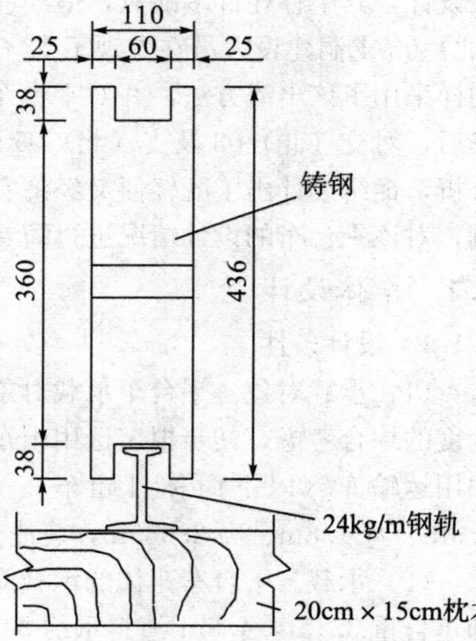

图3 车轮结构示意图（单位：cm）

4.4 钢丝绳挂钩及挡车横梁的设置

支（北）04支洞倾角19.05°，为减少支洞底部与平洞连接段的开挖深度，平台车设计时，车体与水平面的夹角设计成10°～12°较为合适，即车身整体向洞内倾斜10°～12°。这样，为保证车身稳定，车身前部需设置固定车身用的钢丝绳挂钩，尾部需设置挡车横梁。挡车横梁采用18kg/m钢轨置于两侧托架上，可拆卸，高度设置于自卸车车轮中部，高约25cm。这样就保证了自卸车在平台车上的安全稳定。

4.5 平台车底面铺装

初始阶段平台车底面铺装采用5cm厚松木板，周边采用∠50角钢。经使用，自卸车车轮承重部位木板耐磨及防滑能力较差，损坏严重。为此，挡车横梁前90cm部位不再采用木板铺装，而改为8根Φ25螺纹钢，间距10cm左右，这就很好地解决了这一问题。

4.6 钢轨及轨距的选择

（1）钢轨的选择。施工中，初始阶段选用了18kg/m的轻轨，但由于负荷较大，经常出现断轨问题，后来全部改用24kg/m的钢轨，基本满足了施工要求。

（2）轨距的确定。平台车轨距应以自卸车两侧的轮距为确定依据，以确保平台车运输的横向安全稳定。支（北）04选用自卸车轮距（中对中）为1.40m，施工中平台车轨距确定为1.55m。

5 主洞内挖装及牵引设备的选择

5.1 自卸车选择

支（北）04支洞开挖断面呈圆形，开挖直径4.9～5.4m，根据该洞径尺寸及工程实际情况，我们选择了山东奥峰车辆有限公司生产的奥峰牌SD4010D型自卸式农用运输车，斗容4.5m^3。

5.2 装渣设备的选择

本工程施工中，装渣设备未选择常规的洞挖装岩机，而是选择了广西玉柴工程机械有限公司生产的YC35－7型小型挖掘机。基本性能如下：整机宽1.518m、高2.470m，斗容0.12m^3，最大挖掘高度5.195m，最大挖掘半径5.625m。用该机对自卸车装渣较常规装岩机相比，具有机动灵活、装渣速度快等特点，有益于加快出渣速度。

5.3 卷扬机的选择

平台车自重2.05t，自卸车自重3.15t，渣料重约8.1t，合计卷扬机牵引重量为13.3t。考虑到钢丝绳自重及平台车、钢丝绳摩擦系数，经过计算，卷扬机提升牵引力需达到5.82t。考虑到安全系数，我们选择了浙江平阳建筑工程机械厂生产的JM－10型电控卷扬机，牵引力10t，绳速55m/min，基本满足了施工要求。

6 平台车使用情况

平台车首先在支（北）05支洞试用，初始阶段由于卷扬机、平台车和农用车等制作或选型上存在一定问题，使用效果不是很好，后经对平台车改装及出渣设备的更新，目前基本满足了施工要求，但由于受牵引设备（3t、JT1200单筒绞车）牵引力的影响，农用车只能选用斗容2.0m^3的山东时风集团生产的SF29100型自卸农用车，这大大影响了出渣速度。在支（北）04平台车制作及出渣设备选型上，吸取了支（北）05及山西省水工局支（北）03支洞的经验，配置较为合理，大大提高了出渣速度。支（北）

04平均每循环进尺2.5m，出渣量（松方）86m^3。在该配置条件下，每小时出渣3车（13.5m^3），即每茬炮只需6～7h，即可出渣完毕，这大大提高了出渣速度，满足了施工进度要求。

7 经济效益分析

采用改进后的平台车、自卸车出渣与常规的电瓶车轨道出渣相比，具有出渣速度快、施工成本低等特点。由我局施工的山西省万家寨引黄北干线前期准备工程Ⅱ标主洞1647m，采用三个支洞口施工，两种出渣方法具体施工费用比较见表1。从表中不难看出，采用改进后的施工方法共可节约费用约69.52万元，改进后出渣方法投资费用只占常规出渣方法的33.6%。当然这只是前期准备工程，如果二期工程5.2km的主洞全部完工的话，预计可节约资金191.5万元。因此，该出渣方法值得在主洞斜井出渣中推广应用。

表1 改进前后主洞斜井出渣施工费用比较

序号	常规出渣法				改进后出渣法			
1	设备材料	数量	单价/元	合价/元	设备材料	数量	单价/元	合价/元
2	电瓶车	4台套	120000	480000	平台车制安	2.05t	7500	15375
3	钢轨	79.06t	3900	308334	自卸农用车	12台	28000	336000
4	枕木	2060根	65	133900				
5	连接板螺栓	412套	10	4120				
6	铺轨人工费	165工日	50	8250				
7	装载机二次倒运	669.5台时	167.3	112007				
合计				1046611				351375

8 适用范围及注意事项

8.1 适用范围

（1）采用平台车结合自卸农用车出渣法仅适用于主洞斜井出渣。

（2）斜井倾角小于25°。

（3）斜井及主洞开挖断面宽、高均须大于3.5m。

8.2 注意事项

采用平台车结合自卸农用车出渣，需注意以下安全问题：

（1）要经常检查卷扬机制动、刹车系统。

（2）注意检查钢丝绳与平台车连接处的卡扣是否松动。

（3）经常检查钢丝绳磨损情况。

（4）自卸车在平台车上要有安全可靠的固定系统。

（5）禁止人员乘坐平台车上下班。

参考文献：

［1］梅锦煜．水利水电工程施工手册（2 土石方工程）［M］．北京：中国电力出版社，2002．
［2］水利电力部水利水电建设总局．水利水电施工组织设计手册（2 施工技术）［M］．北京：水利电力出版社，1990．

自制简易注浆器在境外隧洞工程施工中的应用[①]

摘　要：在乌干达卡鲁玛水电站尾水隧洞工程前期施工中，由于国内注浆设备尚未到达，乌干达及周边国家难于买到，为了解决前期锚杆、小导管注浆等问题，项目部利用已进场的管材及乌干达能买到的材料、物资，成功地自行研制了简易锚杆、小导管注浆器，并得到了实际应用，从而保证了工程顺利开工，取得了较好的经济效益。实际应用表明，该设备具有制作简单、操作方便、经济实用的特点。

关键词：注浆器；设计研制；应用；境外隧洞工程

1　引言

随着我国的国力越来越强大，国内的大型施工企业已经占领了包括非洲在内的很多基础设施建设市场。以水电工程为例，国内水电工程开发已经步入后水电时代，水电工程的主战场已经转移到一些基础设施比较落后的发展中国家。这些国家存在着设备、物资匮乏，一些急需主要施工设备难于买到等问题，但为了能按业主要求按时开工，工程技术人员必须想方设法地利用现有材料和当地能买到的材料、物资，设计研制满足工程施工要求的简易施工设备。在乌干达卡鲁玛水电站尾水隧洞前期施工中，由于国内注浆设备尚未到达，开工必须使用的锚杆、小导管注浆设备在当地及周边国家难于买到，因此项目部必须利用现有管材和当地能买到的材料、物资自行设计研制。

2　工程概况

卡鲁玛水电站尾水隧洞工程位于乌干达境内的卡尔扬东哥地区卡鲁玛村，距离乌干达首都坎帕拉 270km，距离古芦 75km。尾水隧洞共两条：1# 尾水隧洞长 8705.505m、2# 尾水隧洞长 8609.625m，开挖断面呈平底马蹄形，开挖洞径宽 13.7～14.8m，高 13.45～14.8m，隧洞总投资 5.9 亿美元，是目前世界上规模最大的尾水隧洞工程。

尾水隧洞包括 8# 支洞、9# 支洞、尾水出口三个作业面。根据设计，尾水出口 250m，8# 支洞进口段 100m，9# 支洞进口段 100m，均为Ⅳ～Ⅴ类围岩。支洞进口段Ⅴ类围岩开挖断面呈马蹄形，开挖断面宽 10.64m、高 9.40m；Ⅳ类围岩开挖断面呈城门洞形，开挖断面宽 8.44m、高 7.30m。三个作业面洞脸及两侧边坡均采用锚网喷支护形式，锚杆采用 Φ25mm 螺纹钢注浆锚杆，长度分为 1.5m、3.0m 和 4.5m，总计 6527

① 本文其他作者：陈长贵、黄浩、刘志辉。

根；尾水出口及8#、9#支洞口段Ⅳ～Ⅴ类围岩，采用超前注浆小导管和系统注浆锚杆支护，超前注浆小导管采用Φ42mm钢管，长度分3.0m和4.5m两种间隔使用，共计9190根；系统注浆锚杆采用Φ25mm螺纹钢，长3.0m，总计8542根。

3 设计思路

上述注浆锚杆及注浆小导管均采用自制注浆器进行注浆。自制注浆器主要包括浆液容器、浆液入口料斗、进料管、高压进风管、浆液出口、排浆管、排气管及阀等几部分。主要材料以已经进场的大口径钢管及乌干达市场易于买到的小口径钢管、阀门为主。浆液容器采用大口径钢管制作，其他部位均采用小口径钢管；阀门采用相应的小口径阀门；浆液入口料斗采用薄钢板制作。

根据以上思路，首先在8#支洞制作了单筒注浆器，应用效果良好。随后单筒注浆器在9#支洞推广应用，其缺点是浆液容器偏小，每桶浆液只能注3个3m深锚杆孔或2个4.5m深锚杆孔。为了解决这个问题，在尾水出口作业面施工中，将单筒注浆器作了进一步改进，浆液容器由单筒改为双筒，即单筒注浆器改进成了双筒注浆器，如图1所示，从而有效提高了浆液容器的容量，也有效提高了灌注工作效率。下面以尾水出口自制双筒注浆器为例，对其设计情况进行简要介绍。

图1 自制注浆器实物图

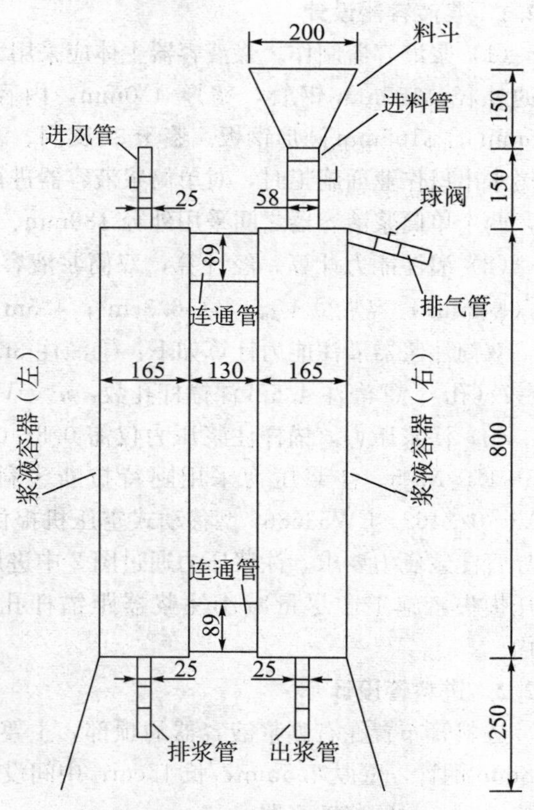

图2 自制双筒注浆器结构图（单位：cm）

4 注浆器设计

尾水出口自制双筒注浆器结构如图2所示。主要包括浆液容器、进风管、料斗、进料管、排气管、出浆管、排浆管及相应管径阀门等部分。

4.1 工作原理

自制双筒注浆器主要用于锚杆、超前小导管的孔内或管内注浆。首先关闭进风管阀门并将空压机打开，然后关闭注浆器底部排浆管阀门，将按照设计要求拌制的水泥浆或砂浆通过进料斗灌入浆液容器内，再关闭进料管阀门并打开底部出浆管阀门，同时将注浆管插入锚杆孔或超前小导管内，接下来打开进风管阀门，容器内浆液就在空压机高压气体作用下通过底部出浆管、连接软管和注浆管将浆液注入锚杆孔或小导管内，注浆管随着浆液的注入缓慢地从孔内或管内拔出，最后关闭进风管阀门，打开排气管阀门，释放容器内高压气体，这样就完成了浆液注入的整个过程。

4.2 结构设计

自制双筒注浆器制作材料主要采用已进场的大口径管材和乌干达易于买到的小口径管材、阀门、钢板和角钢等。各部位设计情况简要介绍如下。

4.2.1 浆液容器设计

(1) 浆液容器制作。浆液容器主体应采用大口径钢管制作，采用国内采购且已经进场的外径ϕ165mm钢管，壁厚4.0mm，内径ϕ157mm；钢管上部和底部均采用厚4.5mm的ϕ165mm圆形钢板。鉴于8#支洞、9#支洞制作的单筒注浆器浆液容量偏小，在尾水出口作业面施工时，对单筒浆液容器进行了改进，采用了图2所示的双筒浆液容器，两个单筒浆液容器之间采用外径ϕ89mm、壁厚3.0mm钢管连接。

(2) 灌注能力计算。经计算，双筒浆液容器总容量$V_{筒}=32381.6cm^3$；3m深锚杆孔（ϕ42mm）容浆量$V_{3m}=4156.3cm^3$；4.5m深锚杆孔容浆量$V_{4.5m}=6234.5cm^3$。因此，双筒注浆器灌注能力计算如下：①灌注3m深锚杆孔数：$n_1=V_{筒}/V_{3m}=7.79$，取$n_1=7$（孔）；②灌注4.5m深锚杆孔数：$n_2=V_{筒}/V_{4.5m}=5.19$，取$n_2=5$（孔）。

(3) 注浆压力。锚杆注浆压力仅需0.3～0.5MPa；超前小导管注浆压力要求达到0.5～1.0 MPa。注浆压力采用阿特拉斯·科普柯（无锡）压缩机有限公司生产的YA3－022462－EW536866型移动式空压机提供，额定工作压力1.03MPa，满足锚杆、小导管注浆压力要求。注浆压力通过图2中进风管上的ϕ25mm球阀进行控制。为减少风压损失，施工中尽量减小注浆器距锚杆孔、小导管孔的距离，宜控制在5～10m以内。

4.2.2 进料管设计

进料管布置在右侧浆液容器的顶部，主要作用为浆液进入容器的通道，采用外径ϕ58mm钢管，壁厚2.5mm，长15cm；中间设有ϕ58mm内螺纹球阀，主要用于浆液灌注施工时，封闭浆液容器。

4.2.3 进料斗设计

进料斗在进料管的上部，是浆液注入容器的接收口，上口呈正方形，边长20cm，高 15cm，主要材料为 2.0mm 厚钢板。

4.2.4 进风管设计

进风管布置在左侧浆液容器顶部，是空压机高压气体进入浆液容器的通道，给浆液注入锚杆孔或小导管孔提供动力，采用外径 ϕ25mm 钢管，壁厚 2.0mm，高 15cm；中间设 ϕ25mm 内螺纹球阀，主要用于控制高压气体的开关。

4.2.5 排风管设计

排风管布置于右侧浆液容器的右侧，主要用于注浆完毕，向容器内灌入浆液前，释放浆液容器内的高压气体，采用 ϕ25mm 钢管，壁厚 2.0mm，长 15cm；中间设 ϕ25mm 内螺纹球阀，作为释放高压气体的开关。

4.2.6 出浆管设计

出浆管布置于右侧浆液容器的底部，是浆液容器内浆液注入锚杆孔、小导管的输出通道，同时兼作注浆完毕的排浆管，采用 ϕ25mm 钢管，壁厚 2.0mm，长 15cm；中间设 ϕ25mm 内螺纹球阀，作为输出、排放浆液的开关。

4.2.7 排浆管设计

排浆管布置于左侧浆液容器的底部，主要用于注浆施工完毕排空容器内的浆液，采用 ϕ25mm 钢管，壁厚 2.0mm，长 15cm；中间设 ϕ25mm 内螺纹球阀，作为排放浆液的开关。

5 使用情况

在国内采购的注浆器未到位的情况下，项目部自制简易单筒注浆器首先在 8# 支洞开始试制应用，有效解决了洞口明挖边坡支护及进洞超前小导管、系统锚杆的注浆问题；随后在 9# 支洞的施工中投入使用，应用效果良好，基本满足了施工要求。但是，单筒注浆器存在容量小、灌注能力低等问题，于是，在尾水出口洞口明挖边坡支护施工中，成功地将单筒注浆器改进成了双筒注浆器，有效增大了浆液容器的容量，提高了自制注浆器的灌注能力，从而保证了在国内注浆设备不到位的情况下，各个作业面按施工进度安排准时开工。

6 经济效益分析

在乌干达卡鲁玛水电站尾水隧洞 8# 支洞、9# 支洞施工中，采用自制单筒注浆器，完成了洞口明挖边坡锚杆、洞口段超前小导管、系统锚杆的施工；在尾水出口施工中，采用自制双筒注浆器完成了洞口明挖边坡锚杆施工。

6.1 直接经济效益

截至 2015 年 1 月 7 日，采用自制注浆器，三个作业面共创造直接经济效益 174.39 万美元，折合人民币 1078 万元，见表 1。到三个作业面洞口段Ⅳ、Ⅴ类围岩开挖结束，预计将创造直接经济效益 447.48 万美元，折合人民币 2752 万元。

表1　各作业面完成工程量及产值情况

<table>
<tr><th>序号</th><th>作业面</th><th>$8^{\#}$支洞</th><th>$9^{\#}$支洞</th><th>尾水出口</th><th>合计</th><th>单价/美元</th><th>合价/美元</th><th>备注</th></tr>
<tr><td>1</td><td>3m锚杆（根）</td><td>2985</td><td>1877</td><td>335</td><td>5197</td><td>178.36</td><td>926936.92</td><td rowspan="2">ϕ25mm注浆锚杆</td></tr>
<tr><td>2</td><td>4.5m锚杆（根）</td><td>428</td><td>444</td><td>825</td><td>1697</td><td>133.58</td><td>226685.26</td></tr>
<tr><td>3</td><td>3m超前小导管（根）</td><td>540</td><td>466</td><td>30</td><td>1036</td><td>208.13</td><td>215622.68</td><td rowspan="2">ϕ42mm注浆小导管</td></tr>
<tr><td>4</td><td>4.5m超前小导管（根）</td><td>697</td><td>240</td><td>263</td><td>1200</td><td>312.2</td><td>374640.00</td></tr>
<tr><td colspan="2">总　计</td><td></td><td></td><td></td><td></td><td></td><td>1743884.86</td><td></td></tr>
</table>

6.2　间接经济效益

通过使用自制注浆器保证了各作业面按时开工，使其他作业工序能够正常进行，顺利完成了$8^{\#}$支洞、$9^{\#}$支洞、尾水出口的洞脸及两侧边坡支护，确保了洞口开挖顺利进行，为整个工程争取了工期。

7　结束语

在乌干达卡鲁玛水电站尾水隧洞$8^{\#}$支洞、$9^{\#}$支洞、尾水出口工程施工中，在国内采购的注浆器没到位的情况下，利用已经进场的大口径管材和乌干达市场上能买到的小口径管材、球阀、钢板等材料，成功研制了单筒注浆器和双筒注浆器，很好地解决了三个作业面大量锚杆和小导管注浆问题，取得了较好的经济效益。该注浆器具有制作工艺简单、材料易于采购、经济实用的特点，值得在国内、国外同类工程中推广应用。

参考文献：

[1] 水利电力部水利水电建设总局. 水利水电施工组织设计手册（2施工技术）[M]. 北京：水利电力出版社，1990.

自制多臂钻扶钎胶套在乌干达卡鲁玛水电站尾水隧洞工程钻孔施工中的应用[①]

摘　要：乌干达卡鲁玛水电站尾水隧洞工程使用阿特拉斯多臂钻进行洞内锚杆钻孔施工。但在实际使用时发现，多臂钻扶钎胶套耐用性差，消耗量很大，加之采购单个扶钎胶套成本很高，且进口设备的采购周期很长，进而影响生产。为解决该问题，并兼顾成本控制，有针对性地实施降本增效，变废为宝，采用废弃的骨料传送带在现场加工制作扶钎胶套并应用于实际，从而保证了施工需要，显著节约了成本。

关键词：自制扶钎胶套；多臂钻；钻孔施工；变废为宝；应用

随着机械化水平的不断提高，液压多臂钻的使用使钻孔功效大大提高，但在其使用过程中存在易损材料消耗大、维修困难、使用不便等问题。出现问题时，如何结合施工现场条件，用创新思维快速解决问题，对操作（使用）者至关重要[1]。乌干达卡鲁玛水电站尾水隧洞为大断面隧洞，系统支护锚杆钻孔工程量巨大，为保障生产，配置了三台多臂钻进行锚杆钻孔施工。由于多臂钻在实际使用过程中扶钎器胶套消耗量大，且因工程地处非洲，交通不便，采购周期长，加之耗材本身昂贵，为了保证正常施工，确保洞内安全，兼顾成本控制，技术人员利用人工筛分系统报废的骨料传送带，设计并制作出经久耐用的、可替代的扶钎器胶套，成功变废为宝。

1　工程概述

卡鲁玛水电站为乌干达境内维多利亚尼罗河上规划 7 个梯级电站中的第 3 级，位于卡鲁玛镇，距乌干达首都坎帕拉 270km，距古芦 75km。该水电站以发电为主，安装 6 台、单机容量为 100MW 的水轮发电机组。

两条尾水隧洞分别为：1# 尾水隧洞长 8705.505m、2# 尾水隧洞长 8609.625m，平底马蹄形断面，开挖洞径宽 13.7～14.8m、高 13.45～14.8m，混凝土衬砌后洞径宽 12.8m、高 12.8m，底板宽度为 10.5m。

2　问题的出现

工程所使用的阿特拉斯两臂钻于 2015 年 7 月 24 日投入生产，至 2015 年 10 月 3 日

① 本文其他作者：杜进军、王先浩、左祥。

共计 72d。根据对现场完成工程量进行的统计，合计完成约 3 万米的钻孔施工，却使用了 32 个前扶钎胶套（2 个原装正厂、30 个国内副厂）、22 个中扶钎胶套（2 个原装正厂、20 个国内副厂），其中前扶钎胶套平均 937.5m 钻孔更换一个，中扶钎胶套平均 1250m钻孔更换一个。根据采购合同，前扶钎胶套原装正厂单价为 1006 元/个、副厂单价为 630 元/个，中扶钎胶套原装正厂单价为 712 元/个、副厂单价为 340 元/个，72d 消耗扶钎胶套配件合计费用为 29816 元，仅此一项平均每天消耗配件费达 414 元，造成阿特拉斯两臂钻使用成本居高不下。

按照尾水隧洞实际情况预测围岩类别，两条尾水隧洞共需锚杆 17.9 万根，钻孔 43.2 万米，减去 2015 年 10 月 3 日前已施工的 3 万米，剩余 40.2 万米钻孔还需要大量的扶钎胶套，况且已到场的配件库存已消耗所剩无几。为了不影响生产，就近采购或者利用项目现有资源自行制作可替代的配件成为当务之急。

3 解决问题的思路

由于当地经济发展落后，该国及周边国家均不生产此配件，因此，就近采购只能放弃。项目部技术人员对扶钎胶套进行观察分析后认为：该配件必须耐磨、有韧性、有弹性，能够很好地将钻杆握在钻机大臂位置。经过分析与讨论，此时工地中的人工骨料生产系统换下了很多报废的传送带，正好具有耐磨、有韧性、有弹性等性能，并且传送带中含有多层纤维，其韧性、稳定性更好，项目部技术人员决定将报废的传送带通过裁剪、打孔、固定制作成扶钎胶套。

4 加工制作（以前扶钎胶套为例）

前扶钎胶套长 10cm、宽和高为 8cm，中间为直径 4cm 的孔。报废骨料传送带宽 650~1000cm，厚度 1.1~1.2cm 不等。

第一步：将不同宽度的传送带用剪板机切成 8cm×8cm 的方块（也可自制刀片安装在四柱压床上将长条切割）。

第二步：用四柱压床在方块中心用自制圆形切割头（$D=4$cm）压出圆形孔，在一边两个角处用四柱压床分别开孔（$D=6$mm），孔中心距相邻两边均为 1cm。特别需要注意的是，在开孔时一定要制作一个直角 L 形卡槽，以防止在成孔过程中方块旋转或移位而致使成孔位置不正，影响组装。

第三步：将 9 片开好孔的方块用两颗 M6×120mm 螺钉串好，上好螺母，紧固，一个扶钎胶套就完成了。

自制扶钎胶套加工、组装及安装效果见图 1~图 4。

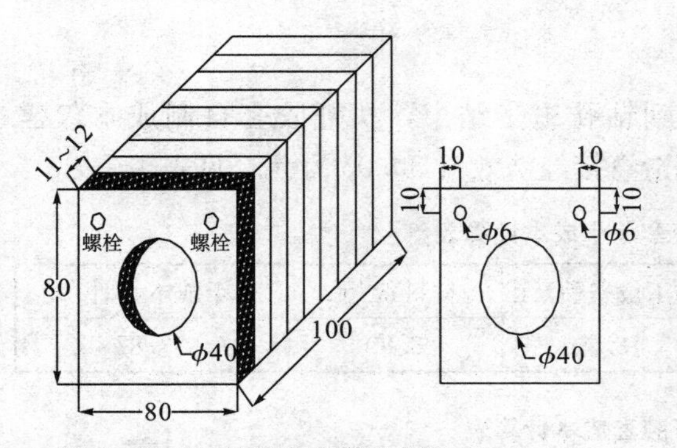

图 1　自制扶钎胶套组装示意图（单位：mm）

图 2　自制扶钎胶套压床加工

图 3　原装（左）与自制扶钎胶套（右）对比

图 4　自制扶钎胶套安装图

5　自制扶钎胶套使用效果

在当地及周边国家难以采购且扶钎胶套采购、运输成本高的情况下，项目部结合实际，充分落实项目部“降本增效”的宗旨，组织技术攻关，利用骨料生产系统撤换下的报废传送带自制钻机前、中扶钎胶套。根据现场长时间的使用情况看，自制扶钎胶套完全能够满足多臂钻的正常使用，前扶钎胶套单个可使用 8～10d，中扶钎胶套单个可使用 12d 以上。同时，项目部将废弃的传送带变废为宝，大大节约了配件消耗成本。

6　经济效益

按照尾水隧洞预测的围岩分布，两条尾水隧洞共需锚杆 17.9 万根，钻孔作业约合 43.2 万米，减去 2015 年 10 月 3 日前已完成的 3 万米，还剩余 40.2 万米锚杆钻孔施工，按照平均 937.5m 更换一次前扶钎胶套计算，完成剩余工程量还需购买 402000/937.5＝429 个前扶钎胶套。以此类推，需要 322 个中扶钎胶套。

如果使用废旧的传送带制作扶钎胶套，一个前扶钎胶套平均 9d 更换一次，参照 2015 年 10 月 3 日前的生产能力，完成 30000/105×9＝2571m 才更换一次，那么，完成剩余的 40.2 万米锚杆钻孔施工只需要制作 157 个前扶钎胶套即可。以此类推，只需要制作 118 个中扶钎胶套。目前，卡鲁玛水电站尾水隧洞项目多臂钻前、中扶钎胶套全部实现自制，无须外购，从而大大节约了成本。自制扶钎胶套只需要投入加工人工费、螺钉材料费以及剪板机床、压床折旧和电费，并且项目部已经完成当地工人加工扶钎胶套的培训，成本已进一步降低。

6.1 直接经济效益

根据目前掌握的围岩分类信息，预计到钻孔施工结束，扶钎胶套自制成本仅需9314元，而外购成本则需399946元，可创造直接经济效益39.06万元，见表1～表3。

表1 自制扶钎胶套单个成本计算表

项目	单位	人工费/元	加工设备费/元	材料费/元	单个成本小计/元
自制扶钎胶套	个	11.87	18.20	3.80	33.87

表2 自制扶钎胶套成本计算表

项目	单位	自制成本/元	数量	自制成本合计/元
自制扶钎胶套	个	33.87	275	9314

表3 外购扶钎胶套成本计算表

<table>
<tr><th>序号</th><th>名称</th><th>单个外购成本/元</th><th>数量/个</th><th>外购成本合计/元</th><th>备注</th></tr>
<tr><td rowspan="2">1</td><td rowspan="2">前扶钎胶套</td><td>1006</td><td>27</td><td>27162</td><td>原装正厂采购</td></tr>
<tr><td>630</td><td>402</td><td>253260</td><td>副厂采购</td></tr>
<tr><td rowspan="2">2</td><td rowspan="2">中扶钎胶套</td><td>712</td><td>27</td><td>19224</td><td>原装正厂采购</td></tr>
<tr><td>340</td><td>295</td><td>100300</td><td>副厂采购</td></tr>
<tr><td colspan="4">合计</td><td>399946</td><td></td></tr>
</table>

6.2 间接经济效益

通过使用自制前、中扶钎胶套，顺利地解决了配件采购困难、供应不及时、影响工期和洞内施工安全等问题，保证了洞挖支护施工的正常跟进，为项目施工争取了宝贵时间；同时也是响应项目“降本增效”的重要体现，成为变废为宝的一次成功尝试。

7 结语

在乌干达卡鲁玛水电站尾水隧洞多臂钻钻孔施工中，扶钎胶套消耗量大，成本高，并且在当地或周边国家采购困难、国内采购周期较长等情况下，项目部利用人工骨料生产系统废弃的传送带制作可以替代的扶钎胶套，很好地解决了上述问题，取得了较好的经济效益。该扶钎胶套具有制作工艺简单、材料易于获取、经济实用等特点，值得在国内、外同类工程施工中推广应用。

参考文献：

[1] 王周忠，邱城彬，刘年明. 液压凿岩台车技术革新3例 [J]. 工程机械，2013 (8)：58-60.

第六篇
安全管理

在建工程项目安全督察工作的基本思路与建议①

摘　要：根据安全管理工作需要，中国水电五局于2009年初成立了公司安全生产督察组，通过一年多的管理工作实践，总结出了一套较为科学合理、操作性强、切合实际的工作思路，取得了较好的效果，仅供同行借鉴。

关键词：水电施工；安全督察；工作思路；建议

1　安全督察问题的提出

2008年以前连续几年，中国水利水电第五工程局有限公司（以下简称公司）的安全管理形势一直比较严峻。尤其是2008年度，安全生产形势严重恶化，在整个中国水利水电建设集团公司（以下简称集团公司）安全管理年终考评中排在最后几位。而公司连续几年经营业绩、年中标额度、完成产值、实现利润总额等关键业绩核心指标考核，综合排名在整个集团公司中一直位居前五名。也就是说，安全管理工作成了影响公司发展的一块“瓶颈”。2008年年底，公司分析了目前的安全生产形势，总结了前几年的经验教训，为了进一步落实安全生产责任制，落实安全管理制度，强化安全生产意识，排查、整改、消除安全隐患，经研究决定，成立了安全生产督察组，并通过全公司范围内公开竞聘的方式，聘任了公司安全生产监督组组长。

2　安全督察工作的重要意义

开展公司安全生产督察工作，主要依据国家有关安全生产法律法规和集团公司、公司安全生产规章制度，督促项目开展员工安全意识教育和操作技能培训，督促项目排查整改安全隐患，规范安全生产管理工作。其主要目的是查出问题，协助整改。安全督察工作坚持监管与服务相结合的原则，对项目安全生产管理工作既要监管，也要帮助项目加强安全管理，持续改进。以项目的安全来保证各分局等二级单位的安全，以分局等二级单位的安全来保证整个公司的安全。

3　水电工程项目存在的主要安全问题

近20年的水电工程工作实践及一年多的安全督察工作经验，使公司认识到水电工程项目主要存在以下几方面安全问题。

① 本文其他作者：卢学文、魏豫、张叶祥。

3.1 生活营地的安全稳定问题

一些项目的生活营地，主要是外协队伍的生活住房处于危险环境中，受高边坡或泥石流影响严重。

3.2 高处临边、高处临空问题

坝体、厂房及机电安装等方面的施工，多存在高处临边、高处临空等问题。这是近几年来水电施工企业的事故多发点。

3.3 厂房、闸门槽、井的孔洞问题

一些项目对厂房、闸门槽、井的孔洞防护问题，未引起足够重视。深度达十几米以上的孔洞居然没做必要的安全防护，而现场施工人员在上面很自然地来回行走。这种安全事故一旦发生，是根本无法补救的。

3.4 高边坡施工问题

水电施工企业存在很多高边坡施工，要重点关注高边坡施工中的安全稳定问题。注意观察顶面开裂破坏问题，逐层处理好坡面上的危石、浮渣、浮石等，并做好必要的安全支护。

3.5 地下厂房、隧洞、斜井、竖井等地下洞室施工安全问题

通过分析近几年水电施工企业所发生的安全事故，不难看出，地下厂房、隧洞、斜井、竖井施工的安全稳定及安全防护问题是水电施工企业安全管理工作的事故多发点。

3.6 火工材料的管理

要重点查处炸药、雷管等火工材料的出、入库记录情况，用完剩余火工材料退库记录情况，尤其是雷管的出、入库编号登记情况等。

3.7 习惯性违章问题

尽管多年来一直在强调习惯性违章问题，但仍然在不同程度上存在着屡禁不止的现象，主要表现在安全帽等防护用具的佩戴、施工用电线路的布设与金属直接搭接等问题上。这也是施工现场督察工作的一个重点。

4 安全督察工作的基本思路

安全督察工作是水电施工企业新设立的一项工作任务，一年多的工作实践使我们对安全生产督察工作有了进一步的认识。

4.1 明确在建项目安全督察工作方法

首先要制定公司《安全生产督察管理办法》，使督察工作有一定的工作依据，随后给各二级单位下发督察项目的具体工作要求及具体工作内容，让被督察项目知道做什么、怎么做。

4.2 让项目领导及安全人员知道督察工作的目的

在督察过程中，督察组每到一个项目，应首先向项目经理及安全总监明确一个问题，那就是督察工作的目的——“查出问题、协助整改”，是为了协助项目不发生重大

伤亡事故，以项目的安全来保证公司安全管理目标的实现。当然，对于不认真整改的项目，督察组要及时向分局等二级单位通报。

4.3 明确完善安全管理资料的目的

完善的安全管理资料，除了能有效地加强项目的安全管理工作外，还能在发生不可避免的自然灾害或发生意外的安全事故时，减轻项目相关责任人及公司的安全管理责任。

4.4 对于施工现场的督察要查细、查实

安全督察工作的重点是对施工现场的督促、检查，每到一个施工项目，督察组要对施工现场的每一个部位进行认真细致的查看，不放过每一个角落，对于看到的可能发生安全问题的任何一处隐患都要认真对待、细致处理，并详细记录于《安全隐患整改通知书》中。

4.5 安全督察工作坚持预防为主，切忌侥幸心理

对于安全督察工作，坚持“往最坏的方面想，往最好的方向努力”的工作理念。不管走到哪里，看到什么，都要想一想，这里会不会发生安全问题，会发生什么样的问题，如何预防、治理，预防治理有困难怎么办。如果可能发生安全问题，就要坚定不移地要求整改。

4.6 督察工作重在严格整改验收

每次安全督察项目，对于资料需完善的，签发《安全管理整改通知书》；对于现场需要整改的，签发《安全隐患整改通知书》。整改验收是整个督察工作的核心环节，再严格的督察工作，如果整改得不到落实，也就成了空话。对于安全管理资料整改验收，必须以电子版形式上报详细的文字材料，不能一句话应付了事；对于现场隐患整改验收，对应的每个部位都必须有一目了然的、能完全说明问题的现场整改后照片。在督察组已督察的56个项目中，有2/3的项目经过两次以上整改才通过验收，有少数项目整改了3次，甚至4次才通过验收。

4.7 及时向二级单位通报安全督察情况

督察组每次督察工作结束后，均应把每个项目的督察情况向二级单位进行通报，让分局等二级单位领导及其安全部门了解其所管辖项目的安全管理情况及存在的问题，并负责督促整改。对于整改情况先由项目报到二级单位安监部门，初步验收合格后，才能上报到公司安全督察组。督察组负责终审，验收合格后才算通过。

4.8 对于安全隐患问题的查处一视同仁

在督察组督察过的56个项目中，一定数量的项目经理是二级单位的分局副局长以上级别的干部，在安全督察方面应一视同仁，在整改要求上甚至比一般项目经理还要严格一些。2009年度督察组共对10个项目签发了分局范围内安全督察通报，其中6个项目经理为分局副局长以上级别干部。在安全整改问题上，督察组做到了不管项目经理是谁，不管整改几次，必须合格为止。

4.9　安全督察工作的重点时段在上半年

进入1月后，随着上一年度安全工作的结束，马上就面临着春节的到来，在安全管理上进入了松懈期。过完春节马上就进入了3月，如果在安全管理上再紧张不起来，就可能会发生一些安全事故。紧接着4月份一过，5月份就进入了雨季，泥石流、山体滑坡等自然灾害会频繁发生，没有做好准备工作的项目或存在重要危险环境的项目，就可能发生一些大的人身伤亡事故。因此，我们认为安全督察工作的重点在上半年。在6月份之前，必须完成对公司重点关注安全项目及存在雨季施工危险源项目的督查、整改工作，尽可能多查一些存在危险源、安全隐患的项目，在雨季来临之前把可能发生事故的安全隐患整改排除。

4.10　安全督察工作是安全管理工作的最后一道关卡

对于安全督察工作，督察人员的责任心是很重要的。安全督察工作与其他类型的安全管理有所不同，督察人员肩上担负的是整个公司的安全责任，督察组是公司领导在安全管理上的一把利剑，是整个公司安全工作的最后一道关卡。督察人员的渎职，可能给公司带来不可弥补的损失，也就失去了督察的意义。因此，我们在工作中树立的督察理念是：一经督察过的项目，就尽可能地避免发生重大安全事故。当然，这需要项目部领导及安全管理人员的通力协作。

5　安全督察工作的几点建议

5.1　正确认识安全形势

根据公司上一年度的安全生产情况及上一年年底在建项目安全摸底情况，经过分析论证后，正确判断公司本年度的安全生产形势，从而确定本年度公司安全生产工作的重点。上一年度未发生较大以上安全事故，安全形势有所好转，并不意味着本年度的安全形势就会一片大好。

5.2　项目领导必须摒弃“重进度、重效益，轻安全”的思想

尽管公司一再强调安全工作的重要性，但仍有个别二级单位副职领导和一定数量项目经理存在“重进度、重效益，轻安全”的思想。这些项目有的已经发生过安全事故，即便暂时未发生安全事故，这样的项目安全管理也存在很大的漏洞，项目上会存在较大安全隐患。因此，要彻底改变公司安全生产形势，就必须彻底改变二级单位主管领导和项目经理重效益、轻安全的思想，这是目前水电施工企业安全管理工作的一件大事。

5.3　项目领导干部的安全意识及认识问题

在安全管理工作上，一些二级单位负责安全工作的领导，在思想意识上仍存在“有些安全事故是不可避免的”的思想，这是非常要不得的。因此，要想把公司的安全管理工作搞好，必须首先解决这些领导干部的思想认识问题。如果负责安全工作的领导都是这种想法，很难想象他能把安全工作搞好，公司的整体安全形势也就失去了部分支撑基础。督察工作实践证明：安全工作管跟不管不一样，管得松跟管得严不一样，管得多跟管得少也不一样。仔细分析一下近几年发生的一些安全事故，如果当初观察、管理到

位，是完全可以避免的。

5.4 督察工作的重要性认识问题

对于安全督察工作，一些领导在认识上还存在一些偏差，认为安全督察一个项目就一两天，能解决什么问题。事实上，安全督察工作就是要找出项目上存在的安全管理问题和现场安全隐患并详细记录，对于目前暂未施工、即将施工的项目提出必要的安全要求及注意事项。对于督察工作，更重要的是下一步的监督整改验收工作，这才是重中之重。

5.5 督察工作应独立进行

进行安全督察工作，必须独立行使权力，否则，督察工作可能流于形式。督察工作如果与其他的安全检查方法相类似，也就失去了设立这个岗位的意义，这项工作很可能会失败。

5.6 强调督察工作在公司安全管理中的地位

在督察过程中，经常遇到平级或更高级别的领导，公司一把手及主管领导必须强调督察工作的独立性、权威性，让公司所有二级单位领导及项目领导都知道安全督察在公司安全管理中的重要性及公司对此的重视程度。

5.7 安全督察工作的特殊性、大局观

进行安全督察工作，与搞技术工作是完全不同的，为别人解决技术难题或作技术培训，别人是欢迎的，但去督察别人，挑别人的毛病，是不受欢迎的。但安全督察工作人员必须有大局观，按照公司需要做好这项工作。

5.8 不要依靠老办法做安全工作

一些二级单位的领导干部，到现在还是在用老办法进行安全检查，也相当于例行公事。到一个项目督察只是简单地写上几句话就行了，项目整改验收回复也是简单的一页纸、几行字，有的甚至连个公章都没有。这样的安全工作是无效的。

5.9 不要怕查的项目多

在每年8月份之前，该查的项目没查，该跑的项目没跑，能预防的最终没预防到，差旅费是省了，但不该发生的事可能就发生了。一年安全工作的好坏主要看上半年，上半年走到了、看到了、查到了、改到了，可能就为全年的安全形势好转奠定了稳定、坚实的基础。

6 结语

安全工作是一项全员性的工作。安全督察只是其中的工作内容之一。要想把安全工作做好，水电施工企业的一把手及分管领导必须对这项工作高度关注；分局等二级单位的主管领导要高度重视；项目经理要全力支持安全人员的工作，安全投入到位；项目安全督察人员必须脚踏实地地到施工现场去发现安全问题，处理安全问题；努力提高项目部全体员工的安全意识及自我保护能力。只有这样，水电施工企业的安全工作水平才能有更进一步的提高。

水电工程在建项目现场安全督察管理经验分析

摘　要：中国水利水电第五工程局有限公司于2009年初成立了安全生产监督组，通过两年多的督察管理，取得了较好的安全管理效果。本文将两年来的督察管理工作实践经验进行了分析、总结，提出了现场安全督察管理的基本工作要求及几点体会，供同行参考借鉴。

关键词：在建工程；安全督察；隐患排查；经验总结

1　安全督察的效果

鉴于2008年公司安全生产形势的严峻性，为进一步加大在建项目安全管理工作力度，2009年2月，我公司成立了安全生产监督组。在各级领导的大力支持、高度重视下，通过包括督察组在内的全体安全管理工作人员的共同努力，终于使公司的安全形势取得了好转。2009年、2010年公司连续两年被评为中国水利水电建设股份公司安全管理优秀单位，由股份公司近三十家单位中的后几位跃居前几位。

经过对近三年来安全生产事故数据统计分析：2009年安全生产事故率与2008年同比下降55.6％；2010年安全生产事故率与2009年同比下降50.0％，2010年安全生产事故与上一年相比得到了进一步控制。这说明：对于安全管理工作，管跟不管不一样，管得松跟管得严不一样，只要全员重视起来，公司的安全管理形势应该是可控的。

2　现场安全督察工作经验

2.1　公司领导对安全督察工作的高度重视

连续两年安全督察工作取得了较好的效果，这与公司领导的高度重视、大力支持分不开。安全督察工作与其他工作相比是有其特殊性的，督察组主要是与项目经理、分局副局长以上级别领导打交道，没有上级领导的支持，督察组的工作开展起来是比较困难的。为此，公司总经理、分管安全副总经理多次在公司召开的全体二级单位党政领导会议上强调：安全督察组在公司内进行安全督察工作时，不管遇到谁、遇见哪级领导都“见官大一级”，这大大加强了督察工作力度，提高了督察人员的自信心，为督察工作的开展打下了坚实的基础。

2.2　督察人员的高度责任感

从事督察工作的人员必须具有很强的责任心、使命感。即便现场工作经验再丰富、能力再强，若发现问题抹不开面子、不敢管理，或者出现“转转就走人”的现象，也无济于事。

2.3 督察人员具备多年的现场施工工作经验

督察工作人员必须具有多年的现场施工、安全管理实践工作经验。即便你的责任心再强，如若安全问题摆在你眼前就是看不出来，或看出问题想不出解决办法，无疑会影响督察工作的效果。

2.4 细致入微的现场查验

做现场督察工作，必须对现场安全隐患查细、查实。即便是通常所说的“小问题”，也坚决不能放过。恰恰是这些数以千计的“小问题”，对公司的安全管理构成了大威胁。通过对公司近年来工伤事故数据统计分析，应该说，90%以上的工伤都是因为不注意这些“小问题”造成的。

2.5 详细的督察报告及整改通知

督察组在对二级单位、项目进行督察时，查出的问题必须逐项详细记录，不能由于各种原因简化记录，甚至不记。往往是记录下的问题整改了，没记录的就没整改。这就造成了以后整改验证要求再严格、再认真，仍然有一定数量的隐患存在，督察组仍然不能做到心中有数。

2.6 对即将施工项目安全问题的及时提醒

督察组到施工现场督察时除了对正在施工或已完成项目进行现场安全隐患排查外，对于当时尚未施工、即将施工的项目，要根据督察组督察同类项目的经验，以书面形式提出相关安全管理要求，以便项目施工时遵照执行。

2.7 坚决彻底的整改验证

整改验证是督察组每个项目督察工作的最后一环，也是最重要的一环。对于每个项目，督察组的工作再细致、再认真、查出再多的问题，如果不能逐项、彻底地整改，等于前面做的工作都白做了，该发生的事故照样会发生。可以肯定地说，对于这个项目来说，督察工作是失败的。

3 现场安全督察工作具体要求

对于安全督察工作，必须牢固树立“任何施工部位都是不安全的、任何安全事故都是可以避免的”的指导思想。

3.1 施工营地

要求所有在建项目，在汛期之前，完成对项目部营地、外协队伍营地、作业面现场施工及值班用房的危险环境检查，查是否处于高边坡下方、是否在冲沟口、是否会发生泥石流或山体滑坡、房基是否稳定，并采取相应措施。要求形成书面的雨天夜间值班制度。

3.2 宿舍

宿舍内外禁止电线上晾晒衣物，禁止用碘钨灯取暖，禁止在水桶内用电热器直接烧水，禁止照明线路与门窗等金属直接搭接现象。

3.3 现场辅助设施

（1）值班室：室内禁止采用碘钨灯取暖、禁止照明线路与金属直接搭接，并检查值班室是否处于危险环境中。

（2）炸药库：要求看管人员持证上岗，火工材料出入库账目清楚，账物相符，每发被领出的雷管都必须有领取编号记录；对领出但未使用完的火工材料及时退库，并有详细的退库记录；所有火工材料的领取、使用、退库必须在公司施工人员监管下进行。

（3）钢筋、钢支撑等加工厂：禁止照明线路与金属直接搭接现象；氧气、乙炔瓶间距不小于 5m。

（4）物资仓库：仓库物品上架摆放，氧气、乙炔要求分库存放；库房要求设置灭火器；仓库与职工宿舍要求分开设置。

（5）空压机房：空压机房内及施工现场所有空压机皮带轮（包括 3m^3 电动移动空压机）均必须安装防护罩；禁止照明及动力线路与金属直接搭接。

（6）水泥库：检查库房墙体的稳定；禁止照明线路与金属直接搭接现象。

（7）拌和站：检查皮带轮是否具备防护罩；禁止照明线路与金属直接搭接。

（8）现场井、坑、池：必须做好防护围栏以防止人员坠落，并设明显警示标志。

（9）现场道路、场地：高处邻边部位必须做防护围栏。

3.4 施工作业面

（1）隧洞：洞口及边坡的安全稳定情况；临时支护的开裂变形情况；爆破后、出渣后的二次撬挖情况；超前支护情况；安全帽佩戴情况；打钻平台、钢筋台车、钢模台车高处坠落防护问题；禁止照明线路与已绑扎钢筋直接连接。

（2）竖井：井口要求四周做栏杆封闭，下部 20cm 设踢脚板；使用吊桶出渣时禁止渣料高出桶口平面，井内出渣人员应远离吊桶晃动区域；卷扬机操作人员禁止疲劳操作，并设限位装置。

（3）斜井：要求卷扬机建立维护保养记录、建立钢丝绳断丝断股定期检查记录；矿斗前后严禁站人；平台车上无人员扶手等固定装置及重车上严禁站人。

（4）高边坡：要求自上而下逐层开挖，边开挖、边支护，禁止在下部掏挖，尽可能地避免一次开挖完成后自上而下支护；尤其是雨季必须经常检查坡面顶部地面开裂变形情况；高边坡施工用脚手架要求竖杆到底、横杆到墙，设剪刀撑，并经过稳定、受力计算；施工期间马道要求设防护栏杆。

（5）深基坑：要求坑口设封闭防护栏杆，下部 20cm 设踢脚板；坡面及时支护；经常检查坑口地面开裂情况并及时采取措施。

（6）坝体：两岸高边坡马道要求设防护栏杆；坝体施工作业面上下游高处邻边部位要求设防护栏杆；土石坝坡面干砌石施工时，禁止将石块先堆放于上部坡面后从下部取石；对于闸门槽等孔、洞、井，孔、洞要求用硬质物进行覆盖防护，井要求四周设栏杆、下部 20cm 设踢脚板，必要时井口设防护网覆盖；坝体上升过程中，先做防护后施工。

（7）厂房：厂房内楼梯一经形成要求先做栏杆，后通行；厂房内孔、洞、井，孔、洞要求用硬质物进行覆盖防护，并要求四周设栏杆、下部 20cm 设踢脚板，必要时井口设防护网覆盖；墙体、柱体上升过程中，先做防护后施工。

（8）机电安装：施工现场的孔、洞要求用硬质物进行覆盖防护，不能覆盖的，要求在四周设栏杆，孔洞下方应设水平安全防护网；在井内施工要求正确佩戴安全帽；高处邻边作业要系好安全绳；在有可能发生高处坠落的部位下方设防护网。

（9）桥梁：要求注意灌注桩、桥墩等上升过程中的安全防护问题，要求先防护，后施工；施工人员正确佩戴安全帽、系好安全绳；施工部位周边设防护网；桥梁吊装施工时专职安全人员要现场监控；桥面施工要求两侧做好防护栏杆，防止人员坠落。

（10）安全通道：施工作业面应预留安全通道，并保持安全通道的畅通；不同高度的作业面应设钢质爬梯。

3.5 习惯性违章问题

（1）要求各项目施工现场设置安全教育室，对不正确佩戴安全帽、安全绳、安全带等防护用品的违章人员，及时进行安全教育，对违章情况、教育情况进行记录，并由当事人签字确认。

（2）要求所有用电设备均配置漏电保护器，施工现场禁止照明线路与金属直接搭接，对于现场、宿舍违章用电行为要求进入安全教育室内进行教育，对违章情况、教育情况进行记录，并由当事人签字确认。

（3）要求对所有新进场员工进行习惯性违章教育。

4 督察工作的整改验证

两年的督察工作，最成功的一点就是做好了整改验证。对于安全督察问题的整改，做到了逐条、逐项核对。现场隐患整改见照片及相关说明，管理资料整改要求见电子版文件。经过两次整改仍未合格的，项目经理回公司述职，二级单位负责人要回公司汇报工作。

5 现场安全督察工作的几点体会

5.1 要加强分局分管副职的履职管理

2010 年年底在对公司六个分局的督察中，发现部分分管副职履职情况较差，说是检查了项目，但一年的工作中没见一个整改通知。要求分管副职到项目检查时必须留有整改通知，并确保验证，坚决杜绝“转转就走人”现象。

5.2 加强汛期前各分局的督察检查工作

要求各分局在汛期以前，认真完成对分局所属项目的督察检查工作，所有分局查过的项目必须留有详细的检查记录、整改通知，整改验证工作必须做到现场整改见照片、资料整改见电子版文件，这很重要，也是督察组的成功经验。

5.3 要强调安全工作中“任何施工部位都是不安全的”

在项目上做安全工作必须树立“任何施工部位都是不安全的，任何安全生产事故都是可以预防的”工作思想。工作思路、目标定了，你才会想办法努力去实现，思路决定行为。

5.4 对于安全管理工作中“运气”的理解

部分分局领导、项目经理认为自己分局、项目出的事故多，是运气不好。搞安全工作，靠运气是不行的，要靠组织大家去管、去做。运气是靠实力和实干说话的。甘肃舟曲锁儿头、四川金平、四川汶川映秀耿达等项目，如果晚上没人值班，后果是不堪设想的。这充分说明了这个问题。

5.5 要正确认识安全督察检查工作

经过两年的督察，应该说大部分项目对安全督察工作都能正确认识。督察的目的是：查出问题，协助整改。

5.6 事前检查预防胜过亡羊补牢

各二级单位安全工作必须以事前预防为主，在汛期前走到、看到、查到、整改到、要求到。等到事故已经发生了，再追查就有点晚了。不过，亡羊补牢，事后追查责任、查清原因是必须的。

5.7 实行公司督察与分局督察检查联动

只靠公司安全督察组的督察是不够的，分局等二级单位必须一起行动起来，各分局要在汛期之前完成对所属重点关注项目的督察检查、整改工作，必须形成联动机制。

5.8 要注重对“小问题”的整改

在我们督察出的问题中，大多数是所谓的“小问题”，但恰恰是这些数以千计的小问题，成了我们安全管理中的大漏洞。这一点在公司近三年工伤事故数据统计中表现得很明显，应该说90%以上的工伤、事故都是因为不注意这些小问题造成的。

6 结束语

安全督察工作是一项“积德行善”、为广大职工谋福祉的工作。督察工作中的任何一种放松、任何一种不负责任，甚至所说的“抹不开面子”都是对公司的不负责任，都是对全体职工的不负责任。如果由于我们的疏忽、不负责任、没防范到位而最终造成了事故，那我们的失误应该是不可饶恕的。因此，从事督察工作的人员，除了要具备丰富的现场施工经验外，更重要的是必须具有高度的责任心、使命感，要敢于负责、敢于担当，再辅以合适的督察工作方法，就能取得良好的督察工作效果。

参考文献：

[1] 国家安全生产监督管理总局. 安全法制理论与实践 [M]. 北京：中国劳动社会保障出版社，2007.

某隧洞特大涌渣流砂事故原因分析及经验教训[①]

摘　要：针对某隧洞发生的隧洞开挖史上罕见的特大涌渣、涌砂事故，对事故原因进行了分析，总结了经验教训，可供同类工程借鉴，对预防同类事故的发生有着重要意义。

关键词：隧洞；涌渣流砂；事故原因；经验教训

1　引言

在地下隧洞工程施工中，塌方、冒顶、流砂事故是比较常见的，但一次出现涌渣流砂几千方，甚至上万方，将出渣装载机、自卸汽车冲出500余米且完全解体、掩埋的现象却是罕见的。本文所述隧洞为四川某水电站引水洞，该洞出口端工作面开挖掘进428m时，第一次发生涌渣流砂3900余立方米后，在处理过程中按正常支护方法清渣到距掌子面17m左右时，掌子面上方再次突然冲出涌渣流砂11800余立方米，将洞内的一台装载机和自卸汽车瞬间像箭一样由洞内推出洞外后，继续向前推进92m，整个推出距离503m，并将两台设备完全解体、掩埋，洞口堆渣1.02m，洞内所有施工设备、用电线路全部报废。对于这样的突发事故，在隧洞开挖史上是不多见的。

为了在以后的隧洞开挖施工中避免同类惨痛事故的发生，笔者对该洞事故发生的经过进行了描述、对事故发生的原因进行了分析，并总结了经验教训，供广大地下工程施工人员参考。

2　工程基本情况

四川某水电站引水隧洞洞长1188m，分进、出口两个作业面。该洞开挖断面为城门洞形，Ⅲ类围岩设计开挖断面尺寸为4.8m×4.38m（宽×高），支护主要采用锚喷支护，局部挂网：锚杆采用砂浆锚杆，Φ22mm螺纹钢，$L=3$m，间排距均为150cm；喷混凝土采用C25混凝土，厚5cm；局部挂网采用ϕ8mm，网格尺寸20cm×20cm。原设计Ⅳ、Ⅴ类围岩设计开挖断面尺寸为5.5m×5.08m（宽×高），采用锚、网、喷结合钢格栅的支护方法：锚杆采用砂浆锚杆，Φ22mm螺纹钢，$L=3$m，间排距均为100cm；喷混凝土采用C25混凝土，厚10cm；局部挂网采用ϕ8mm，网格尺寸15cm×15cm；钢格栅采用Φ18mm螺纹钢制成，断面尺寸15cm×15cm。在出现流砂现象后，Ⅳ、Ⅴ类围岩开挖断面尺寸变更为5.9m×5.85m（宽×高），支护采用超前小导管结合钢支撑加强支

① 本文其他作者：魏豫、张叶祥、李鹏。

护：小导管采用 ϕ48mm 普通钢管，间距 30～40cm；喷混凝土厚度由原设计的 10cm 调整为 30cm；钢格栅改为钢支撑，采用 I18 工字钢制成；挂网仍采用 ϕ8mm，网格尺寸 15cm×15cm。

招标文件中的地质条件：该洞洞身段全长 1188m，沿线地形完整，隧洞埋深一般 140～300m。岩性主要为灰白色、微红色中粒黑云二长花岗岩，有辉绿岩脉穿插，岩体新鲜较坚硬，主要以Ⅲ类围岩为主。由于该洞埋藏深度大，岩体新鲜完整，地下水较丰富，开挖时需采取相应的疏排措施；地应力属中高量级，局部洞段可能发生劈裂、剥落、岩爆，对围岩稳定不利，开挖时应采取防护措施。

在招标文件中该洞围岩以Ⅲ类围岩为主，洞口及局部有Ⅳ、Ⅴ类围岩。而在实际开挖后，地质条件出入较大。该洞出口作业面实际开挖的 428m 中，Ⅲ类围岩 13m，Ⅳ类围岩 85m，Ⅴ类围岩 330m，Ⅳ、Ⅴ类围岩占 97%，共揭露断层 11 条、岩脉 19 条。

3 事故发生经过

2009 年 6 月 3 日凌晨 5：00，引水洞出口开挖至桩号 K0+773 部位，对边顶拱超前支护完毕后，右侧顶拱掌子面出现突发性的涌渣，涌渣量约 110m^3；上午 10：00，K0+773 掌子面右边顶拱涌水量突然增大，但无渣体涌出，见图 1；中午 12：45 再次发生突发性的涌渣，渣体涌至 K0+870 桩号，见图 2；中午 12：50 在洞口放置警戒线；下午 16：30 随着洞内轰鸣声，大量泥石流状渣体涌出来，桩号 K1+080 位置淤渣约 30cm 厚，见图 3。桩号 K1+043 至掌子面共 271m 风水管线被冲断或拧成麻花状，洞内电路中断，混凝土喷射机、手风钻、电焊机、风镐、配电柜、注浆机、注浆泵、浆液搅拌机、鼓风机及其他大量物资被掩埋，幸好无人员伤亡。经测算，本次共发生涌渣流砂 3900 余立方米。

图 1　右边顶拱涌水情况（6 月 3 日上午 10：00）

图 2　洞内涌渣至 K0+870（6 月 3 日上午 12：45）

图3　洞内涌渣至 K1+080（6月3日下午16：30）

涌渣流砂事故发生后，业主为了确保引水洞按期使用，加快工程进度，经与设计、监理协调，在没探明事故发生原因及地质结构的情况下，要求施工单位于2009年6月10日开始对洞内涌渣进行清理，并按设计要求对破坏洞段进行重新支护。

2009年8月5日凌晨2：10，已清理出的破坏段重新支护完毕，开始自K0+791桩号进行出渣，出渣采用ZL50装载机装两台5T自卸汽车。凌晨4：43，当出渣到距掌子面17m的K0+990桩号时，掌子面再次突然涌出大量流砂，瞬间将洞内的一台装载机和自卸汽车冲出洞外。流砂和设备巨大的冲击力，将洞轴线上、洞外施工场地上的机械设备及洞口防护栏冲垮，两台出渣设备冲下洞口公路，并冲垮公路边防撞栏杆，直射出去，最终落入公路边山坡下的砂石骨料仓内，整个行程轨迹长503m，见图4。此时，洞口部位淤积流砂厚度1.02m，见图5。公路上淤砂厚0.6～0.8m，装载机和自卸汽车全部被埋入山坡下的料仓内。后经挖出后，两台设备已被彻底解体。经初步测算，本次出现涌渣流砂11800余立方米，且洞口涌出的渣料均为干净、质量良好的青砂。

图4　设备冲出洞口旁公路滑入料场轨迹

图5　洞口淤砂情况（已开始洞内搜救出渣）

4　隧洞涌渣流砂的形成条件和基本原理分析

4.1　涌渣流砂的形成条件

经过分析，隧洞发生涌渣流砂现象必须同时具备以下四个基本条件：①隧洞顶部围岩存在大量的松散碎屑固体渣料；②洞顶以上有高水头地下水，且有充足的地下水源补给；③存在有利于渣料存积、运动的通道；④掌子面顶部空腔内外压力平衡被破坏。

4.2 形成涌渣流砂的基本原理

在隧洞未开挖至涌渣流砂掌子面附近时，涌渣流砂掌子面顶部松散体和高水头地下水与洞内压力是平衡的。随着洞挖的向前推进，这种平衡被逐渐破坏，高水头地下水开始从节理裂隙极发育或属于散体结构的围岩中渗出，并随着向前掘进渗流量逐渐增大，地下水向洞内渗出的同时，逐渐带走了洞顶松散体内的大量细小黏土颗粒。洞顶松散体结构本来是靠这些黏土颗粒的黏结及支撑作用形成整体的，这些细小颗粒的流失使洞顶散体结构的整体性遭到彻底破坏，颗粒之间不再有黏结作用。因此，当开挖至涌渣掌子面时，彻底打破了顶部松散体和高水头地下水与洞内压力的平衡，大量地下水携带着顶部松散体冲入洞内，形成涌渣流砂。

由于涌渣掌子面顶部围岩节理极发育、松散破碎，总体呈松散体结构，稳定性极差、透水性强，掌子面涌渣达一定程度后，形成的顶部空腔内压力与洞内压力再次达到暂时平衡，涌渣流砂暂时停止。此时，空腔内高水头地下水不断渗入洞内，空腔内松散体在高水头地下水流动的裹胁下，不断塌落沉积于空腔内，顶部空腔快速扩大，地下水位迅速上涨，空腔内水压力不断升高，当空腔内外压力差达到一定程度时，就不可避免地再次发生了涌渣流砂。在涌渣流砂掌子面洞顶具备足够松散体和充足高水头地下水的条件下，随着洞顶空腔的增大，随后重复发生的涌渣流砂量将一次比一次大，直到涌渣流砂体产生的阻力与最高压力水头达到平衡为止，才能在一定时间内暂停涌渣流砂。可见，如果高水头地下水问题得不到彻底、有效的处理，再次进行出渣时将会产生更大规模的涌渣流砂。

5 事故发生原因分析

5.1 地质构造的影响形成了渣料竖向运输通道

该引水洞位于海流沟挤压破碎带影响范围内，所处山体发生过大的构造运动，受构造运动影响，出口已开挖的428m共发育有断层11条、辉绿岩脉19条。在引水洞发生涌渣流砂的掌子面K0+773处发育有βjd19辉绿岩脉，产状为N30°W/SW50°，宽4.0m，呈碎裂散体结构，两侧及上部均为易于储水的强～全风化花岗岩。βjd19辉绿岩脉形成了向下运输渣料的初期通道，并且逐渐向上、向两侧扩大至花岗岩强～全风化层范围。

5.2 全～强风化花岗岩提供了大量松散碎屑固体渣料

引水洞已开挖的出口洞段所处山体主要地层岩性为灰白色中粒黑云二长花岗岩。K0+773掌子面附近及顶部围岩呈全～强风化状态，由于结构构造和矿物成分的特点，遇水易于崩解，形成碎屑和砂粒，并且储量极其丰富，这就为涌渣流砂提供了大量固体渣料。

5.3 雨季长时间连续降雨提供了高水头和充足的地下水

根据中水顾问集团成都勘测设计研究院提供的地质资料，该引水洞正常地下水位距洞顶的水头高差达到85m左右。该区域地处中高山地区，海拔1100～1800m，为亚热带河谷季风气候。该地区在6～8月份雨量非常充沛，据乡政府附近雨量监测站资料显示，仅7月15日至8月5日，降雨量就为231mm，最近一周降雨量69.2mm。监测结果为河谷地段数据，高山区应比监测结果大。大量的地下水渗透填充于山体强～全风化花岗岩松散破碎岩体内，使之趋于饱和状态，从而使洞顶以上地下水头超过100m成为现实。另外，山体内发育有海流沟—切刀崖断裂含水带，储水量极丰富，是山体内另一充足的水源。这种长期存在的高水头和充足的地下水为涌渣流砂提供了强大的动力。

5.4 大量长期流动的地下水使空腔内部结构不断发生变化

2009年6月4日至8月5日，再次发生大规模涌渣流砂过程如图1所示。根据施工现场监测资料，自2009年6月4日至8月5日平均每天自涌渣流砂的空腔内流出的地下水量都在180m³/h以上。6月4日以后，这种高水头、大流量的地下水不断冲刷空腔两侧及顶部松散破碎的花岗岩体，使之大量沉积于空腔内，并且空腔内水头不断升高，直至与山体内最高地下水位持平，如图1（b）所示。这种巨大的压力与洞内淤积的涌渣流砂体产生的阻力暂时处于平衡状态，如图1（c）所示。长期流动的地下水不断带走空腔内积渣及洞内腔体附近淤积体中的细小黏土颗粒，使空腔内及腔体附近堆积体中的颗粒完全处于独立状态，彻底成为砂粒散体结构，完全失去了相互之间的黏结支撑力。对于这种暂时状态的平衡，稍有触动，将顷刻间崩塌，这种巨大的势能瞬间释放，迅速转化成冲击能量，从而造成大量涌渣流砂事故。

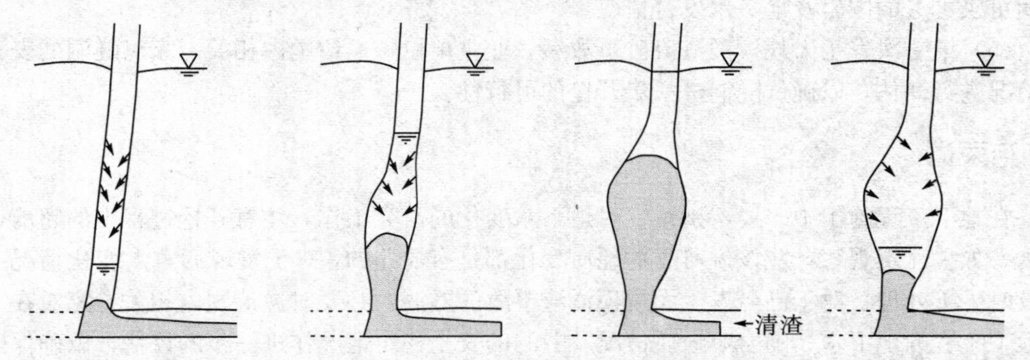

（a）6月3日涌渣后 （b）积渣增多水位上升 （c）暂时达到平衡状态 （d）平衡破坏再次涌渣

图1 2009年8月5日再次发生涌渣过程示意图

5.5 后期清渣活动诱发了本次涌渣流砂事故

在2009年8月5日凌晨4：43以前，由于6月3日涌出来的渣料形成的洞内自然堆积料体，长达307m，其产生的水平抗滑力足以抵抗涌渣空腔内产生的向下压力。随着清渣工作的进行，洞内渣料堆积体产生的抗滑力逐渐减小，直到清理至距掌子面17m的K0+990桩号时，这种平衡状态被完全打破，涌渣腔体内巨大的势能瞬间转化为强大的洞内水平方向冲击能量，于是便发生了8月5日凌晨4：43的特大涌渣流砂事故，如图1（d）所示。

6 经验教训

本次事故教训是惨痛的，事故发生时间刚好在8月5日凌晨5点钟前后，洞外及路边下方骨料仓内均无施工人员。如果时间提前2～3个小时，洞内外夜班施工人员是比较多的，那么，在洞轴线上距掌子面500m范围内，所有人员、设备将无一幸免。通过这次事故，不管是业主、设计、监理还是施工单位，都应该谨记这一教训。

(1) 第一次发生大体积的涌渣事故后，不要急于对涌出的渣料进行清理，也不要急于研究支护方案，应该认真观察涌渣掌子面上方腔体出露情况。如果是出露在外的，说明腔体内渣料数量是可以预计的；如果是淹没的，那么腔体内的於渣数量是未可知的，需要进一步探明，并且其内部水头差会进一步升高，可能发生更大的涌渣流砂事故。

(2) 发生涌渣事故后，要认真观察地下水的流量变化情况。如果涌渣后地下水流量迅速减少，说明地下水属于裂隙潜水，这种没有后续地下水的涌渣是比较易于处理的；如果后续地下水流量比较大，且流量稳定，说明存在地下水补给水源。由于这种地下水的影响，将造成涌渣后的空腔进一步扩大、变高，可能造成更大的涌渣事故。

(3) 在地下水补给情况、空腔上部围岩情况没探明或地下水没彻底治理前，不要急于清理涌渣后的积渣，以免沉积在空腔内的渣料和高水头地下水突然涌出，进一步造成设备损坏、人员伤亡。

(4) 在设计阶段洞轴线选址时，应按设计要求加密钻孔取芯数量，切实为施工阶段探明可供参考的围岩及地下水发育情况。

(5) 第一次发生大规模涌渣流砂事故后，业主单位应邀请国内相关专家对隧洞的安全情况进行评估，以确认隧洞进一步开挖的可行性。

7 结束语

在地下工程施工中，要特别重视对地下水变化的研究工作，注意开挖过程中的超前探水。如果注意观察，应该说所有的地质变化都是有前兆的，对于发现的重大变化情况要及时妥善处理；对于已经发生大规模涌渣事故的隧洞，必要时邀请国内相关专家对在建地下工程的地下水、围岩等地质情况及隧洞的安全稳定情况作进一步的评估，以确保后续施工的安全。

参考文献：

[1] 水利电力部水利水电建设总局. 水利水电施工组织设计手册（2施工技术）[M]. 北京：水利电力出版社，1990.

[2] 杨玉银，段建军. 汾河水库泄洪隧洞F_3断层塌方分析及处理 [J]. 四川水力发电，2000（2）：25－28.

第七篇
其　他

综合控制爆破技术在坪上集水廊道开挖中的应用[①]

摘　要：针对山西坪上应急引水工程复杂环境下集水廊道开挖的具体情况，提出了“两侧先行预裂，再横向拉槽创造临空面，最后进行主体廊道爆破”的施工方法，有效地控制了爆破振动及飞石对临近公路、路边民房、上方通信线路及水源的损害，为同类工程提供了有益的经验。

关键词：集水廊道；控制爆破；两侧预裂；横向拉槽；坪上引水工程

1　引言

在爆破工程施工中，为了减少爆破振动及爆破后飞出的破碎块体对周围环境或建筑物的损坏，多从研究爆破方向、控制单响药量、调整起爆顺序等方面下功夫。在特定环境下，为了减少爆破振动对附近建筑的影响，可以将上述方法与预裂爆破技术有机地结合起来，这将会取得更好的爆破效果。山西坪上应急引水工程复杂环境下集水廊道开挖采用了这种有机结合的控制爆破方法，有效地将爆破振动及飞石控制在了允许范围内，取得了良好的效果。

2　工程概况

坪上应急引水工程集水廊道位于山西省五台县境内，原设计开挖典型断面为梯形，上宽 6.5m、下宽 3.6m、深 4.7m，衬砌后为净宽 3.0m、深 3.0 m。原招标文件开挖体表层为第四季全新统洪冲积物（Q_4^{p+al}），下部为卵石混合土夹粉土、级配不良砂透镜体，结构松散，卵砾石成分主要为灰岩、白云岩等，岩性坚硬。为避免爆破区域内出露的泉水水源出现改道现象，不允许采用爆破作业。对于局部出露的基岩采用风镐或振动锤处理。实际施工时，出露的主要开挖体为白云质灰岩，岩性完整坚硬，以Ⅱ、Ⅲ类围岩为主，必须进行开挖爆破。根据具体出露的围岩情况，经我公司与业主、设计、监理等单位现场勘查后，一致同意将原梯形断面变更为矩形开挖断面，典型开挖断面尺寸为 3.6m×3.0m（宽×高）。经业主邀请国内相关专家论证后，同意采用爆破方法开挖。

3　周围环境及爆破难点

3.1　周围环境

该开挖爆破作业面所处位置的周围环境比较复杂，爆破区距与之相邻的东坪公路路

---

① 本文其他作者：卢学文、黄青平、张叶祥。

基仅 2.5m，距公路边民房水平距离 10.5m，距公路沿线通信线路垂直距离仅 5.9m，如图 1 所示。

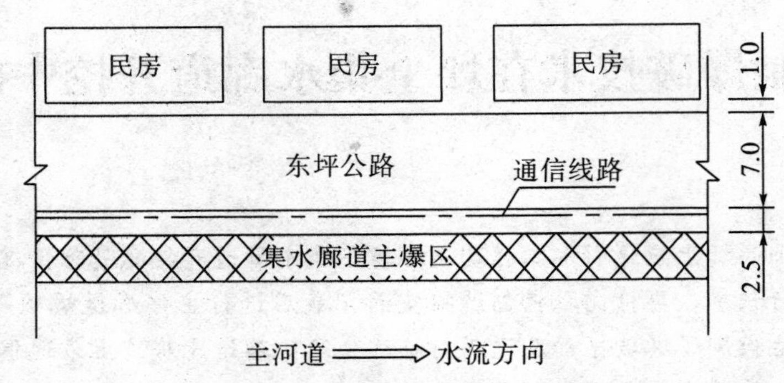

图 1　爆破区周围环境示意图（单位：m）

3.2　爆破难点

开挖爆破作业要求严格控制爆破振动及飞石距离。不能因爆破振动将沥青路面与路边浆砌石挡墙拉裂，从而导致路基基础不稳，发生路面破坏；不能因爆破振动及飞石损害路边民房及公路路面，从而引起不必要的民事纠纷；不能因爆破飞石损坏路边通信线路，从而引发赔偿问题；更重要的是，不能因爆破振动导致泉水水源改道，从而造成水源破坏问题。

4　关键爆破技术问题的处理及爆破方案的制订

4.1　关键爆破技术问题的处理

该项目集水廊道岩石开挖爆破作业，主要是控制水平方向爆破振动及向上方的爆破飞石。为了控制爆破作业对相邻公路、民房、上方通信线路及泉水水源的影响，经研究后决定采取以下措施：

（1）主体廊道爆破振动的控制。

在主体廊道实施开挖爆破前，先在廊道开挖体两侧设计开挖边线处采取预裂爆破措施，即在主体廊道开挖爆破前，再在设计开挖边线处形成一道裂缝，宽 1～2cm，以控制爆破振动对相邻公路及民房的影响在允许范围内。

（2）爆破振动对水源影响的控制。

经过业主邀请国内著名爆破专家论证，预裂爆破单响药量控制在 3.0kg 以内，将不会造成泉水水源改道。预裂缝形成后的主体爆破将不会对泉水水源产生影响。

（3）爆破飞石的控制。

为了控制爆破飞石对公路路面及路边民房的影响，在预裂爆破完成后采用横向拉槽的方法创造临空面，使主爆区的爆破方向沿集水廊道纵轴线方向，即爆破飞石方向与公路、民房、上方通信线路等平行，尽可能地避免爆破飞石飞向需保护的建筑物和线路等。

（4）主爆区钻孔斜上方爆破飞石的控制。

尽管采取了以上措施，还需注意主爆区的钻孔方向，为了尽可能地避免主爆区爆破飞石向斜上方飞行，主爆孔的钻孔方向要求按竖直方向钻孔，即钻孔倾角90°。

（5）横向拉槽飞石控制。

在整个爆破过程中，拉槽的飞石控制是比较难的。除采用常规的覆盖防护及孔口清理外，所有拉槽爆破孔，包括掏槽孔、辅助孔、主爆孔，均采用隔孔装药的方法，以增加爆破临空面，使爆破能量尽可能向水平方向扩散，能有效地减少向上的能量，从而起到预裂和消能的作用。

4.2 爆破方案的制订

综合上述措施，集水廊道开挖爆破方案制订如下：沿两侧设计开挖边线先行预裂，然后分段横向拉槽创造临空面，最后主爆区分段爆破，同时注意主爆区爆破孔的钻孔方向控制，并加强爆破孔表面的覆盖工作，以避免少量孔口飞石。

5 爆破设计

5.1 预裂爆破设计

集水廊道两侧设计开挖边线预裂爆破采用单侧分段进行。先预裂靠近公路一侧，再进行另一侧预裂，分段长度每30m预裂一次。钻孔采用YT28手风钻钻孔，钻孔直径42mm，孔距视围岩情况采用0.6～0.8m。前期试验段30m按预裂孔孔深3.0m，炸药采用ϕ25mm乳化炸药，单孔药量控制在1.0kg以内，单响按3孔控制，线装药密度根据基岩硬度、完整性、裂隙发育程度，控制在280～330g/m。

5.2 横向拉槽设计

为给廊道主体开挖创造临空面，结合本工程爆破距离长，爆破范围比较窄的特点，每隔一定距离进行分段横向拉槽。在预裂爆破完成后，主体工程爆破前先单独进行横向拉槽。横向拉槽长度按2.1m设计，槽与槽间距50m。拉槽钻孔直径42mm，采用楔形掏槽，掏槽孔孔深3.5m，倾角75°左右。掏槽孔间距0.35m，采用隔孔装药，以增加掏槽孔临空面，同时可达到预裂的目的。其他拉槽孔孔深按3.0m设计，为垂直孔，间距0.35m，同样采用隔孔装药，炸药采用ϕ32mm乳化炸药。在拉槽时，隔孔装药中的空孔除了起到增加临空面的作用外，还起到了预裂和消能的作用，能有效地减少向上的能量。

5.3 集水廊道主体爆破设计

在两侧预裂及横向拉槽完成后，即可进行廊道主体基岩爆破开挖。主体基岩爆破分段进行，每次开挖爆破长度8～10m，采用矩形布孔，排间起爆。钻孔直径42mm，孔深3.0m，孔距、排距均为1.2m，孔内装ϕ32mm乳化炸药。主体基岩石方爆破采用排间微差，孔内分别装MS1－MS10段非电毫秒雷管，孔外采用MS2段非电毫秒雷管联炮，电雷管起爆。

5.4 典型炮孔布置情况

集水廊道开挖典型炮孔布置情况见图2。

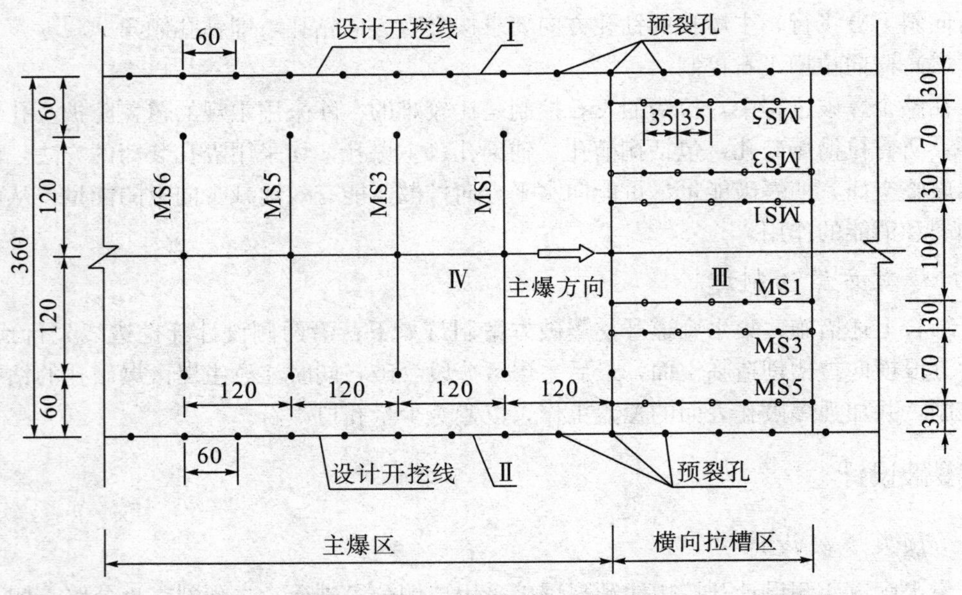

注：图中Ⅰ、Ⅱ、Ⅲ、Ⅳ为开挖爆破的顺序；•—装药孔；∘—非装药孔。

图2　集水廊道开挖典型炮孔布置示意图（尺寸单位：cm）

5.5　典型爆破设计参数

集水廊道开挖典型爆破设计参数见表1。

表1　典型爆破设计参数

部位	孔型	孔径/mm	孔深/cm	钻孔倾角/°	孔距/cm	排距/cm	药卷直径/mm	单孔药量/kg	备注
两侧线	预裂孔	42	300	90	60		25	1.0	
横向拉槽	掏槽孔	42	350	75	35	100	32	1.8	隔孔装药
	辅助孔	42	350	90	35	30	32	1.0	隔孔装药
	主爆孔	42	300	90	35	70	32	1.6	隔孔装药
主爆区	主爆孔	42	300	90	120	120	32	1.8	

6　安全保护措施

为了尽可能地避免孔口飞石，在装药、封孔、联炮等工作完成后，首先清理孔口浮石，并将孔口用砂袋压实，作业面用棕垫、废旧轮胎等覆盖；同时，该工程存在充足的天然地下水，在横向拉槽和主爆区爆破时，爆破作业面基坑内可充入50～100cm深的地下水加强覆盖，这样更加有效地避免了飞石和爆破粉尘污染。

7　爆破效果

到目前为止，该工程集水廊道开挖爆破施工已经全部完毕，由于采取了合理的开挖爆破方案及防护措施，有效地将爆破振动和飞石控制在了允许范围内，未对旁边公路及民房造成破坏影响，上方通信线路未受损，更重要的是由于采取了合理的爆破方案，未对水源水道造成任何影响。

8　结束语

在山西坪上集水廊道开挖爆破施工中，采取的以预裂爆破成缝控制爆破振动、横向拉槽控制爆破飞石方向、隔孔装药减少拉槽飞石、利用天然水资源加强覆盖防护，以及采取的其他爆破措施是完全合理的，也是非常成功的。实践证明，对于复杂环境下的基岩明挖爆破作业，以目前国内的爆破施工技术水平，只要将各种爆破技术及天然有利条件合理运用，是完全能够取得成功的。

参考文献：

［1］汪旭光，钱瑞武．爆破工程（上、下）［M］．北京：冶金工业出版社，1992.
［2］水利电力部水利水电建设总局．水利水电施工组织设计手册（2 施工技术）［M］．北京：水利电力出版社，1990.
［3］杨玉银．复杂环境下路基开挖深孔控制爆破［J］．四川水力发电，2004（增刊）：77－79.

复杂环境深孔控制爆破技术[①]

摘　要：为了保证位于复杂环境下从江航电枢纽工程坝址及厂房基础开挖的顺利进行，对被保护对象进行爆破安全分析、评估，划定重点爆破控制区域，根据计算确定各区域单响起爆药量，通过调整爆破方向、增大炮孔填塞长度、实施逐孔起爆技术控制飞石，结合合理的安全措施，最终取得了较好的爆破效果。爆破结果表明，通过爆破安全分析、评估确定的爆破参数、制定的安全措施是合理有效的。

关键词：复杂环境；深孔爆破；单响药量；安全分析

1　工程概况

1.1　概述

从江航电枢纽工程位于贵州省从江县，G321 国道从坝区左岸通过，向上游通往榕江县，向下游通往从江县城。开挖区域内石方开挖总量 33.8 万立方米，因开挖工期较紧，高峰期月石方开挖强度达到 7 万立方米。爆破区域岩体为粉砂质板岩夹轻变质粉砂质泥岩及轻变质粉砂质泥岩夹粉砂质板岩，属次坚石，中等坚硬。

1.2　周围环境

爆区紧邻 G321 国道和平瑞大桥，距平瑞大桥（石拱桥）40.0m；桥两头为居民楼，距平瑞上寨周围居民楼 53.2m，距平瑞中寨周围居民楼 54.3m，距 110kV 从江变电站 73.6m；开挖区有多趟高压线路通过，距爆区最近的高压线约 50m；爆区河道处于通行状态。爆破区域周围环境见图 1。

1.3　工程特点及难点

爆区周围有居民楼、变电站、国道、平瑞大桥及高压线路，周围环境复杂。工程难点是工期紧、月石方开挖强度大、爆破安全风险大，既要保证施工生产强度，又要保证周围各种设施安全。

① 作文其他作者：刘少辉。

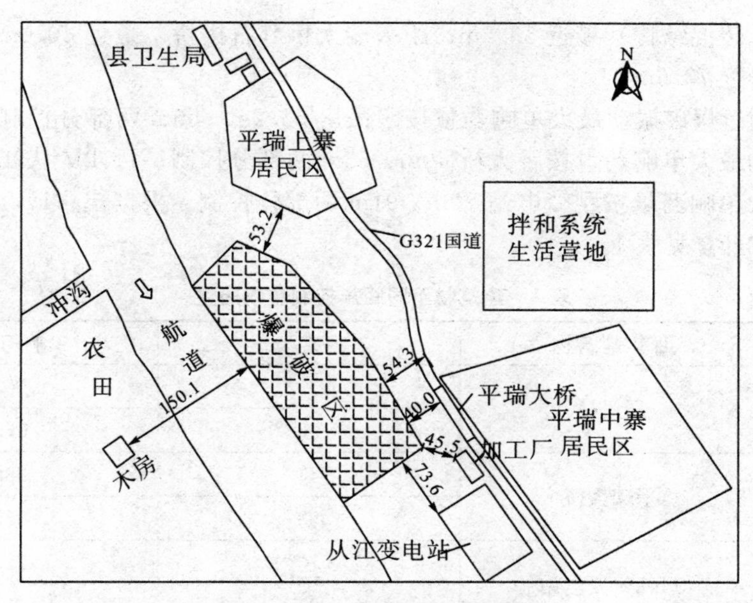

图1　爆区周围环境示意图

2　爆破安全分析

本工程主要采用深孔爆破，局部采用浅孔爆破，爆破带来的危害主要是爆破振动对周围居民楼和重点建筑物的影响，以及爆破飞石对周围居民、居民楼及重点建筑物的影响。可以通过控制单响药量来控制爆破振动对周围居民楼和重点建筑物的影响；通过逐孔起爆、减小单响药量、调整爆破方向、适当加大填塞长度、加强覆盖防护等措施来避免个别飞石对周围居民、居民楼和建筑物造成的伤害。

2.1　爆破飞石安全允许距离

根据《爆破安全规程》[1]，深孔爆破、浅孔爆破时爆破飞石安全允许距离均为200m；但浅孔爆破中在复杂地质条件下，破碎孤石且未形成台阶工作面时，爆破飞石安全允许距离为300m。主要通过改变爆破飞石方向及合理的爆破参数来避免爆破飞石对被保护对象的影响。

为了避免爆破孤石产生的飞石对人员造成伤害，施工中不采用爆破方法破碎孤石，而采用液压破碎锤法，尽管效率较低，但能保证安全。

2.2　爆破安全允许最大单响药量

最大单响药量可按下式计算[1-3]：

$$Q_{\max} = R^3 (v/K)^{3/\alpha} \tag{1}$$

式中：R 为爆破振动安全允许距离，m；v 为保护对象所在地安全允许振速，cm/s；K，α 为与爆破点至计算保护对象间的地形、地质条件有关的系数和衰减指数。

根据《爆破安全规程》[1]与同类工程案例[4-5]，周围居民楼的爆破安全允许振速取2.3cm/s，平瑞大桥的爆破安全允许振速取2.5cm/s，110kV从江变电站的爆破安全允许振速取1.0cm/s；爆破开挖岩石属中硬岩石，偏软，K 取200，α 取1.7；爆破区距周围居民楼（砖混结构）最近 53.2m；距平瑞大桥（石拱桥）最近 40.0m；距 110kV 从江变电站最近 73.6m。

居民楼附近爆破振动最大单响药量按距民房 53.2m、56m 两部分控制；平瑞大桥附近爆破振动最大单响药量按距大桥 40m、53m 两部分控制；110kV 从江变电站附近爆破振动最大单响药量按距变电站 70m、91m 两部分控制。根据式（1），建筑物不同距离控制单响药量见表 1。

表 1　建筑物不同距离控制单响药量

序号	保护建筑物	距离/m	单响药量/kg
1	居民楼	53.2	56.9
		56	66.3
2	平瑞大桥	40	28.0
		53	65.1
3	110kV 变电站	70	29.8
		91	65.4

3　爆破设计

3.1　爆破方案

本工程石方开挖属于复杂环境控制爆破，既要满足开挖强度、进度，又要保证周围各种设施安全。开挖采用自上而下、分层分台阶、深孔爆破，局部采用浅孔爆破，孔内采用高段位非电毫秒雷管，孔外采用非电毫秒雷管联炮，电雷管起爆。爆破方案重点考虑爆破振动和爆破飞石对周围人员和建筑物的影响、危害，应采用合理的孔网参数和必要的安全防护措施。

3.2　爆破参数

（1）钻孔直径：采用 ROC−D7 液压钻机钻孔，钻孔直径 $D=85\text{mm}$。

（2）台阶高度：根据挖装设备及设计情况，选取 $H=6.0\text{m}$。

（3）钻孔超深[2]：一般取 0.5～3.6m，考虑到爆破开挖岩石中硬偏软，取 $h=0.5\text{m}$。

（4）主爆孔钻孔倾角：为控制向上飞石，考虑到岩石硬度不高，采用垂直孔。

（5）主爆孔孔深：$L=H+h=6.5\text{m}$。

（6）最小填塞长度[2]：$l_2=(20\sim30)D$，取 $l_2=20D=1.7\text{m}$。

（7）最大装药长度：$l_1=L-l_2=4.8\text{m}$。

（8）炸药单耗：爆破岩石中硬偏软，取炸药单耗 $q_{单耗}=0.35\sim0.4\text{kg/m}^3$。

（9）孔内每米装药量：主爆孔炸药选用二号岩石乳化炸药，药径 ϕ70mm，单管长 40cm，重 1.6kg，孔内每米装药量 $q_{米}=4.0\text{kg}$。

（10）单孔爆破控制的最大爆破面积计算。

单孔最大装药量：

$$Q_{单孔} = q_{米} \cdot l_1 \tag{2}$$

最大单孔爆破方量：

$$V_{max} = Q_{单孔}/q_{单耗} = S_{max} \cdot H \tag{3}$$

由式（2）、式（3）可得：

$$S_{max} = V_{max}/H = Q_{单孔}/(q_{单耗} \cdot H) = (q_{米} \cdot l_1)/(q_{单耗} \cdot H)$$

即

$$S_{max} = (q_{米} \cdot l_1)/(q_{单耗} \cdot H) \tag{4}$$

式中：S_{max}为在孔径、炸药确定的条件下，单孔爆破控制的最大爆破面积，m^2；$q_{米}$为孔内每米装药量，kg/m；l_1为孔内装药长度，m；$q_{单耗}$为爆破每方岩石所耗炸药量，kg/m^3；H为台阶高度，m。

根据式（4），在孔径、炸药确定的条件下，当$q_{单耗}=0.35kg/m^3$时，$S_{max}=9.1m^2$；当$q_{单耗}=0.40kg/m^3$时，$S_{max}=8.0m^2$。

（11）孔距、排距：根据以上计算，可取孔距$a=3.0m$，排距$b=2.5m$，$a \cdot b=7.5m^2<8.0m^2$。

3.3 装药结构

（1）实际单孔药量：试验阶段和划定的主要控制爆破区域炸药单耗按$0.35kg/m^3$计算，$Q_{单孔}=q_{单耗}abH=15.75kg$，实际施工中可按$Q_{单孔}=16.0kg$计算。

（2）实际装药长度与填塞长度：$l_1=Q_{单孔}/q_{米}=4.0\ m$；$l_2=L-l_1=2.5\ m>1.7m$。

（3）装药结构：采用孔内连续装药，以增大填塞长度，有效控制飞石。

3.4 满足施工强度的日钻孔数

（1）实际单孔爆破方量：$V_{单}=abH=45m^3$。

（2）日爆破方量：按照月最高爆破强度$V_{月}=70000\ m^3$，每月工作日按照25天计算，$V_{日}=2800\ m^3$。

（3）日钻孔数：$n=V_{日}/V_{单}=62.2$个，可取$n=64$个，实际施工可按照每天两茬炮，每茬炮爆破32个孔进行。

3.5 炮孔布置

每茬炮爆破32个孔，分4排，每排8个孔，炮孔布置如图2所示。

3.6 起爆网路

采用孔间延时结合排间延时的起爆技术，实现逐孔起爆。孔内采用MS15段非电毫秒雷管，孔间采用MS3段非电毫秒雷管联炮，排间采用MS5段非电毫秒雷管联炮，起爆采用电雷管引爆MS1段非电毫秒雷管，再由MS1段非电毫秒雷管引爆整个网路。各炮孔起爆顺序及延时时间见图2。

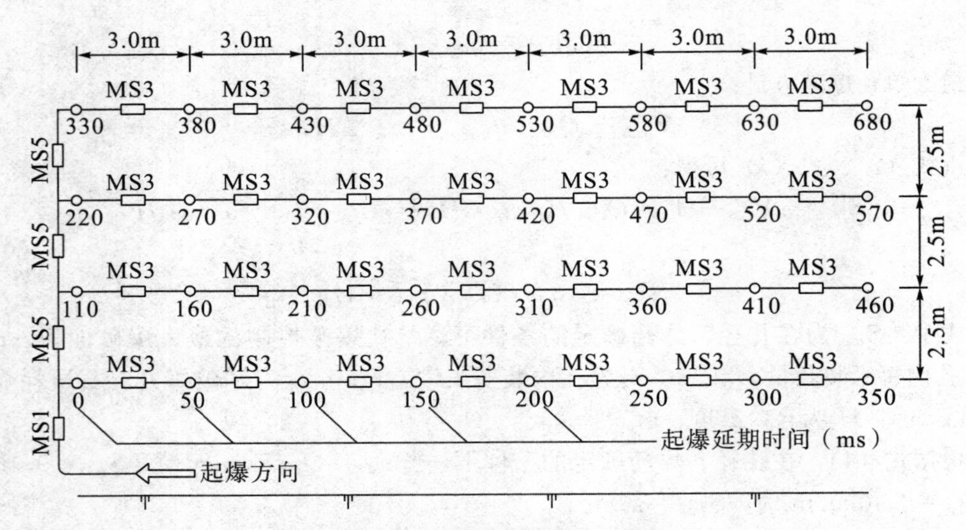

图2 炮孔布置及起爆网路示意图

4 爆破安全措施

(1) 采用逐孔起爆毫秒延时爆破技术，孔间延时结合排间延时有效控制单响药量，减小爆破振动。为了满足爆破振动控制标准，结合现场施工生产进度要求，分区域控制爆区内最大单响药量，控制标准：距周围居民楼 53～56m 范围内最大单响药量控制在 56kg 以内，距周围居民楼大于 56m 时最大单响药量控制在 65kg 以内；距平瑞大桥 40～53m 范围内最大单响药量控制在 28kg 以内，距大桥大于 53m 时最大单响药量控制在65kg以内；距 110kV 从江变电站 70～91m 范围内最大单响药量控制在 29kg 以内，距变电站大于 91m 时最大单响药量控制在 65kg 以内。

(2) 周围居民楼、平瑞大桥、变电站附近边坡开挖先采用预裂爆破，隔断主爆孔爆破振动对被保护对象的影响；对于爆破过程中产生的孤石及大块石，采用液压破碎锤破碎；每次爆破前，应清理孔口周围浮石，注意填塞质量和填塞长度，必要时用炮被表面覆盖。

(3) 改变临空面方向，从而改变爆破飞石方向，使爆破飞石朝向西部河道一侧，减少或避免飞石；在距离周围居民楼、平瑞大桥、变电站较近部位，根据需要采用炮被覆盖，减少飞石。

(4) 试爆阶段，在居民楼安全地带设置临时避震棚，以方便群众避炮撤离；在爆破时，划定的安全区域内河道采取封航措施，禁止一切船只停留或通过，并下发相关告示到相关村镇；爆破时间相对固定，每日 1～2 次，张贴告示，并告知有关部门和村镇，重要部位设置警示牌。爆区都柳江对岸部分地段仍处于飞石有害区域，提示有关单位和部门引起注意。

5 爆破效果及体会

截至 2014 年 2 月底，从江航电枢纽工程坝基及厂房基础开挖工作已经全部完成，在居民楼、平瑞大桥、110kV 变电站等重点被保护对象方向未发现爆破飞石，爆破飞石高度基本控制在 10m 内；在河道方向（爆破炮口方向）爆破飞石水平距离在 90m 范围内，高度在 30m 内。整个开挖过程爆破振动和爆破飞石未给周围居民楼、平瑞大桥、110kV 变电站和高压线路等造成影响。本工程爆破施工中，通过爆破安全分析评估，选取了合理的爆破参数，制定了有效的爆破安全措施，圆满地完成了爆破开挖任务，其经验可供同类工程借鉴。

参考文献：

[1] 中国工程爆破协会. GB 6722—2003 爆破安全规程 [S]. 北京：中国标准出版社，2003.

[2] 汪旭光. 爆破设计与施工 [M]. 北京：冶金工业出版社，2011.

[3] 中国葛洲坝集团公司三峡工程施工指挥部. DL/T 5135—2001 水电水利工程爆破施工技术规范 [S]. 北京：中国电力出版社，2002.

[4] 王清华，邓海平，周桂松，等. 控制爆破技术在龙溪河大桥拆除中的应用 [J]. 工程爆破，2010，16（2）：60－62.

[5] 杨玉银，赵英姿，戴隆源. 复杂环境下路基开挖深孔控制爆破 [J]. 四川水力发电，2004，23（增刊）：77－79.

复杂环境下路基开挖深孔控制爆破[①]

摘　要：针对三峡工程对外交通公路仙女洞索道下方爆破环境复杂的具体情况，提出了对索道下方工作面处的岩石爆破采用孔内微差和孔间微差相结合的爆破方案，并简述了装药结构的设计方法。这一方案的成功实施，证明能有效地控制爆破振动及孔口飞石。简要地介绍了工程爆破方案的选择及主要爆破参数的设计情况。

关键词：路基开挖；深孔控制爆破；上部松动；下部挤压

1　引言

在复杂环境下的路基开挖爆破施工中，为减少飞石和降低爆破振动，常规法多采用松动与加强覆盖、拦挡相结合的爆破技术，虽然也能使振动和飞石得到较好的控制，但实施结果使得开挖岩石大块率有所提高，从而增加了二次破碎工程量；同时，在施工中，采用厚重、烦琐的覆盖、拦挡防护设施，无形中又增大了施工开挖成本。因此，在复杂环境下的路基开挖采用控制爆破技术，还有待于进一步深入研究和探索。笔者结合三峡工程对外交通专用公路仙女洞索道路段的开挖实践，对炮孔内上部松动、下部挤压的爆破方法进行了初步的试验研究，取得了较好的爆破效果，达到了预期的目的。

2　工程概况

2.1　基本情况

三峡工程对外交通专用公路仙女洞索道施工段，属夜明珠至乐天第二标段范围，位于西陵峡口风景区仙女洞旅游景点地带。开挖面岩体为寒武系上统黑石沟组（E23）地层，岩体为弱～微风化泥灰质白云岩，中厚层致密块状，节理不发育，完整性较好。岩石属中硬岩，$f=5\sim8$。沿乐天溪方向，路基左侧岸坡陡峻，沟谷深切，是开挖作业的良好临空面。

2.2　周围环境

仙女索道路基开挖工作面处在著名风景区仙女洞索道正下方，索道与工作面垂直距离 9.7m，开挖段上游 15m 处有一条 12m 高的高压线路横跨路基，下游 25m 处正是施工中的仙人溪中桥，桥墩已经浇筑完成，虽混凝土已达到设计强度，但中桥施工用竹竿

① 本文其他作者：赵英姿、戴隆源。

脚手排架仅距开挖面 19m。在路基右侧距开挖线 70m 左右有索道。爆区环境平面示意如图 1 所示。

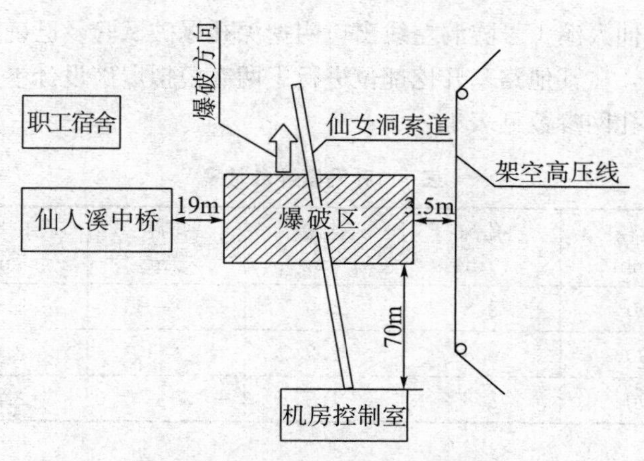

图 1　爆区环境平面示意图

3　爆破方案设计

3.1　爆破方案设计

针对爆破工作面的环境条件，若采用常规的松动爆破与加强覆盖防护相结合的爆破方法，势必会增加岩体大块率和防护费用，从而使开挖成本大大提高。为有救地控制爆破飞石，降低爆破后出现的大块率，减少工作面覆盖防护成本，采用了孔内微差和孔间微差相结合的爆破方案，同时进行边坡预裂。

该方案的工作原理：采用孔内间隔装药结构，按孔内微差和孔间微差相结合的方法进行爆破设计，首先在上部装药，其作用是使上部岩体松动破碎，为下部装药充分破碎下部岩体缩短了最小抵抗线，增强了反射波拉应力的破岩作用，从而达到减少岩石大块率的目的；同时，下部装药爆炸产生的高压气体，使得上部覆盖层岩体中已产生的爆炸裂隙会进一步扩大、延伸，这将有利于岩石的进一步破碎。

3.2　爆破安全控制标准

（1）飞石控制。该段路基的开挖既不能因爆破飞石损害索道，也不能炸坏高压线，同时，也不能损害或影响正常施工中的仙人溪中桥，因此，要求将爆破时出现的个别飞石高度严格控制在 9.7m 以内。

（2）爆破振动控制。索道机房控制室为一般砖房，且室内有精密控制仪器、仪表等。根据文献［1］得知，应控制机房控制室地面质点振动速度≤2cm/s；对已浇筑完成的仙人溪中桥桥墩，因其为钢筋混凝土结构，应控制其地面质点振动速度≤5cm/s。

4　爆破设计

4.1　梯段高度的确定

根据现有挖装设备的实际情况，经具体测算，最经济合理的梯段高度为 6～8m。为尽可能地减少爆破次数，确定梯段开挖高度 $H=8\text{m}$。

4.2 孔网参数设计

根据已完成的仙人溪 1 号隧洞左线出口明挖深孔爆破试验及已确定的爆破方案，在索道段路基开挖前，在其他路基开挖部位进行了两次模拟爆破设计参数试验，最终确定索道段路基开挖的孔网参数见表 1。

表 1　孔网设计参数表

爆破类型	孔径/mm	孔深/m	孔距/m	排距/m	孔口堵塞/m	钻孔倾角/°
预裂爆破	90	8.8	0.9	—	1.0	63.4
梯段爆破	90	8.8	2.2	1.8	2.0	75
缓冲爆破	90	8.8	1.5	—	2.0	75

4.3 装药结构设计及药量计算

4.3.1 上部药包爆破设计

炮孔装药结构示意图见图 2。上部松动爆破层的厚度不宜太大，应充分保证孔口堵塞长度 l_1，减小装药段长度 l_2。这时，可得出药量计算方程式：

$$q_1ab(l_1+l_2)\sin\alpha=\bar{n}\pi d^2l_2/4$$

则：

$$l_2=\frac{q_1abl_1\sin\alpha}{\bar{n}\pi d^2/4-q_1ab\sin\alpha} \tag{1}$$

式中：a 为孔距，m；b 为排距，m；q_1 为松动爆破炸药单耗，kg/m³；d 为所选炸药药径，m；$\bar{n}$ 为所选炸药密度，kg/m³；α 为钻孔倾角，°；l_1 为孔口堵塞长度，m，可取 $l_1\geqslant(6+0.2)$ m。

炮孔上部装药量 $Q_上$ 可按下式计算：

$$Q_上=\bar{n}\pi d^2l_2/4 \tag{2}$$

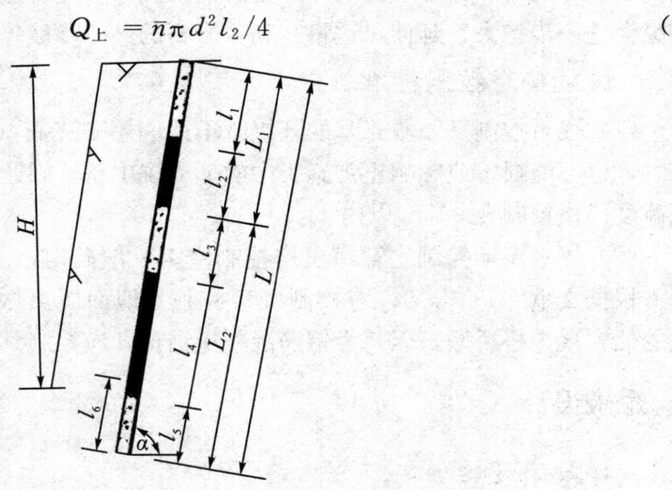

图 2　装药结构计算简图

4.3.2 下部药包设计

由于上部松动爆破覆盖层的存在，促使下部爆岩在运动过程中相互撞击、上下挤压，使得上下两部分岩体获得进一步破碎，从而改善爆破效果。但由于上部覆盖层的存在，抵抗线缩短，从而增强了下部药包爆破自由面反射拉伸波的作用，这对破碎岩石是有利的。因此，下部装药必须增加炸药单耗。根据文献［2］得知，下部装药量 $Q_{下}$ 可按下式计算：

$$Q_{下} = kq_2ab[H-(l_1+l_2)\sin\alpha]$$

式中：q_2 为普通梯段爆破炸药单耗[3]，kg/m³；k 为挤压系数，一般取 $k=1.15\sim1.30$。

下部装药长度 l_4 可根据 $Q_{下}=\bar{n}\pi d^2 l_4/4$ 反算，则间隔堵塞长度 l_3 可通过下式计算：

$$l_3 = L - l_1 - l_2 - l_4 - l_5 \tag{4}$$

式中：l_5 为孔底柔性垫层长度，m。$l_5 \leqslant l_6$，其中 l_6 为钻孔超深。

为防止上部装药爆炸后使下部装药殉爆或钝化，根据经验，间隔堵塞长度应满足 $l_3>10d_1$，其中 d_1 为炮孔直径。

4.3.3 炮孔装药结构参数计算

(1) 炸药选用。由于是在雨季施工，必须考虑炸药的防水问题，爆破孔选用 HW-1 型岩石乳化炸药，规格为：ϕ60mm×500mm×1625g。取 $\bar{n}=1.00\sim1.30\text{g/cm}^3$，计算时可取 $\bar{n}=1.15\text{g/cm}^3$。

(2) 炸药单耗。由于工作面前部在开挖前曾尝试采用药壶爆破，但只扩壶一次就未再进行，从而在工作面前部出现一道 3cm 左右的裂缝。于是，根据岩石裂隙发育延伸情况，对于上部松动爆破采用下法进行：前 3 排爆破孔炸药单耗定为 0.35kg/m³；第 4、5 两排定为 0.37kg/m³；第 6、7、8 排定为 0.4kg/m³。对于下部挤压爆破，取 $q_2=0.5\text{kg/m}^3$，$k=1.25$。

(3) 孔底柔性垫层。为尽量减轻钻孔超深对下部台阶造成的破坏，在装药前先在孔底装入 40cm 厚的锯末、岩粉等混合物。

(4) 主爆孔装药结构参数见表 2。

表 2 主爆孔装药结构参数

炮孔排次	孔口堵塞/m	上部装药		中间间隔/m	下部装药		孔底垫层/m
		长度/m	质量/kg		长度/m	质量/kg	
第 1～3 排	2.0	1.4	4.55	1.4	3.6	11.70	0.4
第 4～5 排	2.0	1.6	5.20	1.3	3.5	11.38	0.4
第 6～8 排	2.0	1.8	5.85	1.3	3.3	10.73	0.4

4.4 起爆网路

如图 3 所示，为减小爆破振动以及为相邻爆破孔创造临空面，孔外采用了孔间微差爆破网路，用 2 段非电毫秒雷管联炮。孔内上部爆破均采用 3 段非电毫秒雷管引爆，下部爆破均采用了 5 段非电毫秒雷管引爆。

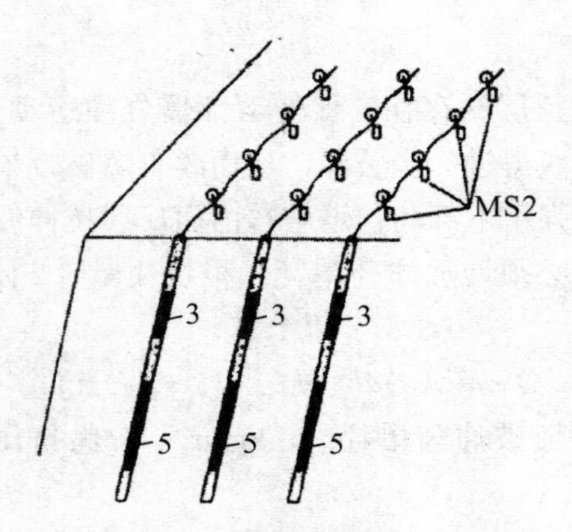

图 3　起爆网路示意图

5　安全措施

5.1　飞石控制

控制飞石主要是通过选择正确、合理的爆破方案来实现。为防止个别飞石击伤建筑物，在装炮前先将工作面上的石块清理干净，装药完毕后，用双层草袋覆盖整个爆破工作面，再将每个孔口处覆盖两个装满细砂的水泥袋。

5.2　振动控制

建筑物质点振动速度 v 可通过下式计算[1]：

$$R=(K/v)^{1/A}\cdot Q^{m} \tag{5}$$

（1）索道机房控制室质点振动速度 v_1 的控制计算。采用式（5）进行计算，式中 R 为最大单响药量中心至机房控制室的最短距离，取 $R=70\text{m}$；Q 为最大一段单响药量，取 $Q=11.7\text{kg}$；K，A 为与爆破地点地形、地质等条件有关的系数和衰减系数，考虑到基岩为中硬岩，取 $K=200$，$A=1.65$；m 为药量指数，$m=1/3$。将数据代入式（5）得：

$$v_1=0.70\text{cm/s}<v_{变}=2.0\text{cm/s}$$

（2）仙人溪中桥桥墩质点振动速度 v_2 控制计算。最大一段单响药量 $Q=11.7\text{kg}$，该药包中心距桥墩的最近距离 $R=25\text{m}$。将数据代入式（5）得：

$$v_2=3.82\text{cm/s}<v_{安}=5.0\text{cm/s}$$

6　爆破效果

采用孔内微差结合孔间微差的爆破方案基本上能将爆破飞石控制在 10m 以内，未对上方索道、上游高压线路及下游桥墩和施工用竹脚手排架造成损害或不良影响，并且爆破振动均控制在允许的范围内。从岩体破碎情况看，整个开挖面爆堆升高 0.8～1.3m，后经测算，整个爆破岩体大块率约为 4%。

7　结语

实践证明，采用孔内微差和孔间微差相结合的爆破方案，可以有效地控制飞石、减小爆破振动，降低爆破岩体大块率。这一爆破技术在爆破作业环境复杂的情况下值得推广应用，笔者提出的装药结构设计方法可供同类工程施工中参考使用。

参考文献：

[1] 张其中. 爆破安全法规标准选编 [M]. 北京：中国标准出版社，1994.
[2] 钮强. 岩石爆破机理 [M]. 沈阳：东北大学出版社，1990.
[3] 水利电力部水利水电建设总局. 水利水电施工组织设计手册（2 施工技术）[M]. 北京：水利电力出版社，1990.

内护筒栓塞法在深水条件下埋管断桩处理中的应用①

摘　要：本文结合某引水工程江中渡槽6－3#灌注桩埋管事故处理的成功实践，简要介绍了一种深水条件下断桩接桩的新方法，为同类工程事故的处理提供了有益的经验。

关键词：埋管；断桩；内护筒栓塞法；深水条件

1　引言

对于地下灌注桩埋管断桩处理，在各类文献资料中已有大量论述，这些文献资料对该类断桩处理具有普遍性指导，但就某一断桩事故而言，又具有其特殊性。盲目地采用前人已有经验，而不具体情况具体分析，尽管有时可能解决问题，但在施工方案及经济效益方面，却未必是最佳的。具体断桩事故处理中，须对具体情况进行分析、研究，在前人已有经验的基础上进行改进、创新，以达到事故处理的快速、高效、经济的目的。

本文通过对某引水工程江中渡槽断桩事故的分析及处理方案优化，提出了适合于该桩的最直接有效的内护筒栓塞法，并结合该桩的具体情况简述了该法的设计与施工及其实施效果。该法对同类事故而言具有共性，希望对其他同类工程事故处理有所裨益。

2　工程概况

某引水工程江中渡槽，横跨飞云江，每跨槽身基础由1组（4根）深孔灌注桩组成，混凝土强度等级为C25。江中部分有5组桩，桩径为1.20m，内设直径106cm钢筋笼，保护层厚度7cm，其中发生断桩事故的6－3#桩孔底高程▽－30.35m，发生断桩位置为▽－7.22m。

6－3#桩为摩擦桩，钻孔所揭示的地质柱状图见图1。施工期间，江水位受潮水涨落影响较大，潮水日涨落两次，最高施工水位为▽3.80m，最低水位为▽0.50m。

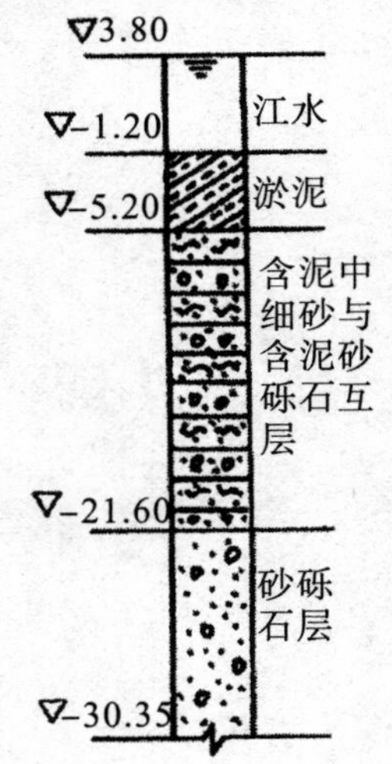

图1　6－3#桩地质柱状图

3　造成埋管断桩的原因

6－3#桩在浇筑过程中，由于拔管不及时，致使导管埋入混凝土下长达16m，这时导管内外混凝土已初凝，使导管与混凝土间

① 本文其他作者：姜凌宇、谢和平。

摩擦阻力过大，导致导管无法拔出，造成埋管事故。经分析，产生埋管事故的原因主要有以下两点：

（1）错误地参照6－4#桩。

6－3#桩浇筑前，6－4#桩已浇筑完成。6－3#孔浇筑过程中，忽视了两孔充盈系数的不同。事实上，6－3#孔与6－4#孔相比充盈系数小很多，因此同样的浇筑方量，6－3#孔内混凝土面上升的高度大大高于6－4#孔，于是参照6－4#孔来判断6－3#孔内混凝土面的上升高度是完全错误的。

（2）人员素质问题。

浇筑过程中，施工人员已测出混凝土面的上升高度，但受6－4#孔浇筑经验的影响，认为混凝土面不会上升这么快，因此不敢确认已测出的混凝土面上升高度，害怕判断失误而使导管底部脱空，造成质量事故，并因此承担责任。

4 断桩处理方案的选择

当发现埋管问题时，采用了提升架、千斤顶及手动葫芦等试拔，均无效，而此时表层混凝土已初凝，新导管插不下去，因此，只能按断桩处理。

经用长钢筋试着插到混凝土面探明：发生断桩处的高程为▽－7.22m，上覆浮渣、淤泥近2.0m。断桩处距桩底23.13m，距河床6.02m，距水上工作平台11.02m。

在研究处理方案时，开始想简单地采用强行排水，进行清淤、凿毛，然后按普通混凝土接桩。但真正施工时，却明显感到了问题的复杂性。由于施工期间断桩处江中地下水头很高，达11m多，随着强排水的进行，孔内两侧壁不断涌水、涌泥沙，甚至塌孔，勉强清淤尚可，但要将断桩桩头处施工缝处理好，却非常困难。该情况下，有以下几种处理方案可供选择：

（1）回填黏土法。

通过强排水割除导管后，保存孔位，以黏土回填，待塌孔稳定后，再掏出回填土，重新下导管浇筑。

（2）水泥浆置换法。

导管割除后，在泥浆泵抽泥的同时将高压喷射管下至断桩处，以1：1的浓水泥浆从断桩处直接置换孔内泥浆，同时起到护壁作用，然后重新下导管初灌，直至灌注完毕。

（3）内护筒栓塞法。

导管割除后，先将原护筒（ϕ145cm，下称外护筒）尽力下压，然后再在钢筋笼与外护筒之间加设内径稍小的钢护筒（下称内护筒），用锤击法辅以人工压入混凝土面上，内护筒高度应高出外护筒下缘50cm左右，然后再在强排水、吸泥的同时，下设导管至混凝土面，灌注混凝土至内护筒上50cm后，停止灌注，混凝土栓塞即浇筑完成，待其强度达到设计强度的40%左右时，再采用冲击锤将混凝土栓从内护筒中凿除，凿至断桩处混凝土面后继续下凿50cm左右，至新鲜混凝土面，最后除渣，接灌常态普通混凝土。施工工序示意图如图2所示。

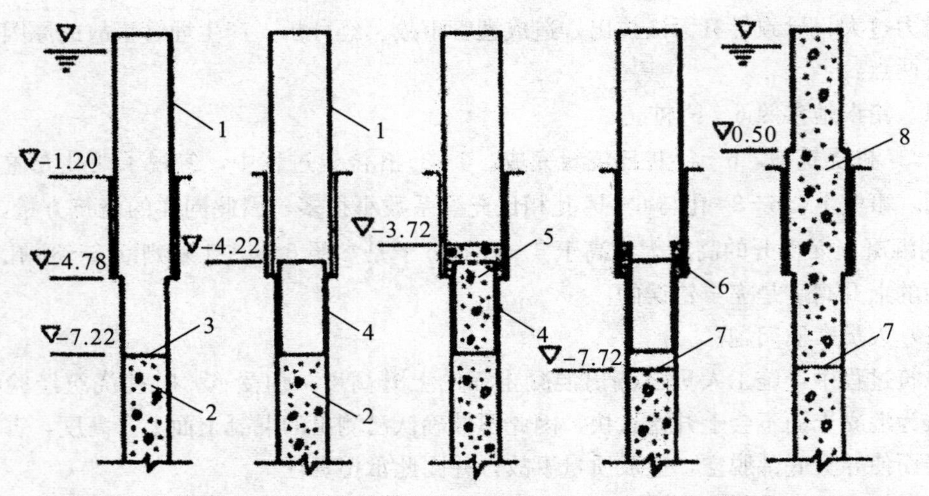

（a）下压外护筒（b）下沉内护筒（c）浇筑砼栓塞（d）凿除砼栓塞处理施工缝（e）接桩砼浇筑

图2 6－3# 桩断桩接桩工序示意图

1－外护筒（ϕ145cm）；2－断桩桩体；3－断桩位置；4－内护筒（ϕ120cm）；5－混凝土栓塞；6－内外护筒间密封混凝土；7－接桩施工缝；8－接桩混凝土

以上三种处理方案，前两种均不能较好地处理断桩接缝混凝土面，桩体浇筑完毕后，必须对断桩处进行补强处理，这样就是对桩体钻孔取芯，压入水泥浆补强，其施工费用明显较第三种方案大得多；同时，前两种方案即使通过压浆补强，接桩效果也无法与第三种方案相比。因此从技术角度和经济角度两方面综合考虑后，决定选用第三种方案。

5 处理方案设计

处理方案选定后，首先对外护筒进行了加压，使其尽可能进入地层更深一些，外护筒下缘高程为▽－4.78m。

5.1 内护筒设计

（1）高度：内护筒下缘要落到断桩处混凝土面上，而上缘则要高出外护筒下缘50cm，于是内护筒高度 $h_{内}$ 为

$$h_{内} = \nabla_{外下} - \nabla_{混凝土} + 0.5 \tag{1}$$

式中：$\nabla_{外下}$ 为外护筒下缘高程，m；$\nabla_{混凝土}$ 为断桩处混凝土面高程，m。则

$$h_{内} = -4.78 - (-7.22) + 0.5 = 2.94\text{m}$$

实际施工中取 $h_{内} = 3.00$m。

（2）直径：内护筒的直径大小不应小于灌注桩设计桩径，施工中取内护筒直径为设计桩径 ϕ1.20m。

（3）护筒钢板；宜选用较薄且具有一定变形能力的 $\delta = 3.0$mm 厚钢板，这样有利于护筒下沉过程中卡住时的处理。

5.2 混凝土栓塞设计

（1）混凝土强度等级：选用桩体设计混凝土强度等级，即 C25 混凝土。

（2）混凝土栓塞高度：宜高出内护筒 50cm 左右，这样可以有效地保证内外护筒搭接处不漏水，即栓塞高度 $h_{栓}$ 可按下式计算：

$$h_{栓} = h_{内} + 0.5 \tag{2}$$

对 6－3[#] 桩，$h_{栓}=3.00+0.5=3.50$m。

5.3 栓塞混凝土凿除时间设计

可选择在达到设计强度的 40％左右时下凿混凝土栓，这样既能有效地防渗漏，混凝土强度又不太高，易于凿除，而这一时间在栓塞浇筑后的第 3～4d。

5.4 接桩高程设计

在混凝土栓塞凿到断桩面时应继续下凿，初步设计时，接桩高程可选择在断桩面下 50cm，即接桩高程 $\bigtriangledown_{接}$ 为

$$\bigtriangledown_{接} = \bigtriangledown_{混凝土} - 0.5 \tag{3}$$

在施工中如凿至设计高程后，桩体混凝土面仍不密实，应继续下凿，直至出现新鲜密实的混凝土面为止。对于 6－3[#] 桩，$\bigtriangledown_{接}=-7.22-0.5=-7.72$m。

6 断桩处理施工

断桩处理施工如图 2 所示。

6.1 下压外护筒

在外护筒上口横放一型钢，用大锤击打型钢，通过型钢传力，以使护筒在地层中尽可能均匀下沉。当外护筒已无法再下沉时，进行外护筒内排水，以便测出外护筒下缘高程。

6.2 下沉内护筒

将制好的内护筒通过提升架提起，放入外护筒与钢筋笼之间，辅以人工配合将其沉到断桩处混凝土面上。下沉过程中要加强排水、清淤工作。

6.3 混凝土栓塞浇筑

内护筒沉至混凝土面后，重新下设导管至混凝土面上，然后加强排水、清淤，按水下混凝土方法浇筑混凝土栓塞至设计高程。

6.4 下凿混凝土栓及接桩处混凝土

栓塞浇筑完毕第 4d，采用 ϕ80cm 冲击锤下凿混凝土栓，并辅以捞渣筒捞渣，一直凿到初步设计接桩高程，再清渣排水，然后人工凿除内护筒与钢筋笼之间的混凝土，并检查混凝土接桩施工缝是否满足常态混凝土接缝要求，否则应继续处理，直至符合要求为止。

6.5 接桩混凝土施工

通过以上工序，外护筒及内护筒间夹混凝土有效地将施工空间与地层和江水隔开，

浇筑工作完全属于常态普通混凝土施工。施工时间应选择在低潮时期，以减小渗水压力，混凝土浇筑前应调整钢筋笼，在钢筋笼上绑扎混凝土垫块，以控制保护层厚度，然后通过导管下料进行浇筑。其浇筑顶高程应浇至最高水位以上，以便于下道工序施工。

7 接桩效果检验

本着对工程负责的精神，为了验证接桩效果，专门邀请了浙江省水科院对 6－3# 桩进行了重点测试。

（1）桩身完整性测试方法：弹性波反射法。

（2）测试仪器：RS－1616K 基桩动测仪，ZJ 型动测桩专用传感器，ACER586 型笔记本式计算机。

（3）检测依据国家行业标准 JGJ/T 93—95《基桩低应变动力检测规程》及浙江省标准 DB J10－4—98《基桩低应变动力检测技术规程》。

（4）检测结果：6－3# 桩进行动测试验时，桩体龄期 94d，强度 24.6MPa。动测试验波形图见图 3。动测结果：该桩通过检测，桩体完整，距离桩顶 8.3m 左右，波形上桩径变化明显，8.3m 以下桩径 1.2m，以上一段为 1.45m。

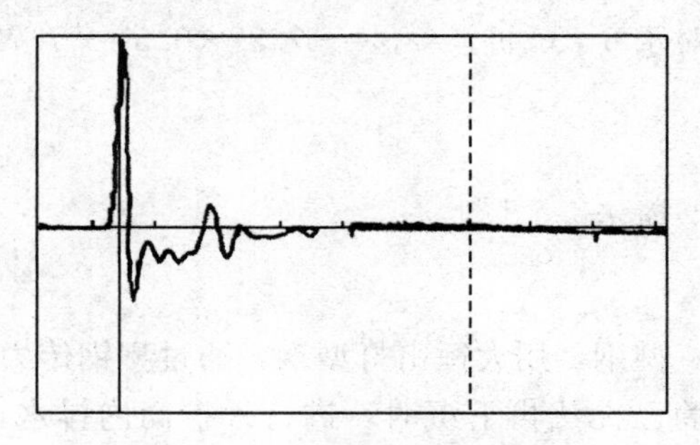

图 3　6－3# 桩动测试验波形

8 结论

实践证明，在深水条件下，采用内护筒栓塞法处理由于埋管等原因造成的断桩是完全可行的。该法有效地解决了断桩处理过程中的涌水、涌泥沙及塌孔等问题，将接桩由水下混凝土施工转化为常态普通混凝土施工，使断桩接缝面得到了很好的处理，并且该法施工完毕无须对断桩处进行补强处理，这样有效地降低了施工处理成本。另外，该法具有施工方便、质量可靠、施工成本低和施工速度快等特点，值得在同类工程中推广应用。

参考文献：

[1] 交通部第一工程局. 公路施工手册：桥涵（上册）[M]. 北京：人民交通出版社，1988.
[2] 杭州市建筑业管理局. 深基础工程实践与研究 [M]. 北京：中国水利水电出版社，1999.

"侧钻法"在水下深孔灌注桩桩底沉渣厚度检验中的应用①

摘　要：在水下复杂地质条件下，用钻孔取芯法检验深孔灌注桩桩底沉渣厚度是桩基检测中的难点，笔者结合赵山渡引水工程焦坑渡槽江中4-1号桩桩底沉渣厚度的检验实践，介绍一种水下深孔灌注桩钻孔取芯检验桩底沉渣厚度的新方法，即"侧钻法"。

关键词：侧钻法；检验；灌注桩；沉渣厚度

1　引言

为了检验灌注桩桩底沉渣厚度，一般采用从桩顶向桩底垂直钻孔取芯的方法。这对于深孔灌注桩来讲，不仅取芯工作量大，而且取芯钻进角度不易控制，极易钻出桩体外部，造成取芯失败。如果重新钻孔取芯，将对桩体的整体结构造成损害，并增加取芯费用。为了尽可能地减轻钻孔取芯给桩体带来的损害，减少取芯灌浆工作量，提高取芯成功率，我们在施工中尝试采用了"侧钻法"。该施工方法保证了取芯质量，具有较高的实用推广价值。

2　工程概况

焦坑渡槽位于浙江省瑞安市马屿镇境内，是国家重点工程。槽身基础采用钢筋混凝土钻孔灌注桩，每跨槽身由4根灌柱桩支撑。江中部分灌注桩桩径φ1200mm，混凝土强度等级C25，其中的4-1号桩为端承桩，桩底高程-19.15m，江底高程-3.3m，最高施工江水水位4.4m，即水中部分桩长为7.7m。下层横系梁顶面高程为4.5m，承台顶部高程为12.046m。

4-1号灌注桩地层结构分布如下，第一层：▽-3.3～▽-17.4m，为淤泥与含泥粉细砂互层，厚14.10m；第二层：▽-17.4～▽-18.2m，为强～弱风化基岩层，厚1.10m；第三层：▽-18.2m以下为微风化基岩层。第二、三两层为设计选用的端承桩持力层，4-1号桩桩体进入微风化基岩层0.6m。

① 本文其他作者：谢和平、姜凌宇。

3 钻孔取芯原因

根据浙江省水利水电科学研究院基础桩动测报告：焦坑渡槽 4－1 号桩桩底沉渣“较多”，沉渣厚度在 10~15cm 之间。但报告中同时指出：由于影响桩底反射的因素甚多，当前动测技术尚无法提供沉渣厚度的具体数值及沉渣种类，且误差较大，建议钻芯验证。我们本着对工程负责的原则，建议业主、设代、监理对 4－1 号桩桩底沉渣进行取芯验证。

4 取芯方案优化

由于工期十分紧迫，施工不能停止，待最后决定对 4－1 号桩桩底沉渣进行取芯验证时，其上部支撑结构已施工完毕。按常规取芯方法，须从承台顶部向桩底垂直钻进取芯。承台顶部距桩底高差达 31.196m。如此大的高差，若钻孔方向稍有偏差就可能导致钻孔偏出桩外，造成取芯失败，并且采用常规方法钻孔取芯及回填灌浆工程量均较大。可见，常规取芯方法具有造价高、取芯成功率低等缺点。

为避免常规取芯方法的弊端，经与省设计院、省质检中心等单位专家商定，经业主批准，决定采用“侧钻法”施工，即在距 4－1 号桩桩底 3.0m 左右的桩体侧部用钻具以小角度钻入桩体内进行取芯。

5 “侧钻法”主要施工参数及其设计方法

5.1 主要施工参数

“侧钻法”主要施工参数见图 1。图中，O 点为钻机机头中心点；A 点为钻具与桩体外壁初始接触点；B 点为钻具沿桩体外壁下滑终止点；C 点为取芯高程点；L 为钻机机头至桩体外侧的水平距离；H 为钻孔工作平台至桩底的距离；D 为桩体直径；h_{AB} 为钻具设计下滑高度；h_{BC} 为开始取芯时钻具下降高度；h_{GF} 为设计取芯高度；L_{CG} 为开始取芯时钻具切入桩体内的水平距离；α 为钻机初始钻入倾角，即初始钻机倾角；$\Delta\alpha$ 为钻具停止下滑时钻机倾角增加值，令 $\beta=\alpha+\Delta\alpha$，则 β 即为取芯时钻机倾角。

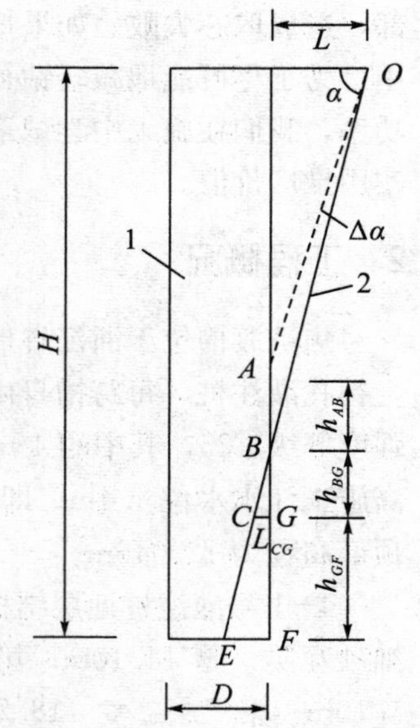

图 1 主要施工参数示意图

1—灌注桩桩体；2—钻具（杆）

5.2 主要施工参数设计

采用“侧钻法”取芯，首先必须考虑钻具与桩体表面接触后的下滑距离 h_{AB}、钻具切入桩体内的水平距离 L_{CG} 以及钻具切入桩体开始取芯前的下降高度 h_{BG}，然后据此确定钻机倾角等其他参数。

（1）钻孔工作平台至桩底距离 H 值的确定：

$$H=\bigtriangledown\text{工作平台}-\bigtriangledown_{\text{桩底}}$$

（2）钻机机头至桩体距离 L 值的确定：L 值的选取不宜过小或过大。取值过小，会增大钻孔倾角，加大取芯难度。过大，会增加钻机平台搭设工作量，提高施工成本；同时，L 值过大容易产生钻孔偏差，致使钻具在与桩体接触前便偏离了桩体。

(3) 钻具设计下滑高度 h_{AB} 值的确定：由于钻孔倾角一般较大，钻具与钻杆和桩体的夹角很小，一般不超过 10°，加之地层基础较软，钻具与桩体接触后，很难直接切入桩体，大多要沿桩体下滑一定距离。据经验，其值大小一般在 $h_{AB}=1.0\sim1.5$m 之间。其取值与桩体侧壁粗糙度和地层坚固程度有关，桩体侧壁粗糙，地层坚固，取小值；反之取大值。

(4) 设计取芯高度 h_{GF} 值的确定：设计取芯高度一般取为 $h_{GF}=2.5\sim3.5$m，其取值不宜过大或过小。取值过大，不利于取出全部完整岩芯，影响沉渣厚度的计算与判断；过小则可能因钻机倾角误差，在钻至桩底标高时仍未钻进桩体内，造成取芯失败。

(5) 取芯前钻具切入桩体的水平距离 L_{CG} 值的计算：

$$L_{CG}=d+n$$

式中：d 为取芯钻具外径，m；n 为钢筋笼保护层厚度，m。

(6) 钻具切入桩体开始取芯前的下降高度 h_{BG} 值的计算：由于 h_{BG} 值的大小一般在 2.0m 左右，对于深孔灌注桩，h_{BG} 值对取芯钻机倾角 β 值的影响不大，故暂令 $h_{BG}=0$。计算出钻机虚拟倾角 β' 值，然后利用 $\tan\beta'$ 反算 h_{BG} 值。实践证明，这一计算方法完全可以满足施工要求，则：

$$\tan\beta'=(H-h_{GF})/L,\ h_{BG}=(d+n)\tan\beta'$$
$$=(H-h_{GF})\times(d+n)/L$$

即

$$h_{BC}=(H-h_{GF})\times(d+n)/L$$

(7) 钻机初始钻入倾角 α 值的计算：

$$\tan\alpha=(H-h_{AB}-h_{BG}-h_{GF})/L$$

则：

$$\alpha=\arctan[(H-h_{AB}-h_{BG}-h_{GF})/L]$$

(8) 取芯钻机倾角 β 值的确定：在开始取芯时，通过现场实测确定。

6 桩底沉渣厚度计算及其分析判断

6.1 桩底沉渣厚度计算

如图 2 所示，L_{CE} 为桩体内所取混凝土芯体总长；L_{HI} 为基岩内所取岩芯总长；L_{CI} 为钻具取芯开始至所取岩芯位置时钻杆进入桩体的总长，其长度等于取芯开始至钻具钻入基岩前钻杆进入桩体内长度 L_{CH} 与所取基岩岩芯长度 L_{HI} 之和；β 为取芯阶段钻机倾角，由实测得到。于是沉渣厚度 h_{FJ} 计算如下：

$$h_{FJ}=h_{GK}-h_{GF}-h_{JK}$$
$$=(L_{CI}-L_{CE}-L_{HI})\sin\beta$$
$$=(L_{CH}+L_{HI}-L_{CE}-L_{HI})\sin\beta$$

即

$$h_{FJ}=(L_{CH}-L_{CE})\sin\beta$$

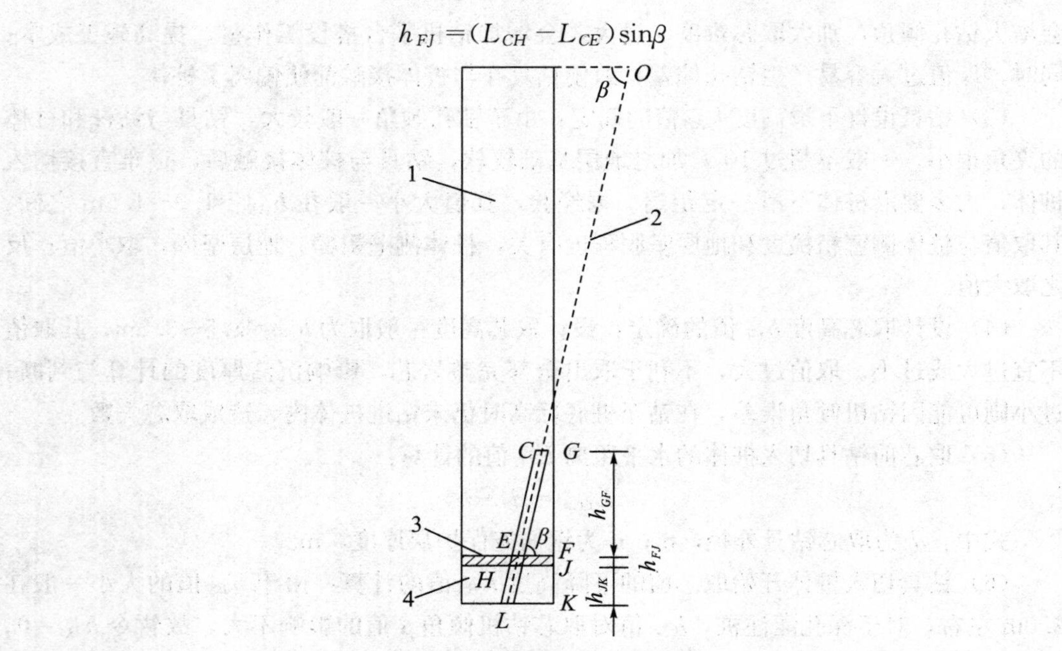

图 2　桩底沉渣厚度计算简图

1—灌注桩桩体；2—取芯钻进方向；3—沉渣厚度；4—基岩

上述桩底沉渣厚度计算公式适用于所取混凝土芯体较为完整且采取率接近100%时。

6.2　桩底沉渣厚度分析判断

(1) 从取芯钻进过程分析。

在混凝土取芯时，对整个钻进过程必须严格监控，认真填写钻孔记录，在钻具开始切入桩体时，必先碰到钢筋笼，此时钻孔内有异常声音，钻机轻微抖动，进尺缓慢，回水中带有铁屑，钻进转入正常后即开始混凝土取芯。在钻具接近桩底前，整个取芯过程应平稳，且进尺缓慢，无明显异常现象。在钻具钻至桩底时，由于沉渣的存在，会产生轻微跳动，其跳动距离的大小称跳动值，它与沉渣厚度相近，可作为判断沉渣厚度的主要依据。

(2) 从取芯长度分析。

在打断桩体钢筋开始取芯后，为提高取芯率，确保取芯结果的准确性，应采用小直径双管金刚石钻具钻进取芯（如 ϕ56 双管金刚石钻）。在桩体的最底部几厘米，由于桩体浇筑时第一罐混凝土下落冲击力较大，并与孔底泥浆搅和，会导致孔底几厘米混凝土产生离析，强度较低，难以取出完整芯体。应尽可能地将磨损的混凝土块体打捞上来，将其折合成混凝土芯体长度，并在沉渣厚度计算时，计入混凝土芯体的总长，以增加计算的准确性，使计算结果更接近实际沉渣厚度。

通过以上计算、分析，桩体沉渣厚度有两个结果：计算值和钻进跳动值。这两个值在芯体采取率较高时应很接近，这时桩体沉渣厚度取两者中的较大值。若在取芯过程中，芯体磨损明显较大，采取率很低，计算结果明显与钻进跳动值相差很大时，桩底沉渣厚度取跳动值。

7 “侧钻法”在焦坑渡槽4-1号灌注桩沉渣厚度检验中的应用

7.1 主要施工参数的设计

（1）钻孔工作平台至桩底距离 H 值的确定。

桩底高程−19.15m，工作平台高程4.55m，则

$$H=4.55-(-19.15)=23.70\text{m}$$

（2）钻机头至桩体距离 L 值的确定。

因无施工场地，钻孔工作平台只能搭设在将4根桩联系在一起的下层横系梁上。含4根桩在内只有5.0m×5.0m，净使用面积只有23.0m²。因此，我们选择了体积较小且较为灵活的XY−300型油压回转钻机，这时，L 值宜取较小值，取 $L=1.5\text{m}$。

（3）设计下滑高度 h_{AB} 值的确定。

由于所取 L 值较小，H 值较大，钻机倾角 α 值也相对较大，从而使钻具更易于下滑，则 h_{AB} 宜取大值，取 $h_{AB}=1.5\text{m}$。

（4）设计取芯高度 h_{GF} 值，取 $h_{GF}=3.0\text{m}$。

（5）钻具切入桩体内水平距离 L_{CG} 值。

取芯开始时，钻具直径 $d=75\text{mm}=0.075\text{m}$，桩体钢筋笼保护层厚 $n=7\text{cm}=0.07\text{m}$，则 $L_{CG}=d+n=0.145\text{m}$。

（6）钻具切入桩体内设计下降高度 h_{BG} 值：

$$h_{BG}=(H-h_{GF})\times(d+n)/L=2.001\text{m}$$

（7）钻机初始钻入倾角 α 值：

$$\alpha=\arctan[(H-h_{AB}-h_{BG}-h_{GF})/L]\approx85.0°$$

（8）取芯钻机倾角 β 值：经现场实测得 $\beta=85.4°$。

7.2 桩底沉渣厚度计算及其分析判断

（1）取芯钻进过程分析判断。整个取芯过程取出完整混凝土芯体2.84m，另外打捞出磨损混凝土芯体5块，折合成混凝土芯体长0.09m，共计取得混凝土芯体2.93m。在整个取芯钻进过程中，未见明显异常现象，仅在孔深23.7m（高程−19.06m）、孔深23.75m（高程−19.11m）处分别轻微跳动约0.5cm，其余均平稳，避尺缓慢，说明柱底无较厚沉渣。

（2）沉渣厚度 L_{FJ} 值计算。开始取芯时，钻杆、钻具从工作平台到取芯位置总长 $L_{OC}=20.862\text{m}$，钻至桩底开始取基岩岩芯时，钻杆钻具总长为 $L_{OH}=23.814\text{m}$，则 $L_{CH}=L_{OH}-L_{OC}=23.814-20.862=2.952\text{m}$。量得所取混凝土芯体总长 $L_{CE}=2.930\text{m}$，则 $h_{FJ}=(L_{CH}-L_{CE})\sin\beta=0.0219\text{m}=2.19\text{cm}$。

（3）结论。由于计算所得沉渣厚度 $h_{FJ}=2.19\text{cm}$，大于两次跳动值1.0cm，故焦坑渡槽4−1号灌注桩桩底沉渣厚度定为2.19cm，满足端承桩桩底沉渣厚度<5cm的规范要求。但桩底有9cm磨损混凝土强度较低，系灌注桩浇筑时第一罐料下落冲击力较大与孔底泥浆搅和所致，须通过灌浆来补强。

8 经济效益分析

焦坑渡槽江中4－1号灌注桩钻孔取芯共计3.08m（含岩芯15cm）。若按常规取芯方法，须从桩顶钻至桩底取芯31.196m。表1对两种取芯方法进行了经济效益比较。从表1中不难看出，采用“侧钻法”较常规取芯方法可节约大量的人力、物力、财力，因此，用“侧钻法”取代常规取芯方法具有重要的经济意义。

表1　两种取芯方法经济效益分析

钻孔取芯部位	侧钻法			常规法		
	单价/(元·m^{-1})	长度/m	合价/元	单价/(元·m^{-1})	长度/m	合价/元
地层	400	12.98	5.192	400	0	0
桩体混凝土	1800	2.93	5274	1800	31.196	56152.8
合计		10466			56152.8	

9 结论

（1）采用“侧钻法”对深孔灌柱桩进行桩底沉渣厚度取芯验证，可以尽可能地减少取芯对桩体结构的损害，从而提高了取芯成功率和取芯精度，大大地减少了取芯及回填灌浆工作量，降低了施工成本。

（2）所有设计施工参数均为指导施工的参考值，而非绝对准确值。但要想使钻孔取芯顺利进行并最终取得成功，取芯前的参数设计是必要的。实践证明，设计参数与实际钻进值相比，相差并不很大，并且完全能够满足指导施工的要求。

参考文献：

[1] 水利电力部水利水电建设总局. 水利水电施工组织设计手册（2施工技术）[M]. 北京：水利电力出版社，1990.
[2] 杭州市建筑业管理局. 深基础工程实践与研究 [M]. 北京：中国水利水电出版社，1999.

张峰水库输水总干多跨连续肋拱结构施工技术①

摘　要：张峰水库输水总干Ⅶ标 12# （林村河）渡槽为五跨连续肋拱排架渡槽结构，呈线性高空分布，具有结构断面小、桥墩高度大的特点。本文对该渡槽施工进行了全面分析，可供类似工程借鉴。

关键词：多跨连续肋拱；线性高空建筑；施工

1　引言

拱形结构在我国有着悠久的历史，随着节约型经济和结构技术的日益发展，拱形结构也得到了广泛的应用。本文结合张峰水库输水总干Ⅶ标 12# （林村河）渡槽五跨连续双肋拱排架渡槽的成功施工，对多跨连续肋拱结构施工进行了总结。

2　工程概况

张峰水库输水总干Ⅶ标 12# （林村河）渡槽位于沁水县端氏镇曲则村林村河上，渡槽设计流量为 2.49m³/s，设计纵坡为 1/1000，全长 288m，最大高度 38m，跨度 40.0m，矢跨比 1/5。渡槽采用等截面大跨度连续肋拱排架 U 形薄壳渡槽形式，肋拱断面采用两根断面为 60cm×80cm 钢筋混凝土拱桥，肋上设 40cm×60cm 排架，排架高度 6～12m，排架上部为 15cm 厚 U 形薄壳渡槽。12# 渡槽（林村河）立面如图 1 所示。

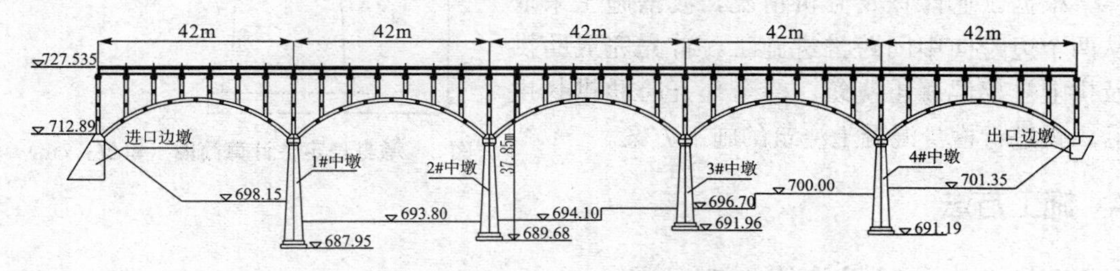

图 1　12# 渡槽（林村河）立面图

3　施工程序及其稳定性分析

结合渡槽肋拱采用两根断面 60cm×80cm（宽×高）净间距 1.3m 的拱形断面，建筑平面投影面宽度仅为 2.5m，渡槽位于河床区的长度达 210m。该建筑具有高度高、横断

① 本文其他作者：蒋斌。

面小、纵断面长的线性特点，且肋拱混凝土要求封拱温度控制在5～20℃，有效作业时间短，根据历史气温记录需要4～6月份完成全部肋拱封拱浇筑任务。

首先对渡槽桥墩施工期稳定性进行分析，现场取最不利荷载组合进行施工荷载组合。最不利荷载组合为完成单跨助拱混凝土浇筑，拆除肋拱下部脚手架，完成肋拱上部排架混凝土浇筑和完成上部渡槽槽身混凝土浇筑后再转入下一跨肋拱浇筑。

经计算主要参数如下。

（1）静荷载：①肋拱混凝土重力=2662kN；②模板荷载=180kN；③上部脚手架荷载=153kN；④架板荷载=48.5kN。

（2）动荷载：①振捣荷载，按$2kN/m^2$计入；②施工人员及设备荷载，按$1kN/m^2$计入。

墩身稳定计算：根据现场情况，采用五跨连续拱结构形式，其混凝土墩埋深较浅，仅4m左右，因此对其进行抗倾覆稳定性计算，其计算简图如图2所示。

经计算：$M_{推}=26143kN\cdot m$；$M_{重}=21848kN\cdot m$。

因$M_{重}<M_{推}$，所以在完成槽身混凝土浇筑状态下再进行下跨施工势必造成墩身失稳，因此，渡槽施工时在没有进行下跨拱受力平衡时不能进行槽身混凝土浇筑。

根据该受力情况，进行不浇筑槽身混凝土状况下的受力分析，经计算其$M_{推}=17080kN\cdot m$；$M_{重}=21535kN\cdot m$。在该种施工荷载条件下$M_{重}>M_{推}$，施工期安全稳定。

根据以上计算及分析情况，渡槽施工采取从两个边跨向中间跨推进施工，首先完成肋拱及拱上排架混凝土浇筑，待全部五跨肋拱封拱后，再进行槽身混凝土浇筑的施工方案。

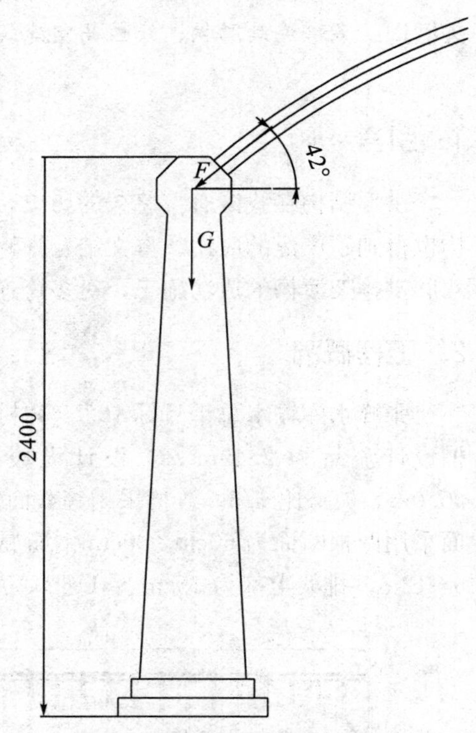

图2　墩身稳定性计算简图（单位：cm）

4　施工方法

4.1　施工脚手架搭设的施工方法

4.1.1　肋拱及排架脚手架搭设方案

该建筑脚手架搭设具有高度大、断面小、长度长的线性特点，初步拟采取碗扣式脚手架结合扣件式脚手架方案进行搭设，按照最小断面、最大搭设高度进行脚手架荷载验算和安全性验算，计算断面如图3所示。

（1）永久荷载（恒荷载）。

①脚手架结构自重：$4.4kN/m^2$。

②脚手架板等（竹串脚手板）：0.35kN/m²。

③混凝土荷载：24kN/m。

（2）可变荷载。

①施工荷载（均布荷载）：3kN/m²。

②风荷载（作用于脚手架上的水平风荷载）：0.3976kN/m²。

③脚手架风荷载体型系数：1.64。

④ 模板荷载：1.3kN/m²。

⑤ 振捣荷载：2kN/m²。

⑥ 施工人员及设备：1.0kN/m²。

经过对脚手架纵、横向水平杆荷载，立杆荷载，风荷载对立杆产生的弯矩值，立杆轴向力，立杆稳定性，纵向水平杆、横向水平杆稳定性，斜杆受力，地基承载力等受力情况的分析及计算，其受力均满足结构安全要求。因此，采取如图3所示的断面形式进行脚手架搭设，并根据规范设置缆风绳。

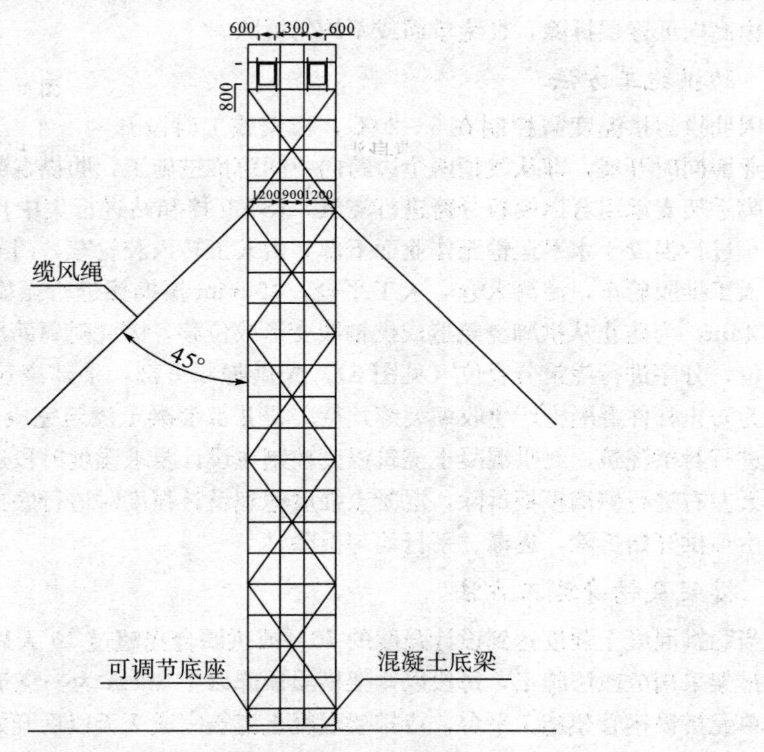

图3　脚手架搭设简图（单位：cm）

4.1.2　肋拱脚手架搭设方法

肋拱碗扣式脚手架搭设，按照碗式脚手架的标准间距确定好底基层立杆，并用两层横杆锁定，然后用水准仪进行可调底座调平，调平后进行各碗扣接点扣死，达到平面水平、立面垂直，经水准仪、经纬仪进行底层验收后方可进行下层立杆接长，在施工中随时检查脚手架的垂直度。在搭设时及时对每个节点进行检查，发现构件有损坏或变形的及时进行更换，特别是立杆有弯曲和碗扣破损的现象时一律不得使用。采用扣件式管架搭设剪刀撑，剪刀撑必须随架体搭设进度同步，立杆在水平方向按50%错开接头，脚手架搭设至缆风绳高度时立即按方案要求采用缆风绳加固，加固完毕后再进行加高。

4.1.3 拱上脚手架搭设方法

肋拱上部扣件式脚手架搭设见图4，该部位脚手架采用扣件式钢管架，其搭设待拱底模拆除后即开始进行搭设，搭设时要求首先进行拱部位的抱箍钢管搭设，确保架管牢固附着于拱上，有效地把架管上部受力传递于拱上，然后将拱上脚手架起到与拱顶齐平高程时开始拆除肋拱底部架管，并顺利完成作业面上移。拱上扣件式脚手架搭设时要紧扶已浇筑好的排架（墩上排架），等达到排架顶部时即开始搭设斜撑平台钢管，架好通道。

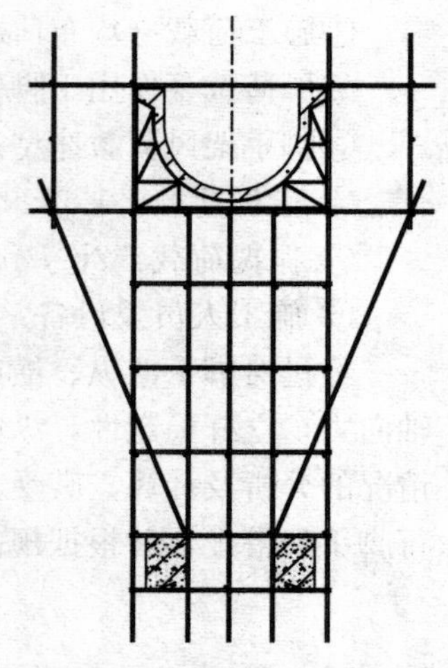

图4 拱上脚手架搭设简图

脚手架的拆除，不论是扣件式脚手架还是碗扣式脚手架，均要求按照拱受力的特点，即左右对称拆除，左右两侧同时由高向低逐层拆除，杜绝单面或不均匀拆除。

4.2 肋拱施工方法

因肋拱封拱温度需控制在5～20℃，根据施工时段开两个作业面同时开展，即从渡槽两个边跨向中间跨推进施工，肋拱混凝土浇筑采用“满堂红”脚手架支承组合钢模板分跨进行浇筑，JS500拌和站进行集中拌制混凝土，农用自卸汽车进行混凝土水平运输至作业面下部，由人工转入胶轮车，门架升降机进行垂直运输，人工推胶轮车，溜筒入仓，人工平仓，ϕ50mm振捣棒进行振捣密实。根据肋拱长度为44m，为防止从拱脚浇筑造成拱轴线变形或位移，因此对每跨肋拱混凝土共分为5个仓位，分序进行浇筑分仓位（见图5）。先拱脚部Ⅰ部，Ⅰ部浇筑完成后浇筑顶部Ⅱ部，为防止杆件混凝土产生收缩裂缝，待Ⅰ、Ⅱ部混凝土浇筑完成14天后进行Ⅲ部浇筑，进行封拱浇筑，封拱混凝土浇筑温度控制在设计要求温度时段进行。拱圈浇筑完成后7天左右进行侧墙模板拆除，混凝土强度达到设计强度时进行底拱模板拆除。模板拆除时由顶拱开始拆除，逐渐、平行均匀拆除。

4.3 排架及槽身施工方法

当肋拱混凝土强度达到设计强度的70%或拱圈合拢超过10天后开始浇筑排架混凝土，排架采用分段法施工，每段以排架横梁顶部以上30cm为一浇筑分层段，以每跨肋拱为单元搭设钢管架施工平台，待排架混凝土浇筑完成7天以后开始进行槽身混凝土浇筑。基于拱形受力特点，为防止拱的不均匀受力给拱造成破坏，排架及槽身混凝土浇筑采用同跨肋拱左右对称浇筑方案进行浇筑。

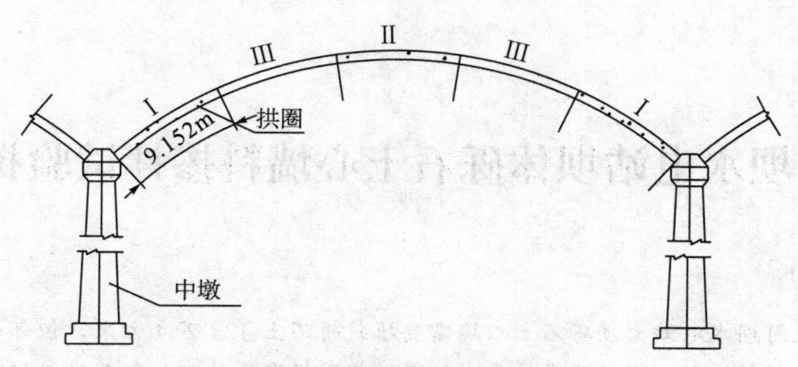

图 5　肋拱分序浇筑分仓图

5　经验及总结

多跨连续拱在施工过程中结构受力较为复杂，施工期荷载特别是施工期拱圈自身受力以及对下部桥墩结构的稳定至关重要。因此，首先要求施工过程中以最不利荷载组合进行计算，确定出拱形以上最大施工荷载，确定出总体施工方案；然后依据总体施工方案进行各细部施工方案的制订，拱上部结构的施工基本方案为同一拱跨左右对称上升，不得非对称上升，以免发生拱受力不均而造成施工脚手架受力不均而变形，造成工程事故。在多跨连续拱渡槽施工中，渡槽关键是分析各个施工阶段的受力，并采取相应的措施，确保施工安全。

长河坝水电站坝体砾石土心墙料掺拌试验探讨[①]

摘　要： 长河坝水电站大坝砾石土心墙需要填筑砾石土 428 万立方米，但部分现场开挖土石料级配不能满足设计要求，通过将现场取得的粗、细两种级配砾石料按一定比例掺拌试验，取得了满足设计要求的黏土心墙砾石料，其掺拌工艺可供同类工程借鉴。

关键词： 砾石土料；掺拌；工艺试验；长河坝电站

1　工程概况

长河坝水电站位于甘孜藏族自治州康定市境内，为大渡河干流水电梯级开发的第 10 级电站，大坝坝型为砾石土心墙堆石坝，心墙顶宽 6m，上、下游坡度均为 1∶0.25，心墙底宽为 125.7m，最大坝高 240m，为目前国内在建的最高砾石土心墙堆石坝。坝体总填筑方量 3417 万立方米，其中心墙砾石土填筑方量约 428 万立方米。

汤坝土料场是长河坝水电站心墙土料主要供料场，位于坝区上游金汤河左岸与汤坝沟之间的边坡上，距坝址约 22km。该料场地层自上而下、沿金汤河自上游向下游颗粒有逐渐变粗趋势，土料质量分布不均匀。料场总面积约 49 万立方米，有用层厚为 1.1～18.78m，平均厚 10.82m，总储量为 464.2 万立方米。根据揭示土料性质的不同，分为直接开采上坝区、细料区、粗料区、弃料区四大区域。细料区位于料场下游侧中上部，开采平均厚度为 7m，采区面积 86000m^2，储量为 60 万立方米，无超径石，细料集中区域粒径大于 5mm 的土料含量占 12%～32%，在冲沟沟口部位粒径大于 5mm 的土料含量占 42%～50%。粗料区位于料场上游侧中上部，表层为可直接开采上坝土料；下部土料粒径大于 5mm 的占 50%～70%，平均厚度为 7m，储量为 46 万立方米，少量超径石。

2　土料掺拌试验的提出

汤坝土料场经前期现场查勘，料场料源分布复杂，存在大量粒径偏大料和粒径偏小料，无法直接投入料场使用。为提高土料利用率，需要将粗土料、细土料按一定比例重新掺配，以使土料指标满足设计要求。

---

① 本文其他作者：杨永林。

3 实验目的

（1）根据试验成果，确定最优粗、细料掺拌比例，取得满足设计要求的掺拌混合料。

（2）根据试验结果确定粗、细土料铺料厚度。

（2）提高土料利用率，减少开挖弃料，降低施工成本。

（3）为长河坝电站其他料场超标砾石料提供掺拌参考经验。

4 掺拌试验

4.1 心墙砾石土指标要求

用于心墙防渗料的砾石土，应符合如下条件：

（1）填筑料最大粒径不大于 200mm 或铺土厚度的 2/3。

（2）粒径大于 5mm 的颗粒含量不超过 50%、不低于 20%，小于 0.075mm 的颗粒含量应大于 15%，小于 0.005mm 的颗粒含量应大于 5%。

（3）心墙防渗土料的塑限指数宜大于 8，小于 15。

（4）汤坝心墙防渗土料全料填筑含水率应为 $W_o-1\%\leqslant W\leqslant W_o+3\%$。

4.2 试验土料情况

本次试验选取汤坝料场上游中部原 9# 探坑部位粒径大于 5mm 的粗土料，含量 72%左右；料场下游顶部粒径大于 5mm 的细土料，含量 15%左右。现场已查明超标粗土料储量在 3~5 万立方米，超标细土料在 5~7 万立方米，两种土料掺拌可增加土料开采、利用 8~12 万立方米。

4.3 掺拌前土料级配

掺拌试验前，对超标粗、细土料进行了取样检测，分析检测结果见表 1。

表 1 掺拌试验前粗、细土料颗粒分析检测结果

粒径/mm		200	100	80	60	40	20	10	5	2	1	0.5	0.25	0.075	0.05	0.03	0.01	0.005	0.0018
小于该孔径质量百分数/%	粗土料	100	98.4	94.6	79.8	61.8	44.2	32.8	27.1	21.4	19.8	16.9	15.1	12.6	10.4	7.3	4.7	2.5	0.9
	细土料	100	100	99.1	97.8	93.4	86	80.0	76.3	67.1	64.6	59.1	55.4	48.7	42.4	30.3	18.2	10.0	4.2

从表 1 看，粗土料无超径石，大于 5mm 颗粒含量为 72.9%，小于 0.075mm 颗粒含量为 12.6%，小于 0.005mm 颗粒含量为 2.5%。大于 5mm 颗粒含量偏大，小于 0.075mm 黏粒含量满足要求，小于 0.005mm 黏粒含量不满足技术指标要求。

细土料无超径石，大于 5mm 颗粒含量为 23.7%，小于 0.075mm 颗粒含量为 48.7%，小于 0.005mm 颗粒含量为 10%。大于 5mm 颗粒含量偏小，小于 0.075mm 黏粒含量和小于 0.005mm 黏粒含量均满足砾石土心墙料技术指标要求。

在粗、细料掺拌前，现场对土料干密度进行了检测，粗料实测干密度为 1.86g/cm³，细料实测干密度为 1.37g/cm³。

4.4 掺拌比例选取

根据掺拌前对土料场粗、细料取样获得的天然级配及实测干密度，结合粒径大于5mm的土料设计包络线，初步拟定粗、细料掺拌比例（质量比）为1∶1、1∶1.5、1∶2三种。

4.5 掺拌方法

（1）土料开采装运。

装车前试验人员需对取料点粒径大于5mm的土料含量进行检测，由于粗料中超径石含量较多，在料场装运过程中先使铲斗距离地面4～5m，然后将土料倒下，多次反复使超径石充分分离，再进行装运。运输采用20t自卸汽车运料。运输过程中采取彩条布对土料进行保护，避免含水率的损失或增加。

（2）料摊铺。

土料运输至掺拌场地后，按照先粗后细的顺序进行铺料（共2层），由专人进行指挥卸料，铺料过程中用钢卷尺时刻对铺料厚度进行检测，用ZL50装载机粗平，人工配合反铲进行精平，在精平过程中人工剔除超径石。试验人员完成对粗料的取样检测后，在粗料上部铺细料。

（3）土料掺拌。

按设计厚度将土料分层摊铺后，使用ZXL－450反铲进行立面掺拌，掺拌时按设计铺土厚度将两种不同土料一次掺和，用反铲在掺拌场原地倒运反复掺拌4次以上，然后将其倒入堆料区。根据现场情况每次掺和范围宽度3～6m，长度为2～4m，掺拌过程中超径石自然分离至料堆底部边缘，由人工配合机械剔除。在掺拌过程中，为了防止粗料分离，铲斗离掺拌料垂直高度不应过高。

（4）超径石剔除及试验取样。

粗、细料掺拌完成后，人工对现场超径石进行剔除。然后试验人员对每个区域进行5组颗粒级配检测。

（5）防雨、防晒。

①掺砾石土料主要在旱季进行。

②在掺拌场每一个备料仓完成备料后，应铺设塑料薄膜，防止降雨时土料被雨水冲刷和污染，同时也可防止土料曝晒，水分散失。

③掺砾石土料的料仓表面应形成不小于2%的坡度，以便雨水排泄畅通，防止表面积水过多。

4.6 试验具体要求

（1）确保粗、细料铺土厚度满足设计厚度。

（2）确保土料进行反复4次以上掺拌，使土料整体均匀，人工配合机械剔除掺拌过程中自然分离至料堆底部的超径石。

（3）掺拌试验过程中，各项检测数据指标需及时检测并按实际检测数据调整相关施工参数。

5 掺拌后土料级配分析

5.1 掺拌后土料级配情况

掺拌完成后对每种掺拌料进行了颗粒分析试验，其土料颗粒分析检测结果见表 2。

表 2 掺拌后土料颗粒分析检测结果

粒径/mm		200	100	80	60	40	20	10	5	2	1	0.5	0.25	0.075	0.05	0.03	0.01	0.005	0.0018
小于该孔径质量百分数/%	1∶1	—	100	95.5	89.7	78.7	66.7	59	54.6	46.6	44.6	40.8	38.3	33.8	27.1	18.1	10.8	5.1	1.8
	1∶1.5	—	100	97.7	92.2	83	73.3	65.4	60.9	53.5	51.7	47.4	44.5	39.2	32.7	23.0	14.6	8.9	2.1
	1∶2	—	100	100	94.4	88	79.3	71.2	66.2	59.6	56.8	51.1	47.5	41.7	34.8	23.7	14.9	10.1	2.2

5.2 掺拌后土料级配曲线与设计级配曲线对比

掺拌后土料级配曲线与设计级配曲线对比，见图 1。

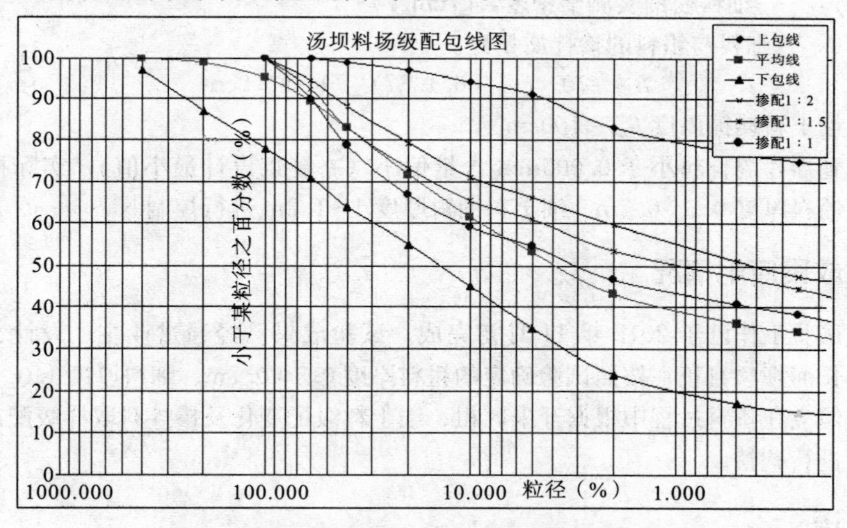

图 1 掺拌后土料级配曲线与设计级配曲线对比

5.3 掺拌后主要技术指标

根据表 2，将粗料粒径大于 5mm 的土料含量为 72.9%，细料粒径大于 5mm 的土料含量为 23.7%的两种土料，按上述比例掺拌后，土料主要技术指标见表 3。

表 3 按比例掺拌后土料主要技术指标

单位：%

掺拌比例	>5mm	<0.075mm	<0.005mm	备注
1∶1	45.4	33.8	5.1	
1∶1.5	39.1	39.2	8.9	
1∶2	33.8	41.7	8.5	

5.4 掺配比例确定

心墙砾石土要求粒径大于5mm的颗粒含量不超过50%、不低于20%，小于0.075mm的颗粒含量应大于15%，小于0.005mm的颗粒含量应大于5%。从表3的试验结果来看，三种掺配比例试验结果均满足设计要求；从图1来看，质量比为1∶1时的级配曲线最接近设计平均级配曲线，故选定掺配比例为1∶1。

5.5 确定铺层厚度

掺拌料粗、细料的铺层厚度，根据便于控制铺料厚度和便于掺拌的原则确定。粗料铺层厚度据以往经验以40～70cm为宜。本工程粗料铺层厚度取0.7m，细料铺层厚度根据下式计算：

$$h_{细}=h_{粗}(\gamma_{粗}/\gamma_{细})n$$

式中 $h_{细}$——细料铺料厚度，cm；

$h_{粗}$——粗料铺料厚度，cm；

$\gamma_{粗}$——粗料松铺实测干密度，g/cm^3；

$\gamma_{细}$——细料松铺实测干密度，g/cm^3；

n——细料与粗料的掺拌质量比。

$$h_{细}=70\times(1.86/1.37)\times1=95.2\text{cm}$$

故取细土料摊铺厚度 $h_{细}=100$cm。

考虑到掺拌混合料小于0.005mm含量偏小（略接近设计最小值），实际掺拌时可按粗土料铺料厚度0.5～0.7m、细土料铺料厚度1～1.2m进行控制。

6 试验成果应用情况

该项试验工作已于2012年11月初完成，试验成果已经通过业主、设计、监理审批。目前长河坝项目正在按照试验确定的粗料厚度0.5～0.7m、细料厚度1.0～1.2m进行备料，但应在备料过程中根据开采区粗、细土料级配变化及掺拌料取样级配试验结果情况及时进行调整。

7 结束语

通过汤坝土料场粗、细料掺拌试验，取得了满足设计要求的掺拌混合料及最优掺拌配比，确定了合理的掺拌粗、细土料铺料厚度，大大提高了土料开挖利用率，减少了开挖弃料，降低了施工成本，为电站其他料场超标骨料掺配提供了参考经验。

参考文献：

[1] 水利电力部水利水电建设总局．水利水电施工组织设计手册（2施工技术）[M]．北京：水利电力出版社，1990.

浅谈海外EPC水电项目降本增效管理[①]

摘　要：海外EPC项目降本增效应从两个方面入手：一方面利用合同约定增加项目的营业收入；另一方面通过精细化管理，在各阶段做“减法”，降低成本，从而提高项目的盈利水平。本文结合乌干达卡鲁玛水电站EPC项目尾水隧洞施工降本增效工作实施经验，阐述了如何做好海外EPC水电项目降本增效的管理工作。

关键字：前期策划；降本增效；做减法；精细化管理；海外EPC水电项目

1　概述

在国家“走出去”战略倡仪下，我国建筑企业在国际市场的份额逐渐扩大，目前中国电建集团境外在建EPC项目达几十个且大部分在非洲，涉及水电、风电、公路等各领域，但部分项目出现了亏损，因此，研究海外EPC项目降本增效管理具有重要意义。笔者结合乌干达卡鲁玛水电站EPC项目尾水隧洞工程降本增效工作实施经验，推荐了若干管理做法，具体阐述了如何做好海外EPC项目降本增效工作，以期能为其他类似工程提供参考。

2　项目前期策划

项目前期策划是对合同条款、项目施工组织方式方法、资源配置、收入成本及利润指标、影响成本因素进行认真分析策划的过程，研究如何有效控制并降低成本、规避风险，给出具体的意见并制定相应的措施，用以指导项目全过程的实施。前期策划经营指标作为项目管理的控制目标，用来与各季度经营指标进行对比，进而查找出偏差，以便有针对性地制定措施，及时加强成本管理。因此，项目前期策划极为重要，对降本增效管理意义深远。

以卡鲁玛水电站尾水隧洞项目为例，由于其为EPC项目，总价相对固定，为降本增效，研究如何优化设计、降低消耗、缩短工期（做“减法”）是其重点。因此，项目部重点通过设计优化、施工方案优化和加强分包管理等措施，在加快施工进度、控制隧洞超挖、管理提效等方面有的放矢，取得了一定成效；同时，外账管理亦不容忽视，它是保证利润的重点。

---

① 本文其他作者：杜进军、左祥、史俊安。

3 降本增效的思路及采取的主要方式方法

3.1 优化设计

优化设计是在满足设计及施工规范，保障质量、安全的前提下，对设计工程量进行优化，或者通过合理的途径减少工程量，它是降低成本的关键。

前期策划期间，项目部分析认为尾水隧洞的支护和衬砌成本将成为项目盈利与否的关键，须重点关注。在投标阶段的设计报告中，预测尾水隧洞Ⅱ类围岩占28%，Ⅲ类围岩占63%，Ⅳ、Ⅴ类围岩占9%。但是，根据施工支洞实际揭露的围岩推测，尾水隧洞围岩类别较投标预测好，Ⅱ类围岩占90%以上。为此，项目部提出重点对尾水隧洞Ⅱ类、Ⅲ类围岩系统采用锚喷支护、二衬参数优化的设计意向，通过对尾水隧洞轴线范围地质进行复勘取芯、设计复核、模型实验验证等反复论证，最终完成了对Ⅱ、Ⅲ类围岩系统锚杆、挂钢筋网、喷混凝土支护、二衬结构钢筋等参数的优化，与同类围岩断面原设计参数相比减少了工程量，降低了支护和衬砌成本，同时也显著加快了施工进度。表1为Ⅱ类围岩设计优化参数及成本比较表，表2为Ⅲ类围岩设计优化参数及成本比较表。

表1 Ⅱ类围岩设计优化参数及成本比较

序号	项目	单位	优化前参数	优化后参数	优化后每延米减少工程量	每延米节约EPC合同金额/美元	每延米节约成本/美元
1	系统锚杆	根	顶拱150°范围 $\phi25$，$L=6m$@3m×3m	顶拱150°范围 $\phi25$，$L=4.5m$@3m×3m	减少钻孔2m，钢筋7.7kg	129.64	85.56
2	喷混凝土	m^3	边顶拱喷C25混凝土，5cm厚	顶拱150°范围喷C25混凝土，5cm厚	1.02	563.39	371.83
3	二衬边顶拱混凝土	m^3	厚35cm，不含喷层，每延米11.14m^3	厚35cm，含喷层，每延米11.14m^3	1.85	846.06	558.4
4	钢筋制作安装	t	单层，环筋Φ25，分布筋Φ20，每延米为1.5756t	单层，环筋Φ20，分布筋Φ16，每延米为0.9766t	0.599	1740.07	1148.45
	合计					3279.16	2164.24

表2 Ⅲ类围岩设计优化参数及成本比较

序号	项目	单位	优化前参数	优化后参数	优化后每延米减少工程量	每延米节约EPC合同金额/美元	每延米节约成本/美元
1	系统锚杆	根	ϕ28，$L=6m$@2m×2m	ϕ25，$L=4.5m$@2m×2m	减少钻孔12.75m、钢筋12.5kg	380.63	251.22
2	挂钢筋网	t	边顶拱Φ6.5@15cm×15cm	随机Φ6.5@20cm×20cm	0.032	83.17	52.40
3	钢筋制作安装	t	单层，环筋Φ25，分布筋Φ20，每延米为1.5833t	单层，环筋Φ20，分布筋Φ16，每延米为0.9766t	0.607	1763.31	1163.78
	合计					2227.11	1467.4

3.2 优化爆破设计

在隧洞爆破开挖过程中，项目技术负责人结合现场地质情况、爆破材料、施工设备条件，因地制宜地不断优化钻孔深度、周边光爆孔间距、钻孔角度以及光爆孔的装药结构、装药方法等，在技术上取得了突破。同时，在项目部对作业队高标准、严要求下，狠抓落实，按照项目部的意志行事，最终卡鲁玛水电站尾水隧洞项目的光面爆破质量成为中国水电五局的一块招牌。Ⅲ类以上围岩光面爆破半孔率达到90%以上，爆破裂隙极少，平均超挖量在10cm以内，整个隧洞的开挖轮廓平整，围岩稳定，符合Ⅱ类围岩的外观与围岩判定标准。因此，项目部建议将Ⅲ类围岩开挖洞段按照Ⅱ类围岩支护参数进行支护施工，获得设计单位与工程师的同意，从而进一步减少了工程量，降低了支护成本，同时也显著加快了施工进度。

3.3 优化临时工程量

通过对工期、施工难度、经济方面进行综合权衡，优化了部分临时工程项目，也在一定程度上节约了成本。例如，投标阶段在两条尾水隧洞之间设置了6条联通洞，但由于围岩质量好于预期，施工进度加快，争取了工期，通过论证分析，取消了6条联通洞[洞长422m，（宽）8m×（高）7m城门洞形断面]，使原本需要投入大量开挖、支护、二衬、灌浆成本的联通洞EPC收入（此项EPC合同金额1491万美元）直接施工成本变为零。

3.4 降低消耗

此处消耗主要指材料、配件、能源的消耗，其他消耗虽然也有一定的影响，但非主要矛盾。笔者结合卡鲁玛工程的实际情况，就如何减少材料消耗、设备配件消耗以及能源消耗的推荐性做法予以介绍。

3.4.1 降低材料消耗

该尾水隧洞长度14580m，开挖断面高13.45～15.05m，开挖断面宽13.6～15.2m，边顶拱开挖周长37m，底板开挖宽度为11.13m，经测算，每超挖1cm增加直接施工成本 804.84 万元（见表 3）。为此，项目部与钻爆作业班组之间以合同约定：边顶拱超挖须控制在 0～15cm，底板超挖须控制在 0～20cm。为确保超挖控制范围的实施，上层开挖循环进尺不得超过 3.5m，下层开挖循环进尺不得超过 4.5m。同时，合同约定在超挖范围以内节约的给予奖励，因施工原因超出合同约定超挖范围的施以罚款。通过合同约定并对钻爆作业人员强化培训、教育，作业班组充分认识到超挖控制的重要性，提升了钻爆班组人员的责任心。最后，通过对测量放样、钻孔、装药参数等三检制的实施，超挖控制取得了良好效果。经过对两条尾水隧洞上层开挖 5320m 长度段的测量资料统计，上层边顶拱最大超挖 12cm，其中 8# 施工支洞口对应的 4 个面最大超挖 8cm。可以预见，超挖控制好，超填混凝土量就大大减少，将极大地降低材料成本；若继续优化混凝土配合比，减少水泥用量，成本节约将非常显著。

表 3　尾水隧洞每延米超挖超填成本比较

序号	隧洞长/m	超挖厚度/cm	每延米超挖超填量/m^3	总超挖超填量/m^3	超挖超填单方直接施工成本/(美元/m^3)	超挖超填总成本/万美元
1	14580	1	0.46	6707	301.84	202.44

材料的用量要有依据、有计划或根据图纸匡算各阶段材料用量，不能一味地“凭感觉”“谈经验”，随意采购，领多少，用多少，加大二级库库存量。材料管理部门也要严格把握材料领用的手续，杜绝“刷脸”操作，必须认真执行“季度盘库”机制。对材料领用人，应该加强责任心教育，未使用完的材料应及时收集存放或退库，避免浪费。

3.4.2　降低机械设备及配件消耗

“工欲善其事，必先利其器。”在前期策划之时，一定要根据项目实际情况，充分论证主要施工机械设备型号规格及合理台数，过多购入设备会使成本压力大，过少则施工进度得不到保障，况且当地资源匮乏，属于卖方市场，反而得不偿失。

项目部充分认识到施工机械设备健康运转的重要性，尽管施工机械设备在施工期间的维护、保养、维修的责任由分包单位承担，但是项目部并非放开手脚听之任之，而是秉承“服务、监督、指导”的理念，对分包单位设备管理人员加强培训、考核，对施工机械设备进行周检、月检，介入式管理，检查监督分包单位对设备及时保养维护，坚持以养代修的管理理念，重视保养环节，杜绝“带病”作业，从而降低了设备的故障率，节约了设备的维修配件消耗成本。

再者，转变思想，修旧利废，挖掘旧配件再利用的可能性。提高机械设备管理人员的业务素质和技能水平，减少采购环节损失。实行单机能耗核算及奖惩。鼓励机修人员开展小技改、小发明等降本活动，既解决了生产问题，又取得了很好的经济效益。例如，尾水隧洞锚杆钻孔施工中，自制多臂钻扶钎胶套比采购成本节约 6.4 万美元，此外还有 360°快速法兰连接盘接盘、型钢冷弯机改造、自制简易注浆器[1]、40t 移动筛分系统机架改造等。

3.4.3　降低能源消耗

乌干达卡鲁玛项目使用大量的电动机械设备，而且当地没有足够的电力资源，必须靠柴油发电机发电。前期策划表明发电成本是能源消耗控制的重点。项目部为此做了大量工作：①集中发电厂实行自动化调控，根据负荷自动调节发电机不同时段的合理运行台数；②经对各洞口用电量、洞挖工程量、空压机压力设置等信息统计分析，提出对电动空压机出厂设置的加载压力、卸载压力参数进行调整，降低用电消耗；③尾水隧洞施工期间，利用永久排水竖井进行通风排烟，缩短通风排烟路径，减小通风机运行时间等手段降低能源消耗。

对于油动机械设备，主要是通过各种手段和措施提高设备的利用率来控制消耗，增强全员厉行节约的意识，让节约成为大家的习惯，从小事做起，从身边事做起。例如，对于尾水隧洞装运渣施工机械设备，通过对单机柴油消耗和完成工程量统计分析，制定单机能耗平均水平，在洞挖期间推行“节能降耗”活动；车辆的使用遵守“先重后轻、先急后缓，统一调派、组合使用”的原则，减少派车次数。

3.5 缩短工期

不论是什么类型的工程，如果工期提前，就意味着节约工期内的所有人工费、设备使用费、管理费等都可结余，都可大大降低成本。而EPC合同总价本来就相对固定，那么就更加要求项目采取各种合理方式加快进度。

3.5.1 优化施工方案

卡鲁玛水电站尾水隧洞项目施工范围为8#、9#、10#3条施工支洞；1#、2#两条尾水隧洞，主要工作内容包括土石方明挖、石方洞挖、锚喷支护、衬砌混凝土、灌浆等。结合前期策划中拟订的施工方案，在施工支洞贯通前，根据不同的工期、资源投入，对尾水隧洞施工方案进行对比分析：

方案1：尾水隧洞开挖支护完工后再进行二衬与灌浆施工。该方案又可细化为以下几个方案。

方案1-1：施工顺序为上层开挖支护结束→下层开挖支护结束→垫层浇筑→边顶拱浇筑→底板浇筑→灌浆。

方案1-2：施工顺序为上层开挖支护600m→下层开挖支护500m→上层开挖支护（同时进行500m段垫层浇筑、钢筋台车和钢模台车安装等二衬准备工作）→全部开挖结束后进行边顶拱浇筑→底板浇筑→灌浆。

方案2：尾水隧洞开挖支护一定长度后，在两条尾水隧洞之间形成多个连通洞，通过连通洞解决洞内交通，形成前面开挖支护、后面二衬的施工条件。

方案3：尾水隧洞开挖支护一定长度后，形成前面开挖支护、后面二衬的施工条件。施工顺序为上层开挖支护600m→下层开挖支护500m→上层剩余段开挖支护，同时进行垫层浇筑→边顶拱浇筑→上层开挖结束后进行下层剩余段开挖支护，同时进行垫层浇筑→边顶拱浇筑、底板浇筑→边顶拱浇筑一段长度后开始灌浆。

最终采用方案3洞挖、支护、二衬、灌浆平行流水线施工方案。在最终确定的方案基础上，制订内控总进度计划，考虑到合同履约风险，内控总进度计划须较合同计划至少提前3个月的工期。

3.5.2 管理降本增效

项目部坚持精细化管理、标准化管理理念，对作业队伍秉承“服务、监督、指导”

的理念，达到降本增效的目的。

在人工、材料、设备、分包、管理等成本方面，项目部认真贯彻落实公司的规定，并结合实际，处处以“经济性”进行考量。例如，在人工成本上，因 1 名中方人员的成本约等于 10 名乌方人员的成本，因此，项目部努力提高属地化程度，对当地人培训、考核，控制中方人数，努力降低人工成本，并形成规章制度、辅以奖励考核，予以贯彻落实，大大提升了工作效率，一切循序渐进，在一定程度上促进了施工进度的推进。对于分包管理，始终坚持以卡鲁玛项目的整体利益为重，而不是放任自流，施工中坚持“服务、监督、指导”的宗旨，做好协调、服务、安全技术交底，帮助分包单位节约成本，为作业队服务，让他们有更多的精力倾注到施工上，加快进度，实现“双赢”。只有分包单位有利可图，才能激发潜力，刺激分包单位加快进度，从而又快又好地完成施工任务。

洞挖支护施工期间，因地质情况变化，每周施工进度计划的安排坚持在内控总体进度计划基础上，结合上期实际完成情况，酌情提速，及时处理影响施工进度事项，发挥作业人员、施工机械设备的极限能量。尾水隧洞创造了上层洞挖支护单面最高月进尺 257m、下层洞挖支护单面最高月进尺 324m 的纪录。

3.5.3 资源保障

卡鲁玛水电站尾水隧洞项目地处非洲乌干达西北部野生动植物保护区内，每年两个雨季是马来热的高发区。据统计，项目上 80% 的中方人员患过马来热，目前最多的发病过 6 次，2015 年 11 月～12 月份期间，针对尾水隧洞 10 个作业面钻爆班组有 40% 的中方作业人员在轮换着治疗马来热、休息，每循环钻孔时间延长近 3 个小时，严重影响正常施工的实际情况，项目部在作业队劳工营地紧急成立诊所，随时候诊，才扭转局势。因此，有效预防和治疗传染性地方疾病，确保作业人员身体健康和心理健康尤为关键。

前期策划之时要认真做好调研工作，对物资的采购和供应地、运输线路做出决策，权衡利弊。同时，乌干达属于内陆国家，经济又欠发达，采购运输周期很长，所有的材料必须根据采购周期提前计划，“巧妇难为无米之炊”，不能因为物资供应不及时而影响施工进度。

3.6 其他

降本增效的管理是全员参与、有的放矢的管理。各个部门需结合自身工作实际，对照项目部整体思路，制定详细的降本增效措施，并进行详细的交底，相互监督、考核，确保降本增效工作的长效开展。同时，知己知彼方能百战不殆，做任何工作之前都应该进行调查分析，未雨绸缪，做好规划，比如分包，要提前半年进行分包招投标、合同协商签订等工作，进场施工前完善合同手续，明确双方责权利；外账管理，要熟知当地税法，账务应经得起外账税务审计，实现涉税零风险[2]，同时借鉴在乌中资或外资企业合理避税经验，守住利润。

4 实施效果

降本增效是企业的根本目的，项目成本管理的好坏，直接影响着企业的效益，关系着企业的生存和发展。卡鲁玛项目围绕前期策划分析结果，实施精细化、规范化管理，目前已取得了初步成效，通过2015年12月份调整项目经营策划，预计比前期总体策划毛利率提高3.64%以上，实现了项目成本管控阶段性目标。

5 结束语

海外EPC项目，往往在合同中设置了很多约束条件，限制了承包商索赔，要想在索赔上获取客观的利润一般都比较艰难。但是如果能主动在“花钱”上下功夫，通过降本增效，为项目做“减法”，省出利润来还是比较容易。本文仅对卡鲁玛水电站尾水隧洞项目成功实施并取得一定效益的主要降本增效做法及管理理念进行阐述，可为类似工程提供指导，值得参考借鉴。但是，降本增效的管理是贯彻项目始终的，也是全方位的管理，因此不能片面，顾此失彼，亦不能懈怠。

参考文献：

[1] 陈长贵，杨玉银. 自制简易注浆器在境外隧洞工程施工中的应用 [J]. 山西水利科技，2015 (2)：1-3.
[2] 郭风风. 筹划企业税收，为企业降本增效 [J]. 中国经贸，2013 (16)：218.

附录1 作者在实践中常用工作语言释义

在长期的地下工程实践中，作者在解决实际工程技术难题的同时，使用了以下工作语言，释义如下：

水平V形掌子面 是指隧洞开挖的掌子面（开挖作业面）不是传统的平齐掌子面，而是中部向内凹进，两侧向外凸出，水平剖面呈V字形，故称为水平V形掌子面，这可以有效提高单循环进尺，使钻孔利用率提高到100%成为现实。

周边密空孔钻爆法 一种控制软岩隧洞开挖轮廓的方法，沿设计开挖线钻一排密集的炮孔，孔内不装药，与其相邻的外圈崩落孔按软岩光面爆破设计，通过爆破振动将保护层沿设计开挖线拉裂，从而控制软岩隧洞开挖轮廓。

光面爆破孔内间隔装药传爆技术 在水平孔光面爆破施工中，将药卷按设计间距推入孔内，药卷间只有空气间隔，没有导爆索和竹片，使用一只雷管起爆孔底的加强装药，并利用炸药的殉爆距离由内向外依次传爆孔内的间隔装药。

六空孔平行直孔掏槽 隧洞开挖中一种直孔掏槽方式，中间一个中心装药孔，周围布置6个空孔不装药，作为中心装药孔爆破的临空面。

分部分块开挖施工工艺 在地下水丰富的土洞斜井开挖中，将开挖掌子面分为上下两部进行开挖，下部又分为左、中、右3块进行开挖的施工方法，先进行上部开挖，下部中槽先行，最后开挖左右两侧，使地下水主要集中于下部中槽底部，其他部位开挖工作在无水条件下进行。

微量装药软岩光面爆破 在极软岩、软岩隧洞开挖光面爆破施工中，周边光爆孔内装药以导爆索为主，将导爆索作为炸药单独使用；孔底装入少量加强装药以便使光爆层顺利脱落，平均单孔线装药密度低于规范建议的70～120g/m；与其相邻的外圈崩落孔按照软岩光面爆破设计。这种爆破方法称为微量装药软岩光面爆破。

分部楔形掏槽 将传统的集中布置掏槽孔方式改变为分上部掏槽、下部掏槽两部分，中部间隔80～120cm不布置掏槽孔，在减少掏槽孔数量的同时，有效扩大了掏槽范围，增大了掏槽空腔，从而减少由于掏槽空腔过小产生的夹制作用。

光面爆破装药结构改进技术　一种在 φ42mm 以下孔径中应用的光面爆破技术。在缺少专用光爆细药卷（φ20～22mm）和绑扎光爆药串用的竹片的情况下，将 φ25～32mm 常规药卷按设计间距推入光爆孔内，孔内全长布设导爆索，炸药与导爆索在孔内均处于自由分布状态。在这种情况下，通过导爆索完全能够起爆孔内的间隔装药，从而实现光面爆破。

竖井开挖中心排水导孔技术　在具有下部施工通道的雨量充沛地区土质围岩竖井开挖中，沿竖井中心线从地表向下钻中心排水导孔至下部施工通道，将土层开挖过程中的地表水和地下渗水，通过中心排水导孔流入下部施工通道内，以确保竖井土层开挖在无水条件下进行。

附录2 作者在工程实践中采用的实用技术

作者在长期的地下工程实践中，依托工程项目采用了一系列实用技术，这些实用技术在其他工程实践中得到了进一步的推广应用，具体见附表2.1。

附表2.1 实用技术应用情况

序号	实用技术名称	适用范围	首次应用时间	依托的工程项目	应用时间、项目	应用效果
1	水平V形掌子面技术	隧洞硬岩开挖提高钻孔利用率	1998年9月	温州赵山渡引水工程上安隧洞	①1999年温州赵山渡引水工程上安隧洞；②1999年温州赵山渡引水工程许岙隧洞；③2015年乌干达卡鲁玛水电站尾水隧洞10#施工支洞；④2015年乌干达卡鲁玛水电站尾水隧洞1#主洞（朱德宇部）；⑤2015年乌干达卡鲁玛水电站尾水隧洞2#主洞（朱德宇部）；⑥2017年赞比亚下凯富峡水电站引水隧洞（朱德宇部）	掌子面几乎无残孔，钻孔利用率达100%
2	周边密空孔钻爆法	控制软岩开挖轮廓	1998年8月	温州赵山渡引水工程许岙隧洞	①1999年温州赵山渡引水工程许岙隧洞；②2005年山西万家寨引黄北干线工程支北03-1施工支洞	减少了爆破振动，顶拱爆破半孔率达70%
3	光面爆破孔内间隔装药传爆技术	均质硬岩开挖光面爆破	1999年3月	温州赵山渡引水工程许岙隧洞	1999年温州赵山渡引水工程许岙隧洞	边顶拱光面爆破半孔率90%以上
4	利用爆炸法取出断入钻头内的钎稍	处理钻杆头断入钻头内报废的钻头	1999年6月	温州赵山渡引水工程上安隧洞	①1999年温州赵山渡引水工程上安隧洞；②1999年温州赵山渡引水工程许岙隧洞	大量报废钻头得以重新使用

续表

序号	实用技术名称	适用范围	首次应用时间	依托的工程项目	应用时间、项目	应用效果
5	六空孔平行直孔掏槽	提高硬岩隧洞掏槽效率	1999年7月	温州赵山渡引水工程许岙隧洞	①1999年温州赵山渡引水工程许岙隧洞；②1999年温州赵山渡引水工程上安隧洞	硬岩掏槽孔钻孔利用率100%
6	主洞斜井出渣施工方法	通过斜井进行主洞出渣	2005年8月	山西万家寨引黄北干线工程支北05施工支洞	①2005年山西万家寨引黄北干线工程支北03－1施工支洞；②2005年山西万家寨引黄北干线工程支北04施工支洞；③2005年山西万家寨引黄北干线工程支北05施工支洞；④2006年山西万家寨引黄北干线工程支北03施工支洞；⑤2009年云南牛栏江滇池补水工程输水隧洞11#施工支洞	有效提高了主洞通过斜井出渣效率
7	特大涌水土洞斜井开挖分部分块施工技术	洞内涌水土洞斜井开挖	2006年6月	山西万家寨引黄北干线工程支北03－1施工支洞	2006年山西万家寨引黄北干线工程支北03－1施工支洞	有效解决了涌水状况下土洞斜井开挖的问题
8	微量装药软岩光面爆破技术	极软岩、软岩控制开挖轮廓	2014年9月	乌干达卡鲁玛水电站尾水隧洞	①2014年乌干达卡鲁玛水电站尾水隧洞8#施工支洞；②2014年乌干达卡鲁玛水电站尾水隧洞9#施工支洞；③2015年乌干达卡鲁玛水电站尾水隧洞10#施工支洞	在软岩、极软岩开挖轮廓控制方面取得了很好的效果
9	分部楔形掏槽技术	硬岩隧洞开挖	2015年4月	乌干达卡鲁玛水电站尾水隧洞	①2015年乌干达卡鲁玛水电站尾水隧洞1#主洞；②2015年乌干达卡鲁玛水电站尾水隧洞2#主洞；③2017年赞比亚下凯富峡水电站引水隧洞	减少了掏槽孔数量，增大了掏槽孔面积，取得了较好的掏槽效果

续表

序号	实用技术名称	适用范围	首次应用时间	依托的工程项目	应用时间、项目	应用效果
10	ϕ32mm 常规药卷光面爆破技术	硬岩隧洞开挖	2014年12月	乌干达卡鲁玛水电站尾水隧洞	2014年乌干达卡鲁玛水电站尾水隧洞8#施工支洞	取得了较好的光面爆破效果，光面爆破半孔率达70%以上
11	隧洞开挖光面爆破装药结构改进技术	硬岩隧洞开挖	2015年1月	乌干达卡鲁玛水电站尾水隧洞	①2015年乌干达卡鲁玛水电站尾水隧洞8#施工支洞； ②2015年乌干达卡鲁玛水电站尾水隧洞9#施工支洞； ③2015年乌干达卡鲁玛水电站尾水隧洞10#施工支洞； ④2015年乌干达卡鲁玛水电站尾水隧洞1#主洞； ⑤2015年乌干达卡鲁玛水电站尾水隧洞2#主洞； ⑥2017年赞比亚下凯富峡水电站引水隧洞	均取得了很好的光面爆破效果，光面爆破半孔率达90%～100%
12	中心排水导孔技术	具有下部施工通道的厚层土质围岩竖井开挖	2015年7月	乌干达卡鲁玛水电站尾水隧洞	①2015年乌干达水电站卡鲁玛水电站尾水隧洞4#通风竖井； ②2016年乌干达水电站卡鲁玛水电站尾水隧洞5#通风竖井	地下水沿中心排水导孔流入下部施工通道，使土层开挖在无水状态下进行

附录3 微量装药软岩光面爆破参数

3.1 软岩分类

JTG D70—2004《公路隧道设计规范》、GB 50487—2008《水利水电工程地质勘察规范》中均规定：岩石单轴饱和抗压强度大于30MPa为硬质岩，小于等于30MPa为软质岩，即坚固系数 $f \leqslant 3$ 的岩石为软质岩。同时，JTG D 70—2004《公路隧道设计规范》中将软质岩分为三类：极软岩、软岩、较软岩，并对软质岩石判断、分类做了具体定性、定量规定，详见附表3.1。表中，R_b 为岩石单轴饱和抗压强度（MPa），f 为岩石坚固系数。

附表3.1 软质岩石定性、定量划分情况

名称	定性鉴定	代表性岩石	定量指标	
			R_b/MPa	f
极软岩	锤击声哑，无回弹，有较深凹痕，手可捏碎；浸水后可捏成团；揉搓可成流砂状	①全风化的各种岩石；②各种半成岩	≤5	≤0.5
软岩	锤击声哑，无回弹，有凹痕，易击碎；浸水后手可掰开	①强风化的坚硬岩；②弱风化～强风化的较坚硬岩；③弱风化的较软岩；④未风化泥岩等	$15 \geqslant R_b > 5$	$1.5 \geqslant f > 0.5$
较软岩	锤击声清脆，无回弹，较易击碎；浸水后指甲可刻出印痕	①强风化坚硬岩；②弱风化的较坚硬岩；③未风化～微风化的凝灰岩、千枚岩、砂质泥岩、泥灰岩、泥质砂岩、粉砂岩、页岩等	$30 \geqslant R_b > 15$	$3.0 \geqslant f > 1.5$

3.2 外圈崩落孔参数

外圈崩落孔是指与周边光爆孔相邻的最外圈崩落孔，同样按照软岩光面爆破设计，与周边光爆孔形成双层光面爆破，使周边光爆孔形成厚度均匀、规则的光爆层。它是微量装药软岩光面爆破技术的重要组成部分，在一定程度上能决定光爆效果的好坏。外圈崩落孔采用连续装药结构，光爆参数按照软岩光面爆破设计，可按附表3.2选取。

附表 3.2　外圈崩落孔光面爆破参数

钻孔直径 $d_{外}$/mm	钻孔深度 $L_{外}$/m	孔间距 $E_{外}$/mm	最小抵抗线 $W_{外}$/mm	装药直径 $d_{药}$/mm	线装药密度 $q_{外}$/(g/m)
38～42	1.5～2.0	450	550	25	120～150

3.3　微量装药光面爆破参数

微量装药软岩光面爆破主要适用于极软岩、软岩。根据乌干达卡鲁玛水电站尾水隧洞爆破试验及应用情况，极软岩、软岩周边光爆孔微量装药光面爆破参数，初次选取可参照附表 3.3 选择，并根据爆破试验结果进行修正。

附表 3.3　微量装药推荐光面爆破参数

软岩类别	f	周边孔间距 E/mm	周边孔抵抗线 W/mm	孔底加强装药平均单孔线装药量 $q_{药}$/(g/m)	导爆索线装药量 $q_{导}$/(g/m)
极软岩	$\leqslant 0.5$	380～430	420～480	20～35	10～11
软岩	$1.5 \geqslant f > 0.5$	330～400	380～450	35～55	10～11

注：钻孔直径 38～42mm，药卷直径 25mm。

附录 4　周边密空孔钻爆法建议爆破参数及其设计方法

4.1　周边密空孔钻爆法爆破参数

根据温州赵山渡引水工程许岙隧洞及山西万家寨引黄北干支北 03－1 施工支洞爆破试验及应用情况，对于中小断面隧洞土质围岩隧洞开挖可采用周边密空孔钻爆法，爆破参数初次选取可参照附表 4.1，并根据爆破试验结果进行修正。

附表 4.1　周边密空孔钻爆法建议爆破参数

岩石类别	密空孔间距 E /mm	保护层厚度 W/mm	外圈崩落孔间距/mm	线装药量 $q_{药}$ /(g/m)
软岩	100～150	200～300	400～450	150～200
极软岩	150～200	300～500	350～400	100～150

注：钻孔深度不宜大于 1.0m，钻孔直径 38～42mm，药卷直径 25mm。

4.2　周边密空孔钻爆法建议参数设计方法

（1）钻孔直径 d：软岩开挖多采用手风钻，一般取 d=38～42 mm。

（2）钻孔深度 L：单循环进尺不宜大于 1.0m，建议取 L=0.5～0.8m。

（3）周边密空孔孔距 E：沿设计开挖线钻一排密集的钻孔，形成一条密孔幕，孔内不装药，这种密孔幕主要起减震作用，孔距取孔径的 2～5 倍，即 $E=(2\sim5)d$，其中 d 为钻孔直径。岩石越软，E 取值越大。

（4）保护层厚度 W：根据围岩软硬程度，取 W=20～50cm 为宜。W 过大，保护层不易剥落；过小，则起不到对设计开挖轮廓的保护作用。岩石越软，W 取值越大。

（5）外圈崩落孔爆破参数：孔距及单孔药量按软岩光面爆破设计，孔距取 0.35～0.45m，孔内线装药密度取 100～200g/m。

（6）起爆顺序及网路：外圈崩落孔在其他崩落孔起爆后同时起爆；孔内采用非电毫秒雷管，孔外采用 1 段非电毫秒雷管联炮，电雷管起爆。

附录5　较软岩、硬岩光面爆破参数及其设计方法

5.1　较软岩、硬岩光面爆破参数

根据乌干达卡鲁玛水电站尾水隧洞爆破试验及应用情况，较软岩、硬岩光面爆破参数初次选取可参照附表5.1选择，并根据爆破试验结果进行修正。

附表5.1　较软岩、硬岩推荐光面爆破参数

岩石类别	周边孔间距E /mm	周边孔抵抗线 W/mm	线装药量$q_{药}$ /(g/m)
硬岩	500～550	400～550	150～250
中硬岩	450～500	380～500	120～200
较软岩	400～450	350～450	25～120

注：钻孔深度1.5～4.5m；钻孔直径38～42mm；药卷直径25～32mm，优先选用ϕ25mm乳化炸药；导爆索优先选用普通塑料导爆索。

5.2　主要光爆参数及装药结构设计方法

（1）爆破器材：炸药主要选用ϕ25～32mm乳化炸药；导爆索优先选用普通塑料导爆索。

（2）光爆孔直径D：钻孔直径不宜过大，一般取D=38～42mm。

（3）钻孔深度L：可根据爆破设计需要选取，建议取1.5～4.5m。

（4）光爆孔孔距E：根据卡鲁玛水电站尾水隧洞爆破试验及应用情况，取$E=(9\sim13)D$，建议软岩取E=40～45cm；中硬岩取E=45～50cm；硬岩取E=50～55 cm。

（5）最小抵抗线（光爆层厚度）W：根据卡鲁玛水电站尾水隧洞爆破试验及应用情况，取$W=(0.8\sim1.0)E$。

（6）线装药密度q：根据围岩硬度情况，初次选取建议软岩25～120g/m，中硬岩120～200g/m，硬岩150～250g/m。

（7）单孔装药量Q：$Q=qL$。

（8）孔底加强装药量Q_1：软岩可选用ϕ25mm乳化炸药，取Q_1=100～150g；硬岩选用ϕ32mm乳化炸药，建议中硬岩取Q_1=150～200g，硬岩取Q_1=200～250g。孔底加强装药相应长度为L_1。

（9）正常装药段总药量Q_2：$Q_2=Q-Q_1$。

（10）正常装药段单节装药量G：主要选用ϕ25～32mm乳化炸药，优先选用ϕ25mm乳化炸药。通常将一整只乳化炸药切割成几节，正常装药段装药规格一般取

$G=100$g/节，其相应长度为 d_2。

（11）正常装药节数 n：$n=Q_2/G$，可按四舍五入原则取整数。

（12）填塞长度 L_3：周边光爆孔一般采用柔性材料轻堵，并且不宜过长，否则易出现孔口“挂帘”现象，建议取 $L_3=20\sim35$cm。

（13）正常装药段长度 L_2：$L_2=L-L_1-L_3$。

（14）炮棍正常装药间隔标尺长度 d：$d=L_2/n$。

（15）正常装药间隔距离 d_1：$d_1=d-d_2$。

（16）网路连接：为了保证周边光爆孔同时起爆，进一步提高光面爆破效果，周边光爆孔孔外统一采用导爆索连接，相应段位非电毫秒雷管起爆。

附录 6　专利内容介绍

由中国水电五局承建的卡鲁玛水电站尾水隧洞工程位于乌干达境内的卡尔扬东哥地区卡鲁玛村。尾水隧洞共两条：1# 尾水洞隧长 8705.505m，2# 尾水隧洞长 8609.625m，开挖断面呈平底马蹄形，宽 13.60～15.20m，高 13.45～15.05m，围岩主要为花岗片麻岩，以Ⅱ～Ⅲ类围岩为主，$f=8\sim10$，极少量Ⅳ类围岩。尾水隧洞布置有 8#、9#、10# 3 条施工支洞，支洞开挖断面均呈城门洞形，宽 8.16～8.44m，高 7.38～7.52m。隧洞总开挖方量 295.8 万立方米，总投资 5.9 亿美元，是目前世界上规模最大的尾水隧洞工程。

在尾水隧洞开挖过程中，为了克服境外施工的实际困难，实现快速掘进和光面爆破，中国水电五局技术专家团队进行了多项关键技术攻关，获得了多项国家专利，相关专利内容介绍如下。

6.1　发明专利一

一种应用于软岩和极软岩的光面爆破方法（专利号 ZL201510097442.7）。该专利有效地解决了在软岩和极软岩隧洞开挖中，由于岩石过软，孔内药量偏大，造成光爆效果差的问题。在乌干达卡鲁玛水电站尾水隧洞 8# 施工支洞进口段软质岩隧洞开挖中，为了使软质岩隧洞形成平整、规则的开挖轮廓，提出并采用了微量装药软岩光面爆破技术，将导爆索作为炸药单独使用，孔底装入少量加强装药，同时将外圈崩落孔按软岩光面爆破设计，形成双层光面爆破。试验结果及实际应用表明，在软质岩隧洞开挖中采用这种光爆技术能取得较为满意的光爆效果，有效减少超挖，降低成本。

6.2　发明专利二

一种基于 ϕ32mm 药卷的光面爆破方法（专利号 ZL201510097511.4）。该专利很好地解决了在乌干达卡鲁玛水电站尾水隧洞 8# 施工支洞Ⅲ类围岩开挖期间，光爆用 ϕ25mm 细药卷短缺、绑扎光爆药串用的竹片无法买到等问题。光面爆破施工中采用了经过加工的 ϕ32mm 常规药卷，调整了光爆孔内装药结构、装药方法，并在选用常规周边光爆孔孔距条件下，适当减小了光爆层厚度，将周边光爆孔密集系数提高到了 1.25～1.43。爆破实践结果表明，通过这一系列改进，即便在只有最常见的 ϕ32mm 常规药卷和导爆索条件下，仍能取得良好的光爆效果。该专利成果简化了光爆药串加工工序，减少了光爆层脱落需要克服的阻力，减轻了爆破对洞周被保留岩体的伤害，同时也节省了光爆药串加工费及竹片、胶布等材料费，并能有效控制超挖，从而减少了因超挖造成的大量混凝土回填，降低了施工成本。

6.3　发明专利三

一种分部楔形掏槽（专利号 ZL201510554219.0）。通过对传统掏槽方式的改进与创新，深度挖掘提高爆破效率的施工技术，同时改善隧洞爆破的整体效果，发明了分部楔形掏槽法，将掏槽分为上部楔形掏槽和下部楔形掏槽两部分，中间间隔适当距离。这样能够合理增大掏槽面积，形成较深且环向面积较大的掏槽空腔，从而有效减小周围崩落孔爆破时孔底和环向的夹制作用，提高炮孔利用率，增大爆破单循环进尺，使得爆破更加容易；同时，在保证爆破效果的基础上减少了掏槽孔钻孔的数量，从而能够减少钻孔工作量，减少炸药装药量，加快隧洞开挖的施工进度。

6.4 实用新型专利一

一种应用于隧洞开挖光面爆破的装药结构（专利号 ZL201520701963.4）。该专利成功地解决了在国外施工时，隧洞光面爆破专用光爆细药卷、绑扎光爆药串的竹片难于买到，并且装药程序较为复杂，导致装药时间较长、爆破成本较高等问题。在乌干达卡鲁玛水电站尾水隧洞光面爆破施工中，无专用光爆细药卷（ϕ20～22mm）且绑扎光爆药串用的竹片难于买到，在8#、9#、10#施工支洞及主洞开挖爆破施工中进行了一系列光面爆破装药结构改进试验，在光爆孔内采用 ϕ25～32mm 常规药卷，在与导爆索未绑扎的条件下，成功起爆了光爆孔内按设计线装药密度装入的间隔装药，一系列试验均取得了满意的光爆效果。大量实验及应用情况表明，在 ϕ42mm 光爆孔内，导爆索与一定间距（>50cm）的间隔装药在孔内自由分布、未绑扎的条件下，完全能够起爆孔内的间隔装药，这就简化了传统的光爆药串加工工艺，更重要的是改变了隧洞开挖中传统的光爆孔内装药结构。

6.5 实用新型专利二

简易注浆器（专利号 ZL201520137783.8）。该专利有效地解决了在国外工程施工中，专用锚杆注浆器未能及时到达现场的情况下，锚杆施工的孔内注浆问题。乌干达卡鲁玛水电站尾水隧洞工程前期施工中，由于国内注浆设备尚未到达，乌干达及周边国家难于买到，为了解决前期锚杆、小导管注浆等问题，项目部利用已进场的管材及在乌干达能买到的材料、物资，成功地自行研制了简易锚杆、小导管注浆器，并得到了实际应用，从而保证了工程顺利开工，并取得了较好的经济效益。实际应用表明，该设备具有制作简单、操作方便、经济实用的特点。

附录7　获得专利、工法、中国企业新纪录情况

7.1　获得国家专利情况

获得国家专利情况，见附表7.1。

附表7.1　获得国家专利情况

序号	专利名称	专利号	发明人	专利类型	授予时间
1	一种应用于软岩和极软岩的光面爆破方法	ZL201510097442.7	杨玉银、陈长贵等	国家发明专利	2016.04.13
2	一种基于 ϕ32mm 药卷的光面爆破方法	ZL201510097511.4	杨玉银、陈长贵等	国家发明专利	2016.04.13
3	一种分部楔形掏槽	ZL201510554219.0	杨玉银、陈长贵等	国家发明专利	2017.05.03
4	一种多臂钻扶钎器胶套及其制备方法	ZL201610262069.0	吕岿、杨玉银等	国家发明专利	2017.11.10
5	一种应用于隧洞开挖光面爆破的装药结构	ZL201520701963.4	杨玉银、陈长贵等	国家实用新型专利	2016.02.03
6	简易注浆器	ZL201520137783.8	杨玉银、陈长贵等	国家实用新型专利	2015.07.29

7.2　获得省部级工法情况

获得省部级工法情况，见附表7.2。

附表7.2　获得省部级工法情况

序号	工法名称	工法类别	完成人	等级	授予单位	授予时间
1	特大涌水土洞斜井开挖施工工法	水利水电工程建设工法	杨玉银、杨贵仲等	省部级	中国水利工程协会	2011.05.18
2	微量装药软岩光面爆破施工工法	四川省工法	杨玉银、陈长贵等	省部级	四川省住房和城乡建设厅	2017.08.02
3	未绑扎光爆药串条件下的隧洞开挖光面爆破施工工法	中国电建工法	杨玉银、陈长贵等	省部级	中国电力建设集团有限公司	2016.12.15

续表

序号	工法名称	工法类别	完成人	等级	授予单位	授予时间
4	使用ϕ32药卷实现隧洞光面爆破快速施工工法	中国电建工法	杨玉银、陈长贵等	省部级	中国电力建设集团有限公司	2017.12.20
5	尾水隧洞开挖体型控制施工工法	电力建设工法	杨玉银、陈长贵等	省部级	中国电力建设企业协会	2017.03
6	隧洞开挖分部楔形掏槽施工工法	四川省工法	杨玉银、陈长贵等	省部级	四川省住房和城乡建设厅	2018.07.13
7	软岩水工隧洞开挖控制施工工法	水利水电工程建设工法	杨玉银、陈长贵等	省部级	中国水利工程协会	2017.09.28
8	丰水地区超厚土质围岩竖井开挖施工工法	四川省工法	杨玉银、陈长贵等	省部级	四川省住房和城乡建设厅	2019.08.02
9	大型洞室进水口反坡三面光爆施工工法	中国电建工法	康建荣、杨玉银等	省部级	中国电力建设集团有限公司	2018.12.21
10	大型洞室龙落尾斜井开挖保护层施工工法	中国电建工法	康建荣、杨玉银等	省部级	中国电力建设集团有限公司	2018.12.21

7.3　获得中国企业新纪录情况

获得中国企业新纪录情况，见附表7.3。

附表7.3　获得中国企业新纪录情况

序号	新纪录名称	授予单位	创造人	授予时间
1	特大涌水条件下土洞斜井开挖方法	中国企业联合会 中国企业家协会	杨玉银、杨贵仲等	2007.11
2	主洞通过斜井出渣采用自卸汽车结合平台车的方法	中国企业联合会 中国企业家协会	杨玉银、杨贵仲等	2007.11

附录 8　获得科技进步奖情况

获得科技进步奖情况，见附表 8.1。

附表 8.1　获得科技进步奖情况

序号	科技进步奖名称	类型、等级	完成人	授予单位	授予时间
1	特大涌水条件土洞斜井施工技术及主洞斜井出渣施工方法	中国水电五局科技进步二等奖	杨玉银、杨贵仲等	中国水电五局	2008.01
2	瓦屋山调压井开挖刚性圈梁支护技术研究	中国水电五局科技进步一等奖	康建荣、高印章、杨玉银等	中国水电五局有限公司	2008.12
3	南水北调东线穿黄隧洞工程开挖施工技术研究与应用	中国水利水电建设股份有限公司科技进步一等奖	吴高见、朱海亚、杨玉银等	中国水利水电建设股份有限公司	2011.08
4	大断面变顶高尾水洞开挖及支护施工关键技术研究	中国水电五局科技进步一等奖	林毅、闫慧、杨玉银等	中国水电五局有限公司	2011.12
5	软弱地质竖井中大型沉井施工技术	中国水电五局科技进步一等奖	姜凌宇、张黎、杨玉银等	中国水电五局有限公司	2011.12
6	普通全断面针梁台车在南水北调东线穿黄隧洞工程 20°斜井混凝土施工中的设计与应用	中国水电五局科技进步一等奖	朱海亚、温定煜、杨玉银等	中国水电五局有限公司	2011.12
7	南水北调东线穿黄工程开挖施工技术研究与应用	中国施工企业管理协会科学技术奖二等奖	廖成林、朱海亚、杨玉银等	中国施工企业管理协会	2012.10
8	大断面变顶高尾水洞开挖及支护施工技术	中国施工企业管理协会科学技术奖二等奖	林毅、闫慧、杨玉银等	中国施工企业管理协会	2012.10
9	南水北调东线穿黄隧洞工程缓坡斜井针梁台车衬砌技术研究	中国水利水电建设股份有限公司科技进步一等奖	朱海亚、温定煜、杨玉银等	中国水利水电建设股份有限公司	2013.08
10	隧洞开挖光面爆破新技术研究	电力建设科学技术进步三等奖	杨玉银、陈长贵等	中国电力建设企业协会	2016.04

续表

序号	科技进步奖名称	类型、等级	完成人	授予单位	授予时间
11	适用于各类围岩的光面爆破创新技术	全国电力职工技术成果三等奖	杨玉银、陈长贵等	中国电力企业联合会	2016.11
12	尾水隧洞开挖体型控制综合技术研究	中国水电五局科技进步一等奖	杨玉银、陈长贵等	中国水电五局有限公司	2016.12
13	尾水隧洞开挖体型控制综合技术研究	中国施工企业管理协会科技进步二等奖	杨玉银、陈长贵等	中国施工企业管理协会	2018.12

附录9　获得荣誉情况

获得荣誉情况，见附表9.1。

附表9.1　获得荣誉情况

序号	荣誉名称	类型	等级	证书颁发（授予）单位	授予时间
1	1999年度中国水利水电第五工程局先进生产工作者	先进生产工作者	司局级	中国水利水电第五工程局	1999.12
2	中国水利水电第五工程局先进科技工作者	先进科技工作者	司局级	中国水利水电第五工程局	2005.11
3	2005年度中国水利水电第五工程局先进生产工作者	先进生产工作者	司局级	中国水利水电第五工程局	2005.12
4	中国水利水电建设集团公司优秀工程技术人员	优秀工程技术人员	集团级	中国水利水电建设集团公司	2006.11
5	中国水利水电第五工程局第三批专业技术带头人（地下工程专业）	专业技术带头人	司局级	中国水利水电第五工程局	2007.10
6	2009年度四川省电力安全生产先进个人	安全先进个人	省级	国家电力监管委员会华中监管局成都电监办	2010.03
7	2014年度中国水利水电第五工程局有限公司安全生产优秀管理人员	安全优秀管理人员	司局级	中国水利水电第五工程局有限公司	2015.03
8	2015年度中国电力建设股份有限公司安全生产先进个人	安全先进个人	集团级	中国电力建设股份有限公司	2016.01
9	2016年度中国水利水电第五工程局有限公司优秀科技人员	优秀科技人员	司局级	中国水利水电第五工程局有限公司	2016.12
10	2017年度中国水利水电第五工程局有限公司优秀科技人员	优秀科技人员	司局级	中国水利水电第五工程局有限公司	2018.01
11	2018年度中国水利水电第五工程局有限公司优秀工程技术人员	优秀工程技术人员	司局级	中国水利水电第五工程局有限公司	2019.01
12	工程师	中级职称	分局级	中国水利水电第五工程局二分局工程师评审委员会	1997.12
13	高级工程师	副高级职称	集团级	国家电网公司高级技术资格评审委员会	2004.12

续表

序号	荣誉名称	类型	等级	证书颁发（授予）单位	授予时间
14	教授级高级工程师	正高级职称	集团级	中国水利水电建设集团公司教授级高级工程师评审委员会	2010.12.31
15	高级爆破工程师	爆破作业证	国家级	公安部治安管理局	2012.08
16	中国水利水电建设股份有限公司质量管理专家	质量管理专家	集团级	中国水利水电建设股份有限公司	2010.07
17	四川省评标专家	评标专家	省级	四川省评标专家管理委员会	2013.08
18	四川省工程爆破协会专家委员会委员	爆破专家	省级	四川省工程爆破协会	2015.02.06
19	中国爆破行业协会专家	爆破专家	国家级	中国爆破行业协会	2017.04.25
20	中国水利水电第五工程局有限公司爆破工程专业技术带头人	专业技术带头人	司局级	中国水利水电第五工程局有限公司	2019.07.31

后　记

时光如梭，转眼间，我已离开学校参加工作近三十年了。这三十年来，我一直在中国水电五局工作。一路走来，唯工程技术方面取得了一点成绩，曾有收获成果的喜悦，也曾有陷入低谷的忧伤。感谢中国水电五局对我的培养，感谢各级领导一直以来对我的关心、照顾和帮助。

自参加工作以来，我的工作岗位主要在地下工程施工生产第一线，长期致力于地下工程技术研究和新技术的推广应用。即便是在公司总部工作的六年，我也一直未离开过地下工程，经常受公司委派，到所属地下工程项目进行技术指导。在施工现场工作期间，我将大量的时间花在了为解决施工难题而进行的新技术试验研究上，尤其注重向老专家及现场有经验的老工人请教、学习，始终坚持群众路线，坚持理论联系实际，因地制宜，因时制宜，最终形成了大量新技术成果，并进行了实际应用，取得了良好的经济效益和社会效益。

这些技术成果的取得，离不开我的夫人沈志条女士背后的付出和努力，感谢她陪伴我度过的艰难岁月，感谢她对我一直以来不离不弃、甘苦与共、持之以恒的支持和鼓励。

从三十年前风华正茂的学生开始，专注于地下工程技术工作，一直到现在两鬓斑白，这让我想到了陆游的一首诗《冬夜读书示子聿》，谨以此诗与战斗在施工生产第一线的工程技术人员共勉：

古人学问无遗力，少壮工夫老始成。
纸上得来终觉浅，绝知此事要躬行。

杨玉银
2019 年 9 月于成都